国家卫生健康委员会“十三五”规划教材
全国高等学历继续教育（专科）规划教材
供临床、预防、口腔、护理、检验、影像等专业用

生物化学

第4版

主　　编　徐跃飞
副主编　马红雨　徐文华

人民卫生出版社

图书在版编目（CIP）数据

生物化学 / 徐跃飞主编.—4 版.—北京：人民卫生出版社，2018

全国高等学历继续教育“十三五”（临床专科）规划教材

ISBN 978-7-117-26979-7

Ⅰ.①生… Ⅱ.①徐… Ⅲ.①生物化学－成人高等教育－教材 Ⅳ.①Q5

中国版本图书馆 CIP 数据核字(2018)第 244994 号

生物化学

第 4 版

主　　编：徐跃飞
出版发行：人民卫生出版社（中继线 010-59780011）
地　　址：北京市朝阳区潘家园南里 19 号
邮　　编：100021
E - mail：pmph @ pmph. com
购书热线：010-59787592　010-59787584　010-65264830
印　　刷：北京盛通数码印刷有限公司
经　　销：新华书店
开　　本：850×1168　1/16　**印张**：17
字　　数：502 千字
版　　次：2000 年 7 月第 1 版　2019 年 1 月第 4 版
2023 年 12月第 4 版第 4 次印刷（总第33次印刷）
标准书号：ISBN 978-7-117-26979-7
定　　价：42.00 元
打击盗版举报电话：010-59787491　E-mail：WQ @ pmph. com
（凡属印装质量问题请与本社市场营销中心联系退换）

数字负责人　徐跃飞

编　　者（以姓氏笔画为序）

马红雨 / 开封大学医学部

王秀宏 / 哈尔滨医科大学

王宏娟 / 首都医科大学

王海生 / 内蒙古医科大学

田余祥 / 大连医科大学

何　艳 / 福建医科大学

郑　纺 / 天津中医药大学

徐文华 / 青岛大学医学部

徐跃飞 / 大连医科大学

数字秘书　刘丽红 / 大连医科大学

第四轮修订说明

随着我国医疗卫生体制改革和医学教育改革的深入推进，我国高等学历继续教育迎来了前所未有的发展和机遇。为了全面贯彻党的十九大报告中提到的“健康中国战略”“人才强国战略”和中共中央、国务院发布的《“健康中国2030”规划纲要》，深入实施《国家中长期教育改革和发展规划纲要(2010—2020年)》《中共中央国务院关于深化医药卫生体制改革的意见》，贯彻教育部等六部门联合印发《关于医教协同深化临床医学人才培养改革的意见》等相关文件精神，推进高等学历继续教育的专业课程体系及教材体系的改革和创新，探索高等学历继续教育教材建设新模式，经全国高等学历继续教育规划教材评审委员会、人民卫生出版社共同决定，于2017年3月正式启动本套教材临床医学专业（专科）第四轮修订工作，确定修订原则和要求。

为了深入解读《国家教育事业发展“十三五”规划》中“大力发展继续教育”的精神，创新教学课程、教材编写方法，并贯彻教育部印发《高等学历继续教育专业设置管理办法》文件，经评审委员会讨论决定，将“成人学历教育”的名称更替为“高等学历继续教育”，并且就相关联盟的更新和定位、多渠道教学模式、融合教材的具体制作和实施等重要问题进行探讨并达成共识。

本次修订和编写的特点如下：

1. 坚持国家级规划教材顶层设计、全程规划、全程质控和“三基、五性、三特定”的编写原则。

2. 教材体现了高等学历继续教育的专业培养目标和专业特点。坚持了高等学历继续教育的非零起点性、学历需求性、职业需求性、模式多样性的特点，教材的编写贴近了高等学历继续教育的教学实际，适应了高等学历继续教育的社会需要，满足了高等学历继续教育的岗位胜任力需求，达到了教师好教、学生好学、实践好用的“三好”教材目标。

3. 本轮教材从内容和形式上进行了创新。内容上增加案例及解析，突出临床思维及技能的培养。形式上采用纸数一体的融合编写模式，在传统纸质版教材的基础上配数字化内容，以一书一码的形式展现，包括 PPT、同步练习、图片等。

4. 整体优化。注意不同教材内容的联系与衔接，避免遗漏、矛盾和不必要的重复。

本次修订全国高等学历继续教育“十三五”规划教材临床医学专业专科教材 25 种，于 2018 年出版。

全国高等学历继续教育规划教材临床医学专业（专科）

第四轮教材目录

序号	教材品种	主编	副主编
1	人体解剖学（第4版）	张雨生　金昌洙	武　艳　姜　东　李　岩
2	生物化学（第4版）	徐跃飞	马红雨　徐文华
3	生理学（第4版）	肖中举　杜友爱	苏莉芬　王爱梅　李玉明
4	病原生物与免疫学（第4版）	陈　廷　李水仙	王　勇　万红娇　车昌燕
5	病理学（第4版）	阮永华　赵卫星	赵成海　姚小红
6	药理学（第4版）	闫素英　鲁开智　王传功	王巧云　秦红兵　许键炜
7	诊断学（第4版）	刘成玉	王　欣　林发全　沈建箴
8	医学影像学（第3版）	王振常　耿左军	张修石　孙万里　夏　宇
9	内科学（第4版）	杨立勇　高素君	于俊岩　赖国祥
10	外科学（第4版）	孔垂泽　蔡建辉	王昆华　许利剑　曲国蕃
11	妇产科学（第4版）	王晨虹	崔世红　李佩玲
12	儿科学（第4版）	方建培	韩　波
13	传染病学（第3版）	冯继红	李用国　赵天宇
14*	医用化学（第3版）	陈莲惠	徐　红　尚京川
15*	组织学与胚胎学（第3版）	郝立宏	龙双涟　王世鄂
16*	皮肤性病学（第4版）	邓丹琪	于春水
17*	预防医学（第4版）	肖　荣	龙鼎新　白亚娜　王建明　王学梅
18*	医学计算机应用（第3版）	胡志敏	时松和　肖　峰
19*	医学遗传学（第4版）	傅松滨	杨保胜　何永蜀
20*	循证医学（第3版）	杨克虎	许能锋　李晓枫
21*	医学文献检索（第3版）	赵玉虹	韩玲革
22*	卫生法学概论（第4版）	杨淑娟	卫学莉
23*	临床医学概要（第2版）	闻德亮	刘晓民　刘向玲
24*	全科医学概论（第4版）	王家骥	初　炜　何　颖
25*	急诊医学（第4版）	黄子通	刘　志　唐子人　李培武
26*	医学伦理学	王丽宇	刘俊荣　曹永福　兰礼吉

注：1. * 为临床医学专业专科、专科起点升本科共用教材

2. 本套书部分配有在线课程，激活教材增值服务，通过内附的人卫慕课平台课程链接或二维码免费观看学习

3.《医学伦理学》本轮未修订

评审委员会名单

前　言

《生物化学》系国家卫生健康委员会“十三五”规划教材全国高等学历继续教育(专科)规划教材。第3版自2013年出版以来,在全国医学院校广泛使用,受到了广大师生的好评和肯定。鉴于生物化学与分子生物学的发展趋势以及教学模式不断更新的需求,人民卫生出版社启动了第四轮教材的修订工作,以适应各医学院校生物化学教学的需要。

本教材遵循高等学历继续教育目标的要求,在编写过程中注意突出针对性、职业性和再教育性的特点,本着强调基本理论、基本知识、基本技能的精神,继承上一版的基本框架、结构与主要内容的基础上,对全书进行了内容更新,在章节编排上做了更为合理的优化与增减,使之教学层次更加清晰,更加符合学生的学习特点。首先,对部分内容的编排进行了调整,将“维生素与微量元素”作为基本的生物分子,编入到“酶”之前,前四章的内容都是讨论生命体内重要生物分子的结构与功能,使内容更系统化。其次,依据学科发展前沿更新了部分内容,增加如印迹技术、基因敲除等分子生物学领域新技术。为满足学生自主学习的需要,纸质教材增加了“问题与思考”“相关链接”“理论与实践”及“案例”学习模块。为了启发读者阅读和提高思维分析能力,本版教材配套有同步练习、PPT,扫描二维码即可查看。

参加本教材编写的9位编者来自全国8所高等医学院校,他们长期坚持在教学科研第一线,有丰富的教学经验,为保证教材的编写质量做出了不懈努力。

本教材在编写过程中,得到了本套教材评审委员会的指导,也得到了各参编学校给予的大力支持,在此一并表示衷心的感谢。由于我们的学术水平有限,本书难免存在不足和疏漏之处,请同行专家以及使用本教材的广大师生和其他读者提出宝贵意见。

徐跃飞

2018年10月

前 言

目 录

绪　论

学习目标

掌握	生物化学的概念。
熟悉	生物化学的主要研究内容。
了解	生物化学的发展简史、生物化学与医学。

生物化学(biochemistry)是运用化学、物理学和数学的原理和方法,并融入了生理学、细胞生物学、遗传学和免疫学等理论与技术研究生物体的化学组成和生命活动过程中的化学变化及其规律的一门科学。它的主要任务是从分子水平上阐述生物体的基本物质如糖、脂、蛋白质、核酸、酶等的结构、性质和功能,及其这些物质在生物体的代谢规律与复杂的生命现象如生长、生殖、衰老、运动、免疫等之间的关系。由于生物化学与分子生物学的迅速发展,目前已成为新世纪生命科学领域的前沿学科。

相关链接

分子生物学

分子生物学就是研究生物大分子之间相互关系和作用的一门学科,而生物大分子主要是指核酸和蛋白质两大类;分子生物学以遗传学、生物化学、细胞生物学等学科为基础,从分子水平上对生物体的多种生命现象进行研究。分子生物学的发展揭示了生命本质的高度有序性和一致性,是人类在认识论上的重大飞跃。从广义上理解,分子生物学是生物化学的重要组成部分,也被视为生物化学的发展和延续,因此,分子生物学的飞速发展,无疑为生物化学的发展注入了生机和活力。

一、生物化学的发展简史

生物化学是较为年轻的学科,它的研究可追溯至18世纪,但作为一门独立的学科是在20世纪初期,近50年来又有许多重大的进展和突破,成为生命科学领域重要的前沿学科之一。18世纪中叶至20世纪末是生物化学发展的初级阶段,主要研究生物体的化学组成。期间的主要贡献有:对糖类、脂类及氨基酸进行了系统的研究;发现了核酸;证实了氨基酸之间肽键的形成,化学方法合成了寡肽;从酵母发酵中发现了可溶性催化剂,奠定了酶学的基础,并证明酶的化学本质为蛋白质。20世纪30年代,重要的物质代谢途径相继被阐明:如糖代谢途径的酶促反应过程、脂肪酸β-氧化;尿素的合成及三羧酸循环等;在营养学方面,发现了营养必需氨基酸、营养必需脂肪酸和多种维生素;在内分泌方面,发现了多种激素,并将其合成与分离。20世纪50年代,发现了蛋白质的α-螺旋的二级结构形式,用化学方法完成了胰岛素序列分析。更为重要的是1953年J. D. Watson和F. H. Crick提出DNA双螺旋模型,为揭示遗传信息传递规律奠定了基础,是生物化学发展迈入分子生物学阶段的重要标志。20世纪60年代提出了遗传信息传递的中心法则、破译了遗传密码。70年代重组DNA技术的建立不仅促进了对基因表达调控的研究,使基因操作无所不能,而且使人们主动改造生物体成为可能。80年代,发现了核酶,发明了聚合酶链反应(PCR)技术。90年代启动了人类基因组计划(HGP)等。目前,生物化学已成为一门重要的基础医学主干学科,并对临床医学产生越来越重要的影响。

二、生物化学的主要研究内容

生物化学的研究内容十分广泛,当代生物化学的研究主要集中在以下几方面。

(一)生物体的化学组成、结构与功能

生物体由各种组织、器官和系统构成,细胞是组成各种组织和器官的基本单位。每个细胞又由成千上万种化学物质组成,其中包括无机物、有机小分子和生物大分子等。有机小分子主要包括各种有机酸、氨基酸、核苷酸、单糖及维生素等,与体内物质代谢、能量代谢等密切相关。生物大分子主要指蛋白质(酶)、核酸、糖复合物和复合脂类等,分子量一般超过10^4,都是由特殊的亚单位按一定的顺序,首尾连接形成的多聚物。例如,蛋白质是由相邻氨基酸通过肽键连接形成的多肽链;核酸是由核苷酸之间通过磷酸二酯键

连接形成的多核苷酸链；聚糖也是由单糖与单糖连接形成的多聚糖链。对这些生物大分子研究，不仅要研究其一级结构和空间结构，还要研究结构与功能的关系。结构是功能的基础，而功能则是结构的体现。生物大分子的功能还通过分子间的相互识别和相互作用而实现。

（二）物质代谢及其调节

物质代谢是生命的基本特征之一。有机体不断地从环境摄取营养物质，同时也不断将代谢终产物排出体外。物质代谢包括合成代谢和分解代谢。合成代谢是从小分子合成机体的构件分子、能量物质及生物活性物质的过程，并伴有能量的消耗。分解代谢是机体的构件分子分解成小分子物质的过程，并伴有能量的释放。物质代谢能有条不紊地进行与体内各种代谢途径之间相互协调有关，同时也受到内外环境多种因素的影响。物质代谢的调节主要是通过对酶的活性和含量的调节实现的，并在神经体液的调节下有条不紊地进行。此外细胞信息传递参与多种物质代谢及与其生长、增殖、分化等生命过程的调节。

（三）遗传信息的贮存与表达

自我复制是生命的又一基本特征。DNA是遗传的物质基础，基因是DNA分子中可表达的功能片段。DNA通过转录将其携带的遗传信息传递给RNA，RNA再将这些遗传信息通过翻译合成能执行各种生理功能的蛋白质。DNA还通过自我复制，将其遗传信息传给子代。上述过程与遗传、变异、生长、发育、分化等诸多生命过程，也与遗传病、恶性肿瘤、心血管病、免疫系统疾病等发病机制有关。研究DNA复制、RNA转录及蛋白质生物合成中遗传信息传递的机制及基因表达时空调控的规律等是生物化学极为重要的课题。DNA重组、转基因、基团剔除、新基因克隆及人类基因组计划等的大力开展，将极大推动这一领域的研究。

三、生物化学与医学

生物化学是医学的重要基础学科，讲述正常人体的生物化学以及疾病过程中生物化学相关问题，与医学有着紧密的联系，其理论和技术已渗透到基础医学和临床医学的各个领域。例如，生理学、药理学、遗传学、免疫学及病理学等基础医学的研究均深入到分子水平，并应用生物化学的理论与技术解决各学科的许多问题，由此产生了“分子生理学”“分子药理学”“分子遗传学”“分子免疫学”及“分子病理学”等新学科。同样，临床医学的发展也经常运用生物化学的理论和技术来应用于疾病的诊断、治疗和预防，而且许多疾病的发病机制也需要从分子水平进行探讨，这又促进了人们对遗传性疾病、恶性肿瘤、心血管疾病、免疫性疾病等病因、诊断、治疗的研究。因此，掌握生物化学的基本知识，将为今后深入学习其他基础医学、临床医学、预防医学、口腔医学和药学等各专业课程以及毕业后的继续教育，都具有重要而深远的意义。

（徐跃飞）

复习参考题

1. 何谓生物化学？
2. 简述生物化学的主要研究内容。
3. 简述生物化学与医学的关系。

第一章 蛋白质的结构与功能

1

学习目标

掌握	*L*-α-氨基酸的特点；蛋白质的一、二、三、四级结构的概念及特点。
熟悉	氨基酸的分类；蛋白质结构与功能的关系；蛋白质的理化性质。
了解	蛋白质的分类。

蛋白质(protein)是由氨基酸构成的具有特定空间结构的高分子有机物,约占人体固体成分的45%,分布广泛,是构成组织细胞的最基本物质。人体的蛋白质种类繁多,各具有其特殊的结构和功能,几乎所有的生命现象均有蛋白质参与。例如物质代谢、血液凝固、免疫防御、肌肉收缩、物质运输、细胞信号转导、组织修复以及生长、繁殖等重要的生命过程都是通过蛋白质来实现的。蛋白质是生命的物质基础,没有蛋白质就没有生命。

第一节　蛋白质的分子组成

组成蛋白质的元素主要有碳(50%~55%)、氢(6%~7%)、氧(19%~24%)、氮(13%~19%)和硫(0%~4%)。有些蛋白质含有少量磷或金属元素铁、铜、锌、锰、钴、钼,个别蛋白质还含有碘。各种蛋白质的含氮量很接近,平均为16%。由于在生物体内,氮元素主要存在于蛋白质中,所以测定生物样品的含氮量就可按下式推算出蛋白质的大致含量。

$$每100g样品中蛋白质含量=每克样品含氮克数\times 6.25\times 100$$

问题与思考

2008年,中国爆发由于婴幼儿奶粉中加入三聚氰胺,导致食用了受污染奶粉的婴幼儿出现肾结石病症的事件。三聚氰胺是一种三嗪类含氮杂环有机化合物,其分子最大的特点为含氮原子多。三聚氰胺是一种微溶于水的化工原料,能引起泌尿系统结石。

思考: 1. 奶粉中蛋白质的含量如何测定?

2. 不法商人为什么在奶粉中加入三聚氰胺?

一、氨基酸

氨基酸(amino acid)是组成蛋白质的基本单位。蛋白质受蛋白酶、酸和碱的作用易水解产生游离氨基酸。

(一)氨基酸的结构特点

天然氨基酸有300多种,但组成人体蛋白质的氨基酸仅有20种。除甘氨酸之外,均属于*L*-α-氨基酸。其结构通式如下(R代表氨基酸侧链)。

$$R-\underset{NH_2}{\overset{H}{C}}-COOH \qquad R-\underset{^{+}NH_3}{\overset{H}{C}}-COO^-$$

非解离形式　　两性离子形式

各种氨基酸结构各不相同,但都具有以下共同特点:①除脯氨酸为α-亚氨基酸外,均属α-氨基酸;②除甘氨酸外,其余氨基酸的α-碳原子是不对称碳原子,有两种不同的构型,即*L*型和*D*型,组成人体蛋白质的氨基酸都是*L*型;③各种氨基酸侧链R基团结构和性质不同,它们在决定蛋白质性质、结构和功能上起着重要作用。

除20种编码氨基酸外,体内还存在一些不参与蛋白质组成但具有重要生理功能的氨基酸,如鸟氨酸、瓜氨酸等。

（二）氨基酸的分类

20 种氨基酸根据其侧链的结构和理化性质可分为 4 类：①非极性疏水性氨基酸；②极性中性氨基酸；③酸性氨基酸；④碱性氨基酸（表 1-1）。

第 1-1　氨基酸分类

中文名	英文名	结构式	缩写	符号	等电点（pI）
1. 非极性疏水性氨基酸					
甘氨酸	Glycine	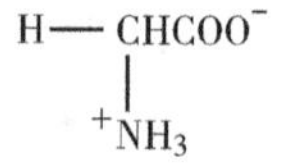 $H—CH(^{+}NH_3)COO^-$	Gly	G	5.97
丙氨酸	Alanine	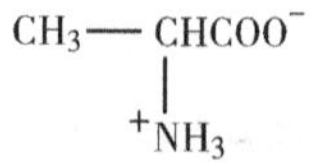 $CH_3—CH(^{+}NH_3)COO^-$	Ala	A	6.00
缬氨酸	Valine	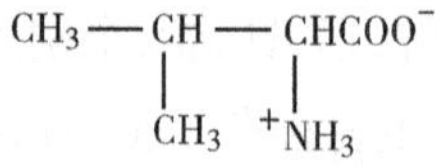 $CH_3—CH(CH_3)—CH(^{+}NH_3)COO^-$	Val	V	5.96
亮氨酸	Leucine	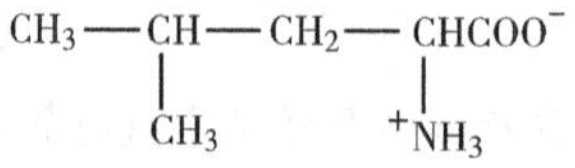 $CH_3—CH(CH_3)—CH_2—CH(^{+}NH_3)COO^-$	Leu	L	5.98
异亮氨酸	Isoleucine	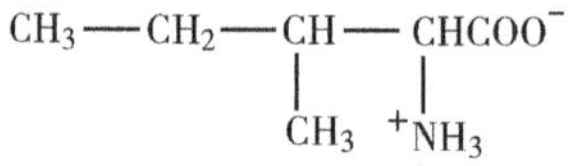 $CH_3—CH_2—CH(CH_3)—CH(^{+}NH_3)COO^-$	Ile	I	6.02
脯氨酸	Proline	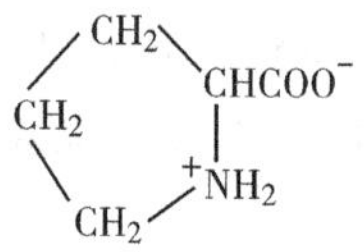 环状：$CH_2—CH_2—CH_2—^{+}NH_2—CHCOO^-$	Pro	P	6.30
2. 极性中性氨基酸					
色氨酸	Tryptophan	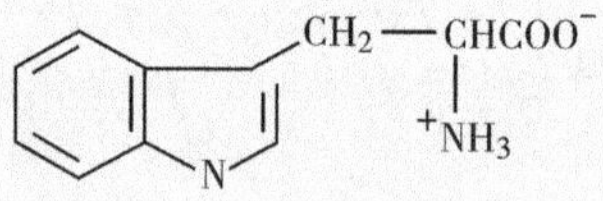 吲哚基$—CH_2—CH(^{+}NH_3)COO^-$	Trp	W	5.89
丝氨酸	Serine	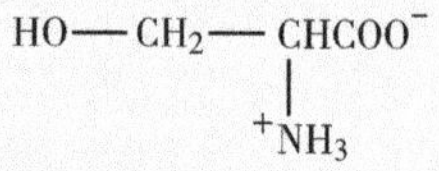 $HO—CH_2—CH(^{+}NH_3)COO^-$	Ser	S	5.68
酪氨酸	Tyrosine	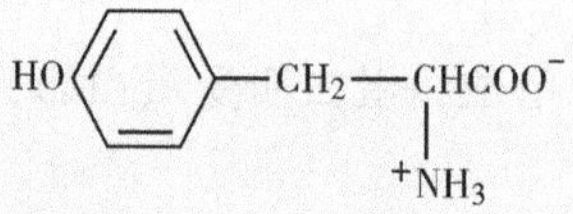 $HO—C_6H_4—CH_2—CH(^{+}NH_3)COO^-$	Tyr	Y	5.66
半胱氨酸	Cysteine	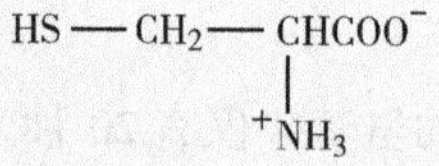 $HS—CH_2—CH(^{+}NH_3)COO^-$	Cys	C	5.07
甲硫氨酸	Methionine	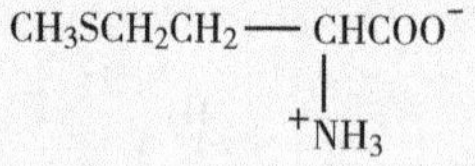 $CH_3SCH_2CH_2—CH(^{+}NH_3)COO^-$	Met	M	5.74
天冬酰胺	Asparagine	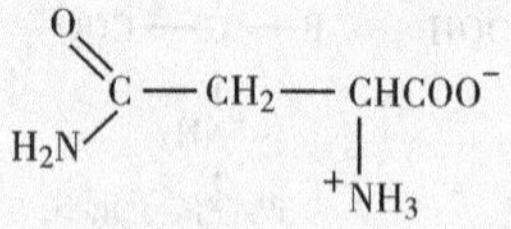 $H_2N—C(=O)—CH_2—CH(^{+}NH_3)COO^-$	Asn	N	5.41
谷氨酰胺	Glutamine	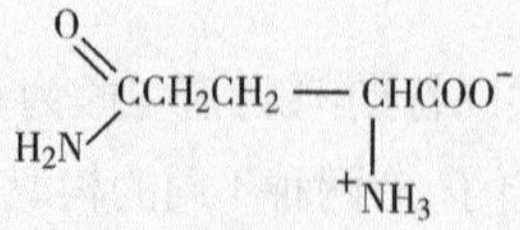 $H_2N—C(=O)CH_2CH_2—CH(^{+}NH_3)COO^-$	Gln	Q	5.65
苏氨酸	Threonine	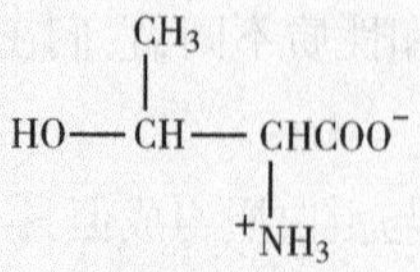 $HO—CH(CH_3)—CH(^{+}NH_3)COO^-$	Thr	T	5.60

续表

中文名	英文名	结构式	缩写	符号	等电点（pI）
3. 酸性氨基酸					
天冬氨酸	Aspartic acid	$HOOCCH_2—CH(NH_3)COO^-$	Asp	D	2.97
谷氨酸	Glutamic acid	$HOOCCH_2CH_2—CH(^+NH_3)COO^-$	Glu	E	3.22
4. 碱性氨基酸					
赖氨酸	Lysine	$NH_2CH_2CH_2CH_2CH_2—CH(^+NH_3)COO^-$	Lys	K	9.74
精氨酸	Arginine	$NH_2C(=NH)NHCH_2CH_2CH_2—CH(^+NH_3)COO^-$	Arg	R	10.76
组氨酸	Histidine	$HC=C—CH_2—CH(^+NH_3)COO^-$（咪唑环：HC—N=CH—NH—C）	His	H	7.59

（三）氨基酸的理化性质

1. 两性解离及等电点 由于氨基酸都含有碱性的α-氨基和酸性的α-羧基，可在酸性溶液中与质子（H^+）结合成带正电荷的阳离子（$—NH_3^+$），也可在碱性溶液中与OH^-结合，失去质子变成带负电荷的阴离子（$—COO^-$），因此氨基酸是一种两性电解质，具有两性解离的特性。氨基酸的解离方式取决于其所处溶液的酸碱度。在某一pH的溶液中，氨基酸解离成阳离子和阴离子的趋势及程度相等，成为兼性离子，呈电中性，此时溶液的pH称为该氨基酸的等电点（isoelectric point，pI）。

2. 紫外吸收性质 芳香族氨基酸（酪氨酸、色氨酸）含有共轭双键，具有吸收紫外线的性质，在280nm波长处有最大吸收峰（图1-1）。由于大多数蛋白质含有酪氨酸和色氨酸残基，所以测定蛋白质溶液280nm的光吸收值，是分析溶液中蛋白质含量的快速简便的方法。

3. 呈色反应 氨基酸与茚三酮水合物共加热，茚三酮水合物被还原，其还原物可与氨基酸加热分解产生的氨结合，再与另一分子茚三酮缩合成为蓝紫色的化合物，此化合物在570nm波长处有最大吸收峰。其吸收峰值的大小与氨基酸释放出的氨量成正比，因此可作为氨基酸的定量分析方法。

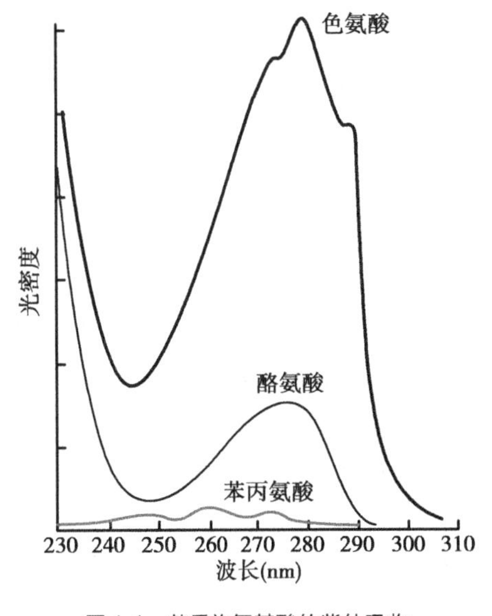

图1-1 芳香族氨基酸的紫外吸收

二、肽

（一）肽

一个氨基酸的α-羧基与另一个氨基酸的α-氨基脱水缩合形成的酰胺键称为肽键（peptide bond）。蛋白质分子中的氨基酸通过肽键连接。

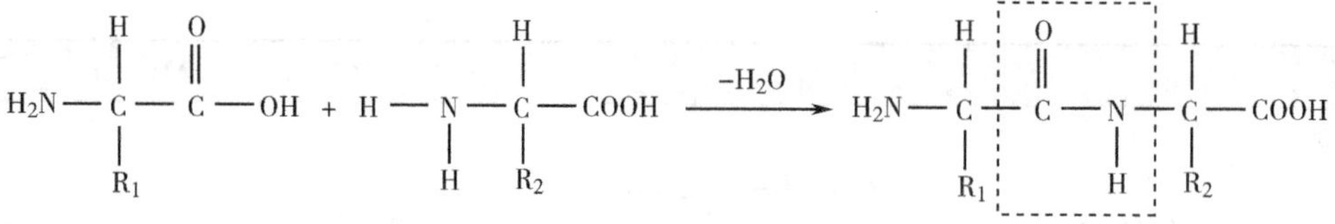

$$H_2N-\underset{R_1}{\overset{H}{C}}-\overset{O}{\overset{\|}{C}}-OH + H-\underset{H}{N}-\underset{R_2}{\overset{H}{C}}-COOH \xrightarrow{-H_2O} H_2N-\underset{R_1}{\overset{H}{C}}-\overset{O}{\overset{\|}{C}}-\underset{H}{N}-\underset{R_2}{\overset{H}{C}}-COOH$$

肽键

氨基酸通过肽键连接起来的化合物称为肽(peptide)。由两个氨基酸形成的肽称为二肽,三个氨基酸形成的肽称三肽,以此类推。通常将十肽以下氨基酸形成的肽称为寡肽(oligopeptide),十肽以上称为多肽。多肽链有两端:有自由α-氨基的一端称为氨基末端(N-端),通常写在多肽链的左侧;有自由α-羧基的一端称为羧基末端(C-端),通常写在多肽链的右侧。肽链中的氨基酸因脱水缩合而基团不全,被称为氨基酸残基。

(二)生物活性肽

生物体内存在许多具有生物活性的低分子量的肽,在神经传导、代谢调节等方面起着重要的作用。如谷胱甘肽(glutathione,GSH)是由谷氨酸、半胱氨酸和甘氨酸组成的三肽。第一个肽键与一般的肽键不同,由谷氨酸的γ-羧基与半胱氨酸的氨基组成(图1-2),分子中半胱氨酸的巯基是该化合物的主要功能基团。GSH的巯基具有还原性,可作为体内重要的还原剂,保护体内蛋白质或酶分子中的巯基不被氧化,同时谷胱甘肽能与进入人体的有毒化合物、重金属离子或致癌物质等相结合,并促进其排出体外,起到中和解毒作用。

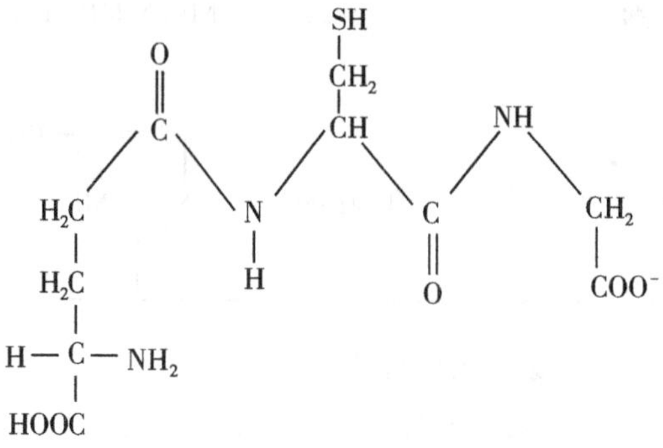

图1-2 谷胱甘肽

体内有许多激素属寡肽或多肽,如催产素(9肽)、促肾上腺皮质激素(39肽)、促甲状腺激素(3肽)等。神经肽是在神经传导过程中起信号转导作用的肽类,如脑啡肽(5肽)、β-内啡肽(31肽)等。随着生物科学的发展,相信更多地在神经系统中起着重要作用的生物活性肽或蛋白质将被发现。

三、蛋白质的分类

蛋白质的结构复杂,种类繁多,功能多样,分类方法也有多种。

(一)按组成分类

根据蛋白质的分子组成特点,可将蛋白质分为单纯蛋白质和结合蛋白质。

1. 单纯蛋白质 蛋白质分子仅由氨基酸组成。清蛋白、球蛋白、精蛋白、组蛋白和硬蛋白等都属此类。

2. 结合蛋白质 除蛋白质部分外,还包含非蛋白部分(称为辅基)。结合蛋白质根据辅基不同分类,主要有核蛋白(含核酸)、糖蛋白(含多糖)、脂蛋白(含脂类)、磷蛋白(含磷酸)、金属蛋白(含金属离子)及色蛋白(含色素,如血红蛋白含血红素)等。

(二)按分子形状分类

根据蛋白质分子形状不同,可将蛋白质分为球状蛋白质和纤维状蛋白质两大类。前者长短轴之比小于10,外形近似球状,如酶及免疫球蛋白等功能蛋白质均属此类;后者长短轴之比大于10,如结缔组织中的胶原蛋白、毛发中的角蛋白等结构蛋白均属于此类。

第二节　蛋白质的分子结构

蛋白质是由许多的氨基酸通过肽键相连接而形成的生物大分子。蛋白质的氨基酸种类和排列顺序、组成百分比以及肽链特定的空间排布位置决定蛋白质特定的功能。蛋白质的分子结构分为一级结构和空间结构，空间结构又分为二级结构、三级结构和四级结构。空间结构又称构象(conformation)，是蛋白质中所有原子在三维空间的排布。

一、蛋白质的一级结构

构成蛋白质的各种氨基酸在多肽链中的排列顺序，称为蛋白质的一级结构(primary structure)。多肽链氨基酸的顺序是由基因上遗传信息，即DNA分子中的核苷酸排列顺序所决定。一级结构是蛋白质的基本结构，它决定蛋白质的空间结构。一级结构的主要化学键是肽键，有的蛋白质尚含有二硫键，它是由两个半胱氨酸脱氢组成的化学键(—S—S—)。图1-3是牛胰岛素的一级结构，胰岛素有A和B二条多肽链，A链和B链分别有21和30个氨基酸残基。胰岛素分子中有3个二硫键，1个位于A链内，称为链内二硫键，由A链中的第6位和第11位半胱氨酸的巯基通过脱氢而形成，另外2个二硫键位于A、B两条链间，称为链间二硫键。

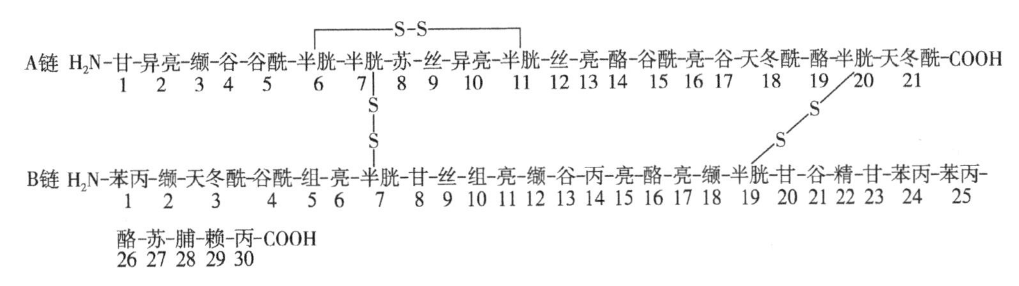

图1-3　牛胰岛素一级结构

体内种类繁多的蛋白质，其一级结构各不相同。一级结构是蛋白质空间构象和特异生物学功能的基础，但并不是决定蛋白质空间构象的唯一因素。

二、蛋白质的二级结构

蛋白质的二级结构(secondary structure)是指蛋白质分子中某一段肽链的局部空间结构，也就是该段肽链主链骨架原子的相对空间位置，并不涉及氨基酸残基侧链的构象。

(一)肽单元

形成蛋白质主链空间构象的基本单位是肽单元。参与肽键的6个原子$C_{\alpha1}$、C、O、N、H和$C_{\alpha2}$位于同一平面，$C_{\alpha1}$和$C_{\alpha2}$在平面上所处的位置为反式构型，此同一平面上的6个原子构成了所谓的肽单元或肽键平面(图1-4)。其中肽键(C—N)具有双键的性质，其键长(0.132nm)介于C—N单键(0.149nm)和C═N双键(0.127nm)之间，不能自由旋转。而C_α分别与N和CO相连的键都是典型的单键，可以自由旋转，C_α与CO的键旋转角度以φ表示，C_α与N的键角以ψ表示(图1-4)。也正由于肽单元上C_α原子所连的两个单键的自由旋转角度，决定了两个相邻的肽单元平面的相对空间位置。

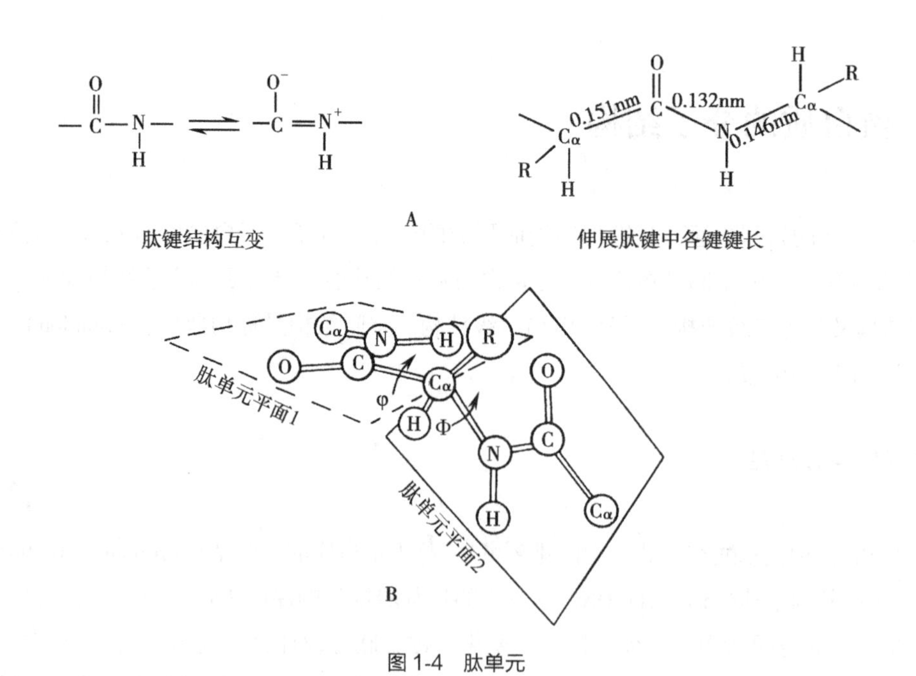

图 1-4　肽单元

（二）蛋白质二级结构的形式

蛋白质的肽链以肽单元为基本单位，通过局部盘曲折叠，形成不同的构象形式。常见的有 α-螺旋、β-折叠、β-转角和无规卷曲。维持蛋白质二级结构稳定的主要化学键是氢键。

1. α-螺旋　肽链的某段局部盘曲成螺旋形，称为 α-螺旋（图 1-5）。其特点是：①多肽链以 C_α 为转折点，以肽单元为单位，通过其两侧单键的旋转，形成稳固的右手螺旋。②每 3.6 个氨基酸残基螺旋上升一圈，螺距为 0.54nm。③相邻螺旋圈之间借肽键的 N-H 和 C=O 形成氢键，其方向与螺旋长轴基本平行。肽链中的全部肽键都可形成氢键，以稳固 α-螺旋结构。④氨基酸残基的 R 基团伸向螺旋外侧，其空间形状、大小及电荷影响 α-螺旋的形成和稳定性。酸性或碱性氨基酸集中的区域，由于同性电荷相斥，妨碍 α-螺旋的形成；天冬酰胺、亮氨酸的侧链很大，也会影响 α-螺旋的形成；脯氨酸是亚氨基酸，形成肽键后不能参与氢键的形成，结果肽链走向转折，不形成 α-螺旋。

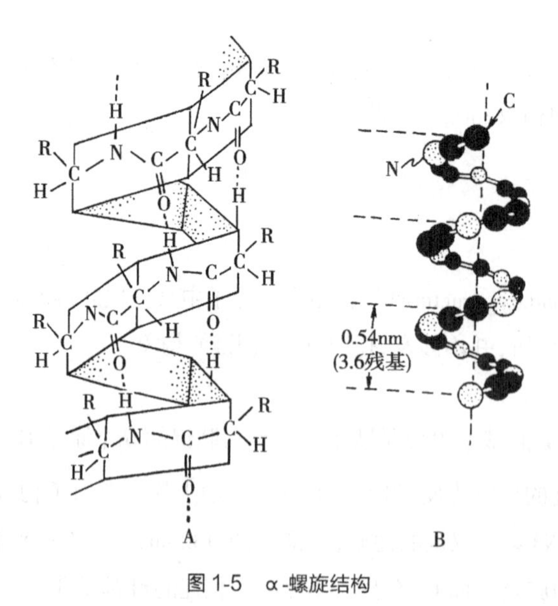

图 1-5　α-螺旋结构

2. β-折叠　肽链中肽单元间折叠呈锯齿状结构称为 β-折叠（图 1-6A）。其特点是：①多肽链充分伸展，相邻两肽单元间折叠成 110°，形成锯齿状。侧链 R 基团交替地位于锯齿状结构上下方。②两条以上肽链或一条肽链内的若干个锯齿状结构走向可相同（顺向平行）或相反（反向平行），并通过肽链间肽键的 C ═O与 N—H 形成氢键从而稳固 β-折叠结构。

3. **β-转角** 多肽链进行 180°回折时的结构称为 β-转角（图 1-6B）。β-转角通常由 4 个氨基酸残基组成，第 2 个残基常为脯氨酸，其他常见的有甘氨酸等。第 1 个氨基酸残基羰基氧与第 4 个残基的氨基氢之间形成氢键，以维持 β-转角的稳定性。

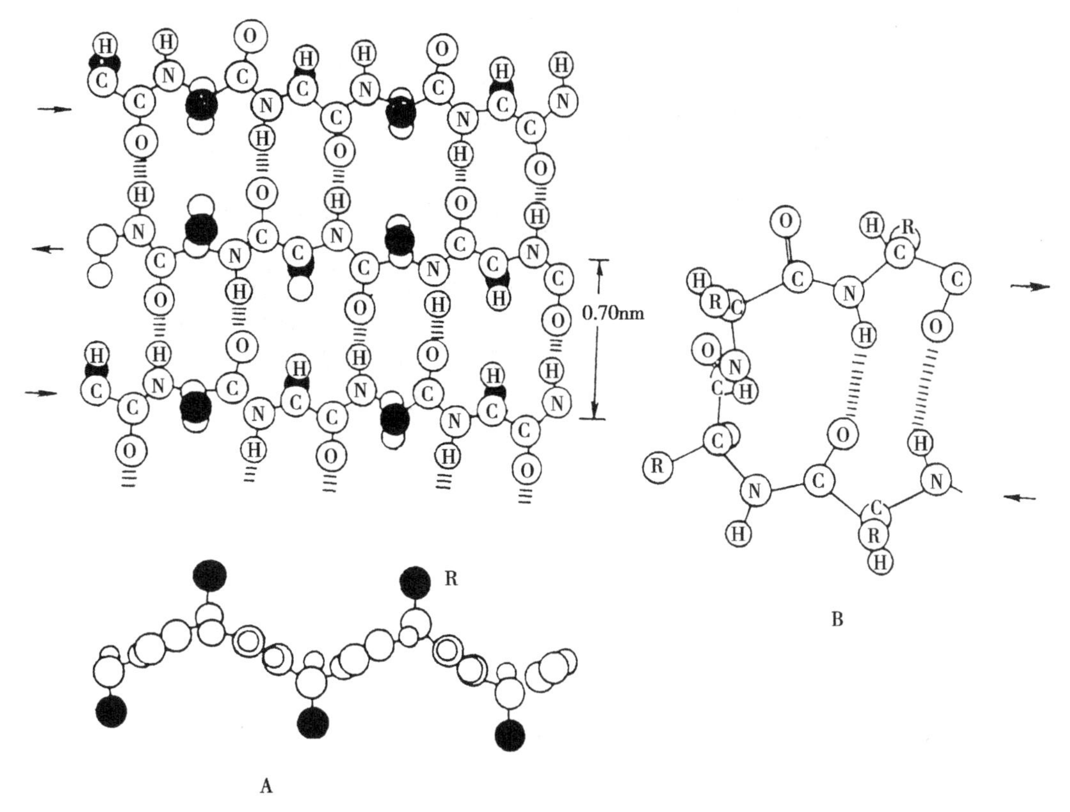

图 1-6 β-折叠和 β-转角

A. β-折叠，上图为俯视，下图为侧视；B. 为 β-转角

4. **无规卷曲** 是没有确定规律性的肽链结构，也是蛋白质分子中一种有序的构象。蛋白质有序的非重复性结构构成酶活性部位和其他蛋白质特异的功能部位。

三、蛋白质的三级结构

蛋白质的三级结构（tertiary structure）是指整条肽链中的全部氨基酸残基的相对空间位置，即整条多肽链中所有原子的排布方式。包括多肽链分子的主链及侧链的构象，也就是多肽链在二级结构的基础上再进一步盘曲、折叠，形成一定规律性的空间结构。球状蛋白质的三级结构有某些共同的特征，如折叠成紧密的球状或椭球状；含有多种二级结构且折叠层次明显，形成超二级结构，并进一步折叠成相对独立的三维空间结构；疏水侧链常分布在分子内部等。

肌红蛋白是由 153 个氨基酸残基构成，属于单一肽链蛋白质，含 1 个血红素辅基（图 1-7）。其分子结构中 α-螺旋占 75%，有 A 至 H 共 8 个螺旋区，两个螺旋区间有一段无规卷曲，脯氨酸位于转角处。由于侧链 R 基团的相互作用，多肽链相互缠绕形成一个球状分子（4. 5nm×3. 5nm×2. 5nm），球表面有亲水侧链，疏水侧链位于分子内部。蛋白质三级结构的形成和稳定主要靠次级键如疏水键、氢键、离子键、范德华力等。

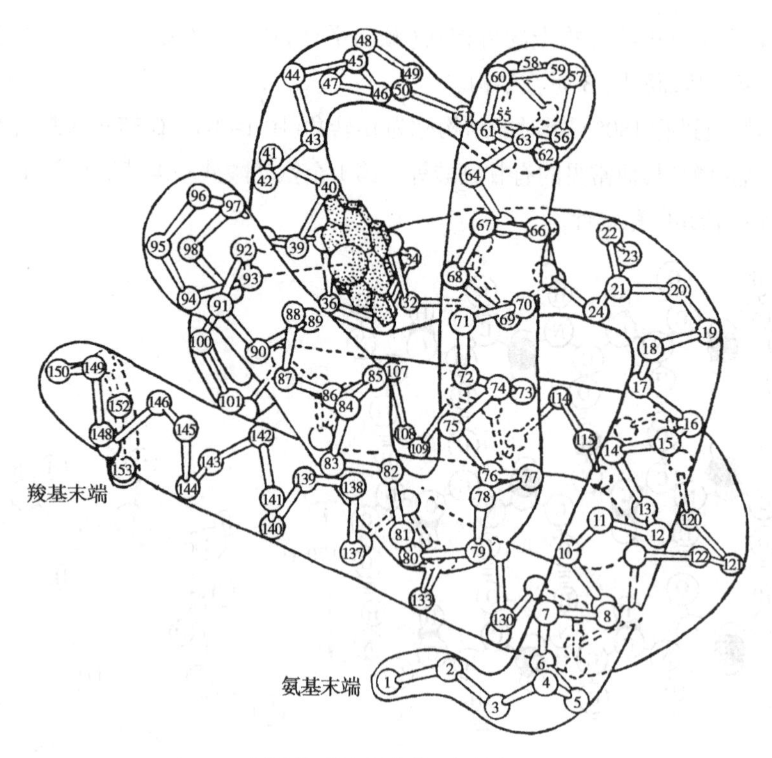

图 1-7 肌红蛋白的三级结构

四、蛋白质的四级结构

蛋白质的四级结构(quarternarystructure)是指两个或两个以上具有独立三级结构的多肽链借助次级键(氢键、疏水键、离子键)结合而形成的寡聚体,四级结构中的每条具有独立三级结构的多肽链称为亚基(subunit)。对于2个以上亚基构成的蛋白质,单一的亚基通常没有生物学功能,只有四级结构完整时才具有生物功能。血红蛋白是由2个α-亚基和2个β亚基组成的四聚体(图1-8),两种亚基的三级结构相似,且每个亚基都可结合1个血红素辅基,具有运输氧和二氧化碳的功能。但每个亚基单独存在时,虽可结合氧且与氧亲和力增强,但在体内组织中难于释放氧。

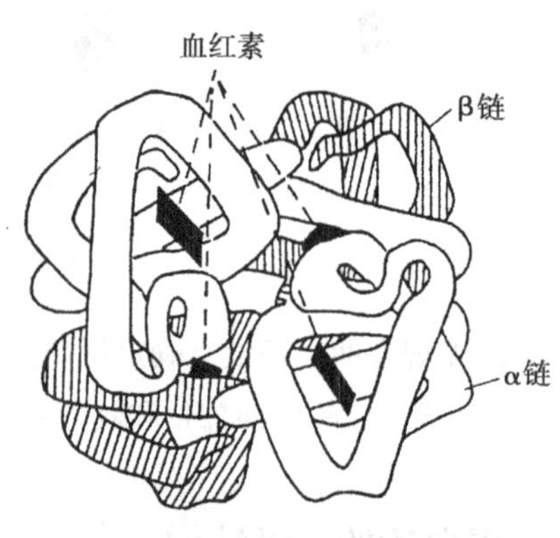

图 1-8 血红蛋白的四级结构

第三节 蛋白质的结构与功能的关系

体内存在种类众多的蛋白质。各种蛋白质的一级结构和空间构象各不相同,而且每一种蛋白质都执行各自特异的生物学功能,可见蛋白质结构与功能之间存在密切的关系。

一、蛋白质的一级结构与功能的关系

(一)一级结构是空间构象的基础

20世纪60年代,Anfinsen在研究核糖核酸酶时发现,蛋白质的氨基酸序列与其空间构象密切相关。核糖核酸酶由 124 个氨基酸残基组成，有 4 对二硫键(图 1-9a)。用尿素和 β-巯基乙醇处理该酶溶液，分别破坏次级键和二硫键，使其空间结构遭到破坏，但肽键不受影响，故一级结构仍存在，此时该酶活性丧失。从理论上推算，核糖核酸酶中的二硫键被还原成—SH 后，若要再形成 4 对二硫键，有 105 种不同配对方式，唯有与天然核糖核酸酶完全相同的配对方式，才能呈现酶活性。当用透析方法去除尿素和 β-巯基乙醇后，松散的多肽链，循其特定的氨基酸序列，卷曲折叠成天然酶的空间构象，4 对二硫键也正确配对，这时酶活性又逐渐恢复至原来水平(图 1-9b)。这充分证明空间构象遭破坏的核糖核酸酶只要其一级结构(氨基酸序列)未被破坏，就可能恢复到原来的三级结构，功能依然存在。

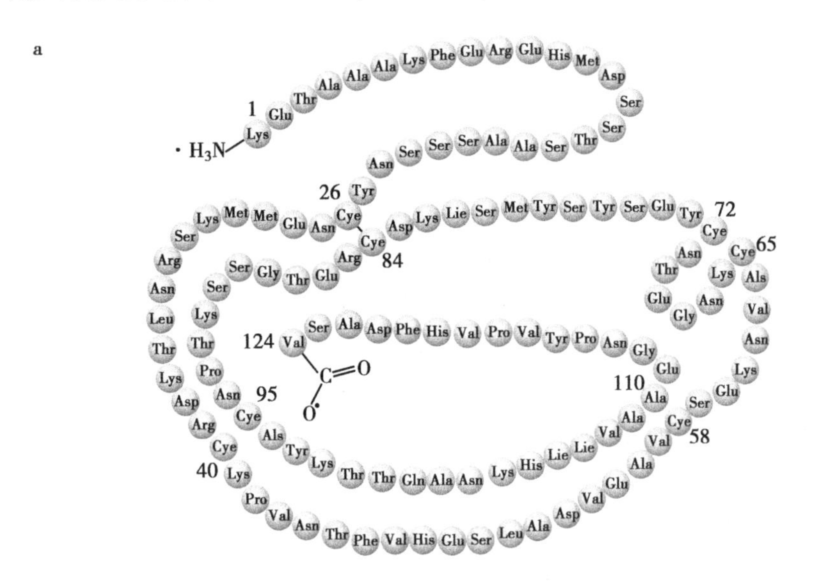

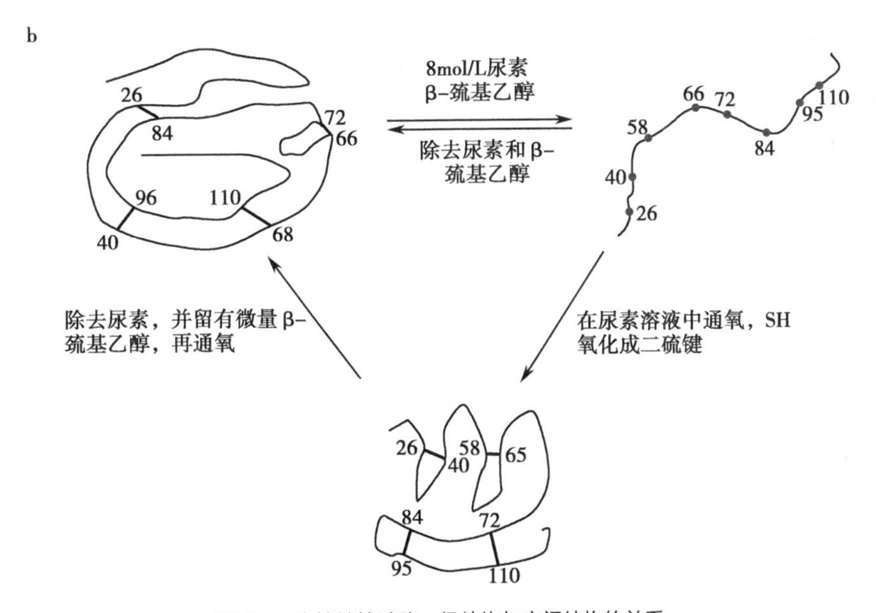

图 1-9　牛核糖核酸酶一级结构与空间结构的关系

(a)核糖核酸酶的氨基酸序列；(b)核糖核酸酶的变性与复性

(二)一级结构是功能的基础

蛋白质的一级结构比较，常被用来预测蛋白质之间结构与功能的相似性。同源性较高的蛋白质之间，可能具有相似的功能。同源蛋白质是指由同一基因进化而来的由相关基因表达的一类蛋白质。大量的研究发现，一级结构相似的多肽或蛋白质，其空间构象及功能也相似。例如腺垂体分泌的 39 肽的促肾上腺皮质激素(ACTH)和促黑素(MSH)共有一段相同的氨基酸序列,因此,ACTH也可促进皮下黑色素生成但作用较弱。

(三)一级结构与物种进化的关系

对广泛存在于生物界、不同种系的蛋白质的一级结构进行比较,可以帮助了解物种进化间的关系。如细胞色素c,物种间亲缘关系越近,则细胞色素c的一级结构越相似,其空间构象和功能也相似;反之,进化位置相差愈远,其氨基酸序列之间的差别愈大。如人类和黑猩猩的细胞色素c一级结构完全相同,与猕猴只相差1个氨基酸残基;从物种进化看,蚕蛾与人类两者相差极远,故两者的细胞色素c一级结构相差达31个氨基酸。

(四)一级结构与分子病

蛋白质分子中起关键作用的氨基酸残基缺失或被替代,都会严重影响空间构象乃至生理功能,甚至导致疾病产生。例如镰状细胞贫血是由于血红蛋白β亚基的第6位谷氨酸被缬氨酸取代所致,只是一个氨基酸之差,这一改变却导致血红蛋白的表面上产生一个疏水小区,本是水溶性的血红蛋白溶解度降低,聚集成丝,相互黏着,导致红细胞形成镰刀状而极易破碎,产生贫血,输氧能力降低。这种由蛋白质分子发生变异所导致的疾病,被称之为"分子病",其病因为基因突变所致。但并非一级结构中的每个氨基酸都很重要,如去除胰岛素B链N端的苯丙氨酸,其功能依然不变。

二、蛋白质空间结构与功能的关系

蛋白质的多种功能与其特定的空间构象密切相关,空间构象是其功能活性的基础,构象发生变化,其功能活性也随之改变。以下以肌红蛋白和血红蛋白为例说明蛋白质空间结构与功能的关系。

(一)肌红蛋白和血红蛋白的结构

肌红蛋白与血红蛋白都是含有血红素辅基的蛋白质。肌红蛋白(myoglobin,Mb),是只有三级结构的单链蛋白质,有8个螺旋结构,整条肽链折叠成紧密球状分子,氨基酸残基上的疏水侧链大都在分子内部,富极性及电荷的侧链则在分子表面(见图1-7)。Mb分子内部有一个袋形空穴,血红素居于其中。血红素分子中的两个丙氨酸侧链以离子键形式与肽链中的两个碱性氨基酸侧链上的正电荷相连,肽链中的F8组氨酸残基与Fe^{2+}形成配位结合。所以血红素辅基可以与蛋白质稳定结合。血红蛋白(Hb)具有4个亚基组成的四级结构(见图1-8)。每个亚基结构中间有一个疏水局部,可结合1个血红素并携带1分子氧。一分子Hb共结合4分子氧。Hb各亚基的三级结构与Mb相似,Hb亚基之间通过8对离子键(图1-10)使4个亚基紧密结合形成球状蛋白质。

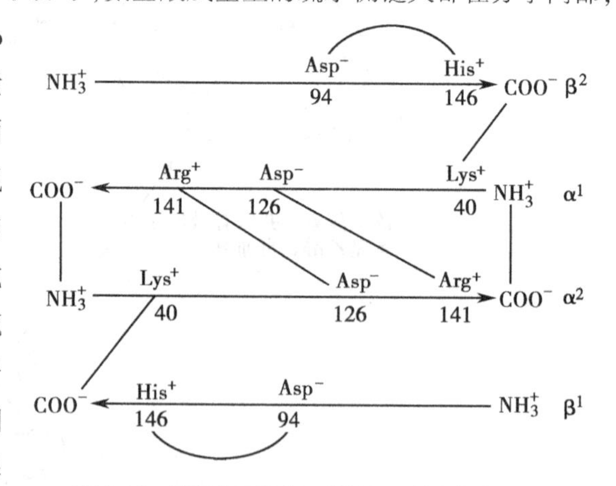

图1-10 脱氧血红蛋白亚基间和亚基内的离子键

(二)血红蛋白的构象变化与结合氧

Hb与Mb均可逆地与O_2结合。氧合Hb占总Hb的百分数(称百分饱和度)随着O_2浓度变化而变化。图1-11为Hb和Mb的氧解离曲线,前者为S状曲线,后者为直角双曲线。可见Mb易与O_2结合,而Hb与O_2的结合在O_2分压低时较难。Hb与O_2结合的S形曲线提示Hb与4个O_2结合时平衡常数不同,从S形曲线的后半部呈直线上升可得知Hb最后一个亚基与O_2结合时其常数最大。根据S形曲线的特征可知,Hb中第1个亚基与O_2结合以后,促进第2个和第3个亚基与O_2的结合。前3个亚基与O_2结合后,又可促进第4个亚基与O_2结合,这种效应称为正协同效应(positive cooperativity)。协同效应是指一个亚基与其配体（Hb 中的配体为 O_2）结合后，影响该寡聚体中另一亚基与配体的结合能力。如果是促进作用称为正协同效应，反之为负协同效应。

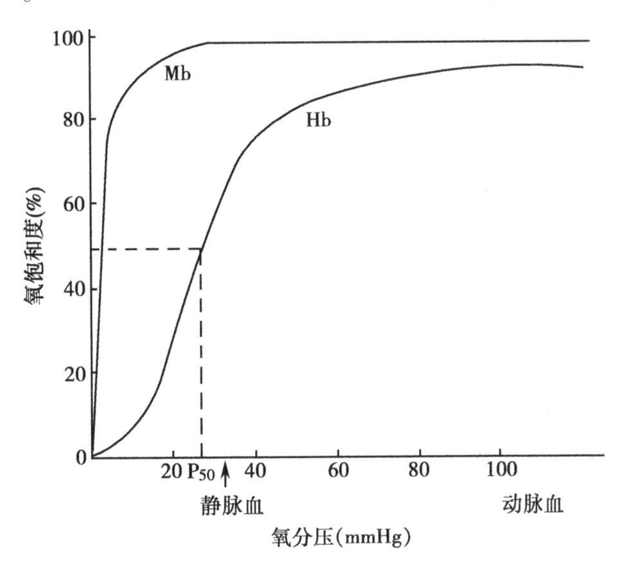

图 1-11 血红蛋白和肌红蛋白的氧解离曲线

未结合 O_2 时，Hb 的 α_1/β_1 和 α_2/β_2 呈对角排列，结构较为紧密，称为紧张态（tense state，T 态），T 态 Hb 与 O_2 的亲和力较弱，随着的 O_2 的结合，4 个亚基羧基末端之间的离子键（图 1-12）断裂，其二级、三级和四级结构也发生变化，使 α_1/β_1 和 α_2/β_2 的长轴形成 15°的夹角，结构相对疏松，称为松弛态（relaxed state，R 态）。在脱氧 Hb 中，Fe^{2+}的位置高于卟啉环平面 0.075nm，当 O_2 与血红素 Fe^{2+}结合后，Fe^{2+}即嵌入卟啉环平面中（图 1-13），牵动 F8 组氨酸残基连同 F 螺旋段的位移，再波及附近肽段构象，进而引起两个 α 亚基间离子键断裂，使亚基间结合松弛，促进了第二个亚基与 O_2 结合，依此方式可影响第三个、四个亚基与 O_2 结合。此种一个氧分子与 Hb 亚基结合后引起亚基构象变化，称为别构效应。别构效应普遍存在，酶的别构效应对于物质代谢的调控具有重要的意义。

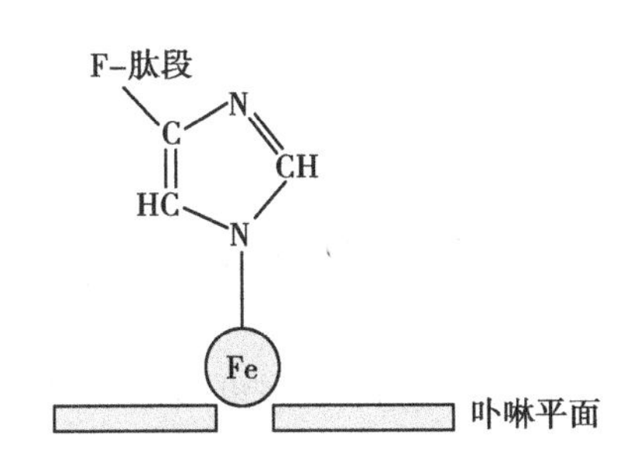

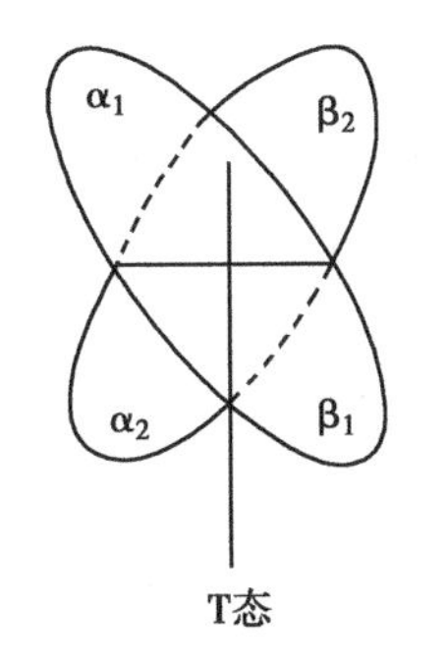

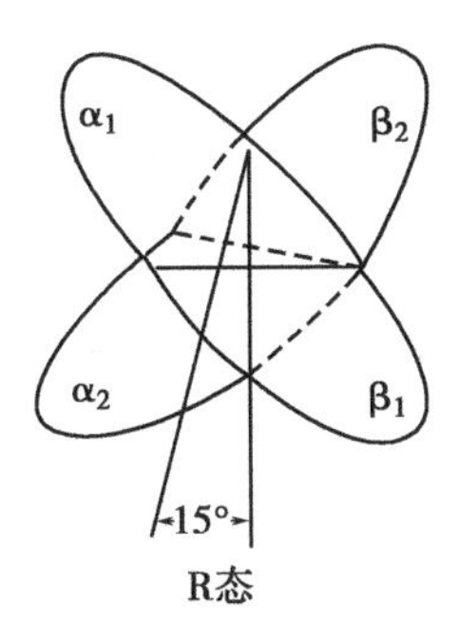

图 1-12 Hb 的 T 态与 R 态互变

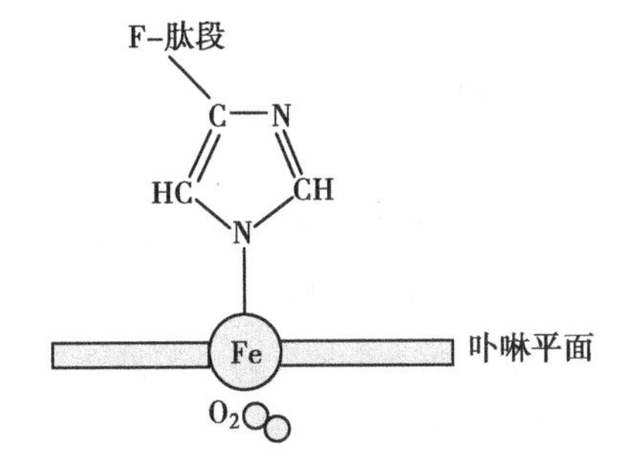

图 1-13 血红蛋白与 O_2 结合示意图

三、蛋白质空间结构的改变与疾病

生物体内蛋白质的加工、合成和成熟过程复杂，而多肽链的正确折叠对其正确构象的形成和功能的发挥起着至关重要的作用。除一级结构改变导致“分子病”外，近年来已发现，蛋白质一级结构不变而仅构象发生改变也可导致疾病的发生。蛋白质的空间三维构象是蛋白质发挥其功能的结构基础，由于蛋白质的空间构象改变而产生的疾病称为“构象病”。某些蛋白质错误折叠后可相互聚集，形成抗蛋白水解酶的淀粉样纤维沉淀，从而产生毒性而致病，这类疾病包括疯牛病、老年痴呆症及亨廷顿病等。

相关链接

朊病毒与疯牛病

疯牛病是由于朊病毒蛋白(prion protein，PrP)引起的一组人和动物神经性的退行性病变。朊病毒蛋白主要有2型：一型是正常型(PrP^{C})，分子中大约含有40%的α-螺旋组分，且很少发生β-折叠；另一种是致病型(PrP^{Sc})，分子中含有更多的β折叠，只有少量的α-螺旋。一旦摄入含有朊病毒(PrP^{Sc})的异常牛肉，因PrP^{Sc}对蛋白酶不敏感，不易被肠道的消化酶分解，并且可到达神经组织；当其接触到神经系统中的PrP^{C}，可导致PrP^{C}构象发生改变，并与其结合，成为可致病的朊病毒二聚体，此二聚体再攻击其他正常的朊病毒蛋白，形成四聚体，如此周而复始的进行攻击，使脑组织中的朊病毒不断蓄积，产生蛋白淀粉样斑沉积，导致大脑皮层的神经元细胞发生退化、空泡变性、丢失、死亡和消失，因而造成大脑皮层(灰质)变薄而白质相对较明显，即海绵脑病。

第四节　蛋白质的理化性质

蛋白质是由氨基酸组成的，故其理化性质必然与氨基酸的相同或相似。如，两性解离及等电点、呈色反应、紫外线吸收性质等；但蛋白质是生物大分子，具有氨基酸没有的理化性质。

一、蛋白质的两性解离和等电点

蛋白质分子除两端的氨基和羧基可解离外，侧链上还存在许多可解离的基团。如赖氨酸残基中的ε-氨基、精氨酸残基的胍基和组氨酸残基的咪唑基都可解离出阳离子的基团；而谷氨酸残基和天冬氨酸残基γ和β-羧基都可解离出带阴离子的基团。当蛋白质溶液处于某一pH时，蛋白质解离成正、负离子的趋势相等，即净电荷为零，蛋白质成为兼性离子，此时溶液的pH称为该蛋白质的等电点(isoelectric point，pI)。溶液的pH大于蛋白质的pI时，蛋白质带负电荷；反之则带正电荷。人体内多数蛋白质的等电点在pH 5.0左右，故在生理情况下(pH 7.4)以负离子形式存在。含碱性氨基酸较多的蛋白质等电点偏碱性，如组蛋白、鱼精蛋白等；含酸性氨基酸较多的蛋白质等电点偏酸性，如酪蛋白、胃蛋白酶等。

电泳(electrophoresis)是指带电粒子在电场中向电性相反的电极移动的现象。带电粒子在电场移动的速度主要取决于带电粒子所带净电荷的数量。在同一pH溶液中，由于各种蛋白质所带电荷的性质和数量不同，蛋白质分子大小和形状不同，因此，它们在电场中移动速度也有差别。利用这个原理，通过电泳的方法，可以对蛋白质进行分离、纯化和鉴定。电泳技术是临床检验室常用的技术，如利用该技术可作血清蛋白电泳、尿蛋白电泳及同工酶的鉴定，以帮助诊断疾病。

二、蛋白质的高分子性质

蛋白质是高分子有机化合物，其分子量多在1万至100万之巨，分子的直径在胶体颗粒（1～100nm）范围之内。蛋白质胶体在水中稳定因素主要是分子表面的水化膜和电荷。在蛋白质表面有不少的亲水基团，能与水发生水合作用，水分子受蛋白质极性基团的影响，定向排列在蛋白质分子的周围，形成水化膜，将蛋白质颗粒分开，不致相聚而沉淀。在偏离等电点的溶液中，形成电荷层，同性电荷相斥，防止蛋白质颗粒相聚沉淀。如果破坏水化膜和电荷，蛋白质极易从溶液中沉淀。

蛋白质溶液具有胶体溶液的性质，扩散慢，黏度大，不能透过半透膜。蛋白质的胶体性质是某些蛋白质分离、纯化方法的基础。最简单的纯化蛋白质方法是将蛋白质放入半透膜内，小分子物质可透过半透膜，蛋白质分子保留在半透膜内，这种方法称透析法，利用透析法可除去蛋白质溶液的无机盐等小分子物质。蛋白质分子不易透过半透膜的性质，决定了它在维持生物体内渗透压的平衡中起着重要的作用。

蛋白质溶液在高速离心时，由于离心力的作用，蛋白质会下沉，这就是蛋白质的沉降现象。蛋白质分子在单位力场的沉降速度，称为沉降系数（S）。通常情况下，分子愈大，沉降愈快，沉降系数愈高。故可用超速离心分离蛋白质以及测定其分子量。

三、蛋白质的变性、沉淀与凝固

1. 蛋白质的变性　在某些理化因素作用下，蛋白质特定的空间结构被破坏而导致理化性质改变和生物学活性丧失，称为蛋白质的变性（denaturation）。一般认为蛋白质的变性主要由于非共价键和二硫键的破坏，不改变一级结构中氨基酸序列。蛋白质变性后，其溶解度降低、黏度增加、结晶能力消失、生物活性丧失、易被蛋白酶水解。引起蛋白质变性的物理因素有高温、高压、超声波、紫外线、X射线等；化学因素有强酸、强碱、乙醇、重金属、尿素、去污剂等。变性在临床医学上具有重要意义。如采用高温、高压、紫外线、乙醇使病原微生物蛋白质变性，失去致病性和繁殖能力。在保存血清、疫苗抗体等生物制品时，应低温贮存，以防止蛋白质变性。

若蛋白质变性的程度较轻，去除变性因素后，有些蛋白质仍可恢复其活性，称为蛋白质的复性（renaturation）。图1-9所示，用尿素和β-巯基乙醇作用于核糖核酸酶，可使该酶的天然构象遭到破坏，失去生物学活性，去除尿素和β-巯基乙醇，该酶的活性又可逐渐恢复。但是许多蛋白质变性后，其空间构象被严重破坏，不能复原，称为不可逆性变性。

2. 蛋白质的沉淀　蛋白质从溶液析出的现象称蛋白质的沉淀。沉淀出来的蛋白质有时是变性的，但如控制实验条件（如低温和使用温和的沉淀剂），便可得到不变性的蛋白质沉淀。沉淀蛋白质的方法有以下几种：

（1）盐析：在蛋白质溶液中加入高浓度的中性盐如硫酸铵、硫酸钠、氯化钠等，使蛋白质从溶液中析出的现象，称为盐析。中性盐在水中溶解性大、亲水性强，与蛋白质争夺与水结合，破坏蛋白质的水化膜。另外中性盐又是强电解质，解离作用强，能中和蛋白质的电荷，破坏蛋白质的电荷层。因此稳定蛋白质溶液的因素遭到破坏，蛋白质溶解度下降，从溶液中析出。盐析法沉淀蛋白质并未破坏蛋白质天然状态，沉淀出的蛋白质不变性，因此盐析法是分离制备蛋白质或蛋白类生物制剂的常用方法。如用饱和硫酸铵可使血浆中清蛋白沉淀出来，而球蛋白则在半饱和硫酸铵溶液中析出。混合蛋白质溶液可用不同的盐浓度使其分别沉淀，这种分级沉淀的方法称为分段盐析。

（2）有机溶剂沉淀法：乙醇、甲醇、丙酮等有机溶剂能破坏蛋白质的水化膜，同时也降低溶液的介电常数，使蛋白质之间相互吸引而沉淀。在常温下，有机溶剂沉淀蛋白质可引起蛋白质变性，乙醇消毒灭菌就是如此，但是在低温下，蛋白质变性速度减慢，因此，用有机溶剂沉淀蛋白质，为防止蛋白质的变性，常需在低温条件下快速进行。

(3)重金属盐沉淀法：金属离子(Zn^{2+}、Cu^{2+}、Hg^{2+}、Pb^{2+}、Fe^{2+}等)可与带负电的蛋白质结合形成不溶性蛋白质盐沉淀，引起蛋白质变性。临床上抢救重金属盐中毒的病人，给病人口服大量新鲜牛奶或鸡蛋清，然后用催吐剂将结合的重金属盐呕出以解毒。

(4)生物碱试剂沉淀法：生物碱试剂如苦味酸、三氯乙酸、钨酸等可与蛋白质正离子结合形成不溶性盐而沉淀。临床检验常用这类方法沉淀蛋白质，制备无蛋白血滤液，或用这类酸作尿蛋白的检查试剂。

3. 蛋白质的凝固　蛋白质经强碱、强酸作用后，易发生变性，但仍能溶解于强酸或强碱溶液中；若将pH调至等电点，则变性的蛋白质立即结成絮状的不溶物，但此絮状物仍可溶解于强酸和强碱中。若再加热，则絮状物可变成比较坚固的凝块，此凝块不易再溶于强酸和强碱中，这种现象称为蛋白质的凝固作用(protein coagulation)。

变性的蛋白质不一定沉淀，沉淀的蛋白质也不一定变性，但变性的蛋白质容易沉淀，凝固的蛋白质均已变性，而且不再溶解。

四、蛋白质的呈色反应

蛋白质分子中，肽键及某些氨基酸残基的化学基团，可与某些化学试剂反应显色，称为蛋白质呈色反应。利用这些呈色反应可以对蛋白质进行定性、定量测定。常用的颜色反应有：

1. 茚三酮反应　蛋白质经水解后产生的氨基酸也可发生茚三酮反应，详见本章第一节。

2. 双缩脲反应　蛋白质和多肽分子中肽键在稀碱溶液中与硫酸铜共热，呈现紫色或红色，称为双缩脲反应(biuret reaction)。氨基酸不出现此反应，故此法还可检测蛋白质水解的程度。

五、蛋白质的紫外吸收

由于蛋白质分子中常含酪氨酸、色氨酸等芳香族氨基酸，因此在280nm波长处有特征性吸收峰。在此波长范围内，蛋白质的A_{280}与其浓度成正比关系，因此用于蛋白质的定量测定。

(徐文华)

学习小结

蛋白质是重要的生物大分子，其基本组成单位是*L*-α-氨基酸，有20种，可分为非极性疏水性氨基酸、极性中性氨基酸、酸性氨基酸和碱性氨基酸四类。

蛋白质的一级结构是指蛋白质分子中氨基酸在多肽链中的排列顺序，即氨基酸序列，其连接键是肽键，还包括二硫键。二级结构是指主链局部或某一段肽链的空间结构，不涉及氨基酸残基侧链构象。主要有α-螺旋、β-折叠、β-转角和无规卷曲，以氢键维持其稳定性。三级结构是指整条多肽链所有原子的排布方式，包括多肽链分子主链及侧链的构象。稳定三级结构主要是通过次级键的作用。四级结构是指蛋白质亚基之间的缔合，也主要靠次级键维系。

体内存在许多如GSH、甲状腺释放激素等重要的生物活性肽。

蛋白质的一级结构是空间结构的基础，也是功能的基础。一级结构相似的蛋白质，其空间结构与功能也相近。若蛋白质的一级结构发生改变则影响其正常功能，由此引起的疾病称为“分子病”。

蛋白质空间结构与功能密切相关，血红蛋白亚基与O_2结合可引起其他亚基构象变化，使之更易与O_2结合，这种别构效应是蛋白质中普遍存在的功能调节方式之一。若蛋白质的折叠发生错误，虽然其一级结构不变，但蛋白质的空间结构发生改变，可导致疾病的发生，此类疾病称为“构象病”。

蛋白质的空间结构改变，可导致其理化性质变化和生物学活性丧失。蛋白质变性后，只要其一级结构未遭到破坏，仍可在一定条件下复性，恢复原有的空间构象和功能。

复习参考题

1. 试述蛋白质的一级结构、二级结构、三级结构、四级结构的结构要点。
2. 举例说明蛋白质结构与功能的关系。
3. 何谓蛋白质的变性？举例说明其在临床上的应用。

第二章 核酸的结构与功能

2

学习目标

掌握	核酸的分子组成；DNA 双螺旋结构模型要点，RNA 的结构特点及功能；DNA 变性、复性和分子杂交。
熟悉	DNA 的三级结构、真核生物染色体的组装。
了解	核酸的一般理化性质。

核酸(nucleic acid)是以核苷酸为基本组成单位的生物大分子，具有复杂的结构和重要的功能。核酸分为核糖核酸(ribonucleic acid，RNA)和脱氧核糖核酸(deoxyribonucleic acid，DNA)两大类。真核生物DNA存在于细胞核和线粒体内，携带遗传信息，决定细胞及个体的基因型(genotype)。RNA存在于细胞质、细胞核和线粒体内，参与细胞内DNA遗传信息的表达。病毒中，RNA也可作为遗传信息的载体。

第一节　核酸的化学组成

组成核酸的化学元素有C、H、O、N、P等。各种核酸分子中P的含量较多并且恒定，约占9%~10%，故在测定生物组织中核酸的含量时，通常通过测定P的含量来计算。

核酸在核酸酶的作用下水解为核苷酸，核苷酸进一步分解可生成核苷和磷酸。因此，DNA的基本组成单位是脱氧核糖核苷酸，而RNA的基本组成单位是核糖核苷酸。

一、戊糖

构成核酸的戊糖均为β-*D*-型结构，有核糖(ribose)和2-脱氧核糖(deoxyribose)两种，分别存在于核糖核苷酸和脱氧核糖核苷酸中。为了区别碱基上原子的编号，戊糖的C原子编号都加上“′”，如C-1′表示戊糖的第一位碳原子(图2-1)。核糖与2-脱氧核糖的区别仅在于C-2′原子所连接的基团。在核糖的C-2′原子上有一个羟基，而脱氧核糖的C-2′原子上则没有羟基。

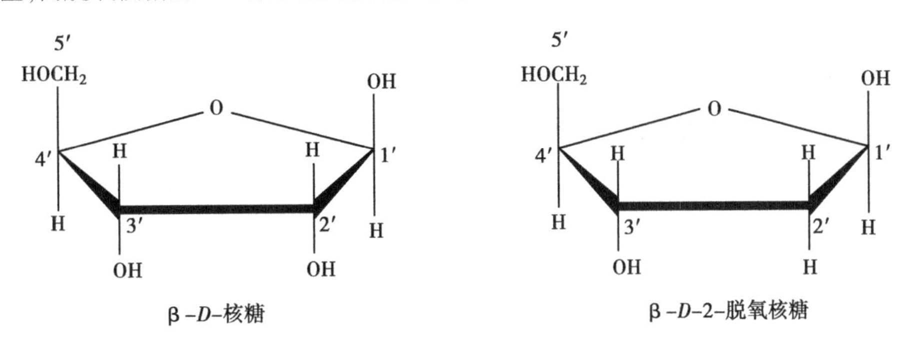

图2-1　两种核糖的结构

二、碱基

构成核苷酸的碱基有五种，分别属于嘌呤和嘧啶两类含氮杂环化合物。自然界存在许多重要的嘌呤衍生物。核苷酸中的嘌呤碱(purine)主要是鸟嘌呤(G)和腺嘌呤(A)。嘧啶碱(pyrimidine)主要是胞嘧啶(C)、尿嘧啶(U)和胸腺嘧啶(T)。G、A和C三种碱基是DNA和RNA所共有的，T一般只存在于DNA中，不存在于RNA中；而U只存在于RNA中，不存在于DNA中。这五种碱基成分中的氨基或酮基受所处环境pH的影响可以形成氨基-亚氨基互变异构体或酮-烯醇互变异构体，这为碱基间形成氢键提供了结构基础(图2-2)。

除了上述的五种基本碱基外，自然界存在的嘌呤碱基衍生物还有次黄嘌呤、黄嘌呤、尿酸、茶碱等(图2-3)。RNA分子中还有少量的稀有碱基。稀有碱基的种类很多，大多是甲基化碱基。tRNA中含有可高达10%的稀有碱基。核酸中的碱基甲基化的过程发生在核酸的生物合成以后，对核酸的生物学功能具有极其重要的意义。

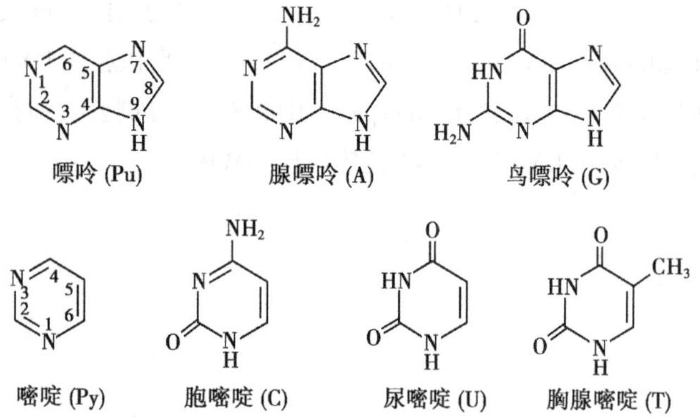

嘌呤 (Pu)　腺嘌呤 (A)　鸟嘌呤 (G)

嘧啶 (Py)　胞嘧啶 (C)　尿嘧啶 (U)　胸腺嘧啶 (T)

图 2-2　嘌呤环、嘧啶环和五种含氮碱基的结构

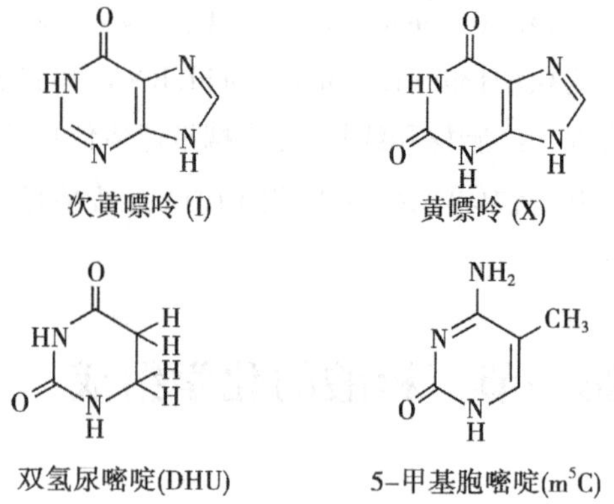

次黄嘌呤 (I)　黄嘌呤 (X)

双氢尿嘧啶(DHU)　5-甲基胞嘧啶(m^5C)

图 2-3　常见的稀有碱基

三、核苷

碱基和核糖或脱氧核糖通过糖苷键相连形成核苷(nucleoside)或脱氧核苷(deoxynucleoside)。戊糖的C-1′原子与嘌呤碱的N-9原子或嘧啶碱的N-1原子通过缩合形成β-*N*-糖苷键。其命名是在相应核苷前面加上碱基的名字,如胞嘧啶核苷简称胞苷、腺嘌呤脱氧核苷简称脱氧腺苷。若是脱氧核苷则糖基的2′位为“H”。

四、核苷酸

核苷或脱氧核苷中戊糖基的自由羟基与磷酸通过磷酸酯键结合成核苷酸或脱氧核苷酸(deoxynucleotide)。核糖核苷的糖基在2′、3′、5′位上有自由羟基,故能分别形成2′-、3′-或5′-核苷酸;脱氧核糖核苷的糖基上只有3′、5′两个自由羟基,所以只能形成3′-或5′-两种脱氧核苷酸。生物体内游离存在的多是5′-核苷酸。根据连接的磷酸基团的数目不同,核苷酸可分为核苷一磷酸(nucleoside monophosphate,NMP)、核苷二磷酸(nucleoside diphosphate,NDP)和核苷三磷酸(nucleoside triphosphate,NTP)。核苷三磷酸的磷原子分别标以α,β和γ(图2-4A)。其命名是在相应核苷或脱氧核苷后面加上“酸”字即可。核酸中主要的碱基、核苷、核苷酸的中英文对照名称及其代号见表2-1。

第 2-1　核酸中主要的碱基、核苷、核苷酸的名称、中英文对照及其代号

碱基(base)	核苷(nucleoside)	核苷酸(nucleotide)
RNA	核糖核苷	5′-核苷酸(NMP)
腺嘌呤(adenine, A*)	腺苷(adenosine)	腺苷酸(AMP)
鸟嘌呤(guanine, G)	鸟苷(guanosine)	鸟苷酸(GMP)
胞嘧啶(cytosine, C)	胞苷(cytidine)	胞苷酸(CMP)
尿嘧啶(uracil, U)	尿苷(uridine)	尿苷酸(UMP)
DNA	脱氧核苷	5′-脱氧核苷酸(dNMP)
腺嘌呤(adenine A)	脱氧腺苷(deoxyadenosine)	脱氧腺苷酸(dAMP)
鸟嘌呤(guanine, G)	脱氧鸟苷(deoxyguanosine)	脱氧鸟苷酸(dGMP)
胞嘧啶(cytosine, C)	脱氧胞苷(deoxycytidine)	脱氧胞苷酸(dCMP)
胸嘧啶(thymine, T)	脱氧胸苷(deoxythymidine)	脱氧胸苷酸(dTMP)

* A、G、U、C、T除了用来代表相应的含氮碱基之外,还常常被用来表示相应的核苷和核苷酸(见本表右栏);在脱氧核苷和核苷酸代号之前加上小写的d以表示脱氧

核苷酸除了作为核酸的基本组成单位外，在生物体内还有重要的代谢及调节功能。例如，AMP 参与 FAD、泛酸和辅酶 I 等辅酶的组成；环腺苷酸(cyclic AMP，cAMP)和环鸟苷酸(cyclic GMP，cGMP)在细胞信号转导过程中起着重要调控作用(图 2-4B)。此外，细胞内参与物质代谢的酶分子的一些辅酶结构中都含有腺苷酸，如辅酶 I (烟酰胺腺嘌呤二核苷酸)，它是生物氧化体系的重要组成成分，在传递电子或质子的过程中起着重要的作用。

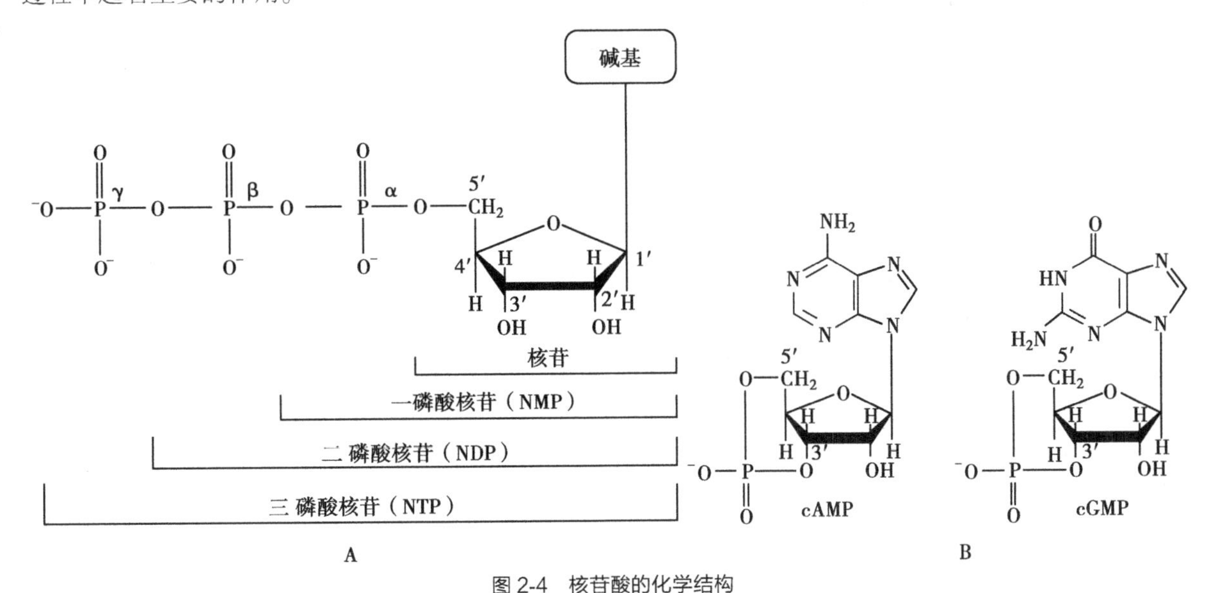

图 2-4　核苷酸的化学结构

A. 核苷酸的通式；B. 3′，5′-环腺苷酸和 3′，5′-环鸟苷酸

核酸就是由很多核苷酸以特定方式聚合所形成的多核苷酸链。核苷酸之间的连接方式是：前一位核苷酸的 3′-OH 与后一位核苷酸的 5′磷酸之间形成 3′，5′-磷酸二酯键，从而形成不分支的线性大分子，具有严格的方向性。核酸的两个末端分别称为 5′-端(游离磷酸基)和 3′-端(游离羟基)。这条多聚核苷酸链只能从 3′-OH 端得以延长，因此，DNA 链具有了从 5′→3′的方向性。DNA 与 RNA 的差别在于：①DNA 的糖环是脱氧核糖，RNA 的糖环是核糖；②DNA 是胸腺嘧啶，RNA 的嘧啶是胞嘧啶和尿嘧啶。

表示一个核酸分子的书写方法由繁至简有多种(图 2-5)，规则是从 5′-端到 3′-端。由于多核苷酸链的

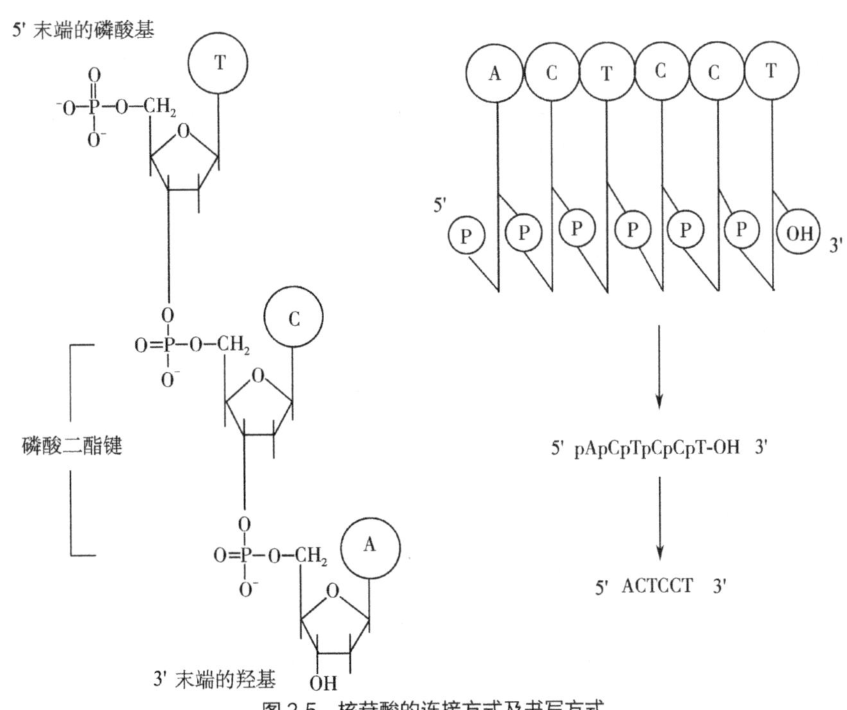

图 2-5　核苷酸的连接方式及书写方式

主链骨架都是由糖基和磷酸基组成,所不同的只是侧链上的碱基排列顺序,因此,最简洁的方式是直接以碱基字母缩写式来表示相应的核苷酸。

第二节 DNA的结构与功能

问题与思考

DNA是遗传物质的载体。1928年格里菲斯以R型和S型肺炎双球菌株作为实验材料进行遗传物质的实验。他将活的、无毒的RⅡ型(无荚膜,菌落粗糙型)肺炎双球菌或加热杀死的有毒的SⅢ型肺炎双球菌注入小白鼠体内,结果小白鼠安然无恙;将活的、有毒的SⅢ型(有荚膜,菌落光滑型)菌或将大量经加热杀死的有毒的SⅢ型菌和少量无毒、活的RⅡ型菌混合后分别注射到小白鼠体内,结果小白鼠患病死亡,并从小白鼠体内分离出活的SⅢ型菌。格里菲斯的实验表明,SⅢ型死菌体内有一种物质能引起RⅡ型活菌转化产生SⅢ型菌。

思考: 1. SⅢ菌中使RⅡ菌转化为SⅢ菌的转化物质是什么?

2. 如何证明它的化学本质?

DNA是由许多脱氧核苷酸经磷酸二酯键连接组成的生物大分子,具有非常复杂的结构,各种生物的遗传信息储存于其中。要了解DNA的生物学功能,首先须解析其组成、一级结构和空间结构。

一、DNA的一级结构

核酸(包括DNA和RNA)的一级结构是指其核苷酸的排列顺序。由于核苷酸之间的差异仅仅是碱基的不同,故又可称为碱基排列顺序。不同的核酸分子之间的差别就体现在碱基的排列顺序之上。组成DNA分子的基本单位是四种脱氧核苷酸:dAMP、dGMP、dCMP和dTMP。因此,DNA的一级结构是指DNA分子中脱氧核糖核苷酸的排列顺序,即碱基排列顺序。生物遗传信息就储存在于DNA分子的碱基排列顺序之中,因而对DNA分子一级结构的分析对阐明DNA空间结构和功能具有根本性意义。

单链DNA和RNA分子的大小常用核苷酸(nucleotide, nt)的数目来表示,双链DNA则用碱基对(base pair, bp)或千碱基对(kilobase pair, kbp)的数目来表示。小的核酸片段(<50bp)常被称为寡核苷酸。自然界中的DNA和RNA的长度可高达几十万个碱基。DNA携带的所有遗传信息完全依靠碱基排列顺序变化。可以想象,由n个脱氧核苷酸组成的一个DNA可能会有4^n个的排列组合,可提供巨大的编码遗传信息的潜力。

二、DNA的空间结构

DNA的空间结构(spatial structure)是指构成DNA的所有原子在三维空间的相对位置关系。DNA的空间结构可分为二级结构和三级结构。

(一)DNA的二级结构

1. 研究背景 20世纪50年代初,Chargaff等人应用层析和紫外吸收分析等技术研究了多种生物DNA的碱基组成,发现有如下规律:①在所有来源的DNA分子中,腺嘌呤与胸腺嘧啶的摩尔数相同,而鸟嘌呤则与胞嘧啶的摩尔数相同;②不同生物种属的DNA碱基组成不同;③同一生物的不同器官、不同组织的DNA碱基组成均相同;④生物体内DNA碱基的组成不随生物体的年龄、营养状态或者环境的变化而改变。这一规律进一步暗示了 DNA 的碱基之间存在着某种对应的关系。

此后，Wilkins 和 Franklin 通过对 DNA 分子的 X-射线衍射分析，结果显示 DNA 是螺旋形分子，其密度提示是双链分子。这些认识后来为 DNA 的双螺旋结构模型提供了有力的佐证。J. Watson 和 F. Crick 总结前人的研究结果，提出了 DNA 分子的双螺旋结构模型。

2．DNA 双螺旋结构模型要点 ①DNA 是由两股方向相反的平行多聚脱氧核苷酸链组成，两条链中的一条链是自上而下沿 5′→3′方向延伸，而另一条链是自下而上沿 5′→3′的方向延伸。围绕同一中心轴以右手双螺旋的方式缠绕所形成的立体结构。两股链螺旋表面上形成大沟（major groove）和小沟（minor groove），这些沟状结构与蛋白质和 DNA 间的识别有关。②DNA 双螺旋主链的骨架由脱氧核糖和磷酸交替构成，位于双螺旋的外侧，碱基位于双螺旋的内侧。两条链的碱基之间以氢键结合位于同一平面之上，称为碱基互补配对（complementary base pair），DNA 的两条链则称为互补链（complementary strand）。双螺旋结构的螺旋轴与碱基对平面垂直。碱基互补配对总是在腺嘌呤与胸腺嘧啶之间（A=T）形成两个氢键；在鸟嘌呤与胞嘧啶之间（G≡C）形成三个氢键。碱基对平面之间的距离是 0. 34nm，每一螺旋含 10. 5 个碱基，螺距为 3. 54nm，双螺旋的直径为 2. 37nm（图 2-6）。③DNA 双螺旋的横向稳定由互补碱基对之间的氢键维系，而纵向稳定则依赖于碱基平面间疏水性的碱基堆积力。而碱基的堆积力对于维持 DNA 双螺旋结构的稳定性更为重要。

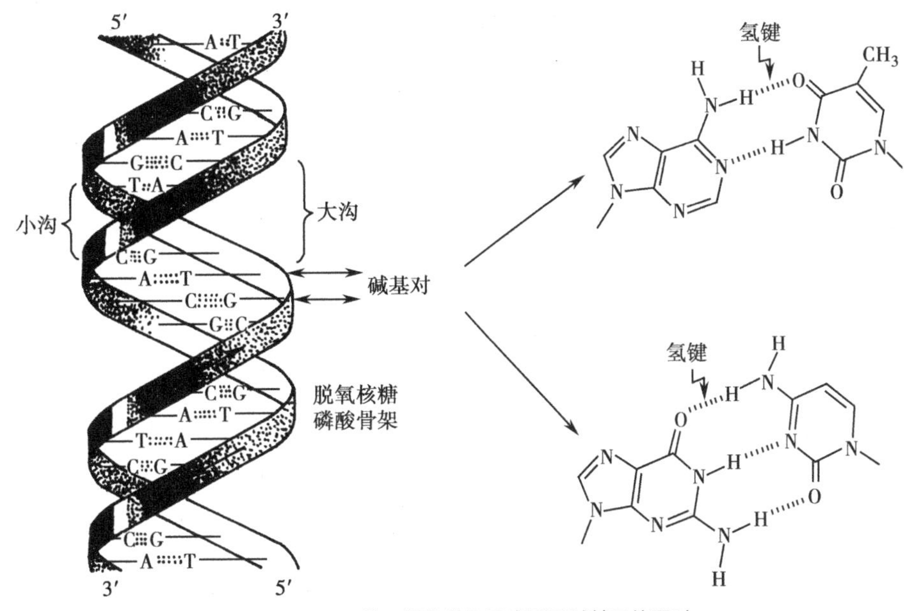

图 2-6 DNA 的双螺旋结构示意图及碱基互补配对

相关链接

DNA 双螺旋结构的多样性

Watson 和 Crick 提出的 DNA 双螺旋结构模型是基于在 92%相对湿度下得到的 DNA 纤维的 X 射线衍射图像的分析结果。这是 DNA 在水性环境和生理条件下最稳定的结构。DNA 的结构不是一成不变的，人们将 Watson 和 Crick 提出的双螺旋结构称为 B 型-DNA。当环境的相对湿度降低后，DNA 仍然保存着右手螺旋的双链结构，但是它的空间结构参数不同于 B 型-DNA，人们将其称为 A 型-DNA。A 型-DNA 的螺旋宽而短，每个螺旋含 11 个碱基对，并且碱基对不垂直于双螺旋轴。1979 年，美国科学家 A. Rich 等人在研究人工合成时的 CGCGCG 的晶体结构时竟意外地发现这种 DNA 是左手螺旋。后来证明这种结构在天然 DNA 分子中同样存在，并称为 Z 型-DNA。Z 型-DNA 每个螺旋含 12 对碱基，只有一条沟。在生物体内，不同结构的 DNA 分子在功能上有所差异，与基因表达调控相适应。

（二）DNA 的三级结构

生物体的 DNA 是长度非常可观的大分子，如人体细胞中 23 对染色体的总长度可达 2m。因此，DNA 是在双螺旋结构的基础上，经过一系列的压缩和盘绕，形成较为致密的结构后，方可组装在细胞核内。DNA 双螺旋分子在空间可进一步折叠或盘绕成为更为复杂的结构，即三级结构。超螺旋是其主要形式。DNA 超螺旋结构又可分为负超螺旋和正超螺旋。盘绕方向与 DNA 双螺旋方向相反的是负超螺旋，通过这种方式，调整了 DNA 双螺旋本身的结构，松懈了扭曲压力，DNA 的空间结构相对疏松。天然存在的 DNA 均为负超螺旋。盘绕方向与 DNA 双螺旋方向相同的是正超螺旋，使 DNA 分子的结构更加紧密。DNA 超螺旋结构整体或局部的拓扑学变化及其调控对于 DNA 复制和 RNA 转录过程具有关键作用。

真核生物线粒体、绝大多数原核生物的 DNA 是共价封闭的环状双链分子，这种双螺旋环状分子再度螺旋化成为超螺旋结构（图 2-7）。

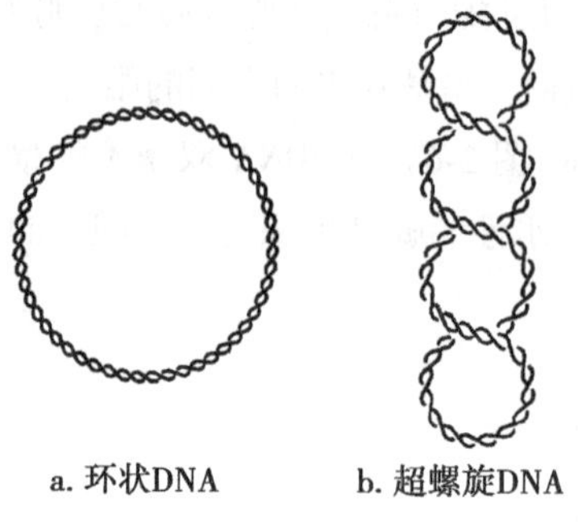

图 2-7　环状和超螺旋 DNA 结构

三、真核生物染色体的组装

在真核生物，DNA 在细胞周期的绝大部分时间是以松散的染色质的形式存在细胞核内的。在细胞分裂期，DNA 则形成高度致密的染色体。在电子显微镜下观察到的染色质呈串珠样结构。染色质的基本组成单位是核小体（nucleosome），它是由 DNA 和 H1、H2A、H2B、H3 和 H4 等 5 种组蛋白共同构成的。两分子的 H2A、H2B、H3 和 H4 共同构成致密八聚体的组蛋白核心，DNA 双螺旋链缠绕其上 1.75 圈（长度为 146 个碱基对）形成了核小体的核心颗粒。两相邻核心颗粒之间再由 DNA（约 60bp）和组蛋白 H1 构成的连接区连接串联成核小体（图 2-8）。

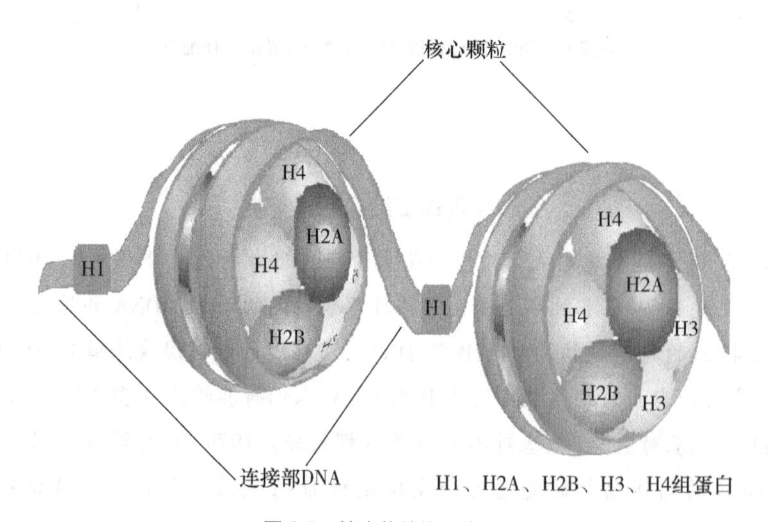

图 2-8　核小体结构示意图

由于核小体的形成，DNA的长度被压缩6~7倍，在此基础上，串珠状的多核小体进一步盘绕形成外径为30nm、内径为10nm的中空螺旋管，使DNA的长度又减少了约6倍。中空螺旋管进一步盘绕成直径400nm的超螺旋管纤维，使染色体的长度又减少了40倍。最后，由超螺线管折叠形成直径约700nm的染色体。经过这样的压缩折叠，DNA被压缩了8000~10 000倍，从而将近2m长的DNA有效地组装在直径只有数微米的细胞核中（图2-9）。整个组装和折叠过程是由蛋白质的精确调控实现的。

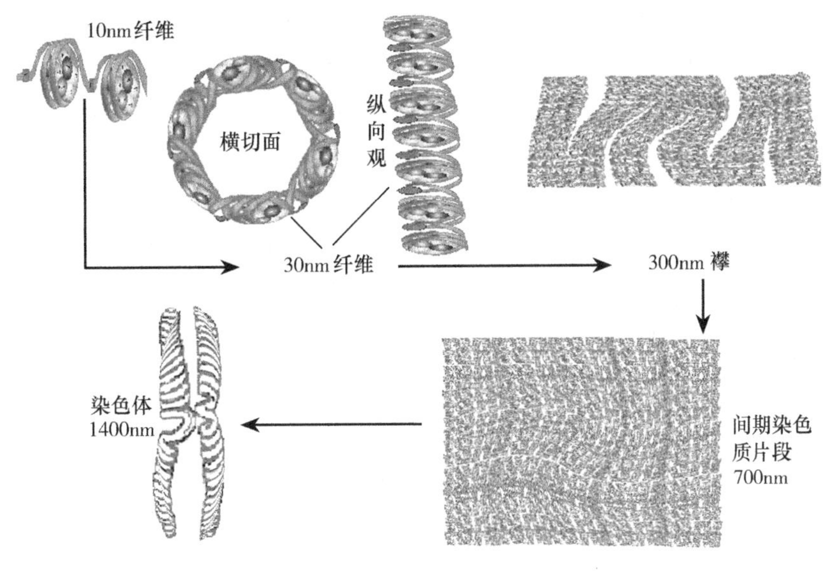

图2-9　真核生物染色体的组装示意图

四、DNA的功能

DNA是遗传信息的载体。DNA的基本功能就是作为生物遗传信息复制的模板和基因转录的模板，它是生命遗传繁殖的物质基础，也是个体生命活动的基础。

基因（gene）通常指DNA分子中的某一特定区段，其核苷酸的排列顺序决定了基因的功能：表达产生有生物学活性的蛋白质产物或RNA分子。一个细胞或生物所含的全套基因称基因组（genome），一般来讲，生物进化的程度越高，其基因组也越大。最简单的生物如SV40病毒的基因组仅含有5100碱基对，而人的基因组则大约3×10^9碱基对组成，使可编码的信息量大大增加。DNA具有高度稳定性的特点，可用来保持生物体系中遗传的相对稳定性。同时，DNA又表现出高度复杂性的特点，它可以发生各种重组和突变，适合环境的变迁，为自然选择提供机会。

第三节　RNA的结构与功能

RNA在生命活动中同样占有重要地位，主要参与基因的表达和基因表达的调控。RNA通常以单链形式存在，但也有复杂的局部二级结构或三级结构。RNA分子比DNA分子小得多，小的由数十个核苷酸，大的由数千个核苷酸组成。RNA的功能多样，所以它的种类、大小和结构都比DNA多样化。

RNA主要分为三种，即信使RNA（messenger RNA，mRNA），转运RNA（transfer RNA，tRNA），核糖体RNA（ribosomal RNA，rRNA）。此外，在细胞内还有其他的一些小分子RNA存在。不均一核RNA（hnRNA）

是成熟 mRNA 的前身物质。核内小 RNA(snRNA)的功能是参与 hnRNA 的剪接、转运过程。胞质小 RNA(scRNA)又称为 7SL-RNA,则是蛋白质内质网定位合成的信号识别体的组成成分。

一、信使 RNA 的结构与功能

mRNA 可从 DNA 转录遗传信息,并作为模板指导蛋白质的合成,它相当于传递遗传信息的信使,其名字由此而来,DNA 决定蛋白质合成的作用正是通过这类特殊的 RNA 实现的。

mRNA 含量最少,仅约占总量的 3%,但作为不同蛋白质合成模板的 mRNA,种类却最多,其一级结构差异很大,主要是由其转录的模板 DNA 区段大小及转录后的剪接方式决定的。mRNA 分子的大小亦决定了它要翻译出的蛋白质的大小。在各种 RNA 分子中,mRNA 的半衰期最短,从几分钟至数小时不等。

在真核生物细胞核中,最初转录生成的 RNA 初级产物称为 hnRNA,然而在细胞质中起作用、作为蛋白质合成的氨基酸序列模板的是 mRNA。hnRNA 是 mRNA 的未成熟前体,经过剪接加工成为成熟的 mRNA,并依靠特殊的机制转运到细胞质中(详见第十一章)。成熟的 mRNA 分子具有以下结构特点(图 2-10)。

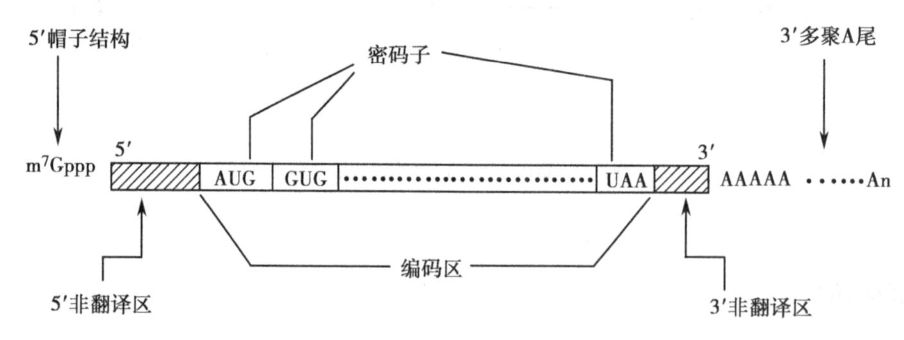

图 2-10 真核生物成熟 mRNA 结构示意图

1. 5′-端帽结构 在 hnRNA 转变为 mRNA 的过程中,5′-端被加上一个甲基化的鸟嘌呤核苷三磷酸,这种 m^7Gppp 结构被称为“帽”结构(图 2-11)。原核生物的 mRNA 没有这种特殊的结构。在原始转录产物的第一、二个核苷酸中戊糖 C-2′通常也会被甲基化,由此产生数种不同的帽结构。mRNA 的帽结构可与一类称为帽结合蛋白的分子结合形成复合体。帽子结构对于 mRNA 从细胞核向细胞质的转运、与核糖体的结合、翻译的起始和 mRNA 稳定性的维持等均起到重要作用。

2. 3′-端多聚腺苷酸尾巴 多聚腺苷酸(polyA)尾巴是在 mRNA 转录完成之后逐个添加上去的,一般由 80~250 个腺苷酸连接而成。mRNA 的 polyA 尾与 polyA 结合蛋白在细胞内结合存在,每 10~20 个腺苷酸结合一个 polyA 结合蛋白单体。随着 mRNA 存在时间的延长,polyA 尾会慢慢变短。目前认为,这种 3′-结构可能与 mRNA 从细胞核向细胞质的转运、转录活性的增加和 mRNA 稳定性维系有关。原核生物的 mRNA 没有这些特殊的结构。

3. 编码区和非编码区 mRNA 分子中的序列按其功能分为编码区与非编码区。从成熟 mRNA 的 5′-端起的第一个 AUG(即为起始密码子)至终止密码子之间的核苷酸序列称为开放读框,即编码区,决定多肽链的氨基酸序列。开放读框内每 3 个相邻的核苷酸为一组,决定多肽链上的一个氨基酸,称为三联体密码。开放读框两侧,还有非编码序列(untranslated region,UTR),分别称作 5′-UTR 和 3′-UTR。

二、转运 RNA 的结构与功能

tRNA 的功能是在蛋白质合成过程中作为各种氨基酸的载体，在 mRNA 的遗传密码指引下将氨基酸转运至核糖体上进行蛋白质合成。tRNA 是细胞内分子量最小的一类核酸，有 100 多种，由 74～95 个核苷酸构成，占细胞总 RNA 的 15%。各种 tRNA 在结构上均有以下一些共同特点。

1. **一级结构特点** tRNA 中含有 10%～20% 的稀有碱基，包括甲基化的嘌呤 ^{m}G、^{m}A，双氢尿嘧啶（DHU）、次黄嘌呤、假尿嘧啶核苷等，这些稀有碱基均是转录后修饰而成的。tRNA 的 3′-端最后 3 个核苷酸均为 CCA-OH，tRNA 所转运的氨基酸就连接在此末端上。

2. **二级结构特点** tRNA 分子的一些核苷酸序列能够通过碱基互补配对形成多处局部的双链。这些双链结构呈茎状，其他不配对的区带构成所谓的环和袢，称为茎环结构或是发夹结构，使得整个 tRNA 分子形成三叶草形（cloverleaf pattern）的二级结构。位于两侧的发夹结构根据其含有的稀有碱基分别称为 DHU 环和 TΨC 环，位于下方的为反密码子环，其环中部的三个碱基可以与 mRNA 中的三联体密码子形成碱基互补配对，构成所谓的反密码子（anticodon）。在反密码子环与 TΨC 环之间，往往存在一个额外环，由数个乃至二十余个核苷酸组成（图 2-11A）。

3. **三级结构特点** tRNA 的共同三级结构呈倒 L 形（图 2-11B）。在倒 L 形结构中，3′CCA-OH 末端的氨基酸臂位于一端，反密码子环位于另一端，而 DHU 环和 TΨC 环虽在二级结构上各处一方，但在三级结构上却相距很近。各种 tRNA 分子的核苷酸序列和长度虽然有差异，但其三级结构均相似，提示这种空间结构与 tRNA 的功能有密切关系。

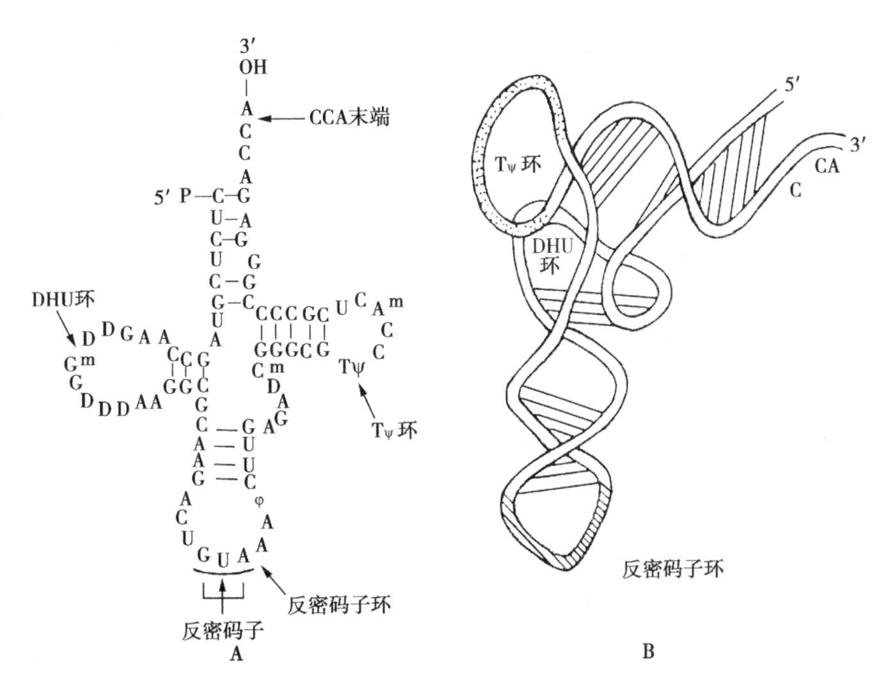

图 2-11 tRNA 的二级结构和三级结构

A. tRNA 的“三叶草形”二级结构；B. tRNA 的“倒 L 形”三级结构

三、核糖体 RNA 的结构与功能

rRNA 是细胞内含量最多的 RNA，约占总 RNA 量的 80% 以上。rRNA 与核糖体蛋白共同构成核糖体（ribosome），是细胞内蛋白质合成的场所。原核生物和真核生物的核糖体均由易于解聚的大、小两个亚基组成。

原核生物有 3 种 rRNA，依照分子量的大小分为 5S、16S、23S（S 是大分子物质在超速离心沉降中的一个物理学单位，可间接反映分子量的大小）。它们分别与不同的核糖体蛋白分别形成了核糖体的小亚基和大亚基。真核生物的 4 种 rRNA 也以同样的方式构成了核糖体的小亚基和大亚基（表 2-2）。

第 2-2　核糖体的组成

	原核生物（大肠杆菌为例）		真核生物（小鼠肝为例）	
小亚基		30S		40S
rRNA	16S	1542 个核苷酸	18S	1874 个核苷酸
蛋白质	21 种	占总重量的 40%	33 种	占总重量的 50%
大亚基		50S		60S
rRNA	23S	2940 个核苷酸	28S	4718 个核苷酸
	5S	120 个核苷酸	5.8S	160 个核苷酸
			5S	120 个核苷酸
蛋白质	31 种	占总重量的 30%	49 种	占总重量的 35%

根据各种 rRNA 的碱基序列测定结果，推测出了它们的空间结构，如真核生物的 18S rRNA 的二级结构呈花状，众多的茎环结构为核糖体蛋白的组装和结合提供了结构基础（图 2-12）。原核生物的 16S rRNA 的二级结构也非常相似。

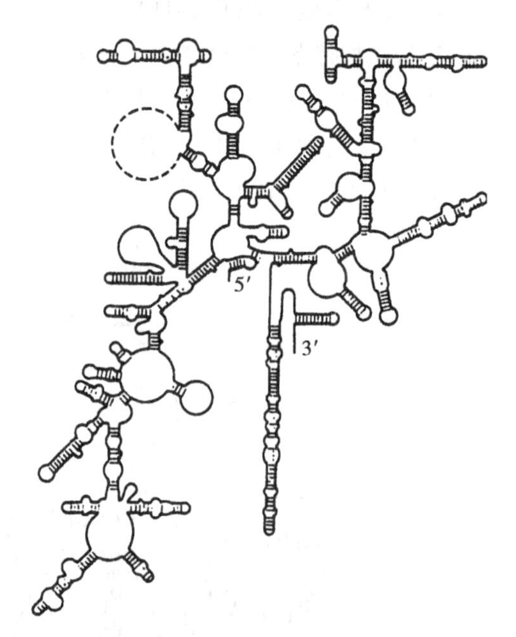

图 2-12　真核生物 18S rRNA 的二级结构

除了上述三种 RNA 外，真核生物中还存在着其他的非编码 RNA。非编码 RNA 是一类具有重要生物学功能但不编码蛋白质的 RNA 分子，可分为长链非编码 RNA 和短链非编码 RNA。长链非编码 RNA（long noncoding RNA，lncRNA）是指长度大于 200nt 的非编码 RNA，短链非编码 RNA 的长度一般小于 200nt。它们参与转录的调控、mRNA 的稳定和翻译调控、RNA 的剪切和修饰、染色体的形成和结构稳定、蛋白质的稳定和转运等细胞的重要功能，进而调控胚胎发育、器官形成、组织分化等基本的生命活动，还可调控某些疾病（如神经系统疾病、肿瘤等）的发生和发展过程。

相关链接

LncRNA 与肿瘤

肿瘤转移可严重影响肿瘤患者的预后。长链非编码 RNA（long non-coding RNA，lncRNA）在肿瘤的发生、发展和转移过程中发挥重要的调控功能。最新的研究表明，lncRNA 能够有效地调控肿瘤细胞和微环境间的作用，从而影响肿瘤的发生、发展和转移，有望在临床治疗中成为新型的肿瘤标志物从而发挥重要作用。近几年来，有关 lncRNA 的分子作用机制研究逐渐清晰，人们对发病较高的乳腺癌、肝癌、前列腺癌及肺癌中表达差异的 lncRNA 进行深入的探索，为未来肿瘤的诊断和治疗提供了非常有价值的科学依据。

第四节　核酸的理化性质

一、核酸的一般理化性质

核酸为多元酸，具有较强的酸性。各种核酸分子的大小及所带电荷各不相同，可用电泳和离子交换层析等方法区分。DNA 是线性高分子，因此黏度极大；RNA 分子较小，黏度也小得多。DNA 分子在机械力的作用下易发生断裂，通常只能得到它的片断进行研究。在超速离心引力场中，溶液中的核酸分子可以下沉，线性、环形和超螺旋等不同构象的核酸分子的沉降速率差异很大，是超速离心法提取和纯化核酸的理论基础。

核酸分子中所含的碱基具有共轭双键，故都具有吸收 240~290nm 波长紫外线的特性，其最大吸收峰在 260nm 附近（图 2-13）。该性质可以用来对核酸进行定性和定量分析。

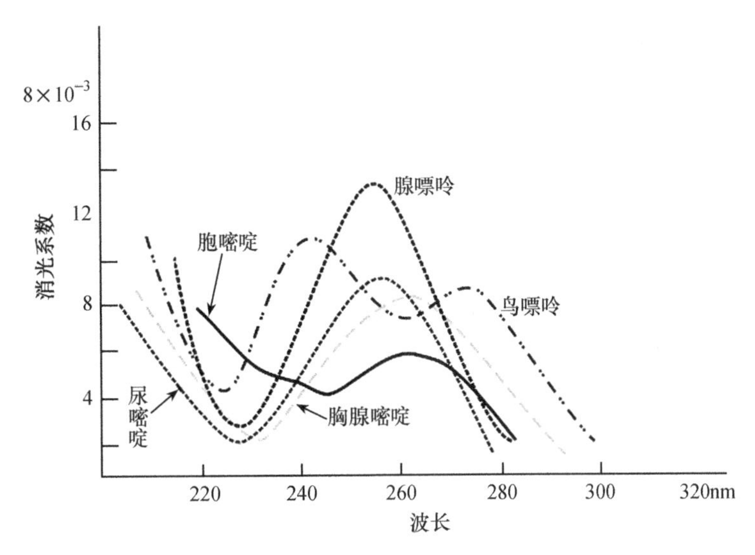

图 2-13　各种碱基的紫外吸收光谱

二、DNA 的变性

在某些理化因素作用下，DNA 分子互补碱基对之间的氢键断裂，DNA 分子由稳定的双螺旋结构松解为无规则线性结构（单链状态），一些生物学活性丧失和理化性质发生改变的现象称为 DNA 变性。变性不涉及磷酸二酯键的断裂和一级结构的改变。凡能破坏双螺旋稳定性的因素，如加热、极端的 pH、有机溶剂（如甲醇、乙醇、尿素及甲酰胺等），均可引起核酸分子变性。

常见的变性方法是加热，当温度升高到一定程度时，DNA 溶液的 A_{260} 会突然快速上升至最高值，随后即使温度继续升高，A_{260} 也不再明显变化。以温度对 A_{260} 的关系作图，所得的 DNA 解链曲线呈 S 型（图 2-14）。可见 DNA 热变性是爆发式，只在一个很窄的温度范围内发生。通常将核酸加热变性过程中，紫外吸收增加值达到最大值的 50%时的温度称为核酸的解链温度或融解温度（melting temperature，T_m）。在 T_m 时，核酸分子内 50%的双螺旋结构被破坏。T_m 值可根据 DNA 的长度、离子浓度及 GC 的含量来计算。小于 20bp 寡核苷酸片段的 T_m 值可用公式 $T_m = 4(G+C)+2(A+T)$ 来估算，其中 G、C、A 和 T 是寡核苷酸片段中所含相应碱基的个数。

特定核酸分子的 T_m 值与其 G+C 所占总碱基数的百分比正相关；一定条件下（相对较短的核酸分子），

T_m 值大小还与核酸分子的长度有关，核酸分子越长，T_m 值越大；另外，溶液的离子强度较低时，T_m 值较低。而在较高的离子强度时，DNA 的 T_m 值较高，熔解过程发生在一个较小的温度范围之内，所以 DNA 制品在极稀的电解质溶液中保存较为稳定。

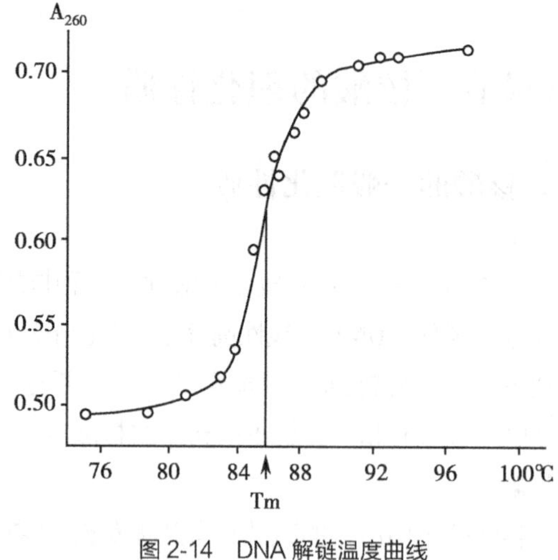

图 2-14　DNA 解链温度曲线

三、DNA 的复性与分子杂交

1. DNA 的复性　变性 DNA 在适当条件下，两条互补链全部或部分恢复到天然双螺旋结构的现象称为复性（renaturation），它是变性的一种逆转过程。热变性 DNA 一般经缓慢冷却后即可复性，此过程称之为退火。伴随复性会出现 DNA 溶液的紫外吸收作用减弱的现象，称为减色效应。

温度是影响 DNA 复性的最重要的因素，一般要求温度降至比 T_m 值低 20~25℃；降温要缓慢，如果温度骤然下降，两链间的碱基来不及形成适当配对，无法成功复性。这一特性可用来保持 DNA 的变形状态。浓度也是重要的影响因子，DNA 浓度较高，互补链之间相互接近、互补碱基间重新形成氢键的概率较大，较容易复性。复性还要求有适当的离子强度，一般较高的离子强度有利于复性。

2. 分子杂交　复性也会发生于不同来源的核酸链之间。将不同来源的核酸分子变性后，合并在一处进行复性，这时，只要这些单链核酸分子含有可以形成连续的碱基互补配对的片段，彼此之间就可在这些局部形成双链，这个过程称为杂交（hybridization），局部形成的双链被称为杂化双链（图 2-15）。杂交可以发生于 DNA 与 DNA 之间，也可以发生于 RNA 与 RNA 之间以及 DNA 与 RNA 之间。核酸分子杂交是分子生物学的常用实验技术。这一原理可以用来研究 DNA 片段在基因组中的定位、检测靶基因在待检样品中存在与否、鉴定核酸分子间的序列相似性等。DNA 印迹、RNA 印迹、斑点印迹、基因芯片、PCR 扩增等核酸检测方法都是利用了核酸分子杂交的原理。

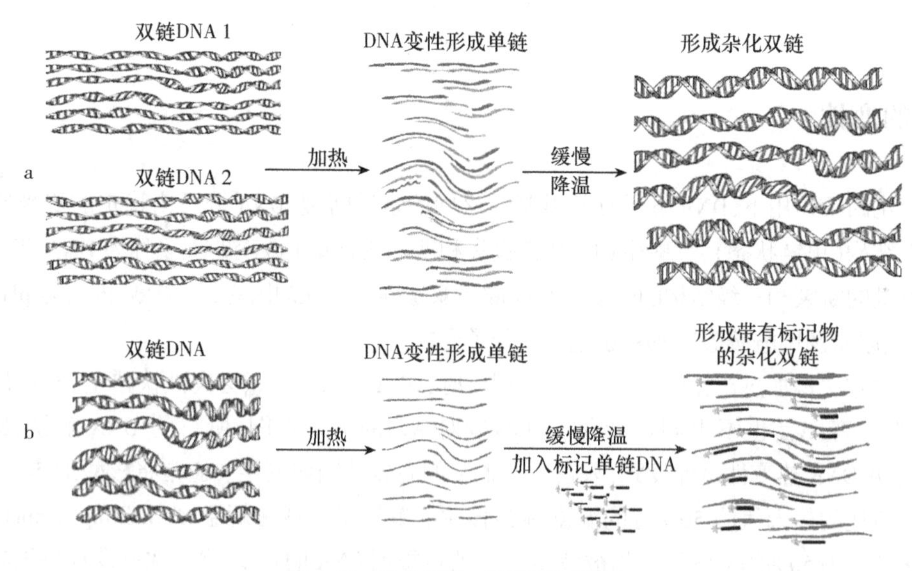

图 2-15　DNA 变性、复性和分子杂交

第五节　核酸酶

核酸酶是所有可以水解核酸的酶。根据核酸酶底物的不同可将其分为DNA酶和RNA酶。依据按对底物作用方式可将核酸酶分为外切酶和内切酶。核酸外切酶是从多核苷酸链末端开始，逐个地将核苷酸切下，从而使核酸降解；DNA外切酶又分为3′-和5′-外切酶，分别从两端沿3′→5′或5′→3′方向切割。有些DNA聚合酶也有外切酶活性，在DNA复制过程中既可以切除错配的碱基，还可以保证DNA生物合成的精确性。而内切核酸酶只在DNA或RNA分子内部切断磷酸二酯键。有些核酸内切酶要求酶切位点必须具有核酸序列的特异性，称为限制性核酸内切酶。大多数限制性核酸内切酶识别的位点通常为5或4碱基序列，识别的序列为回文结构；有些核酸内切酶没有序列特异性的要求。根据核酸酶对底物二级结构的特异性，作用于双链核酸的叫双链酶，作用于单链的叫单链酶。

（徐文华）

学习小结

核酸是一类重要的生物大分子，包括DNA和RNA。核酸的基本组成单位是核苷酸，而核苷酸由碱基、戊糖和磷酸通过糖苷键和磷酸酯键连接形成。DNA由含有A、G、C、T的脱氧核苷酸组成；RNA由含有A、G、C、U的核苷酸组成。核酸的一级结构是指核酸分子的核苷酸排列顺序，也称为碱基序列。

DNA的二级结构是走向反向平行的双螺旋结构，两条链的碱基之间以氢键相连，G-C，A-T互补配对。DNA在双螺旋结构基础上在细胞内还将进一步折叠为超螺旋结构，并在蛋白质的参与下构成核小体，并进一步折叠将DNA紧密压缩于染色体中。DNA的生物学功能是作为生物遗传信息的载体。

RNA主要包括：①mRNA，含有5″-端帽结构和3″-端的多聚A尾巴，功能是指导蛋白质生物合成；②tRNA，含有较多的稀有碱基，具有三叶草形二级结构和倒L形的三级结构，功能是运载氨基酸；③rRNA，与蛋白质共同组成蛋白质合成的场所——核糖体。

碱基、核苷、核苷酸和核酸均具有强烈的紫外吸收特性。DNA变性的本质是双链的解链，加热变性中紫外吸收增加值达到最大值的50%时的温度称为DNA的解链温度，又称融解温度（T_m），此时，核酸分子内50%的双链结构被解开。缓慢降低温度，两条互补链又可以重新配对而复性。假如两条链来源不一样，则称为核酸分子杂交。

复习参考题

1. 简述DNA双螺旋结构模型的要点。
2. 简述真核生物mRNA的结构特点。
3. 解释变性、复性和杂交的概念及其应用。

第三章　酶

3

学习目标	
掌握	酶的分子组成；酶的活性中心；同工酶；酶促反应的特点；影响酶促反应速率的因素。
熟悉	酶促反应的机制；酶的调节。
了解	酶的分类与命名；酶与医学的关系。

酶(enzyme)是由活细胞合成的,对其底物具有高度特异性和催化高效性的蛋白质,是机体内催化各种代谢反应最主要的催化剂。核酶是具有催化作用的核酸,是近年来发现的一类新的生物催化剂,主要作用于核酸。酶所具有的催化能力称为酶的活性;由酶所催化的化学反应称为酶促反应。

酶与医学关系十分密切,不但疾病的发生与酶的异常密切相关,酶在疾病的诊断、治疗中也已广泛应用。此外,酶的相关知识还广泛应用于生命科学、工农业等各个领域。

第一节　酶的结构与功能

酶是蛋白质,同样具有一、二、三级或四级结构。仅具有三级结构的酶称为单体酶,即由单一亚基构成的酶,如牛胰核糖核酸酶;具有四级结构的酶称为寡聚酶,即由多个亚基通过非共价键连接组成的酶,如蛋白激酶 A。此外,生物体内还存在由几种不同功能的酶彼此聚合形成的多酶复合物,称为多酶体系,如丙酮酸脱氢酶复合体;一些多酶体系由于基因的融合,一条多肽链中具有多种催化功能,这类酶称为多功能酶或串联酶,如哺乳动物脂肪酸合成酶系。

一、酶的分子组成

酶按其分子组成可分为单纯酶(simple enzyme)和结合酶(conjugated enzyme)。单纯酶是仅由氨基酸构成的单纯蛋白质,水解产物除了氨基酸外没有其他组分,如蛋白酶、淀粉酶、脂酶、脲酶、核糖核酸酶等。结合酶由蛋白质部分和非蛋白质部分组成,其中蛋白质部分称为酶蛋白,非蛋白质部分称为辅助因子。酶蛋白主要决定酶催化反应的特异性和催化机制;辅助因子起着传递某些化学基团、电子或质子的作用,主要决定酶催化反应的性质和类型。酶蛋白或辅助因子单独存在时均无催化作用,只有两者结合形成全酶才具有催化作用。

辅助因子按其与酶蛋白结合的紧密程度不同可分为辅酶(coenzyme)和辅基(prosthetic group)。辅酶与酶蛋白结合疏松,用透析或超滤等方法可将其除去;辅基与酶蛋白结合紧密,不能用透析或超滤等方法将其除去。结合酶中的辅助因子包括金属离子或小分子有机化合物。金属离子多为辅基,小分子有机化合物有的为辅酶,有的为辅基。

作为结合酶辅助因子的金属离子主要有 K^+、Na^+、Mg^{2+}、Zn^{2+}、Fe^{2+}、Cu^{2+}、Mn^{2+}等。以金属离子为辅助因子的酶有两类:一类是金属离子与酶蛋白结合紧密,在提取过程中不易丢失,这类酶称为金属酶,如羧基肽酶(含 Zn^{2+})、黄嘌呤氧化酶(含 Mo)等;另一类是金属离子与酶蛋白结合不紧密,在提取过程中易丢失,这类酶称为金属活化酶,如己糖激酶(Mg^{2+})、丙酮酸羧化酶(Mg^{2+}、Mn^{2+})等。金属离子作为酶的辅助因子的主要作用是:①稳定酶的空间构象;②参与电子的传递,如细胞色素中的 Fe^{2+}、Cu^{2+};③在酶与底物间起桥梁作用,便于酶与底物的密切接触;④中和电荷,降低反应中的静电斥力,利于底物与酶的结合等。约有 2/3 的酶含金属离子,有些酶同时含多种不同类型的辅助因子,如细胞色素氧化酶同时含有血红素和 Cu^+/Cu^{2+}。

作为结合酶辅助因子的小分子有机化合物多为 B 族维生素及其衍生物或铁卟啉化合物,它们在酶促反应中主要参与传递电子、质子或某些基团,起载体作用(表 3-1)。

表 3-1　B 族维生素与辅酶（辅基）的关系

B 族维生素	辅酶（辅基）	转移的基团
维生素 B_1（硫胺素）	焦磷酸硫胺素（TPP）	醛基
维生素 B_2（核黄素）	黄素单核苷酸（FMN） 黄素腺嘌呤二核苷酸（FAD）	氢原子（质子）
维生素 PP（烟酰胺）	烟酰胺腺嘌呤二核苷酸（NAD^+） 烟酰胺腺嘌呤二核苷酸磷酸（$NADP^+$）	氢原子（质子）
维生素 B_6（吡哆醛，吡哆胺）	磷酸吡哆醛，磷酸吡哆胺	氨基
泛酸	辅酶 A（Co A）	酰基
生物素	生物素	二氧化碳
叶酸	四氢叶酸（FH_4）	一碳单位
维生素 B_{12}	甲基钴胺素	甲基

二、酶的活性中心

酶的活性中心(active center)或活性部位(active site)是酶分子中能与底物特异结合并催化底物生成产物的具有特定三维结构的区域。酶分子中氨基酸残基的侧链由不同的化学基团组成,其中一些与酶的催化活性密切相关的化学基团称为酶的必需基团(essential group),有的必需基团位于酶的活性中心内,有的必需基团位于酶的活性中心外。酶活性中心的必需基团分为结合基团(binding group)和催化基团(catalytic group)。结合基团能特异识别结合底物,形成酶-底物复合物;催化基团通过影响底物的某些化学键的稳定性,催化底物转变为产物(图 3-1)。需要指出的是,活性中心内的某些必需基团可同时具有这两方面的功能。酶活性中心内的这些必需基团在一级结构上可能相距很远,甚至存在不同的多肽链上,但在空间结构上可彼此靠近,形成特定的空间区域,共同组成酶的活性中心。辅助因子常参与酶活性中心的组成。

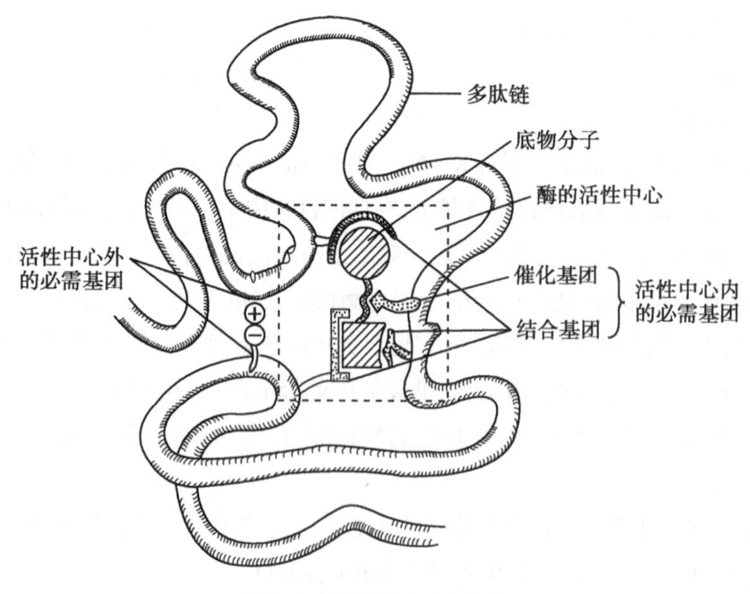

图 3-1　酶的活性中心示意图

酶的活性中心具有特定三维结构，往往形成凹陷或裂缝，并深入至酶分子内部，且多为氨基酸残基的疏水基团组成的疏水环境，形成疏水“口袋”；酶活性中心一旦被其他物质占据或其空间构象被某些因素破坏，酶则丧失催化活性。

三、同工酶

同工酶（isoenzyme）是指催化相同的化学反应，但酶蛋白的分子结构、理化性质和免疫学特性不同的一组酶。同工酶在一级结构上虽然差异较大，但是其活性中心的构象却相同或相似，因此，可催化相同的化学反应。

现已发现的同工酶已有百余种，乳酸脱氢酶（lactate dehydrogenase，LDH）是最先被发现的同工酶。动物的 LDH 是一种含锌的四聚体，LDH 的亚基有两种类型：骨骼肌型（M）和心肌型（H），两型亚基以不同的比例组成五种同工酶：$LDH_1(H_4)$、$LDH_2(H_3M)$、$LDH_3(H_2M_2)$、$LDH_4(HM_3)$、$LDH_5(M_4)$。它们均能催化乳酸和丙酮酸之间的氧化还原反应。这五种同工酶由于分子结构的差异，具有不同的电泳速率，可以借以鉴别这五种同工酶（其电泳速率由 LDH_1 至 LDH_5 依次递减）。

由于 LDH 同工酶在不同组织器官中的种类、含量与分布比例不同（表 3-2），这使不同器官组织具有不同的代谢特点。如心肌中 LDH_1 含量丰富，LDH_1 以催化乳酸脱氢生成丙酮酸为主；肝和骨骼肌中 LDH_5 较多，LDH_5 以催化丙酮酸还原为乳酸为主。

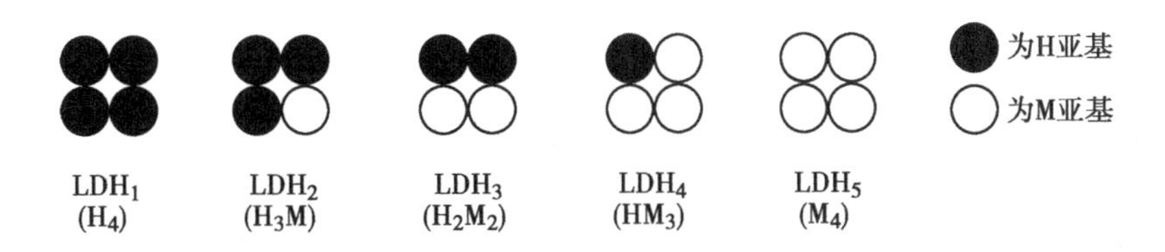

同工酶存在于同一机体的不同组织或同一细胞的不同亚细胞结构中，在不同组织器官和不同亚细胞具有不同的代谢特征。通常不同器官含有不同的同工酶的特异比例。当某组织发生病变时，该组织特异的同工酶从细胞释入血液，利用血清中发现的同工酶的类型可以作为确认组织损伤部位的手段。因此检测血清同工酶活性改变有助于对疾病的器官定位、预后进行判定。

正常血清 LDH 同工酶的活性有如下规律：$LDH_2 > LDH_1 > LDH_3 > LDH_4 > LDH_5$。当心脏病变时，可见 LDH_1 活性大于 LDH_2；当肝病变时，可见 LDH_5 活性升高（图 3-2）。

表 3-2　人体各组织器官中 LDH 同工酶的分布（占总活性的%）

组织器官	LDH_1	LDH_2	LDH_3	LDH_4	LDH_5
心肌	67	29	4	<1	<1
肾	52	28	16	4	<1
肝	2	4	11	27	56
骨骼肌	4	7	21	27	41
红细胞	42	36	15	5	2

肌酸激酶（creatine kinase，CK）是由两种亚基组成的二聚体，两种亚基为骨骼肌型（M）和脑型（B）。脑中含有 $CK_1(BB)$；骨骼肌中含有 $CK_3(MM)$；$CK_2(MB)$ 仅见于心肌。血清中 CK_2 活性的测定有助于心肌梗死的早期诊断。

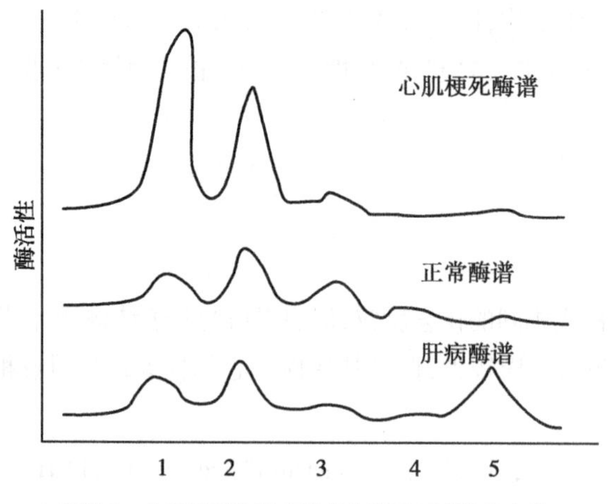

图 3-2 心肌梗死与肝病患者血清同工酶谱的变化

第二节 酶促反应的特点与机制

酶是生物催化剂,具有一般催化剂共有的特征,如只能催化热力学上允许的化学反应;虽参与反应,但在反应的前后没有质和量的改变;只能加速反应达到反应的平衡点,而不能改变平衡点。但酶是蛋白质,还具有与一般催化剂不同的特点和反应机制。

一、酶促反应的特点

(一)高度的催化效率

酶的催化效率通常比非催化反应高 $10^8 \sim 10^{20}$ 倍,比一般催化剂高 $10^7 \sim 10^{13}$ 倍。如蔗糖酶催化蔗糖水解的速率是 H^+ 催化水解蔗糖的 2.5×10^{12} 倍。正是由于酶具有极高的催化效率,才能保证生物体内新陈代谢的不断进行。

(二)高度的特异性

和一般催化剂不同,酶对其催化的底物具有严格的选择性,即一种酶只作用于一种或一类的化合物或一种化学键,催化特定的化学反应,产生特定的产物,称为酶的特异性或专一性。根据酶对其底物分子选择的严格程度不同,酶的特异性可分为两种类型:

1. 绝对特异性 有的酶只能作用于一种特定结构的底物,进行一种专一的反应,生成一种特定结构的产物,这种特异性称为绝对特异性。如脲酶只能催化尿素水解成 NH_3 和 CO_2。

有些具有绝对特异性的酶只能作用于底物的一种立体异构体进行反应。如 *L*-乳酸脱氢酶仅作用于 *L*-乳酸,对 *D*-乳酸则无作用;糖代谢中的酶类仅作用于 *D*-葡萄糖及其衍生物,对 *L*-葡萄糖及其衍生物则无作用。

2. 相对特异性 多数酶能作用于结构类似的一类底物或一种化学键,这种不太严格的选择性称为相对特异性。如脂肪酶不仅能水解脂肪,也可水解简单的酯;磷酸酶对一般的磷酸酯键都有水解作用。

(三)高度的不稳定性

酶的化学本质是蛋白质,凡能使蛋白质变性的理化因素都可使酶变性、失活。因此,在保存酶制剂时,要尽量避免使酶变性的因素。酶促反应通常在常温、常压和接近中性的缓冲液中进行。

(四)酶促反应的可调节性

体内许多酶的活性和含量受多种因素严密和精细的调控,以适应不断变化的内、外环境和生命活动的需要。例如,酶活性的调节可通过别构调节和化学修饰等方式实现;酶含量可通过调节酶的合成和酶的降解的速率来实现;此外,酶原与酶原激活等,都是体内酶的调节方式。这些调节方式使酶在代谢途径中发挥最佳作用,从而保证代谢有条不紊地进行。

二、酶促反应的机制

酶的催化机制可以从两个角度来理解:一是从反应过程的能量变化;二是酶活性中心与底物结合如何更好地进行催化作用。

(一)酶能降低反应的活化能

化学反应中,由于底物分子所含能量的平均水平较低,彼此之间很难发生化学反应。只有那些达到或超过一定能量水平的分子,才有可能发生化学反应,这样的分子称为过渡态分子或活化分子。活化分子具有的高出底物平均水平的能量称为活化能,即底物分子从初态转变成过渡态所需要的能量。在酶促反应中,酶首先与底物结合成中间产物,进而将底物转化为产物,这两步所需的活化能均低于无酶的情况。因此,在酶的催化下,底物分子只需很少的能量即可转变为过渡态,使反应更易进行。酶与一般催化剂一样,通过降低反应的活化能,从而提高反应速率(图 3-3)。

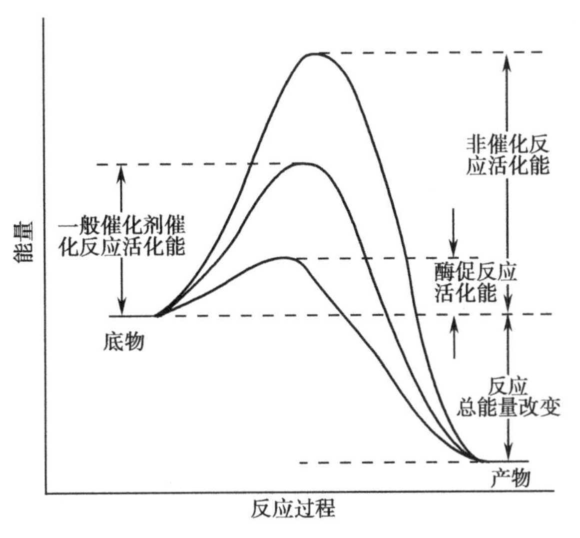

图 3-3　酶促反应活化能的变化

(二)酶和底物相互作用产生多种效应

1. 酶-底物复合物的形成和诱导契合学说　酶催化底物(substrate,S)反应时,必须先与底物密切结合。酶与底物的结合过程是释放能量的,这部分释放的能量是降低活化能的主要能量来源。因此酶是否发挥催化作用的关键在于酶的结合基团是否有效地与底物结合,形成酶-底物复合物,底物转变成过渡态。

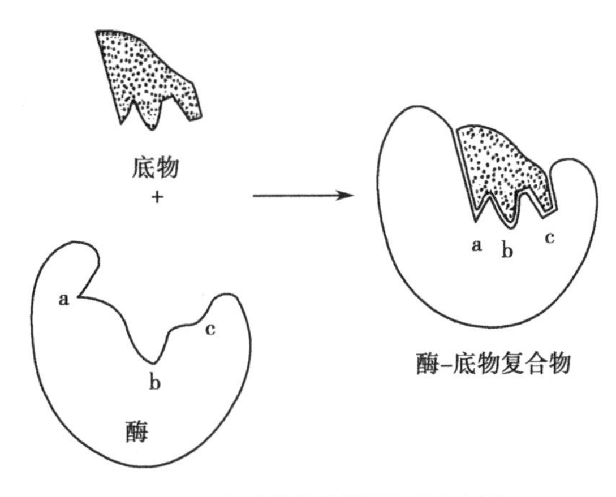

图 3-4　酶-底物结合的诱导契合作用

酶与底物的结合不是锁和钥匙的机械关系,而是当两者相互接近时,其结构相互诱导而变形,以致相互适应,进而相互结合,这就是酶-底物结合的诱导契合学说(图 3-4)。在此过程中,酶的活性中心进一步形成,更易与底物结合;底物的结构也同时发生变形,处于不稳定的过渡态,更易受酶的催化攻击。诱导契合作用使具有相对特异性的酶能作用于结构并不完全相同的一类化合物进行催化作用。

2. 邻近效应与定向排列 在两个以上底物参加的反应中，底物之间必须接触一定时间，并以正确的方向相互碰撞，才有可能发生反应。酶在反应中将各底物结合到酶的活性中心，使它们相互接近，进入最佳的反应位置和最适的反应状态，并诱导底物分子按照有利于反应的方式排列，形成利于反应的正确定向关系，这就是邻近效应和定向排列。实际上该过程是将分子间的反应变成分子内的反应，从而使酶促反应速率显著提高。

3. 表面效应 酶活性中心多是由酶分子内部的疏水性氨基酸残基形成的疏水“口袋”，这决定了酶促反应常是在酶分子内部的疏水环境中进行的。疏水环境可排除周围大量水分子对酶和底物功能基团的干扰性吸引或排斥，防止在底物与酶之间形成水化膜，有利于酶与底物的密切结合，这种现象称为表面效应。

（三）多元催化

酶分子中含有多种功能基团，使酶同时具备多种催化功能，并共同参与酶促反应的完成，这种现象称为多元催化。例如，酶既含有酸性基团又含有碱性基团，因此酶进行酸催化的同时，又可进行碱催化，而一般催化剂很少同时具备这两种催化功能；酶促反应中，底物与酶形成瞬间共价键，因而容易形成产物，即共价催化；以及酶分子中包括辅酶或辅基等多功能基团的协同作用。多元催化是酶促反应高效率的重要原因之一。

第三节 酶促反应动力学

酶促反应动力学（kinetics of enzyme-catalyzed reaction）是研究酶促反应速率及其影响因素的科学。有许多因素影响酶促反应速率，主要包括底物浓度、酶浓度、温度、pH、激活剂和抑制剂等。研究酶促反应动力学具有重要的理论和实践意义。

一、底物浓度对酶促反应速率的影响

在酶浓度及其他因素不变的情况下，酶促反应速率对底物浓度作图呈矩形双曲线（图 3-5）。当底物浓度很低时，反应速度随底物浓度的增加而升高，反应呈一级反应；随着底物浓度的不断增加，反应速度增加的幅度不断变缓，呈现混合级反应；再随着底物的不断增加，以至于所有酶的活性中心均被底物饱和，反应速度不再增加，达到最大反应速度，表现为零级反应（图 3-5）。

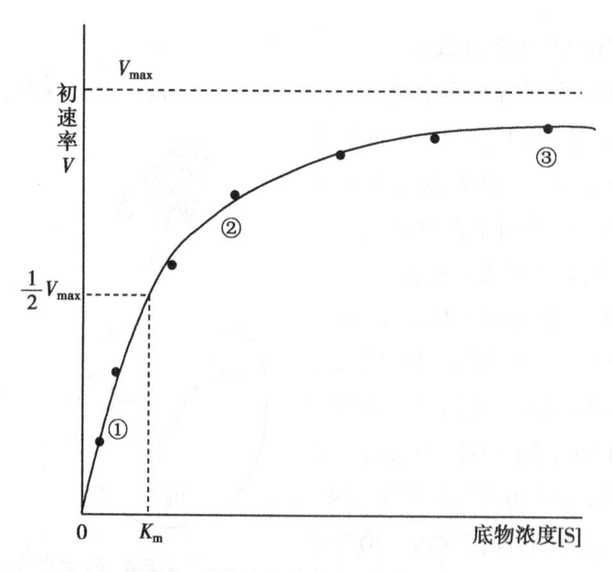

图 3-5 底物浓度对酶促反应速率的影响

（一）米-曼方程

解释酶促反应速率与底物浓度之间的变化关系的最合理的学说是中间产物学说。酶(E)首先与底物(S)结合生成酶-底物中间复合物(ES)，然后ES分解为产物(P)并游离出酶。

$$E+S \rightleftharpoons ES \longrightarrow E+P$$

1913年Leonor Michaelis和Maud Menten提出了酶促反应速率和底物浓度关系的数学表达式，即著名的米-曼方程，简称米氏方程。

$$V=\frac{V_{max}[S]}{K_m+[S]}$$

式中V_{max}为最大反应速度，[S]为底物浓度，K_m为米氏常数，V是在不同[S]时的反应速度。由米氏方程可知：①当底物浓度很低($[S] \ll K_m$)时，反应速率与底物浓度呈正比$\left(V=\frac{V_{max}[S]}{K_m}\right)$，反应呈一级反应；②当底物浓度很高($[S] \gg K_m$)时，反应速率达到最大反应速率($V \cong V_{max}$)，反应呈零级反应。

（二）K_m和V_{max}的意义

1. **K_m值等于酶促反应速率为最大速率一半时的底物浓度**　当V等于V_{max}的一半时，米氏方程可表示$\frac{1}{2}V_{max}=\frac{V_{max}[S]}{K_m}$，整理得$K_m=[S]$。

2. **K_m值是酶的特征性常数**　K_m值大小与酶的结构、底物和反应条件(如温度、pH、离子强度)有关，而与酶的浓度无关。

3. **K_m值在一定条件下可表示酶对底物的亲和力**　K_m值愈小，反映酶和底物的亲和力愈大，因为达到酶半饱和($V_{max}/2$)所需要的底物浓度愈低。这表示不需要很高的底物浓度便可容易地达到最大反应速率。而K_m值愈大，反映酶和底物的亲和力愈小，因为达到酶半饱和($V_{max}/2$)所需要的底物浓度愈高。

4. **V_{max}是酶完全被底物饱和时的反应速率**　当所有酶均被底物结合形成ES时，反应速率达到最大，即V_{max}。

问题与思考

乙醇在体内脱氢产生的乙醛进一步经乙醛脱氢酶代谢。在乙醇敏感人群中，由于乙醛脱氢酶个别氨基酸的改变，酶对底物NAD^+的K_m增加，乙醛不能有效分解，造成乙醛体内聚集，表现为血管扩张、面色发红和心跳加速等现象。

思考：酶K_m改变如何影响体内物质的代谢。

二、酶浓度对酶促反应速率的影响

在酶促反应体系中，当[S]远远大于[E]时，酶促反应速率与酶浓度变化呈正比关系(图3-6)。

三、温度对酶促反应速率的影响

温度对酶促反应速率的影响具有双重性(图3-7)。一方面在较低温度范围内，随着反应体系温度升高，底物分子的热运动加快，分子碰撞机会增加，酶的活性逐步增加，酶促反应速率逐渐加快，直至到最大反应速率。温度每升高10℃，反应速率可增加1~2倍。另一方面温度过高会使酶变性而失活，酶促反应速率下降。大多数酶当温度升高到60℃，开始变性；80℃时，大多数酶的变性已不可逆。

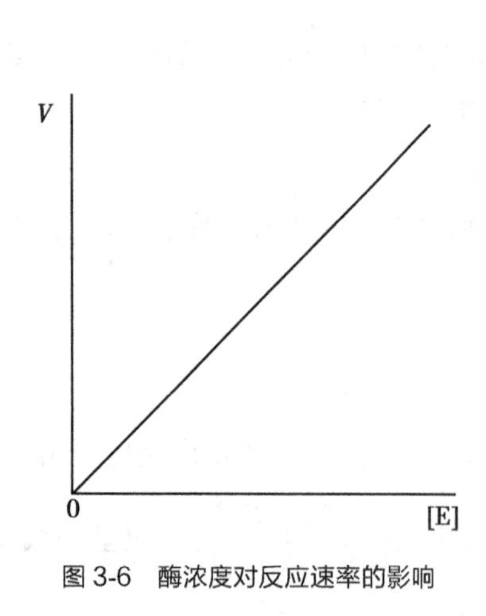

图 3-6　酶浓度对反应速率的影响

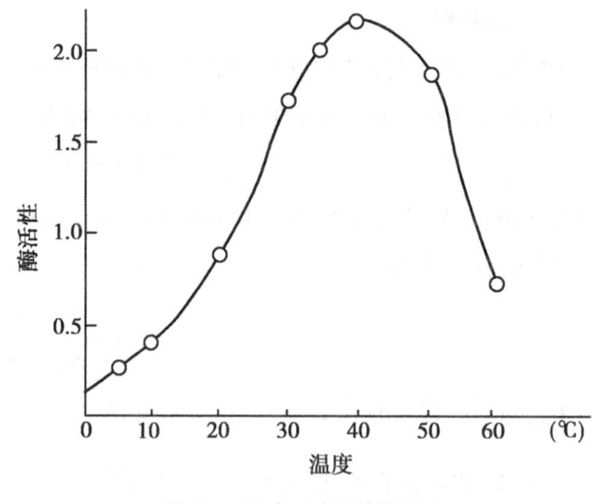

图 3-7　温度对酶活性的影响

通常将酶促反应速率最快时反应体系的温度称为酶的最适温度(optimum temperature)。人体内多数酶的最适温度在 35～40℃之间。能在较高温度生存的生物,细胞内酶的最适温度亦较高,如一种来源于栖热水生菌的耐热 *Taq*DNA 聚合酶,其最适温度为 72℃,已作为工具酶用于分子生物学实验中。

酶的最适温度不是酶的特征性常数,它与反应时间有关。酶可以在短时间内耐受较高的温度;相反,延长反应时间,酶的最适温度降低。低温使酶活性下降,随着温度的回升酶活性逐渐恢复。医学上的低温麻醉和低温保存酶和菌种就是利用了酶的这一特性。

理论与实践

温度对酶活性影响在医学上的应用

温度对酶活性有双重影响,酶在低温下活性降低,但是不发生变性,随着温度的回升,酶的活性逐步恢复。医学上采用低温麻醉和抢救危重患者采用的亚冬眠疗法和物理降温,都是依据酶活性随温度的下降而降低的性质。低温状态下,机体组织细胞的酶活性很低,机体代谢速率减慢,组织细胞耗氧量减少,机体对氧及营养物质缺乏的耐受性升高,对机体起保护作用,有利于手术治疗和患者度过疾病的危重期。实验室低温保存酶和菌种等生物制品也是利用酶的这一机制。而高温时,酶蛋白可发生变性,酶活性降低或丧失,不可逆,临床上利用高温灭菌消毒就是基于这一理论。

四、pH 对酶促反应速率的影响

酶活性中心的一些必需基团需要在一定的 pH 条件下保持特定的解离状态才能具有酶的活性。此外,底物与辅助因子也可因酶促反应体系的 pH 的改变影响其解离状态。只有当酶活性中心的必需基团、辅酶和底物的解离状态最适合它们之间相互结合而形成酶-底物中间复合物时,酶才体现出最大的催化活性,使酶促反应速率达到最大。

酶催化活性最大时反应体系的 pH 称为酶的最适 pH(optimum pH)。不同的酶,其最适 pH 也不同(图 3-8)。除胃蛋白酶(最适 pH 约为 1.8),肝精氨酸酶(最适 pH 约为 9.8)等极少数酶外,生物体内多数酶的最适 pH 接近中性。

酶的最适 pH 不是酶的特征性常数,它受底物浓度、缓冲液的种类与浓度、酶的纯度等因素的影响。反应体系的 pH 高于或低于最适 pH 时,酶的活性都会降低,远离最适 pH 时还可导致酶变性而失活。因此,在

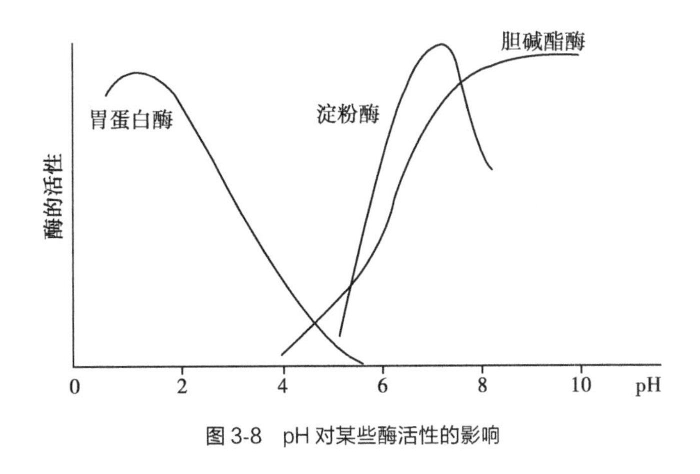

图 3-8 pH 对某些酶活性的影响

测定酶的活性时，应选择适宜的缓冲液以保持酶的活性。

五、激活剂对酶促反应速率的影响

使酶由无活性变为有活性或使酶活性增加的物质称为酶的激活剂(activator)。激活剂包括无机离子和小分子有机化合物，如 Mg^{2+}、K^{+}、Mn^{2+}、Cl^{-}及胆汁酸盐等。

大多数金属离子对酶促反应是必需的，如缺乏则酶没有活性，这类激活剂称为酶的必需激活剂，如 Mg^{2+}是多种激酶的必需激活剂。有些激活剂不存在时，酶仍有一定的活性，但催化效率较低，加入激活剂后，酶的活性显著提高，这类激活剂称为酶的非必需激活剂，如 Cl^{-}是唾液淀粉酶的非必需激活剂，胆汁酸盐是胰脂肪酶的非必需激活剂。

六、抑制剂对酶促反应速率的影响

在酶促反应中，凡能选择性地使酶活性降低或丧失而不引起酶变性的物质统称为酶的抑制剂(inhibitor，I)。抑制剂可与酶活性中心内或活性中心外的必需基团结合，从而影响酶的催化活性。而加热、强酸、强碱等理化因素导致酶变性的不属于抑制作用范畴。

根据抑制剂与酶结合的紧密程度和抑制作用效果不同，酶的抑制作用可分为不可逆性抑制作用(irreversible inhibition)和可逆性抑制作用(reversible inhibition)两类。

（一）不可逆性抑制作用

不可逆性抑制剂和酶活性中心的必需基团共价结合，使酶失活。此类抑制剂不能用透析或超滤等方法除去，但可用某些药物解除，使酶恢复活性。

一些基团特异性抑制剂只能与酶活性中心内的必需基团进行专一的共价结合，从而抑制酶活性。如有机磷农药(敌百虫、敌敌畏、农药 1059 等)能专一性地与胆碱酯酶活性中心丝氨酸残基的羟基(—OH)结合，使酶失活，从而使乙酰胆碱不能及时降解而堆积，引起胆碱能神经的毒性兴奋状态。

$$\underset{\text{有机磷化合物}}{(RO)(R'O)P(=O)X} + \underset{\text{羟基酶}}{E—OH} \longrightarrow \underset{\text{失活的酶}}{(RO)(R'O)P(=O)O—E} + \underset{\text{酸}}{HX}$$

解磷定(PAM)可以解除有机磷化合物对羟基酶的抑制作用，因此临床上常用此药治疗有机磷农药中毒。

$$(RO)(R'O)P(=O)-O-E + \text{解磷定(N-甲基吡啶-2-CH=NOH)} \longrightarrow \text{N-甲基吡啶-2-CH=NO-P(=O)(OR)(OR')} + E-OH$$

磷酰化酶（失活）　　解磷定　　　　羟基酶

问题与思考

有人误服农药"1059"，之后自觉头晕，乏力，四肢颤抖并伴有恶心、呕吐。家人紧急送医，经查瞳孔缩小，对光反射迟钝，血清胆碱酯酶活性降低，初步诊断为有机磷中毒。

思考：根据病人出现异常症状和检查结果，如何建立有效的急诊处理方案。

半胱氨酸残基的巯基(-SH)是许多酶的必需基团。低浓度的重金属离子(Hg^{2+}、Ag^{+}、Pb^{2+}等)和含As^{3+}化合物可与酶分子的巯基(-SH)结合，使酶失活。例如路易斯气(一种化学毒气)，能不可逆地抑制体内巯基酶的活性。

$$Cl_2As-CH=CHCl + E(SH)_2 \longrightarrow E(S)_2As-CH=CHCl + 2HCl$$

路易斯气　　巯基酶　　失活的酶

二巯丙醇(BAL)可以解除这种抑制作用。BAL含有两个-SH，当其在体内达到一定浓度后，可与毒剂结合，恢复巯基酶的活性。

$$E(S)_2As-CH=CHCl + CH_2(SH)-CH(SH)-CH_2OH \longrightarrow E(SH)_2 + CH_2(S)-CH(S)(As-CH=CHCl)-CH_2OH$$

失活的酶　　BAL　　巯基酶　　BAL与砷剂结合物

(二)可逆性抑制作用

可逆性抑制剂与酶或酶-底物复合物非共价可逆性结合，使酶活性降低或丧失。采用透析或超滤等方法可将抑制剂除去，使酶活性恢复。可逆性抑制作用分为以下三种。

1. 竞争性抑制作用　抑制剂与酶的底物结构相似，可与底物竞争结合酶活性中心，从而阻碍酶与底物结合，这种抑制作用称为竞争性抑制作用(competitive inhibition)。

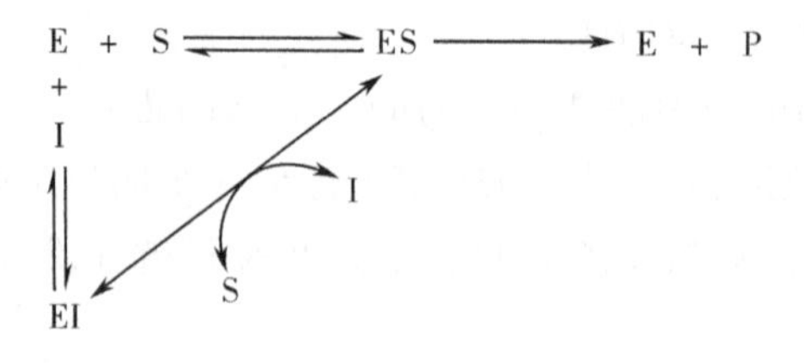

竞争性抑制作用的特点：①抑制剂在结构上与底物相似，两者竞争同一酶的活性中心，因此抑制剂的存在能降低酶与底物的亲和力，使K_m增大；②抑制剂与酶的结合是可逆的，竞争性抑制作用的强弱取决于抑制剂与底物之间的相对浓度，抑制剂浓度不变时，可通过增加底物浓度减弱甚至解除抑制剂对酶的抑制作用，此时酶促反应速率仍可达到最大反应速率，因此V_{max}不变。

磺胺类药物的抑菌机制就是应用竞争性抑制的原理。磺胺类药物结构与细菌合成二氢叶酸(FH_2)的底物对氨基苯甲酸类似，竞争性结合 FH_2 合成酶活性中心，抑制 FH_2 以至于四氢叶酸（FH_4）的合成，干扰一碳单位代谢，进而干扰核酸的合成，使细菌的生长受到抑制。

H_2N—⟨苯环⟩—COOH　　H_2N—⟨苯环⟩—SO_2NHR

对氨基苯甲酸　　磺胺类药物

对氨基苯甲酸、二氢蝶呤、谷氨酸 $\xrightarrow[\text{磺胺类药物（-）}]{\text{二氢叶酸合成酶}}$ 二氢叶酸 $\xrightarrow[\text{磺胺类药物（-）}]{\text{二氢叶酸还原酶}}$ 四氢叶酸

抗高血脂药，他汀类药物（阿伐他汀和普伐他汀等）是胆固醇合成关键酶 HMG-CoA 还原酶天然底物的结构类似物，能有效竞争抑制 HMG-CoA 还原酶，因此能抑制胆固醇的合成，降低血浆中胆固醇的水平。

另外，许多属于抗代谢物的抗癌药物，如甲氨蝶呤（MTX）、5-氟尿嘧啶（5-FU）、6-巯基嘌呤（6-MP）等均属酶的竞争性抑制剂，可抑制嘌呤核苷酸和嘧啶核苷酸的合成，达到抑制肿瘤生长的目的。

2. 非竞争性抑制作用　抑制剂与酶活性中心外的结合位点可逆结合，并不影响底物与酶的结合，与底物无竞争关系，但是生成的酶-底物-抑制剂复合物（ESI）不能进一步释放产物，这种抑制作用称为非竞争性抑制作用（non-competitive inhibition）。

$$
\begin{array}{ccccc}
E + S & \rightleftharpoons & ES & \longrightarrow & E + P \\
+ & & + & & \\
I & & I & & \\
\updownarrow & & \updownarrow & & \\
EI + S & \rightleftharpoons & ESI & &
\end{array}
$$

非竞争性抑制作用特点：①抑制剂并不影响底物与酶的结合，酶对底物的亲和力不变，因此 K_m 不变；②抑制作用程度取决于抑制剂的浓度，增加底物浓度不能减弱抑制作用，底物及抑制剂结合生成的酶-底物-抑制剂复合物不能释放出产物，等于减少了酶活性部位，使 V_{max} 下降。

毒毛花苷对细胞膜 Na^+-K^+-ATP 酶的抑制作用属于非竞争性抑制。

3. 反竞争性抑制作用　与非竞争性抑制剂一样，此类抑制剂也是与酶活性中心外的结合位点相结合，但不同的是，抑制剂的结合位点是由底物诱导产生的，即只有底物结合酶活性中心后，抑制剂才能与酶结合。因此抑制剂仅与酶-底物复合物（ES）结合，生成酶-底物-抑制剂复合物（ESI），使 ES 的量下降；由于该类抑制剂不仅不排斥 E 和 S 的结合，反而可增加两者的亲和力，故称为反竞争性抑制作用（uncompetitive inhibition）。

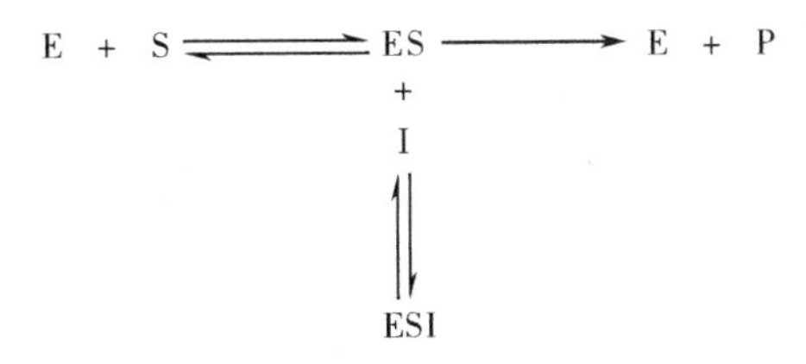

反竞争性抑制作用的特点：①抑制剂只与酶-底物复合物结合，抑制程度取决于抑制剂的浓度和底物的浓度，当反应体系中存在抑制剂时，ES 除了转变产物外，还多了一条生成 ESI 的去路，这使 E 和 S 的亲和力增大，K_m 减小；②抑制剂与 ES 结合生成 ESI，既减少了从中间产物转化为产物的量，同时也减少了从中间产物解离出游离酶和底物的量，故 V_{max} 降低。

第四节 酶的调节

酶的活性和含量可受多种因素的调节。机体可通过对各条代谢途径中关键酶的调节而实现对物质代谢总反应速率的控制。

一、酶活性的调节

细胞对现有酶的活性调节包括酶的别构调节和酶的化学修饰，都属于对酶促反应速率的快速调节。

（一）别构调节

一些代谢物能与某些酶的活性中心外的某个部位以非共价键可逆地结合，使酶的构象发生改变，进而改变酶的活性，这种调节方式称为酶的别构调节（allostericregulation）。受别构调节的酶称为别构酶（allosteric enzyme），引起别构效应的物质称为别构效应剂。根据别构效应剂对别构酶调节效果又分为别构激活剂和别构抑制剂。别构效应剂可以是代谢途径的终产物、中间产物或酶的底物。酶与别构效应剂结合的部位称为调节部位。

物质代谢途径中的关键酶大多是别构酶，因此别构酶对代谢的速率和方向起着重要的控制作用。别构效应剂可通过改变代谢中关键酶的构象变化，影响其活性，从而改变物质代谢的速率和代谢途径的方向。

（二）酶的化学修饰

酶蛋白肽链上的某些基团可在其他酶的催化下，与某种化学基团发生可逆的共价结合，从而改变酶的活性，这种调节方式称为酶的化学修饰（chemical modification）或共价修饰（covalent modification）。酶的化学修饰可使酶发生无活性（或低活性）与有活性（或高活性）两种形式的互变。酶的化学修饰有多种形式，其中最常见的形式是磷酸化与脱磷酸化（见第十章）。

（三）酶原与酶原激活

有些酶在细胞内合成或初分泌时，没有催化活性，这种无活性的酶前体称为酶原（zymogen）。酶原在一定条件下转变为有活性酶的过程称为酶原激活。酶原激活的实质是酶分子内部一个或多个肽键断裂，分子构象改变，酶活性中心形成或暴露的过程。例如，胰蛋白酶原进入小肠后，在 Ca^{2+} 存在下受肠激酶的作用，从 N 端水解掉一个 6 肽片段，使肽链分子空间构象发生改变，形成了酶的活性中心，从而成为有催化活性的胰蛋白酶（图 3-9）。

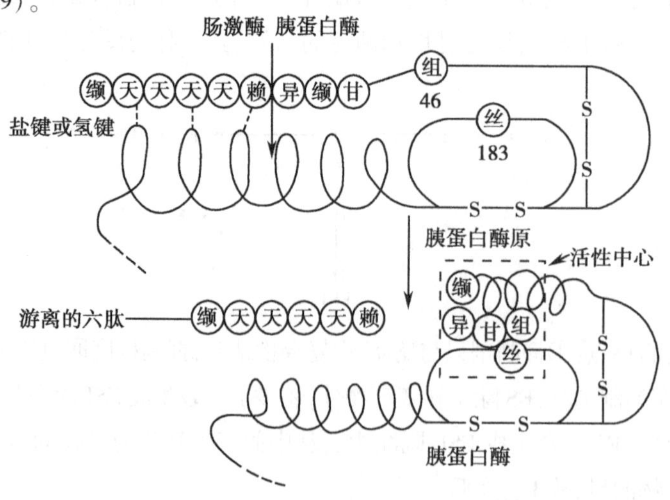

图 3-9 胰蛋白酶原的激活

胃蛋白酶、弹性蛋白酶及凝血和纤溶系统的酶类等，它们在初分泌时均以无活性的酶原形式存在，在一定的条件下水解掉一个或几个短肽，才能转变成相应的酶。

酶原的存在以及酶原的激活有重要的生理意义。消化道的蛋白酶以酶原形式分泌，既可避免细胞产生的蛋白酶对细胞进行自身消化，又可使酶在特定部位或环境中发挥其催化作用。生理条件下，血液中的凝血酶和纤维蛋白溶解系统的酶类最初都是以酶原的形式存在的，这样才能保证血流畅通，一旦需要便转化为有活性的酶，对机体起保护作用。

相关链接

急性胰腺炎

急性胰腺炎是多种病因导致各种胰酶在胰腺内被错误激活，继而引起胰腺组织自身消化、水肿、出血甚至坏死的炎症反应。

急性胰腺炎的发病机制尚未完全阐明。已达成共识的机制是，在病理情况下，胰腺组织中的各种消化酶原（磷脂酶 A_2、激肽释放酶、胰蛋白酶、弹性蛋白酶和脂肪酶等）被提前激活，这些消化酶共同作用，造成胰腺及邻近组织的病变。近年来的研究揭示，急性胰腺炎时，胰腺组织的损伤过程中产生一系列炎性介质（氧自由基、血小板活化因子、前列腺素、白细胞三烯等），这些炎性介质和血管活性物质（如NO、血栓素等）可导致胰腺血液循环障碍，并可通过血液循环和淋巴管输送到全身，引起多脏器损害，成为急性胰腺炎的并发症和致死原因。

二、酶含量的调节

生物体除对酶的活性进行调节外，细胞也可通过改变酶蛋白合成与分解的速率来调节酶的含量，进而影响酶促反应速率。

（一）酶蛋白合成的诱导和阻遏

某些底物、产物、激素以及药物等都可以影响酶的合成。一般将促进酶合成的化合物称为诱导剂，所产生的作用为诱导作用（induction）；减少酶合成的化合物称为阻遏剂，所产生的作用称为阻遏作用（repression）。诱导剂和阻遏剂一般是在转录水平或翻译水平上影响酶的合成，但以影响转录过程较为常见。诱导剂对酶的诱导作用是要经过酶生物合成的一系列环节，一般需要几个小时以上方可见效，故其调节效应出现较迟缓。但一旦酶被诱导合成，即使去除诱导因素，酶的活性仍能保持。可见，这种酶的调节方式的所产生的效应持续时间较长。因此，酶蛋白合成的诱导和阻遏是一种缓慢而长效的调节。

（二）酶的降解

酶是机体的组成成分，也在不断地自我更新。酶的降解速率与酶的结构密切相关。细胞内的酶都有其最稳定的分子构象，一旦此构象被破坏，酶便易受蛋白酶的攻击而降解。细胞内酶的降解速率也与机体的营养和激素的调节有关。酶的降解大多在细胞内进行。细胞内存在两种蛋白质降解途径。溶酶体蛋白酶降解途径是由溶酶体内的组织蛋白酶催化水解细胞外来的蛋白质和长半寿期的蛋白质。依赖ATP的泛素-蛋白酶体途径则在胞质中对细胞内异常蛋白质和短半寿期的蛋白质进行泛素标记，然后被蛋白酶所水解。

第五节　酶的分类与命名

一、酶的分类

根据酶催化的反应类型,酶可以分六大类(表3-3)。

1. **氧化还原酶类**　催化底物进行氧化还原反应的酶类,包括催化传递电子、氢以及需氧的反应。如脱氢酶、氧化酶、还原酶、过氧化物酶等。

2. **转移酶类**　催化底物间的基团转移或交换的酶类。如甲基转移酶、氨基转移酶、乙酰基转移酶等。

3. **水解酶类**　催化底物发生水解反应的酶类。按水解底物的不同可分为淀粉酶、蛋白酶、脂肪酶等;对底物的作用部位的不同可进一步分为如蛋白酶的内肽酶和外肽酶等。

4. **裂合酶类**　催化从底物移去一个基团并留下双键的反应或其逆反应的酶类。如脱水酶、脱羧酶、醛缩酶等。许多裂合酶的反应方向相反,一个底物去掉双键,并与另一个底物结合生成一个分子,这类酶常被称为合酶。

5. **异构酶类**　催化分子内部基团位置互变、光学或几何异构体互变以及醛酮异构的酶都属于异构酶类。如变位酶、异构酶、消旋酶等。

6. **合成酶类(或连接酶类)**　催化两分子底物合成一分子化合物,同时伴有ATP的高能磷酸键断裂释能的酶类。如谷氨酰胺合成酶、氨基酰-tRNA合成酶等。

二、酶的命名

酶学研究早期,酶的名称多由酶发现者确定。酶的习惯命名多是根据酶催化的底物、反应性质以及酶的来源而定,如脂肪酶、乳酸脱氢酶、胰蛋白酶等。这种命名法缺乏系统的规则,常出现混乱,有的名称不能完全说明酶促反应的本质。1961年国际酶学委员会(enzyme commission,EC)制定了酶的系统命名法,系统命名法强调标明酶的所有底物与反应性质。底物名称之间用“:”分隔。系统命名法不会产生歧义而且提供酶的确定信息,但过于复杂。为了应用方便,国际酶学委员会又从每种酶的数种习惯名称中选定一个简便而实用的名称作为推荐名称。现将一些酶的系统名称和推荐名称举例列于表3-3。

表3-3　酶的分类与命名

酶的分类	催化的化学反应	系统名称	编号	推荐名称
氧化还原酶类	乙醇+NAD^+⇌乙醛+NADH+H^+	乙醇:NAD^+氧化还原酶	EC 1.1.1.1	乙醇脱氢酶
转移酶类	*L*-天冬氨酸+α-酮戊二酸⇌草酰乙酸+L-谷氨酸	*L*-天冬氨酸:α-酮戊二酸氨基转移酶	EC 2.6.1.1	天冬氨酸转氨酶
水解酶类	*L*-精氨酸+H_2O⟶*L*-鸟氨酸+尿素	*L*-精氨酸脒基水解酶	EC 3.5.3.1	精氨酸酶
裂合酶类	酮糖-1-磷酸⇌磷酸二羟丙酮+醛	酮糖-1-磷酸裂解酶	EC 4.1.2.7	醛缩酶

续表

酶的分类	催化的化学反应	系统名称	编号	推荐名称
异构酶类	*D*-葡萄糖-6-磷酸⇌*D*-果糖-6-磷酸	*D*-葡萄糖-6-磷酸酮-醇异构酶	EC 5.3.1.9	磷酸葡萄糖异构酶
合成酶类	*L*-谷氨酸+ATP+NH_3 ⟶ *L*-谷氨酰胺+ADP+磷酸	*L*-谷氨酸：氨连接酶	EC 6.3.1.2	谷氨酰胺合成酶

注：酶的编号由4个数字组成，分别表示酶的类、亚类、亚-亚类和在亚-亚类中的排序，数字前冠以EC

第六节 酶与医学的关系

一、酶与疾病的关系

（一）酶与疾病的发生

1. **酶先天缺陷** 有些疾病的发病机制与体内某种酶的生成或作用障碍而致酶含量的异常或活性受抑制有关。已发现140多种先天代谢性缺陷病，大多数是由于酶的先天性或遗传性缺损所致。例如，酪氨酸酶缺乏引起白化病；6-磷酸葡萄糖脱氢酶缺乏引起的蚕豆病。

2. **酶原异常激活** 许多疾病引起酶的异常，这种异常又使病情加重。例如，急性胰腺炎时，胰蛋白酶原在胰腺中被激活，造成胰腺组织被水解破坏。

3. 维生素缺乏或激素代谢障碍可引起某些酶活性的异常，导致相应疾病的发生。例如，维生素K缺乏，使凝血因子Ⅱ、Ⅶ、Ⅸ、Ⅹ的前体不能羧化为成熟的凝血因子，导致血液凝固发生异常。

4. 酶活性受抑制多见于中毒性疾病，例如，前述的有机磷农药中毒、重金属盐中毒等。

（二）酶与疾病的诊断

1. **酶活性测定与酶活性单位** 酶活性测定就是测定组织提取液、体液或纯化的酶液中酶的含量。由于酶的含量甚微，且又与其他蛋白质混合存在，很难直接测定其含量，因此通常以测定酶活性来间接确定酶含量。酶活性单位是衡量酶活性大小的尺度，有三种表示方法：习惯单位（U）、国际单位（IU）和催量（Katal）。

2. **血清酶活性变化与疾病诊断** 许多引起组织损伤的疾病能使细胞内酶释放到血液中的量增加。某些酶仅仅在一种或少数几种组织中具有相对高的活性，因此测定血清酶活性对于疾病的辅助诊断非常重要。血清中检测这些酶活性常规用于心、肝、骨骼肌和其他组织的疾病的诊断。血清中酶活性的水平通常与组织损伤的程度相关，因此，酶活性的升高程度经常用于评估患者的病情发展和预后。

常见血清酶活性异常的主要原因及常见疾病见表3-4。

表3-4 血清酶活性异常

常见疾病	原因	血清酶的改变
急性胰腺炎 急性肝炎 急性心肌炎	组织器官受损造成细胞破坏或细胞膜通透性增高，细胞内某些酶可大量释放入血	淀粉酶和脂酶活性升高 丙氨酸转氨酶活性升高 天冬氨酸转氨酶活性升高
前列腺癌	细胞的转化率增高或细胞的增殖加快，其标志酶释放入血	酸性磷酸酶活性升高
成骨肉瘤 佝偻病	细胞内酶合成增加，进入血中的酶也随之升高	碱性磷酸酶活性升高
肝病	细胞内酶合成障碍，使血清酶活性降低	凝血酶原等凝血因子含量均显著降低

续表

常见疾病	原因	血清酶的改变
肝硬化、肝坏死或胆道梗阻	细胞内酶的清除障碍，使血清酶活性升高	碱性磷酸酶活性升高
有机磷农药中毒	酶活性受到抑制	胆碱酯酶活性降低

（三）酶与疾病的治疗

在临床上许多药物是通过影响酶的活性来达到治疗作用。如抗癌药物甲氨蝶呤、6-巯基嘌呤、5-氟尿嘧啶等均是通过竞争性抑制肿瘤细胞核酸和核苷酸代谢途径中的相关酶活性而达到遏制肿瘤生长的目的;胃蛋白酶、胰蛋白酶、胰脂肪酶等助消化;胰蛋白酶、胰凝乳蛋白酶、木瓜蛋白酶等用于外科扩创、化脓伤口的净化、浆膜粘连的防治和某些炎症治疗;链激酶、尿激酶和纤溶酶等,防止血栓形成,用于心、脑血管栓塞的治疗。

二、酶在医学其他领域的应用

酶作为试剂已广泛应用于临床检验和科学研究中,如酶法分析(酶偶联测定法)、酶标记测定法以及工具酶等。

酶法分析是指利用酶作为试剂,对一些酶的活性、底物浓度、激活剂、抑制剂等进行定量分析的一种方法。此法已广泛应用于临床检验,如利用葡萄糖氧化酶可对血糖进行定量测定等。

酶标记法是利用酶检测的敏感性对无催化活性的蛋白质进行检测的一种方法。如酶可替代核素与某些物质结合,从而使该物质被酶所标记,通过测定酶的活性来判断被其定量结合的物质的存在和含量。当前应用最多的是酶联免疫吸附测定法。

工具酶是人们将酶作为工具,在分子水平上对某些生物大分子进行定向的分割和连接。如基因工程常用的工具酶有限制性内切酶,DNA 连接酶,聚合酶和修饰酶等,其中以限制性核酸内切酶和 DNA 连接酶对分子克隆的作用最为突出。

（何 艳）

学习小结

酶是对其特异性底物起高效催化作用的蛋白质，是体内最重要的生物催化剂。单纯酶是仅由氨基酸残基组成的蛋白质。结合酶由酶蛋白和辅助因子组成。酶蛋白决定酶促反应的特异性，辅助因子决定酶促反应类型。辅助因子根据与酶蛋白结合的紧密程度不同可分为辅酶与辅基。金属离子和B族维生素及其衍生物参与辅酶或辅基的组成。

酶活性中心是酶分子中能与底物特异地结合并将底物转化为产物的具有特定三维结构的区域。活性中心内外的必需基团是维持酶活性所必需。

同工酶是指催化的化学反应相同，酶分子结构、理化性质乃至免疫学特性均不同的一组酶。检测血清同工酶活性对于疾病的器官定位具有诊断价值。

酶促反应具有高效性、高度特异性、高度不稳定性和可调节性。酶与底物诱导契合形成酶-底物复合物，通过邻近效应和定向排列、表面效应、多元催化使酶发挥高效催化作用。

酶促反应速率受多种因素的影响，如酶浓度、底物浓度、温度、pH、激活剂和抑制剂等。底物浓度对反应速率的影响可用米氏方程表示。K_m值是反应速率为最大反应速率一半时的底物浓度，一定程度上可反映酶和底物的亲和力大小。酶促反应在最适温度和最适pH时活性最高。酶的抑制作用包括不可逆性抑制和可逆性抑制两种。三种可逆性抑制作用的特点：竞争性抑制剂存在时K_m增大，V_{max}不变；非竞争性抑制剂存在时K_m不变，V_{max}下降；反竞争性抑制剂存在时K_m和V_{max}均降低。

机体对酶的活性与含量的调节是调节代谢的重要途径。别构调节与酶的化学修饰是机体快速调节酶活性的重要方式。体内有些酶以无活性的酶原形式存在，只有在需要发挥作用时才转化为有活性的酶。酶含量的调节包括酶蛋白合成的诱导和阻遏，以及对酶降解的调节。

根据酶催化反应类型将其分为六大类：氧化还原酶类、转移酶类、水解酶类、裂合酶类、异构酶类和合成酶类。

酶与疾病的发生、诊断和治疗都关系密切，酶还在医学其他领域得到应用。

复习参考题

1. 酶促反应的特点有哪些？
2. 什么是酶原与酶原激活？举例说明酶原激活的生理意义。
3. 什么是同工酶？举例说明同工酶在临床上的意义。
4. 影响酶促反应速度的因素有哪些？它们是如何影响酶的催化活性的？
5. 竞争性抑制的特点是什么？举例说明竞争性抑制在临床上的应用。

第四章　维生素与微量元素

4

学习目标

掌握	维生素的概念；B 族维生素在体内的活性形式；微量元素的概念。
熟悉	维生素的分类；脂溶性维生素和维生素 C 的生化作用；维生素缺乏症。
了解	维生素的结构、性质和来源；微量元素的体内概况和生化作用。

维生素(vitamin)是人体内不能合成或合成量不足,必须由食物提供,维持人体正常生理功能所必需的一组小分子有机化合物。维生素不作为组织细胞的结构成分,也不会产生能量,但在人体生长、代谢等过程中起重要作用。按其溶解性不同,可分为脂溶性维生素和水溶性维生素。

人体内的元素组成有几十种,按人体每日需要量的多少分为常量元素和微量元素。常量元素在体内的含量较多,如碳、氢、钙等。微量元素指人体每日需要量在100mg以下,主要包括铁、锌、铜、锰、硒、碘等。微量元素通过形成结合蛋白质、酶、激素、维生素等重要生物活性分子来发挥特殊的、多样的生理作用。

第一节 脂溶性维生素

脂溶性维生素是疏水性化合物,溶于有机溶剂而不溶于水,包括维生素A、D、E、K等。这类维生素常随脂类物质吸收,在血液中与脂蛋白或特异的结合蛋白相结合而运输,主要在肝内储存,不易随尿排出。脂溶性维生素结构不一,执行不同的生理功能,当吸收障碍或长期缺乏,可引起相应的缺乏症,摄入过多可发生中毒。

一、维生素A

(一)化学本质、性质及来源

维生素A是含β-白芷酮环的多聚异戊二烯复合物。天然维生素A有A_1(视黄醇)及A_2(3-脱氢视黄醇)两种,并以A_1为主。维生素A_1主要存在于哺乳动物和咸水鱼肝中,维生素A_2多存在于淡水鱼肝中。

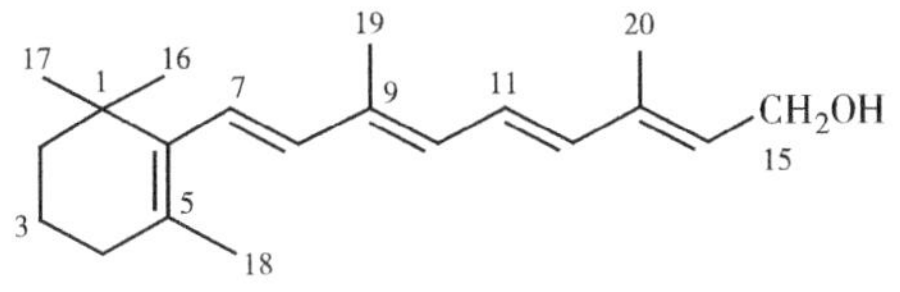

维生素A_1(视黄醇) 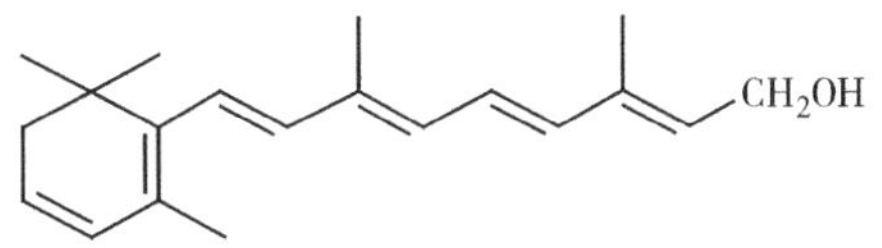　　维生素A_2(3-脱氢视黄醇)

维生素A_1(视黄醇)与其特异的结合蛋白结合后在血液中运输,与靶细胞表面的特异性受体结合而被摄取。在细胞内,视黄醇先氧化成视黄醛,再进一步氧化成视黄酸。视黄醇、视黄醛和视黄酸是维生素A的活性形式。

维生素A的性质活泼,容易被空气氧化和紫外线照射而失去生理活性,故维生素A制剂应避光贮存。

维生素A主要来自动物性食品,如肝、肉类、乳制品及蛋黄中含量都很丰富。植物中不存在维生素A,但含有维生素A原,其中以β-胡萝卜素最为重要。有色植物如胡萝卜、红辣椒、菠菜等都富含多种胡萝卜素。

(二)生化作用及缺乏症

1. 构成视觉细胞内感光物质　视紫红质作为感受暗光的视杆细胞内的视色素,由11-顺视黄醛与视蛋白结合构成。感受弱光时,视蛋白和11-顺视黄醛分别构象和构型发生改变,生成含全反视黄醛的光视紫红质,再经一系列构象改变,生成变视紫红质Ⅱ,引起视觉神经冲动,经传导到大脑后产生暗视觉。当维生素A缺乏时,视紫红质合成不足或再生缓慢,暗视觉障碍,出现“夜盲症”等眼疾。

2. 参与糖蛋白的合成　维生素A参与上皮细胞膜的重要成分糖蛋白的合成。维生素A缺乏时,糖蛋白合成障碍,致使上皮细胞干燥、增生、角化过度,当影响到泪腺上皮时,泪液的分泌会减少,引起结膜和角膜干燥出现眼干燥症。故维生素A又称抗眼干燥症维生素。

3. **有效的抗氧化剂** 维生素 A 和 β-胡萝卜素具有清除自由基和防止脂质过氧化的作用。

4. **抑制肿瘤生长** 目前有观点认为，维生素 A 及其衍生物有延缓或阻止癌前病变，拮抗化学致癌剂的作用，可用来防癌、抗癌。

维生素 A 摄取过多可造成组织损伤，引起头疼、呕吐、急性重型肝炎等急性中毒症状和食欲减退、毛发脱落、关节疼痛及肝脾大等慢性中毒症状。

二、维生素 D

（一）化学本质、性质及来源

维生素 D 是类固醇的衍生物，为环戊烷多氢菲化合物。天然的维生素 D 有维生素 D_2（麦角钙化醇）和 D_3（胆钙化醇）两种。植物和酵母中的麦角固醇在紫外线照射下转变成维生素 D_2，所以麦角固醇又被称为维生素 D_2 原。维生素 D_3 主要存在于鱼肝油、鱼肉、肝、奶及蛋黄中。7-脱氢胆固醇是胆固醇经脱氢转变生成，在人皮肤中 7-脱氢胆固醇在紫外线作用后转化为维生素 D_3，因此也称 7-脱氢胆固醇为维生素 D_3 原。维生素 D_2 和维生素 D_3 的生成过程见图 4-1 所示。

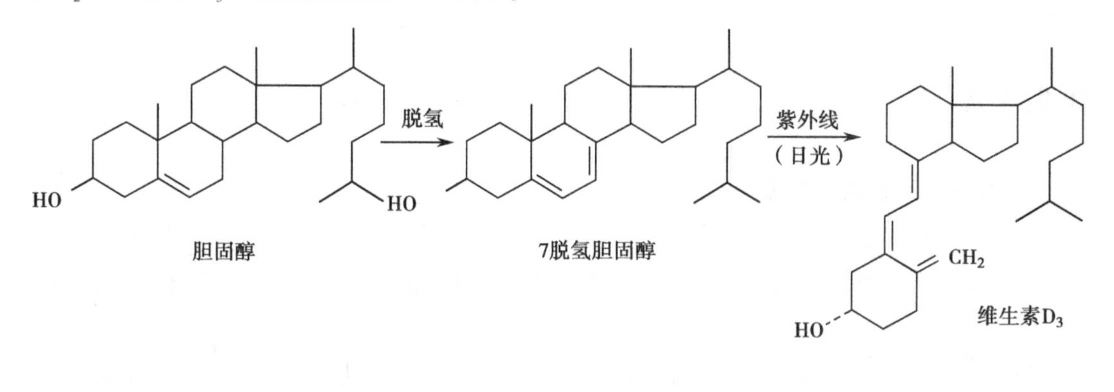

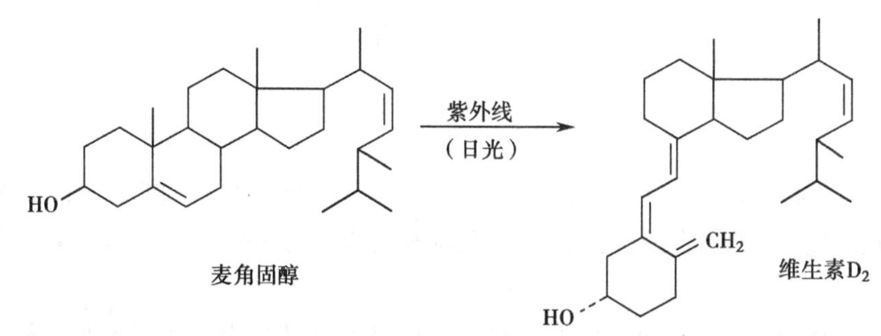

图 4-1 维生素 D_2 和维生素 D_3 的生成过程

维生素 D 性质较稳定，耐热、酸和碱，不易被破坏。

（二）生化作用及缺乏症

体内储存的维生素 D_3 无活性，需在肝微粒体内的 25-羟化酶和肾线粒体中的 1α-羟化酶羟化后生成 1,25-$(OH)_2$-D_3，为维生素 D 在体内的活性形式。

1. **调节钙、磷代谢** 1,25-$(OH)_2$-D_3 通过促进小肠黏膜细胞对钙、磷的吸收及肾远曲小管对钙、磷的重吸收，影响骨组织的钙代谢，从而维持血钙和血磷的正常水平。

2. **调节基因表达** 维生素 D 具有激素样的作用，与细胞内受体结合，在细胞核内，1,25-$(OH)_2$-D_3-受体复合物与 DNA 相互作用，可选择性地调节基因的表达。

缺乏维生素 D 时，儿童由于成骨作用障碍可出现佝偻病，故维生素 D 又称抗佝偻病维生素；成人则引起骨软化症；中老年人易发生骨质疏松症。维生素 D 服用过量可出现厌食、乏力、烦躁、头痛等胃肠道和中枢神经系统的中毒症状。

三、维生素E

（一）化学本质、性质及来源

维生素E是苯骈二氢吡喃的衍生物，包括生育酚和三烯生育酚两类，每类又分α、β、γ、δ四种，自然界以α-生育酚的活性最高。机体内维生素E主要存在于细胞膜、血浆脂蛋白和脂库中。

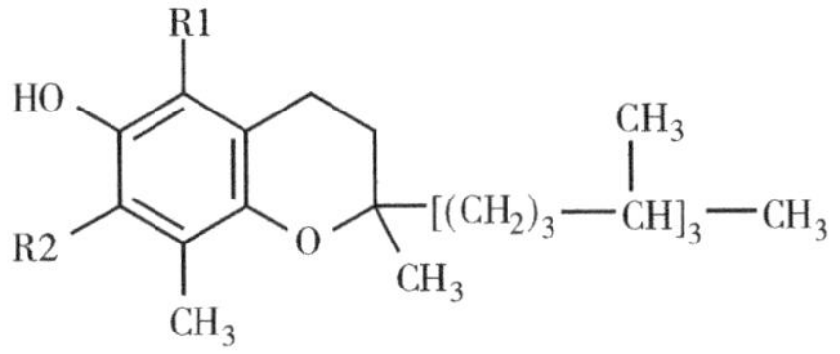

生育酚	R_1	R_2	生理活性
α	$-CH_3$	$-CH_3$	100
β	$-CH_3$	—H	40
γ	—H	$-CH_3$	3
δ	—H	—H	1

维生素E在无氧条件下对热稳定，对氧十分敏感，极易氧化。

天然维生素E分布广泛，主要存在于植物油、油性种子、麦芽、鲜橘、胡萝卜、鸡蛋、牛奶、豆类及蔬菜中，来源充足。

（二）生化作用及缺乏症

1. 抗氧化作用 维生素E是体内最重要的脂溶性抗氧化剂，主要对抗生物膜上脂质过氧化所产生的自由基。生育酚通过与过氧化脂质自由基形成反应性较低、相对稳定的生育酚自由基，之后可在维生素C和谷胱甘肽的作用下还原。因此维生素E能防止不饱和脂肪酸氧化，保护生物膜正常的结构与功能，也起到抗衰老的作用。

2. 调节基因表达 维生素E可调控多种基因的表达，如生育酚代谢相关基因、细胞黏附与抗炎相关基因、细胞周期调节的相关基因以及脂代谢相关基因等。因此具有抗炎、维持机体正常免疫、抑制细胞增殖、预防动脉粥样硬化等作用。

3. 促进血红素合成 维生素E通过提高血红素合成的关键酶δ-氨基-γ-酮戊酸（ALA）合酶及ALA脱水酶的活性，促进血红素合成。

维生素E一般不易缺乏。维生素E缺乏症是由于血中维生素E含量低而引起，大都发生在早产儿，缺乏时可引起贫血。人类尚未发现维生素E中毒症。

四、维生素K

（一）化学本质、性质及来源

维生素K是2-甲基-1,4萘醌的衍生物，耐热，对光和碱敏感。天然维生素K有K_1和K_2。维生素K_1主要存在绿叶植物（如青菜等）、蛋黄和肝中。维生素K_2由肠道细菌合成。人工合成的维生素K_3和K_4为水溶性物质，可以口服或注射。

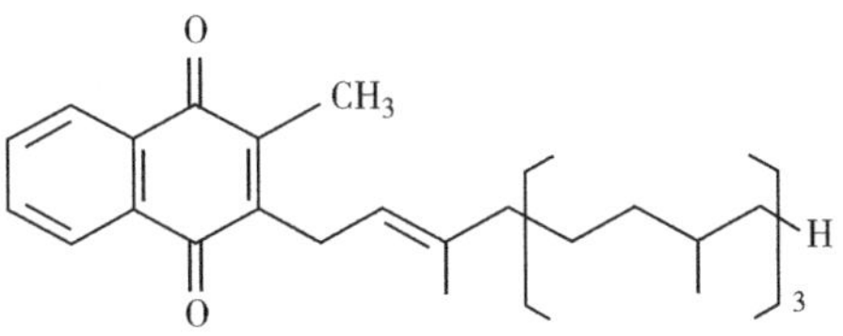

维生素K_1
（植物甲萘醌）
（叶绿醌）

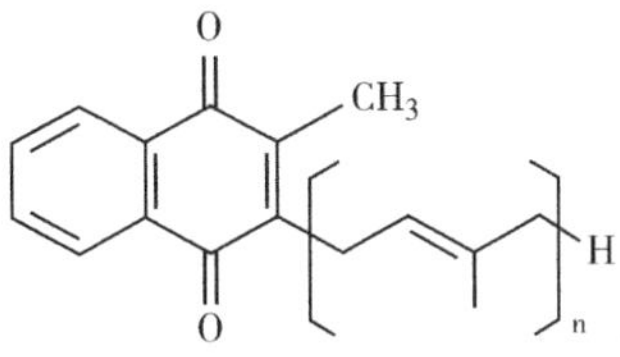

维生素K_2

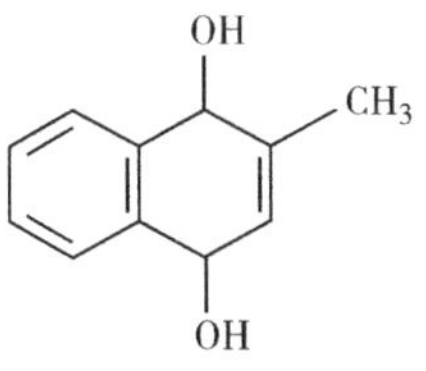

维生素K_3

（二）生化作用及缺乏症

1. 凝血因子合成时必需的辅酶 凝血因子Ⅱ、Ⅶ、Ⅸ及Ⅹ在肝细胞合成的是无活性前体分子，其分子中4~6个谷氨酸残基需羧化成γ-羧化谷氨酸残基才能转变为活性形式。此反应由γ-羧化酶催化，而γ-谷氨酸羧化酶的辅酶是维生素K。因此维生素K是凝血因子合成所必需的。

2. 促进骨代谢 骨中的骨钙蛋白和骨基质Gla都是维生素K依赖蛋白。有研究表明，服用低剂量维生素K的妇女，其骨盐密度明显低于服用大剂量维生素K时的骨盐密度。

维生素K分布广泛，且体内肠细菌也能合成，一般不易缺乏。长期使用抗菌药物抑制了肠道菌群，可产生维生素K缺乏症。维生素K缺乏时，凝血时间延长，严重时则发生皮下、肌及胃肠道出血。

第二节　水溶性维生素

水溶性维生素包括B族维生素和维生素C。水溶性维生素在体内主要以酶的辅助因子的方式参与代谢。这类维生素易溶于水，不溶或微溶于有机溶剂，在机体内储存量很少，必须经常从食物中摄取，供给不足时往往可导致缺乏症。摄入过多的部分可随尿排出体外，一般不发生中毒现象。

一、维生素B_1

（一）化学本质、性质和来源

维生素B_1又称硫胺素，是由含硫的噻唑环和含氨基的嘧啶环所组成的化合物。硫胺素于碱性溶液中加热极易分解，在酸性溶液中可耐受120℃的高温。经氧化后可转为无活性的脱氢硫胺素，后者在紫外光下呈蓝色荧光，此性质可用于定性和定量分析。维生素B_1多以盐酸硫胺素的形式存在，易被小肠吸收。

维生素B_1主要存在于种子外皮及胚芽中，米、黄豆、芹菜、瘦肉等食物中含量丰富。谷类加工过细或烹调方法不当时可造成维生素B_1大量丢失。

维生素B_1从食物中吸收后在肝及脑组织中经磷酸化生成焦磷酸硫胺素（thiamine pyrophosphate，TPP），是维生素B_1的活性型（图4-2）。

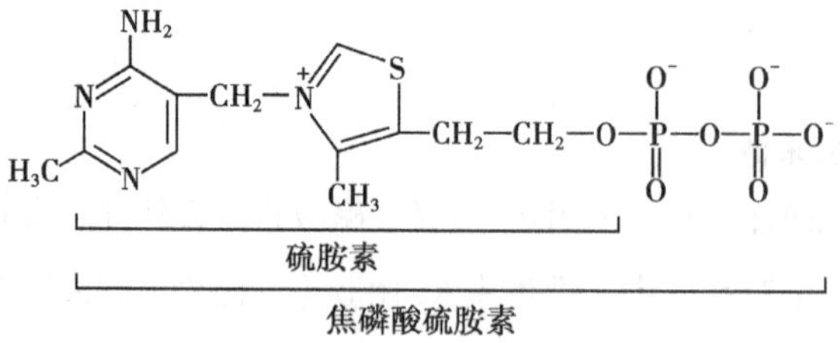

硫胺素

焦磷酸硫胺素

图4-2　焦磷酸硫胺素的结构

（二）生化作用与缺乏症

维生素B_1在体内供能代谢中发挥重要作用。TPP是α-酮酸氧化脱羧酶系的辅酶，参与线粒体丙酮酸、α-酮戊二酸的氧化脱羧反应。缺乏维生素B_1可引起以糖有氧氧化供能为主的神经组织供能不足以及神经细胞膜髓鞘磷脂合成受阻，导致慢性末梢神经炎和脚气病的发生，故维生素B_1又称为抗脚气病维生素。

TPP还是磷酸戊糖途径中转酮酶的辅酶。维生素B_1缺乏时，磷酸戊糖途径产生的5-磷酸核糖和

NADPH减少，导致核苷酸合成及神经髓鞘中鞘磷脂的合成受阻，出现神经末梢炎和其他神经病变。

维生素 B_1 还可抑制胆碱酯酶活性，缺乏维生素 B_1 时胆碱酯酶活性增强，乙酰胆碱的水解加速，影响胆碱能神经的传导，出现由于胃肠蠕动缓慢、消化液分泌减少引起的食欲缺乏、消化不良等症状。

相关链接

脚 气 病

脚气病是一种严重的维生素 B_1 缺乏引起的全身性疾病，常发生在以精米为主食的地区。维生素 B_1 是参与体内糖及能量代谢的重要维生素，其活性形式TPP是α-酮酸氧化脱羧酶系的辅酶。当维生素 B_1 缺乏时，体内TPP合成不足，糖代谢中的α-酮酸氧化脱羧障碍，导致丙酮酸、乳酸堆积，毒害细胞，导致消化、神经和心血管诸系统的功能紊乱。婴儿脚气病症状包括心动过速、呕吐、惊厥，若没有治疗，严重可导致死亡。哺乳期妇女若缺乏维生素 B_1，可导致婴儿快速出现缺乏综合征；成人脚气病以两脚无力为主要特征，以及健忘、手足麻木、肌肉萎缩、共济失调、心力衰竭和下肢水肿等脚气病的症状。

二、维生素 B_2

（一）化学本质、性质和来源

维生素 B_2 又名核黄素，是核糖醇与6，7-二甲基异咯嗪的缩合物。核黄素为橘黄色针状结晶，溶于水后呈黄绿色荧光。在酸性溶液中稳定，耐热，易被碱和紫外线破坏。

维生素 B_2 分布很广，绿叶蔬菜、黄豆、小麦及动物内脏（肝、肾、心）和乳制品、酵母中含量丰富。人体肠道细菌也能合成一部分，但不能满足机体需要。

吸收后的核黄素在小肠黏膜黄素激酶催化下转变成黄素单核苷酸（flavin mononucleotide，FMN），FMN在焦磷酸化酶催化下进一步生成黄素腺嘌呤二核苷酸（flavin adenine dinucleotide，FAD），FMN及FAD是维生素 B_2 的活性型（图4-3）。

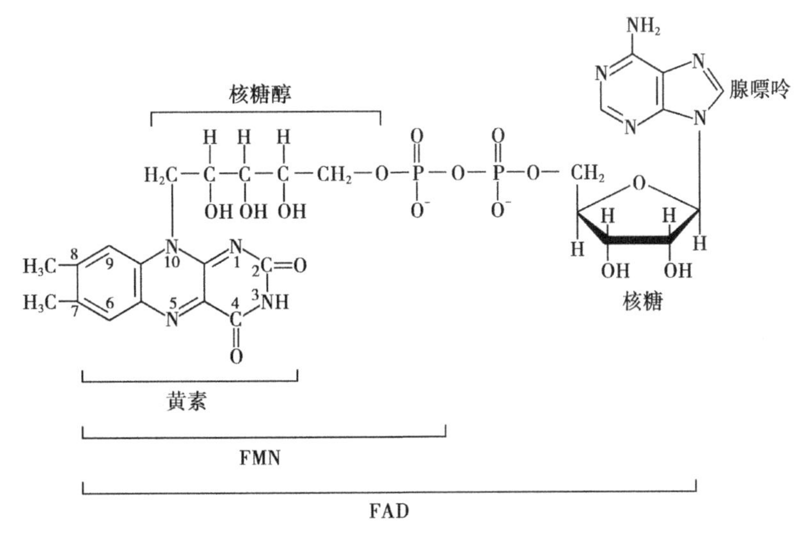

图4-3 FMN和FAD的结构

（二）生化作用及缺乏症

FMN与FAD是体内氧化还原酶（如琥珀酸脱氢酶、黄嘌呤氧化酶及NADH脱氢酶等）的辅基，主要起递氢体的作用。

维生素 B_2 缺乏时可引起唇炎、舌炎、口角炎、阴囊皮炎、眼睑炎、畏光等症。

三、维生素 PP

（一）化学本质、性质和来源

维生素 PP 是吡啶的衍生物，包括烟酸和烟酰胺两种化合物。维生素 PP 为白色结晶，性质比较稳定，耐热、酸和碱，不易被破坏，是维生素中性质最稳定的一种。

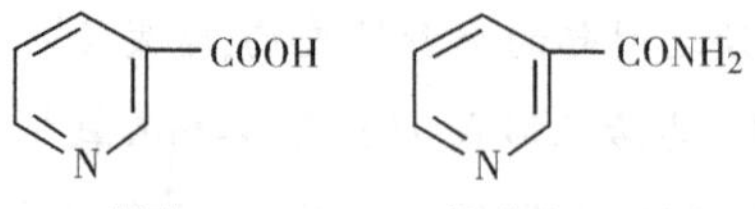

COOH　　CONH$_2$
N　　N
烟酸　　烟酰胺

维生素 PP 广泛存在于自然界，肉类、谷物、花生及酵母中含量丰富。肝能将色氨酸转变成烟酸，但转变效率很低，且色氨酸属于必需氨基酸，因此人体主要从食物中摄取维生素 PP。

在体内维生素 PP 吸收运输到组织后，经连续的酶促反应与核糖、磷酸、腺嘌呤组成烟酰胺腺嘌呤二核苷酸（NAD^+，又称辅酶Ⅰ）和烟酰胺腺嘌呤二核苷酸磷酸（$NADP^+$，又称辅酶Ⅱ）（图 4-4），它们是维生素 PP 在体内的活性型。

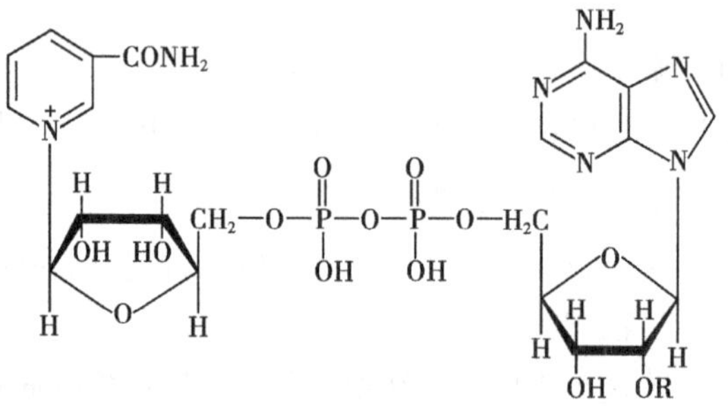

R=H：NAD^+；　R=H_2PO_3：$NADP^+$

图 4-4　NAD^+和 $NADP^+$的结构

（二）生化作用及缺乏症

NAD^+和 $NADP^+$在体内是多种不需氧脱氢酶的辅酶，分子中的烟酰胺部分具有可逆的加氢和脱氢的特性，因此在生物氧化过程中起着递氢的作用。NAD^+常参与产生能量的氧化分解反应，而 $NADP^+$则主要参与合成反应。

人类维生素 PP 的缺乏可引起癞皮症，主要表现为皮炎，腹泻及痴呆。皮炎常对称的出现于暴露部位；痴呆是因神经组织变性的结果。维生素 PP 又称抗癞皮病维生素。

烟酸能抑制脂肪动员，使肝中 VLDL 的合成下降，从而降低血浆胆固醇，故临床上烟酸可作为治疗高脂血症和动脉粥样硬化等疾病的药物。

四、维生素 B_6

（一）化学本质、性质和来源

维生素 B_6包括吡哆醇、吡哆醛和吡哆胺，是吡啶的衍生物，其活性型是磷酸吡哆醛和磷酸吡哆胺，两者可相互转变（图 4-5）。

维生素 B_6 易溶于水和乙醇，对光和碱敏感，高温下破坏迅速。

维生素 B_6 在动植物中分布很广，蛋黄、肉类、鱼、乳汁以及谷物、种子外皮、卷心菜、豆类中含量丰富，以酵母及米糠中含量最多。

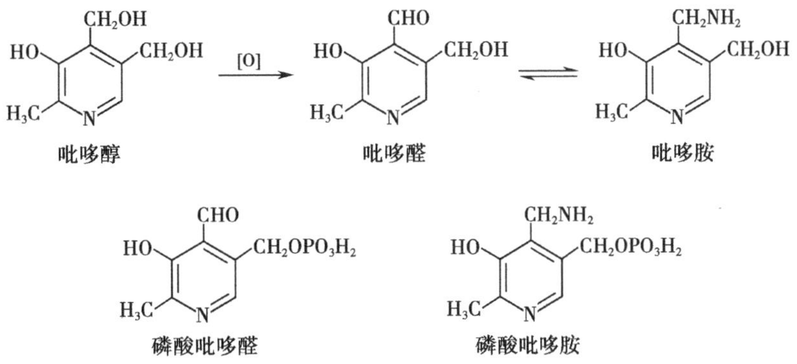

吡哆醇　　吡哆醛　　吡哆胺

磷酸吡哆醛　　磷酸吡哆胺

图 4-5　维生素 B_6 及其磷酸酯结构

（二）生化作用及缺乏症

磷酸吡哆醛是氨基酸转氨酶和脱羧酶的辅酶。磷酸吡哆醛能促进谷氨酸脱羧生成 γ-氨基丁酸。γ-氨基丁酸是一种抑制性神经递质。临床上常用维生素 B_6 治疗婴儿惊厥和妊娠呕吐。磷酸吡哆醛也是血红素合成的限速酶 δ-氨基-γ-酮戊酸（ALA）的辅酶，缺乏维生素 B_6 时可引起低色素小细胞性贫血。

人类未见维生素 B_6 缺乏病的典型病例。抗结核药异烟肼能与磷酸吡哆醛结合，使其失去辅酶作用，故在服用异烟肼时，应加服维生素 B_6。与其他水溶性维生素不同，过量服用维生素 B_6 可引起中毒，引起神经损伤。

五、泛酸

（一）化学本质、性质和来源

泛酸是由 β-丙氨酸与二甲基羟丁酸缩合而成。因广泛存在于生物界，故又名遍多酸。在中性溶液中耐热，对氧化剂及还原剂极为稳定。

泛酸广泛存在动植物组织，尤以动物肝、酵母、谷物及豆类中含量丰富，肠内细菌也能合成。

泛酸在肠道被吸收进入体内后，经磷酸化并获得巯基乙胺而生成 4-磷酸泛酰巯基乙胺，后者是辅酶 A（CoA）及酰基载体蛋白（ACP）的组分，所以 CoA 和 ACP 是泛酸在体内的活性型（图 4-6）。

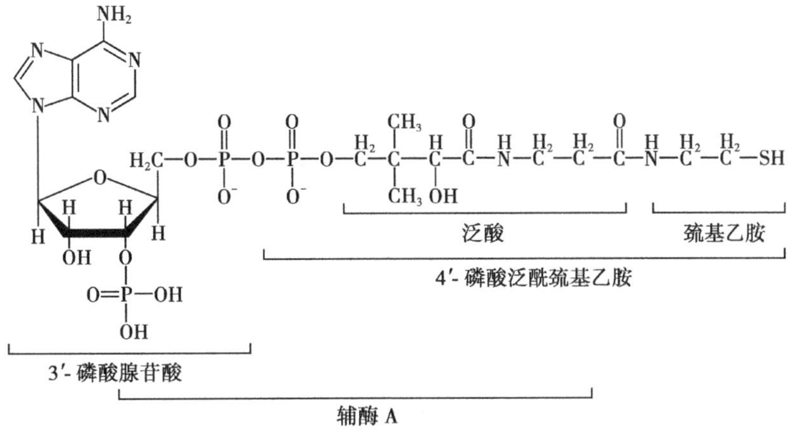

泛酸　　巯基乙胺

4′-磷酸泛酰巯基乙胺

3′-磷酸腺苷酸

辅酶 A

图 4-6　辅酶 A 的结构

（二）生化作用及缺乏症

在体内 CoA 和 ACP 构成酰基转移酶的辅酶，广泛参与糖、脂、蛋白质代谢及肝的生物转化作用，约有 70 多种酶需 CoA 和 ACP。

泛酸缺乏症很少见，缺乏时可引起胃肠功能障碍。临床上有给予适量泛酸来提高其他维生素 B 缺乏症治疗中的疗效。现临床上 CoA 已作为许多疾病的重要辅助药物。

六、生物素

（一）化学本质、性质和来源

生物素是由噻吩环与尿素结合而成的双环化合物，并带有戊酸侧链（图 4-7）。

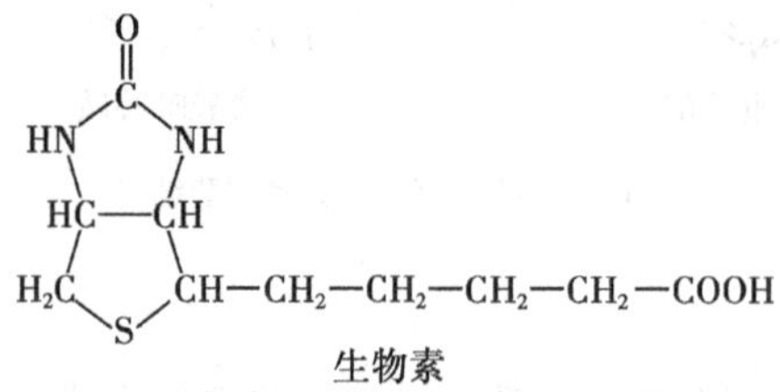

生物素

图 4-7　生物素的结构

生物素无色针状结晶体，常温下稳定，不耐高温且易被氧化。

生物素分布广泛，肝、肾、蛋黄、酵母、蔬菜、谷类中均含有，肠道细菌也能合成。

（二）生化作用及缺乏症

生物素是体内多种羧化酶的辅基，参与 CO_2 固定过程，在糖、脂肪、蛋白质和核酸代谢有重要意义。生物素与生物素依赖的羧化酶的赖氨酸残基ε-氨基共价结合，形成生物胞素残基，使酶变成有活性的形式。

生物素除了作为羧化酶的辅基外，还参与细胞信号转导和基因表达，使组蛋白生物素化从而影响细胞周期、转录和 DNA 的损伤的修复。

生物素来源广泛，肠道细菌也能合成，所以人类罕见缺乏症。长期使用抗生素能抑制肠道细菌生长，可造成生物素的缺乏，出现疲乏，食欲缺乏，恶心呕吐等症状。另外，新鲜鸡蛋清中含一种抗生物素的糖蛋白，能通过紧密结合生物素阻止生物素的吸收。

七、叶酸

（一）化学本质、性质和来源

叶酸由 2-氨基-4-羟基-6-甲基蝶呤啶、对-氨苯甲酸和 *L*-谷氨酸三部分组成，又称蝶酰谷氨酸（图 4-8）。叶酸因在绿叶植物中含量丰富而得名。

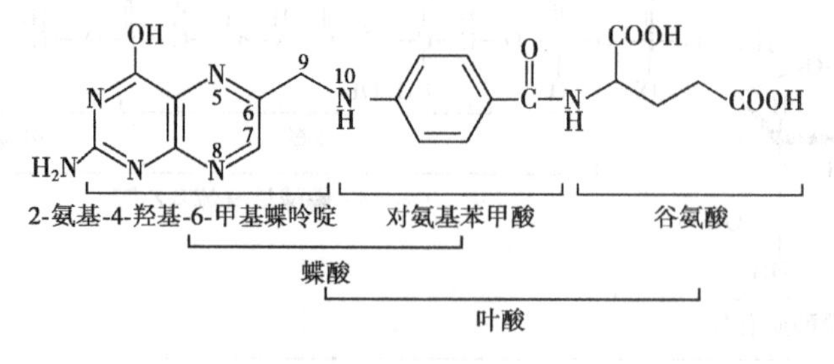

图 4-8　叶酸的结构

叶酸在酸性溶液中不稳定，不耐热。

叶酸在多叶、深绿色蔬菜中含量较多，也存在于肉类、肝和肾等动物性食物中。

叶酸在小肠被吸收后，在肠黏膜细胞叶酸还原酶作用下可转变为叶酸的活性型四氢叶酸（FH_4）。

（二）生化作用及缺乏症

FH_4 是体内一碳单位转移酶的辅酶，分子中的 N^5 及 N^{10} 能携带一碳单位，参与体内嘌呤、胸腺嘧啶核苷酸等多种物质的合成。叶酸缺乏时,DNA 合成受到抑制,骨髓幼红细胞 DNA 合成减少,细胞分裂速度降低,细胞体积变大,造成巨幼细胞贫血,故叶酸又称为抗贫血维生素。

叶酸在食物中含量丰富,肠道的细菌也能合成,一般不发生缺乏症。口服抗癌药物氨基蝶呤、甲氨蝶呤能干扰四氢叶酸的合成。孕妇及哺乳期妇女应适当补充叶酸,叶酸的应用可以降低胎儿脊柱裂和神经管缺乏的危险。

理论与实践

叶酸与脊柱裂

脊柱裂是一种常见的先天畸形，是在胚胎发育的过程中椎管闭合不全而引起，使脊柱骨保护的脊髓突出或暴露于体表。 随着儿童年龄增大，产生不同的症状包括：腿部无力或瘫痪、腿部变形、大小便失禁、病变水平以下的皮肤没有痛觉、部分病例表现为学习障碍。

叶酸作为体内一碳单位转移酶系的辅酶，参与嘌呤和胸腺嘧啶的合成，进一步合成 DNA 和 RNA。怀孕早期如果母体缺乏叶酸使胎儿神经管异常风险升高，其中之一就是造成脊柱裂。 我国营养协会建议，从怀胎的前 90 天开始补充叶酸，保证体内的叶酸水平维持在一定的含量。 美国疾病控制与预防中心指出，如果女性在受孕前至少 1 个月，并且在孕期的头 3 个月都坚持每天服用推荐剂量的叶酸，能大大降低发生神经管缺陷的风险。

八、维生素 B_{12}

（一）化学本质、性质及来源

维生素 B_{12}又称钴胺素,是唯一含有金属元素的维生素。其分子中含钴、一个与卟啉环不同的咕啉环、3′-磷酸-5,6-二甲基苯骈咪唑核苷和氨基异丙醇。钴位于咕啉环中央,可结合不同的 R 基团,可有多种形式,如甲钴胺素和 5′-脱氧腺苷钴胺素是维生素 B_{12}的活性型,也是血液中存在的主要形式(图 4-9)。

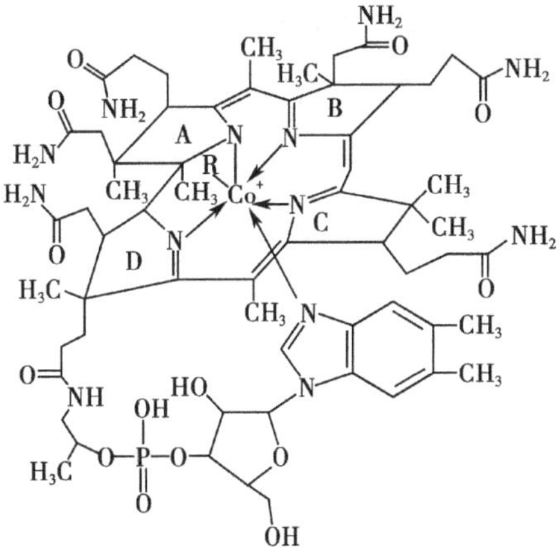

图 4-9　维生素 B_{12}结构

维生素 B_{12}在弱酸中稳定,易被强酸、强碱、氧化剂等破坏。性质最稳定的羟钴胺素,是药用维生素 B_{12}的主要形式。

维生素 B_{12}仅由微生物合成,酵母和动物肝含量丰富,不存在于植物中。

（二）生化作用及缺乏症

甲钴胺素作为 $N^5—CH_3—FH_4$ 转甲基酶的辅酶参与甲硫氨酸循环。维生素 B_{12}缺乏时 $N^5—CH_3—FH_4$ 上的甲基不能转移出去,四氢叶酸的再生受阻,组织中游离的四氢叶酸含量减少,从而影响嘌呤、嘧啶的合成,使核酸合成障碍,影响细胞分裂,结果产生巨幼细胞贫血,所以维生素 B_{12}又称为抗恶性贫血维生素。

5′-脱氧腺苷钴胺素是 *L*-甲基丙二酰 CoA 变位酶的辅酶,催化琥珀酰辅酶 A 的生成。当维生素 B_{12}缺乏时,引起 *L*-甲基丙二酰 CoA 大量堆积,因 *L*-甲基丙二酰 CoA 的结构与脂肪酸合成的中间产物丙二酰 CoA 相似,从而影响脂肪酸的正常代谢。

维生素 B_{12}广泛存在于动物食品中,正常膳食很难发生缺乏症,但偶见长期素食者及有严重吸收障碍疾患的病人。

九、维生素C

（一）化学本质、性质和来源

维生素C又称为抗坏血酸，是含有6个碳原子的多羟基化合物，以内酯的形式存在。维生素C溶液呈酸性，具强还原性，易被氧化剂破坏，在中性或碱性溶液中或加热时破坏迅速。

维生素C广泛存在于新鲜水果及绿叶蔬菜中，尤以猕猴桃、山楂、橘子、鲜枣、番茄、辣椒等含量丰富。但在植物中含有抗坏血酸氧化酶可使维生素C氧化而灭活，因此水果及蔬菜在干燥、久存和磨碎等过程其维生素C会遭到破坏。

（二）生化作用及缺乏症

1. 参与体内的羟化作用

（1）促进胶原的合成：胶原蛋白是体内结缔组织、毛细血管及细胞间质的重要构成成分，胶原中脯氨酸和赖氨酸在胶原脯氨酸羟化酶和赖氨酸羟化酶的作用下生成的羟脯氨酸及羟赖氨酸，两者是维持胶原蛋白空间结构的关键物质。维生素C是上述两种酶的辅助因子，缺乏时可引起胶原蛋白合成障碍，导致毛细血管通透性增加，易破裂出血和贫血等症状，引起坏血病。

（2）参与胆固醇的转化：胆固醇在肝细胞中转化为胆汁酸，维生素C是催化这一过程的关键酶的辅酶。缺乏时直接影响胆固醇的转化，是造成高胆固醇血症的原因之一，也是动脉粥样硬化的危险因素。

（3）参与芳香族氨基酸的代谢：在苯丙氨酸转变为酪氨酸再进一步转变成儿茶酚胺、尿黑酸以及色氨酸转变为5-羟色胺等过程中，都需要有维生素C的参与。

2. 参与体内的氧化还原反应 维生素C作为抗氧化剂可直接参与体内氧化还原反应。

（1）保护巯基和促进GSH生成：维生素C能使巯基酶的-SH维持在还原状态。维生素C在谷胱甘肽还原酶作用下，使氧化型谷胱甘肽（GSSG）还原为还原型谷胱甘肽（GSH），后者能清除细胞膜的过氧化脂质，起到保护细胞膜作用。

（2）促进抗体生成：免疫球蛋白分子中的二硫键是通过半胱氨酸残基的巯基（-SH）氧化而生成，此反应需要维生素C参加。

（3）促进造血作用：维生素C能使Fe^{3+}还原Fe^{2+}，以促进食物中铁的吸收、储存和利用，并能使红细胞中的高铁血红蛋白还原为血红蛋白，恢复其运氧能力。维生素C还参与四氢叶酸的生成，有利于造血作用。维生素C缺乏时，红细胞的发育成熟受到影响，易发生贫血。

（4）清除自由基的作用：维生素C能通过清除自由基恢复维生素E的抗氧化作用，还能保护维生素A及维生素B免遭氧化。

3. 其他作用 维生素C促进体内抗菌活性、NK细胞活性、促进淋巴细胞增殖、趋化作用、促进免疫球蛋白的合成，从而提高机体免疫力。临床上用于对慢性病和病毒性疾病的支持性治疗。维生素C能阻止致癌物亚硝胺的合成，具有一定的防癌作用。

长期大量服用维生素C可引起尿路的草酸盐结石。

问题与思考

由于新生儿胃肠道发育不完全，对某些物质尤其脂溶性维生素的吸收能力较弱；肠道菌群在出生数天后才能建立；出生时维生素K和维生素E储存量很低；同时新生儿生长迅速，对营养需求大，因而新生儿特别是早产儿容易发生营养不良。

思考：如何保证新生儿对维生素等的补充避免发生营养不良和发育障碍。

第三节　微量元素

微量元素大部分为金属元素，广泛分布于各种组织中，含量稳定，主要以结合成化合物形式存在。作用包括作为酶的辅助因子；参与体内物质的运输；参与激素和维生素的形成等。本节主要介绍锌、铜、硒、锰、碘五种微量元素。

一、锌

（一）体内概况

成人体内锌的含量约1.5~2.5g，广泛分布于各组织中，以视网膜、胰腺等组织含量最高。头发中含有一定量的锌，常作为人体内锌含量的指标。小肠是锌吸收的主要部位，有与锌特异结合的金属结合蛋白类物质，可调节和促进锌的吸收。锌吸收入血后与清蛋白或运铁蛋白结合而运输。血锌浓度约为0.1~0.15mmol/L。体内锌主要与金属硫蛋白结合进行锌的储存。锌主要经肠道排出，其次为尿和汗等。

（二）生化作用与缺乏症

锌是含锌金属酶和锌指蛋白的组成成分。含锌金属酶有80多种，如DNA聚合酶、碳酸酐酶、乳酸脱氢酶等，与体内物质代谢密切相关。人类编码有300多种的锌指蛋白，如核受体、转录因子等的DNA结合区中都有一个特殊的锌指结构，说明锌在基因表达的调控中发挥着重要作用。

另外，胰岛素与锌结合形成六聚体，使其活性增加并延长胰岛素作用时间。锌有促进生长发育的作用。锌还是免疫调节剂，在抗氧化、抗炎症中起重要作用。

锌的补充依赖于从食物中摄取，各种因素引起锌的摄取不足或吸收障碍，可引起锌的缺乏。锌缺乏时，影响胰岛素活性，糖耐量试验异常；可出现生长停滞、智力发育迟缓、创伤愈合不良、脱发等症状。

二、铜

（一）体内概况

成人体内铜含量80~110mg，骨骼肌约占50%中，10%存在于肝，5%~10%存在于血液中。铜主要在十二指肠吸收，吸收率约为10%。铜大部分以复合物的形式被吸收，入血后运输至肝参与铜蓝蛋白合成，所以铜的吸收受血浆铜蓝蛋白的调控。血浆铜蓝蛋白是铜的运输形式，也是各组织贮存铜的主要形式。铜主要随胆汁排泄。

（二）生化作用及缺乏症

铜是体内多种酶的辅基，如铜是呼吸链中细胞色素氧化酶的组成成分，传递电子。铜参与单胺氧化酶和抗坏血酸氧化酶的分子组成，此两种酶在结缔组织中可催化形成弹性蛋白纤维或胶原纤维的共价交联结构，以维持血管壁、结缔组织和骨基质的韧性和弹性。因此铜缺乏可引起结缔组织胶原纤维交联障碍，使动脉壁弹性减弱。铜也是酪氨酸酶的组成成分，参与黑色素的形成和多巴胺的代谢。铜参与造血过程和铁的代谢，使Fe^{3+}变成Fe^{2+}，有利于铁在小肠的吸收。铜能促使铁由贮存场所进入骨髓，并参与血红蛋白和铁卟啉的合成以及红细胞的成熟和释放。

铜缺乏时，特征性表现为小细胞低色素性贫血、白细胞减少、出血性血管改变、高胆固醇和神经疾患等。人类的肝豆状核变性疾病（Wilson病）是一种与铜代谢异常有关的常染色体隐性遗传性疾病，表现为铜吸收增加，排泄减少，导致铜在肝、脑、肾、角膜等器官组织沉积，造成功能损害。铜摄入过多也会引起中毒现象，如蓝绿粪便、唾液以及行动障碍等。

三、硒

（一）体内概况

成人体内硒含量约14~21mg，分布于除脂肪组织以外的所有组织中，其中肝、胰、肾含量较多。食物中的硒主要在肠道吸收，有机结合硒如硒代半胱氨酸、硒代甲硫氨酸等较易被吸收。硒吸收入血后与α和β-球蛋白结合运输，少部分与VLDL结合运输。体内硒以硒蛋白或含硒酶的形式存在。体内硒主要随尿液及汗排出。正常人头发内含有一定量的硒，能反映食物和机体内硒的含量，可作为监测机体硒营养状况的指标。

（二）生化作用与缺乏症

硒在体内以硒代半胱氨酸形式存在近30种蛋白质中。这些含硒蛋白质包括谷胱甘肽过氧化物酶、碘甲腺原氨酸脱碘酶等。谷胱甘肽过氧化物酶（GSH-Px）是重要的含硒抗氧化剂，硒代半胱氨酸为此酶活性中心的必需基团。GSH-Px能催化还原型谷胱甘肽（G-SH）转变成氧化型谷胱甘肽（GSSG），同时使有毒的过氧化物还原成相对无毒的羟基化合物，并使过氧化氢等分解，保护细胞膜结构和功能的完整。所以硒在体内有一定的抗氧化作用，硒与维生素E还有协同作用。碘甲腺原氨酸脱碘酶可激活或去激活甲状腺激素，从而调节甲状腺激素的水平，维持机体生长发育。硒还是重金属毒物（镉、汞、砷）的天然解毒剂，保护人体免遭环境重金属的污染。硒还刺激免疫球蛋白及抗体的产生，增强机体对疾病的抵抗力。目前，硒已被认为具有一定的抗癌作用。

硒缺乏可引发多种疾病，如克山病、心肌炎、扩张型心肌病、大骨节病等。但硒摄入过多也会对人体产生毒性作用，包括脱发、周围性神经炎、生长迟缓及生育力低下等。

四、锰

（一）体内概况

成人体内含锰量约12~20mg，广泛分布于各组织中，主要储存在骨、肝、肾和胰腺组织。锰主要从小肠吸收，入血后大部分与血浆中γ-球蛋白和清蛋白结合运输，少部分与运铁蛋白结合。体内的锰由胆汁和尿排泄。

（二）生化作用与缺乏症

锰主要是多种酶的组成成分和激活剂。锰金属酶有丙酮酸羧化酶、异柠檬酸脱氢酶等，与糖、脂肪、蛋白质代谢密切相关。锰超氧化物歧化酶能清除过氧化物，减弱过氧化物对细胞膜的损伤，防止细胞老化。

锰激活多糖聚合酶和半乳糖转移酶活性。这两种酶是合成硫酸软骨素所必需的物质，而硫酸软骨素又是组成骨骼、软骨、皮肤、肌腱及角膜的重要物质。老年人体内缺锰时，可导致骨骼发育不良、骨质疏松及筋骨损伤等。锰也是DNA聚合酶和RNA聚合酶的激活剂，参与DNA合成过程。

锰在自然界分布广泛，人类很少出现锰缺乏症。但锰摄入过多可产生中毒，过量的锰可抑制呼吸链中复合体Ⅰ和ATP合酶活性，产生过量氧自由基；还能干扰多巴胺代谢等。

五、碘

（一）体内概况

成人体内含碘量为25~50mg，其中约30%集中在甲状腺内，用于合成甲状腺激素，其余60%~80%以非激素形式存在甲状腺外。碘主要在小肠吸收,吸收快且完全。血浆中约70%~80%的碘被摄入和浓聚在甲状腺细胞内。机体内85%的碘以碘化物的形式经肾随尿排出,尿碘约占碘总排泄量的85%,其他由汗腺排出。

(二)生化作用及缺乏症

碘在体内的主要作用是参与甲状腺激素的合成。当成人缺碘时,可引起单纯性甲状腺肿;胎儿和新生儿发生缺碘,可导致发育停滞,产生呆小症,表现为智力、体力发育迟缓等症状。此病在缺碘地区较常见。通过食用含碘盐,可预防和治疗单纯性甲状腺肿。但若过分摄入碘,可引起甲状腺功能亢进和一些中毒症状。

碘在体内的另一个作用是抗氧化作用。碘可作为电子供体作用于细胞内的 H_2O_2 和过氧化脂质,也可与活性氧竞争细胞成分,并能中和自由基,防止细胞遭受破坏。

(何 艳)

学习小结

维生素是维持正常人体代谢和生理功能所必需的,必须由食物供给的一组小分子有机化合物,可分为脂溶性维生素和水溶性维生素。

脂溶性维生素包括维生素 A、D、E、K。维生素 A 与暗视觉有关,缺乏时对弱光敏感性降低,严重时可引起夜盲症。维生素 D 的活性型 1,25-(OH)$_2$-D$_3$ 主要作用是调节钙磷代谢,缺乏时儿童引起佝偻病,成人引起软骨病。维生素 E 是机体重要的脂溶性抗氧化剂。维生素 K 为 γ-羧化酶的辅酶,与凝血因子的合成有关。

水溶性维生素大多作为酶的辅助因子,参与体内各种物质的代谢过程。维生素 B_1 的活性型 TPP 是 α-酮酸氧化脱羧酶及转酮醇的辅酶。FMN 和 FAD 是核黄素的活性型,NAD^+ 和 $NADP^+$ 是烟酰胺在体内的活性型,它们均是氧化还原酶的辅酶,主要起递氢作用。泛酸存在于辅酶 A 和 ACP 中。磷酸吡哆醛是氨基酸转氨酶和脱羧酶的辅酶。生物素为羧化酶的辅酶。叶酸和维生素 B_{12} 在一碳单位和甲硫氨酸代谢中具有重要作用。维生素 C 既是羟化酶的辅酶又是强抗氧化剂。

微量元素是指每人每日需要量在100mg 以下的元素。锌是含锌金属酶的组成成分。铜是体内多种酶的辅基。硒以硒半胱氨酸的形式存在硒蛋白中。锰是多种酶的组成成分和激活剂。碘不仅参与甲状腺激素的合成也具有抗氧化作用。

复习参考题

1. B 族维生素的主要来源及生化作用。
2. 脂溶性维生素的来源、生化作用及缺乏症。
3. 何谓微量元素?简述微量元素的生化作用有哪些?

第五章 糖代谢

5

学习目标

掌握	糖的无氧分解、有氧氧化、糖异生的概念、关键酶及生理意义；磷酸戊糖途径的关键酶及生理意义；血糖的来源与去路。
熟悉	三羧酸循环的过程；糖原合成与分解的基本过程、关键酶、调节及生理意义；糖异生途径及调节；乳酸循环；血糖水平的调节。
了解	糖的消化吸收；糖原贮积症；血糖水平的异常。

糖是一类化学本质为多羟醛或多羟酮及其衍生物或多聚物的有机化合物。糖类主要为生命活动提供能量，也是机体组织、细胞的重要组成成分。在机体内，糖的主要形式是葡萄糖（glucose）及糖原（glycogen）。葡萄糖是糖在血液中的运输形式，糖原是糖在体内的储存形式。本章主要介绍葡萄糖在体内的代谢。

第一节　概述

一、糖的消化吸收

食物中的糖类主要有淀粉，还有葡萄糖、果糖、蔗糖、乳糖及麦芽糖等，其中除单糖外，都必须经消化道水解酶类分解为单糖后被吸收。食物中还含有纤维素、果胶等植物多糖，因人体内无β-糖苷酶而不能对其分解利用，但具有刺激肠蠕动等作用。食物进入口腔后，唾液中含有α-淀粉酶催化淀粉分子中的α-1，4糖苷键水解，此酶水解作用的发挥与食物的停留时间有关。小肠中有胰腺分泌的α-淀粉酶，催化淀粉水解为麦芽糖、麦芽三糖、异麦芽糖和α-临界糊精，再在肠黏膜刷状缘的α-葡萄糖苷酶和α-临界糊精酶作用下进一步水解为葡萄糖。食物中蔗糖、乳糖等二糖由蔗糖酶和乳糖酶水解为单糖后被吸收。

问题与思考

乳糖是由葡萄糖和半乳糖组成的双糖，乳糖在人体中不能直接吸收，需要在乳糖酶的作用下分解才能被吸收。有些成年人缺乏乳糖酶，在喝牛奶或食用含乳糖的食物后出现恶心、腹痛、腹泻和腹胀等症状。

思考：何为乳糖不耐症？其发病机制是什么？

食物中的糖类被消化为单糖后，在小肠被吸收。葡萄糖的吸收是一个依赖于特定载体转运的主动耗能过程，同时伴有Na^+的转运。小肠黏膜细胞的刷状缘上存在Na^+依赖型葡萄糖转运体，该载体也存在于肾小管上皮细胞。

二、糖代谢的概况

葡萄糖被小肠黏膜细胞吸收后经门静脉入肝，由肝分配进入体循环，在各组织细胞膜的葡萄糖转运体（glucose transpoters，GLUTs）协助下转运入细胞内进行代谢。糖代谢概况见图5-1。

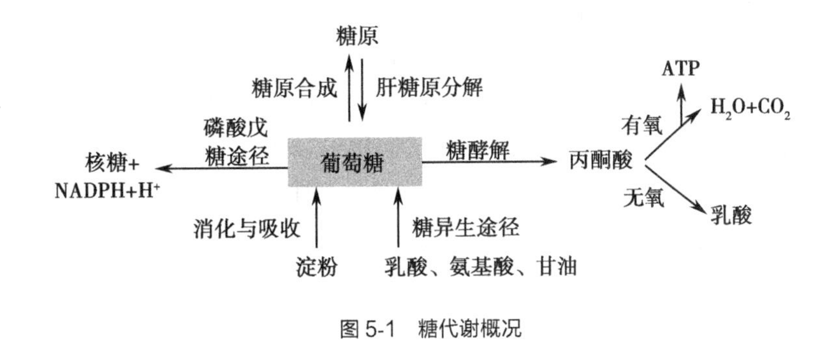

图5-1　糖代谢概况

第二节　糖的分解代谢

糖的分解代谢主要包括糖的无氧氧化、有氧氧化和磷酸戊糖途径。本节主要介绍糖的分解代谢途径的基本反应过程、调控机制及生理意义。

一、糖的无氧氧化

在缺氧状态下，葡萄糖或糖原分解生成乳酸(lactate)的过程称为糖的无氧氧化(anaerobic oxidation of glucose)。糖无氧氧化的反应过程分为两个阶段：第一阶段由葡萄糖分解为丙酮酸的过程，称为糖酵解(glycolysis)；第二阶段为丙酮酸还原为乳酸的过程。糖无氧氧化全部反应在胞质中进行。

(一)糖无氧氧化的反应过程

1. 糖酵解　1分子葡萄糖经过糖酵解可转变为2分子丙酮酸。在缺氧状态下，丙酮酸还原为乳酸；在有氧状态下，丙酮酸氧化为乙酰CoA，进入三羧酸循环彻底氧化为二氧化碳和水。

(1)葡萄糖的磷酸化作用：糖酵解反应的第一步是葡萄糖的C_6磷酸化生成6-磷酸葡萄糖(glucose-6-phosphate，G-6-P)，磷酸基团由ATP供给。此反应不可逆，且需要Mg^{2+}，由己糖激酶(hexokinase，HK)催化。

哺乳动物体内有4种己糖激酶的同工酶(Ⅰ～Ⅳ型)。肝细胞内为Ⅳ型，称葡萄糖激酶(glucokinase，GK)，其K_m值为10mmol/L，对葡萄糖的亲和力很低，只有当肝内葡萄糖浓度很高时方可催化葡萄糖磷酸化，而其他己糖激酶的K_m值为0.1mmol/L。此外，葡萄糖激酶受激素控制，这些特点使葡萄糖激酶在维持血糖水平恒定中起着重要的作用。

(2)6-磷酸葡萄糖的异构作用：6-磷酸葡萄糖由磷酸己糖异构酶催化生成6-磷酸果糖(fructose-6-phosphate，F-6-P)，反应可逆。

(3)6-磷酸果糖的磷酸化作用：这是糖酵解反应中的第二个磷酸化反应，由6-磷酸果糖激酶-1(6-phosphofructokinase-1，PFK-1)催化6-磷酸果糖的C_1磷酸化，生成1,6-二磷酸果糖(1,6-fructose-biphosphate，F-1,6-BP)。此步反应需ATP和Mg^{2+}，是不可逆反应。

(4)磷酸丙糖的生成：1,6-二磷酸果糖经醛缩酶催化裂解成磷酸二羟丙酮和3-磷酸甘油醛，此步反应为可逆反应，由1个己糖生成2个丙糖，而且有利于己糖的生成，故称为醛缩酶。

(5)磷酸丙糖的同分异构化：磷酸二羟丙酮和3-磷酸甘油醛互为同分异构体，在磷酸丙糖异构酶催化下可相互转变。当3-磷酸甘油醛生成后由下一步反应移去，磷酸二羟丙酮即生成3-磷酸甘油醛参与反应。

经过上述5步反应，1分子葡萄糖生成2分子磷酸丙糖，共消耗了2分子ATP，是糖酵解过程的耗能阶段。在以后的5步反应中，磷酸丙糖转化为丙酮酸，为糖酵解过程的产能阶段，共产生4个ATP。

(6)3-磷酸甘油醛氧化为1,3-二磷酸甘油酸：3-磷酸甘油醛脱氢酶催化3-磷酸甘油醛的醛基氧化为羧基，从而生成1,3-二磷酸甘油酸。该酶以NAD^+为辅酶接受氢和电子，参加反应的还有无机磷酸。

(7)1,3-二磷酸甘油酸的磷酸转移：1,3-二磷酸甘油酸属于混合酸酐，含有一个高能磷酸键，它的水解自由能很高，在磷酸甘油酸激酶催化下将能量转移至ADP，生成ATP和3-磷酸甘油酸。反应需要Mg^{2+}。这是糖酵解反应中第一个ATP的生成。这种由底物脱氢引起分子内部能量重新分配，形成高能键，并与ADP或其他二磷酸核苷的磷酸化作用直接偶联的反应过程称为底物水平磷酸化(substrate level phosphorylation)。

(8)3-磷酸甘油酸转变为2-磷酸甘油酸：磷酸甘油酸变位酶催化磷酸基在磷酸甘油酸的C_3和C_2上的可逆转移，需要Mg^{2+}。

(9)2-磷酸甘油酸脱水生成磷酸烯醇式丙酮酸：烯醇化酶催化2-磷酸甘油酸脱水产生磷酸烯醇式丙酮酸。此反应时可引起分子内部的电子重排和能量的重新分布，形成一个高能磷酸键，为下一步反应做准备。

(10)丙酮酸的生成：磷酸烯醇式丙酮酸经丙酮酸激酶(pyruvate kinase，PK)的作用将高能磷酸键转移给ADP而生成ATP，同时生成不稳定的烯醇式丙酮酸，后者可自动转变为丙酮酸。这是糖酵解过程的第二次底物水平磷酸化。

2. 丙酮酸还原为乳酸 丙酮酸的还原由乳酸脱氢酶催化，还原所需的氢原子来自第6步反应中3-磷酸甘油醛的脱氢反应，在缺氧状态下，$NADH+H^+$使丙酮酸还原为乳酸，重新转变成NAD^+，才能使糖的无氧分解继续进行。糖的无氧氧化的全部反应总结如图5-2。

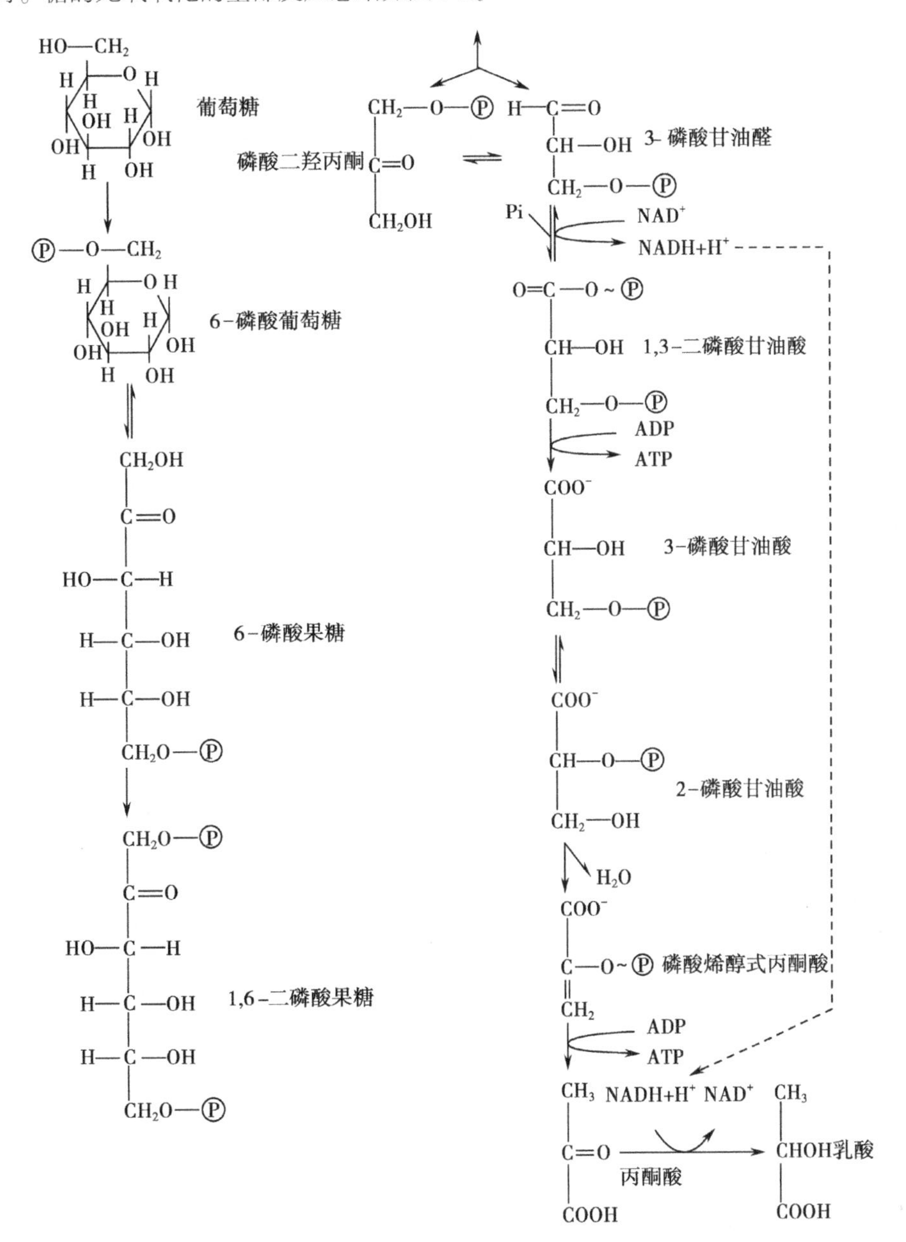

图5-2 糖的无氧氧化

(二)糖酵解的调节

糖酵解中己糖激酶(葡萄糖激酶)、6-磷酸果糖激酶-1和丙酮酸激酶催化的反应是不可逆反应，是糖酵解反应过程的3个调节点。

1. 6-磷酸果糖激酶-1 它是调节糖酵解反应最重要的关键酶。ATP和柠檬酸是该酶的别构抑制剂。AMP、ADP、1,6-二磷酸果糖及2,6-二磷酸果糖是6-磷酸果糖激酶-1的别构激活剂。当细胞内ADP和AMP浓度升高时,它们与酶的别构部位结合,解除ATP的抑制,加速糖酵解途径。1,6-二磷酸果糖是6-磷酸果糖激酶-1的反应产物,这种产物正反馈作用比较少见,主要有利于糖的分解。2,6-二磷酸果糖是6-磷酸果糖激酶-1最强的别构激活剂,在生理浓度范围(μmol水平)内即发挥作用。其作用是与AMP一起取消ATP、柠檬酸对6-磷酸果糖激酶-1的抑制作用。2,6-二磷酸果糖(2,6-fructose-biphosphate,F-2,6-BP)由6-磷酸果糖激酶-2催化6-磷酸果糖C_2磷酸化而成,果糖二磷酸酶-2则可水解2,6-二磷酸果糖C_2位磷酸,使其转变为6-磷酸果糖。

2. 丙酮酸激酶 1,6-二磷酸果糖是丙酮酸激酶的别构激活剂,ATP是它的别构抑制剂。此外,丙酮酸激酶还受激素介导的共价修饰调节,胰高血糖素通过依赖cAMP的蛋白激酶和依赖钙调蛋白的蛋白激酶使其磷酸化而失活。

3. 己糖激酶或葡萄糖激酶 己糖激酶受其产物6-磷酸葡萄糖别构抑制,葡萄糖激酶分子内不存在6-磷酸葡萄糖的别构部位,故不受6-磷酸葡萄糖的影响。胰岛素可诱导葡萄糖激酶的合成,加速糖的分解。

(三)糖无氧氧化的生理意义

糖无氧氧化最重要的生理意义是机体在缺氧情况下获取能量的有效方式。1分子葡萄糖经糖无氧氧化产生2分子乳酸和2分子ATP,若从糖原分子上水解1个葡萄糖基进入糖无氧氧化则生成3分子ATP。肌组织内ATP含量很低,仅5~7μmol/g新鲜组织,只要肌收缩几秒即可耗尽。即使不缺氧,葡萄糖进行有氧氧化的过程比糖无氧氧化耗时长。因此,当肌组织剧烈运动时,肌组织局部相对血流不足,处于相对缺氧状态,依赖糖无氧氧化可迅速得到能量。另外,某些组织,如视网膜、白细胞、骨髓及脑等代谢极为活跃的细胞组织,即使在有氧情况下仍以糖无氧氧化供能为主。成熟红细胞因无线粒体则完全依赖于糖无氧氧化供能。在某些病理情况下,如循环、呼吸功能障碍、大失血、休克等造成机体缺氧,以糖无氧氧化方式供应能量,但糖无氧氧化时产生乳酸也会引起酸中毒。

二、糖的有氧氧化

葡萄糖在有氧条件下彻底氧化成CO_2和H_2O并产生大量能量的过程称为糖的有氧氧化(aerobic oxidation of glucose)。糖的有氧氧化是糖分解供能的主要方式。

(一)糖有氧氧化的反应过程

糖有氧氧化可分为三个阶段。第一阶段:葡萄糖在胞质经糖酵解分解为丙酮酸;第二阶段:丙酮酸进入线粒体内氧化脱羧生成乙酰CoA;第三阶段:乙酰CoA经三羧酸循环氧化生成CO_2和H_2O,还原当量经氧化磷酸化释放能量。

1. 葡萄糖生成丙酮酸 葡萄糖经糖酵解生成丙酮酸,前已叙述。不同的是3-磷酸甘油醛脱氢产生$NADH+H^+$要经α-磷酸甘油穿梭或苹果酸-天冬氨酸穿梭进入线粒体生成1.5或2.5个ATP,而不再使丙酮酸还原为乳酸。

2. 丙酮酸氧化脱羧 丙酮酸进入线粒体后,经过5步反应氧化脱羧生成乙酰CoA(acetyl CoA)。总反应式为:

$$丙酮酸+NAD^+ +HSCoA \rightarrow 乙酰CoA+NADH+H^+ +CO_2$$

此反应由丙酮酸脱氢酶复合体催化,该复合体存在于线粒体中,包括丙酮酸脱氢酶(E_1),辅酶是TPP;二氢硫辛酰胺转乙酰酶(E_2),辅酶是硫辛酸和CoA;二氢硫辛酰胺脱氢酶(E_3),辅酶是FAD和NAD^+。三种酶按一定比例组合成多酶复合体,其组合比例随生物体不同而异。其反应机制见图5-3。

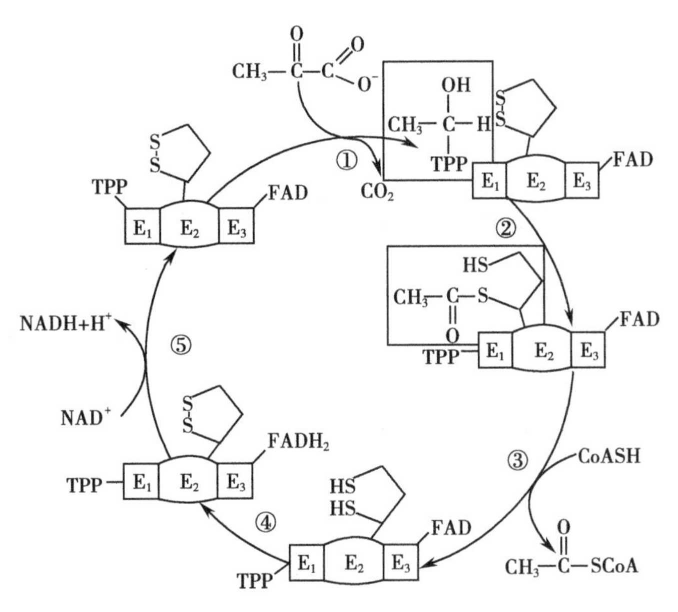

图 5-3 丙酮酸脱氢酶复合体作用机制

3. 三羧酸循环 三羧酸循环(tricarboxylic acid cycle,TCAC)是指乙酰 CoA 和草酰乙酸缩合成含有三个羧酸的柠檬酸开始,反复进行氧化脱羧,最终再生成草酰乙酸的过程,亦称柠檬酸循环,最早由 Krebs 提出,也称 Krebs 循环。

(1)三羧酸循环的反应过程:由 8 步代谢反应组成。

1)柠檬酸的形成:乙酰 CoA 与草酰乙酸缩合形成柠檬酸的反应由柠檬酸合酶催化,乙酰 CoA 中的高能硫酯键水解释放的能量促进缩合反应,此反应不可逆。

2)异柠檬酸的生成:柠檬酸在顺乌头酸酶催化下,C_3 上的羟基转到 C_2 上,形成它的同分异构体——异柠檬酸,此反应可逆。

3)第一次氧化脱羧:异柠檬酸在异柠檬酸脱氢酶催化下氧化脱羧成为 α-酮戊二酸,脱下来的氢由 NAD^+接受,生成 $NADH+H^+$。

4)第二次氧化脱羧:α-酮戊二酸氧化脱羧生成琥珀酰 CoA,反应不可逆。此过程由 α-酮戊二酸脱氢酶复合体催化,其组成和催化反应类似丙酮酸脱氢酶复合体。

5)底物水平磷酸化:在琥珀酰 CoA 合成酶催化下,琥珀酰 CoA 分子中的高能硫酯键能量转移给 GDP 生成 GTP,自身转变成琥珀酸,这是底物水平磷酸化的又一例子,生成的 GTP 可在二磷酸核苷激酶催化下,将磷酸根转移给 ADP 而生成 ATP 与 GDP。

6)琥珀酸脱氢生成延胡索酸:反应由琥珀酸脱氢酶催化,脱下来的氢由 FAD 接受生成 $FADH_2$。该酶是三羧酸循环中唯一结合在线粒体内膜上的酶。

7)延胡索酸加水生成苹果酸:延胡索酸酶催化此可逆反应。

8)苹果酸脱氢生成草酰乙酸:苹果酸脱氢酶催化苹果酸脱氢生成草酰乙酸,脱下来的氢由 NAD^+接受生成 $NADH+H^+$。在细胞内,草酰乙酸不断地被用于柠檬酸的合成,所以这一可逆反应向生成草酰乙酸的方向进行。

三羧酸循环的反应过程总结于图 5-4。

三羧酸循环是由草酰乙酸和乙酰 CoA 缩合成柠檬酸开始,每循环一次消耗一个乙酰基。每次循环有 4 次脱氢(其中 3 次以 NAD^+为受氢体,1 次以 FAD 为受氢体)、2 次脱羧和 1 次底物水平磷酸化。三羧酸循环的中间产物类似于催化剂,本身并无量的变化。草酰乙酸主要来自丙酮酸的直接羧化或由丙酮酸转变成苹果酸后生成。三羧酸循环是不可逆的,柠檬酸合酶、异柠檬酸脱氢酶和 α-酮戊二酸脱氢

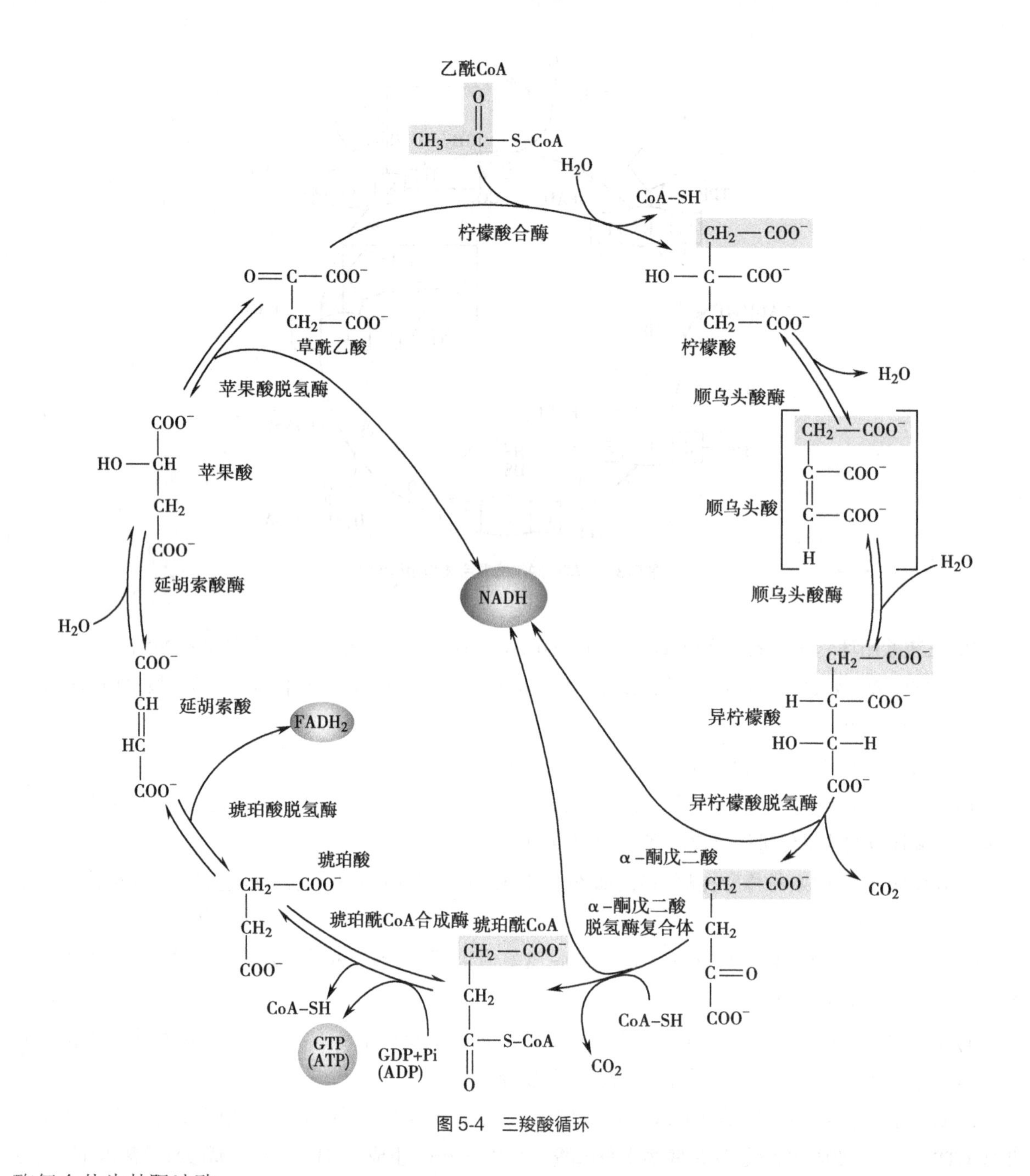

图 5-4　三羧酸循环

酶复合体为其限速酶。

（2）三羧酸循环的生理意义：①三羧酸循环是糖、脂肪和氨基酸三大营养素的最终代谢通路：糖、脂肪和氨基酸在体内氧化分解供能时都将产生乙酰 CoA 进入三羧酸循环进行降解。②三羧酸循环是糖、脂肪和氨基酸代谢联系的枢纽：糖代谢的中间产物如 α-酮戊二酸、草酰乙酸通过氨基化生成相应的非必需氨基酸；而这些氨基酸又可通过不同途径转变成草酰乙酸，再经糖异生过程转变成糖及甘油。葡萄糖有氧氧化产生的乙酰 CoA 在线粒体内与草酰乙酸缩合成柠檬酸后，在载体的转运下可出线粒体到胞质中，由柠檬酸裂解酶作用裂解成草酰乙酸和乙酰 CoA，后者可在胞质中一系列的酶作用下合成脂肪酸。

（二）糖有氧氧化的生理意义

糖的有氧氧化是机体获得 ATP 的主要方式。1 分子葡萄糖在胞质中分解为 2 分子丙酮酸，净生成 2 分子 ATP 和 2 分子 $NADH+H^+$；1 分子丙酮酸进入线粒体氧化脱羧生成 1 分子乙酰 CoA，产生 1 分子 $NADH+H^+$；1 分子乙酰 CoA 进入三羧酸循环，循环一周产生 3 分子 $NADH+H^+$ 和 1 分子 $FADH_2$ 及 1 分子 GTP。线粒

体中的 $NADH+H^+$ 和 $FADH_2$ 进入电子传递链分别产生 2.5 个、1.5 个 ATP。因此，1 分子乙酰 CoA 经三羧酸循环可产生 10 个 ATP。1 分子葡萄糖完全氧化可产生 30 或 32 个 ATP（表 5-1）。

表 5-1　葡萄糖有氧氧化产生 ATP 的统计

反应阶段	ATP 的消耗	ATP 的生成	
		底物水平磷酸化	氧化磷酸化
细胞质内阶段			
葡萄糖→6-磷酸葡萄糖	1		
6-磷酸葡萄糖→1,6-二磷酸果糖	1		
3-磷酸甘油醛→1,3-二磷酸甘油酸			2.5×2 或 1.5×2*
1,3-二磷酸甘油酸→3-磷酸甘油酸		1×2	
磷酸烯醇式丙酮酸→丙酮酸		1×2	
线粒体内阶段			
丙酮酸→乙酰 CoA			2.5×2
异柠檬酸→α-酮戊二酸			2.5×2
α-酮戊二酸→琥珀酰 CoA			2.5×2
琥珀酰 CoA→琥珀酸		1×2	
琥珀酸→延胡索酸			1.5×2
苹果酸→草酰乙酸			2.5×2
合计	2	6	28 或 26

* 指线粒体外 3-磷酸甘油醛脱氢产生 $NADH+H^+$ 要经 α-磷酸甘油穿梭或苹果酸-天冬氨酸穿梭进入线粒体生成 1.5 或 2.5 个 ATP

（三）糖有氧氧化的调节

机体在不同生理状况下，各组织器官对能量的需求变动很大。因此，机体必须根据需要对有氧氧化的速率加以调节。糖酵解途径的调节前面已讨论，这里主要讨论丙酮酸脱氢酶复合体的调节及三羧酸循环的调节。

1. 丙酮酸脱氢酶复合体的调节　可通过别构调节和共价修饰调节对酶活性进行快速调节。反应产物乙酰 CoA 和 $NADH+H^+$ 以及 ATP 对该酶复合体有较强的抑制作用，当饥饿、大量脂肪酸被动员利用时，细胞内乙酰 CoA 及 $NADH+H^+$ 浓度增高，ATP 生成增加，糖的有氧氧化速率减慢。AMP 是丙酮酸脱氢酶复合体的激活剂。当进入三羧酸循环的乙酰 CoA 减少，而 AMP、CoA 和 NAD^+ 堆积，酶复合体就被别构激活，有氧氧化速率加快。丙酮酸脱氢酶复合体还接受共价修饰调节，经磷酸化后，酶活性受到抑制，脱磷酸化而恢复活性。

2. 三羧酸循环速率和流量的调控　影响三羧酸循环速率和流量的因素有多种，其中最关键的两个调节点是异柠檬酸脱氢酶和 α-酮戊二酸脱氢酶复合体催化的反应。由于柠檬酸可移至胞质分解成乙酰 CoA，用于合成脂肪酸，故柠檬酸合酶活性升高并不一定加速三羧酸循环的速率。而当异柠檬酸和 α-酮戊二酸脱氢的产物 $NADH+H^+$ 堆积时，即 $NADH/NAD^+$ 增大，可反馈抑制催化该反应的两种脱氢酶；ATP/ADP 比例升高也起到同样的作用。Ca^{2+} 可激活异柠檬酸脱氢酶、α-酮戊二酸脱氢酶复合体和丙酮酸脱氢酶复合体，从而使三羧酸循环和糖有氧氧化速率提高。

氧化磷酸化的速率对三羧酸循环的运转也起着非常重要的作用。三羧酸循环脱下来的氢若不能有效地进行氧化磷酸化，$NADH+H^+$和 $FADH_2$ 仍保持还原状态，则三羧酸循环中的脱氢反应都将无法继续进行。三羧酸循环的调节如图 5-5 所示。

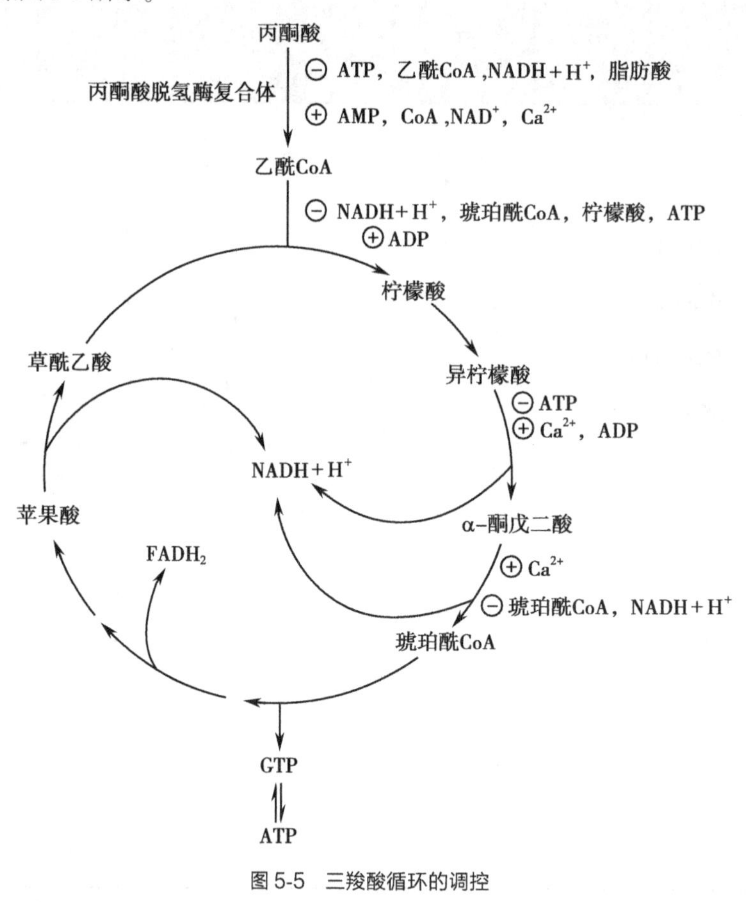

图 5-5　三羧酸循环的调控

三、磷酸戊糖途径

磷酸戊糖途径（pentose phosphate pathway）是糖的分解代谢的另一重要途径，又称为磷酸戊糖旁路。在胞质中，葡萄糖可经此途径产生磷酸核糖和 $NADPH+H^+$。

（一）磷酸戊糖途径的反应过程

磷酸戊糖途径的反应过程可分为两个阶段：第一阶段是氧化过程，生成磷酸戊糖、$NADPH+H^+$及 CO_2；第二阶段是非氧化反应，包括一系列基团转移。

1. **磷酸戊糖生成**　6-磷酸葡萄糖在 6-磷酸葡萄糖脱氢酶催化下脱氢生成 6-磷酸葡萄糖酸内酯，此反应以 $NADP^+$为电子受体。6-磷酸葡萄糖酸内酯水解后由 6-磷酸葡萄糖酸脱氢酶催化脱氢、脱羧，生成 5-磷酸核酮糖、CO_2 以及 $NADPH+H^+$。5-磷酸核酮糖在异构酶作用下转变为 5-磷酸核糖，或在差向异构酶作用下转变成 5-磷酸木酮糖。6-磷酸葡萄糖脱氢酶是该途径的限速酶。

2. **基团转移反应**　5-磷酸核糖和 5-磷酸木酮糖在转酮醇酶和转醛醇酶催化下，经过一系列基团转移反应转变成 6-磷酸果糖和 3-磷酸甘油醛而进入糖酵解途径。基团转移反应均为可逆反应。磷酸戊糖途径的反应过程见图 5-6。

磷酸戊糖途径的总反应为：

$$3\times 6\text{-磷酸葡萄糖}+6NADP^+ \rightarrow 2\times 6\text{-磷酸果糖}+3\text{-磷酸甘油醛}+6NADPH+6H^++3CO_2$$

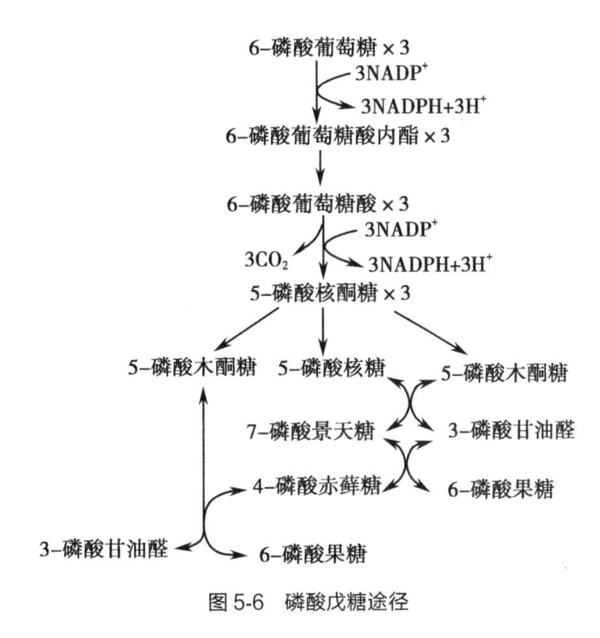

图 5-6　磷酸戊糖途径

（二）磷酸戊糖途径的生理意义

磷酸戊糖途径的生理意义主要在于生成 NADPH+H$^+$和 5-磷酸核糖。

1. 5-磷酸核糖是核酸合成的原料　磷酸戊糖途径是体内合成 5-磷酸核糖的唯一途径。5-磷酸核糖是核酸的基本单位——核苷酸合成的原料，可利用葡萄糖经 6-磷酸葡萄糖脱氢、脱羧反应生成，也可通过基团转移反应由糖酵解中间产物 3-磷酸甘油醛和 6-磷酸果糖经基团转移反应生成，如肌组织。

2. NADPH+H$^+$的作用　NADPH+H$^+$作为供氢体参与机体多种代谢反应，发挥不同的功能。

（1）NADPH+H$^+$是脂肪酸、胆固醇、非必需氨基酸等合成反应的供氢体：如乙酰 CoA 生成脂肪酸和胆固醇时需要 NADPH+H$^+$提供还原当量（详见第六章脂类代谢）。

（2）NADPH+H$^+$参与体内羟化反应：羟化反应是体内氧化反应中最重要的一类，胆汁酸及类固醇激素的合成都需要 NADPH+H$^+$提供氢。肝的生物转化过程中加单氧酶系也以 NADPH+H$^+$为供氢体。

（3）NADPH+H$^+$可以维持细胞内还原型谷胱甘肽的正常水平。

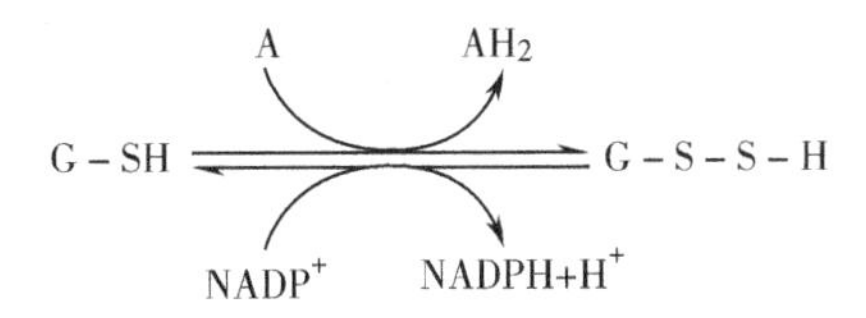

还原型谷胱甘肽（GSH）是体内重要的抗氧化剂，可保护巯基酶和细胞膜中的不饱和脂肪酸不被过氧化物氧化。谷胱甘肽与体内氧化剂结合后，也就是被氧化后即失去抗氧化的能力，NADPH+H$^+$可使氧化型谷胱甘肽（GSSG）重新回到还原状态。反应由谷胱甘肽还原酶催化。这对维持红细胞膜的完整性尤为重要。

相关链接

蚕　豆　病

蚕豆病是一种以先天性红细胞内 6-磷酸葡萄糖脱氢酶（G-6-PD）缺陷为特征的遗传性酶缺陷病，基因定位于 Xq28，以儿童多见，男性多于女性。G-6-PD 缺乏者进食蚕豆后发生急性溶血性贫血，故称为蚕豆病。G-6-PD 缺乏使磷酸戊糖途径被抑制，NADPH+H$^+$缺乏，血液中 GSH 生成不足，不能及时清除食用蚕豆后产生的大量 H_2O_2，使红细胞膜脂质被氧化而破坏，从而发生急性血管内溶血，造成黄疸。对有家族史和已知有 G-6-PD 缺乏者，应该禁食蚕豆及其制品，尽量避免接触蚕豆花粉。

第三节　糖原的合成与分解

糖原是体内糖的储存形式,是由多个葡萄糖单位组成的带分支的大分子多糖。糖原分子中的直链是由葡萄糖以α-1,4-糖苷键相连形成,支链以α-1,6-糖苷键相连构成。肝和骨骼肌是贮存糖原的主要组织器官。人体肝糖原约70~100g,用以维持血糖水平;肌糖原约180~300g,主要是供肌收缩时提供能量。

一、糖原合成

体内由葡萄糖生成肝、肌糖原的过程称为糖原合成(glycogen synthesis)。包括以下5步反应。

1. **6-磷酸葡萄糖的生成**　葡萄糖在己糖激酶(葡萄糖激酶)催化下磷酸化生成6-磷酸葡萄糖。

2. **1-磷酸葡萄糖的生成**　6-磷酸葡萄糖在磷酸葡萄糖变位酶作用下转变为1-磷酸葡萄糖,为可逆反应。

3. **尿苷二磷酸葡萄糖的生成**　1-磷酸葡萄糖在尿苷二磷酸葡萄糖焦磷酸化酶催化下生成尿苷二磷酸葡萄糖(uridine diphosphate glucose,UDPG)和焦磷酸。UDPG是活性葡萄糖,是糖原合成时葡萄糖的供体。焦磷酸随即被焦磷酸酶水解,使反应变为不可逆反应。

1-磷酸葡萄糖 + UTP ⇌ 尿苷二磷酸葡萄糖(UDP-葡萄糖) + PPi

4. **UDPG与糖原结合**　在糖原引物(细胞内较小的糖原分子)存在下,糖原合酶(glycogen synthase)将UDPG的葡萄糖基转移给糖原引物的非还原末端葡萄糖残基上的C_4羟基,形成α-1,4糖苷键,使原来的引物增加1个葡萄糖单位。此反应反复进行,可使糖链不断延长。

5. **糖链分支的形成**　糖原合酶只能使糖链延长,不能形成分支。当糖链延长到12~18个葡萄糖基时,分支酶将一段约7个葡萄糖基的糖链转移至邻近糖链上,以α-1,6-糖苷键连接形成分支(图5-7)。分支的形成不仅可增加非还原端的数目,有利于糖原磷酸化酶迅速分解糖原,而且可增加糖原的水溶性。

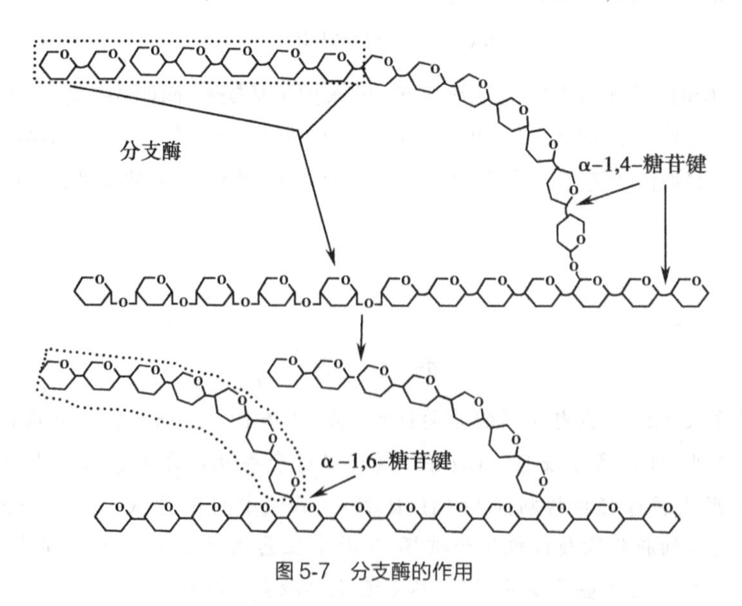

图5-7　分支酶的作用

糖原合成是一个耗能的过程。每增加一个葡萄糖单位需消耗 2 个 ATP。UTP 中的高能磷酸键可由 ATP 转移而来。

二、糖原分解

糖原分解(glycogenolysis)通常是指肝糖原分解为葡萄糖的过程。糖原的分解从糖链的非还原端开始,经过下列 4 步酶促反应。

1. 糖原磷酸解为 1-磷酸葡萄糖 糖原磷酸化酶将糖原的非还原端的 α-1,4-糖苷键水解,释放出 1 分子的 1-磷酸葡萄糖,并生成比原先少了 1 个葡萄糖基的糖原。

2. 脱支酶催化的反应 糖原磷酸化酶只催化糖原直链的 α-1,4-糖苷键的水解,糖原侧链由脱支酶催化水解。脱支酶具有葡萄糖转移酶和 α-1,6-葡萄糖苷酶双重酶的活性。当糖链缩短至距分支点 4 个葡萄糖残基时,在脱支酶的葡萄糖转移酶活性作用下,3 个葡萄糖基转移到邻近的糖链末端,以 α-1,4-糖苷键连接。分支处以 α-1,6-糖苷键连接的葡萄糖基被脱支酶的 α-1,6-葡萄糖苷酶活性水解成游离葡萄糖。除去分支后糖原磷酸化酶即可继续发挥作用(图 5-8)。

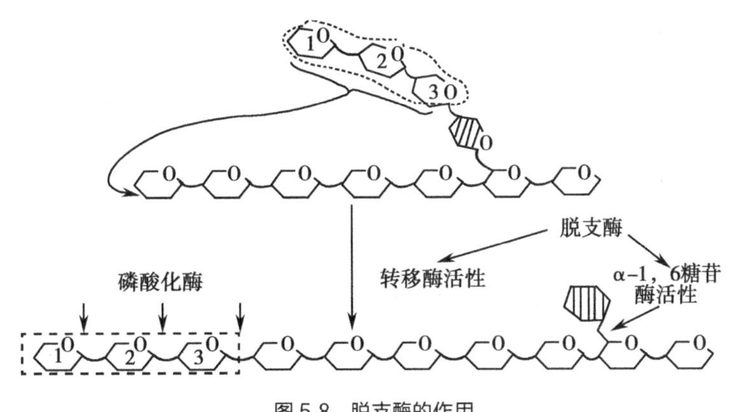

图 5-8 脱支酶的作用

3. 1-磷酸葡萄糖转变为 6-磷酸葡萄糖 磷酸葡萄糖变位酶催化此反应。

4. 6-磷酸葡萄糖转变为葡萄糖 在肝内,葡萄糖-6-磷酸酶(glucose-6-phosphatase)催化 6-磷酸葡萄糖水解为游离葡萄糖释放入血。肌组织中缺乏葡萄糖-6-磷酸酶,故肌糖原不能分解成葡萄糖,只能进行糖酵解或有氧氧化。

糖原合成与分解概况见图 5-9。

三、糖原合成与分解的调节

糖原合成中的糖原合酶和糖原分解中的糖原磷酸化酶分别是两条代谢途径的关键酶,其活性受共价修饰和别构调节两种方式的调节,从而影响糖原代谢的方向。

(一)共价修饰调节

糖原合酶和糖原磷酸化酶都存在着活性型和无活性型两种形式。去磷酸型的糖原合酶 a 有活性,磷酸化型的糖原合酶 b 无活性;而去磷酸型磷酸化酶 b 无活性,磷酸化型的磷酸化酶 a 有活性。依赖 cAMP 的蛋白激酶 A 可使上述两种酶发生磷酸化,去磷酸则由磷蛋白磷酸酶-1 催化。

依赖 cAMP 的蛋白激酶 A 也有有活性及无活性两种形式,其活性受 cAMP 的调节。胰高血糖素主要调节肝糖原,肾上腺素主要调节肌糖原,这两个激素通过 cAMP 介导的连锁酶促反应,构成一个调节糖原合成与分解的级联放大系统(图 5-10)。

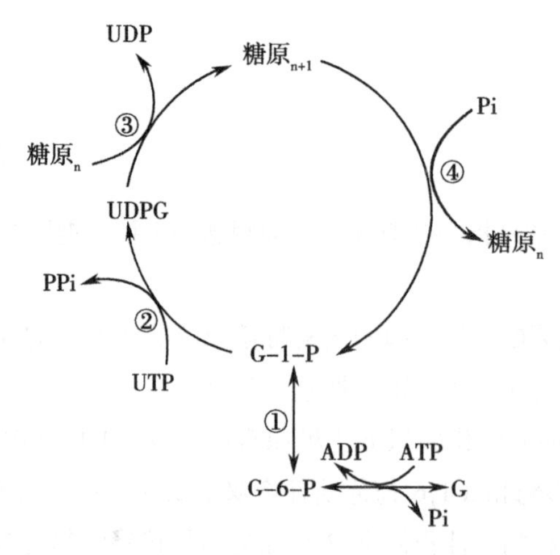

图 5-9　糖原的合成与分解

①磷酸葡萄糖变位酶;②UDPG 焦磷酸化酶;③糖原合酶;④糖原磷酸化酶

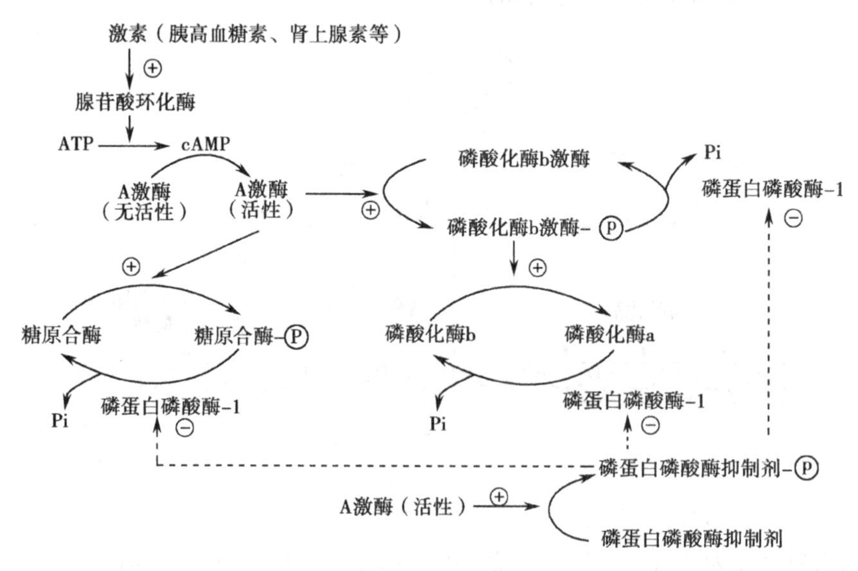

图 5-10　糖原合成与分解的共价修饰调节

（二）别构调节

6-磷酸葡萄糖是糖原合酶 b 的别构激活剂。当血糖水平增高,6-磷酸葡萄糖生成增加,促使糖原合成酶 b 转变为糖原合成酶 a,促进糖原合成;同时,抑制糖原磷酸化酶从而抑制了糖原的分解。AMP 是磷酸化酶 b 的别构激活剂,当细胞内 AMP 浓度升高,可别构激活无活性的糖原磷酸化酶 b 使之产生有活性磷酸化酶 a,加速糖原分解。ATP 则是磷酸化酶 a 的别构抑制剂,从而使糖原分解减少。

Ca^{2+}可激活磷酸化酶 b 激酶,促进磷酸化酶 b 磷酸化成磷酸化酶 a,加速糖原分解。

相关链接

糖原贮积症

糖原贮积症(glycogen storage disease)是指由于体内先天性缺乏糖原代谢的酶类,导致某些组织器官中大量糖原堆积,属于遗传性代谢病。根据所缺的酶不同,可将糖原贮积症分为Ⅰ~Ⅷ型,其中以Ⅰ型最常见,Ⅰ型包括四个亚型,在我国已发现Ⅰa、Ⅰb、Ⅰc 三个亚型,最常见的是Ⅰa 型(葡萄糖-6-磷酸酶缺乏),罕见的Ⅰb 型(葡萄糖-6-磷酸微粒体转移酶缺乏),约占 20%。病变主要累及肝及肌肉,但有时也伴有心、肾和神经系统的损伤。Ⅰ、Ⅲ、Ⅳ、Ⅵ、Ⅸ型以肝病变为主,以肝大(肝糖原贮积增多所致)和低血糖(肝糖原不能转化为葡萄糖)为特征;Ⅱ、Ⅴ、Ⅶ型以肌组织受损为主。

第四节 糖异生

非糖物质转变为葡萄糖或糖原的过程称为糖异生(gluconeogenesis)。非糖物质主要有生糖氨基酸、乳酸和甘油等。在正常情况下,糖异生主要在肝中进行,肾糖异生能力只有肝的1/10,长期饥饿和酸中毒时肾中的糖异生作用明显增强。

一、糖异生途径

从丙酮酸生成葡萄糖的反应过程称为糖异生途径(gluconeogenesis pathway)。糖异生途径基本上是糖酵解途径的逆过程,但有3个不可逆反应,构成糖异生途径的"能障",必须由另外的反应和酶代替。

(一)丙酮酸转变为磷酸烯醇式丙酮酸

先由丙酮酸羧化酶催化丙酮酸转变为草酰乙酸。此反应以生物素为辅酶,由ATP提供能量。然后由磷酸烯醇式丙酮酸羧激酶催化草酰乙酸生成磷酸烯醇式丙酮酸。反应中消耗一个高能磷酸键,同时脱羧。上述两步反应过程消耗2个ATP。

$$\underset{\text{丙酮酸}}{\begin{array}{c}COO^-\\|\\C=O\\|\\CH_3\end{array}} \xrightarrow[ATP \quad ADP+Pi]{CO_2} \underset{\text{草酰乙酸}}{\begin{array}{c}COO^-\\|\\C=O\\|\\CH_2\\|\\COOH\end{array}} \xrightarrow[GTP \quad GDP]{CO_2} \underset{\text{磷酸烯醇式丙酮酸}}{\begin{array}{c}COO^- \quad\quad O\\| \quad\quad\quad \|\\C-O-P-O^-\\\| \quad\quad\quad |\\CH_2 \quad\quad O^-\end{array}}$$

由于丙酮酸羧化酶仅存在于线粒体内,胞质中的丙酮酸必须进入线粒体,才能羧化生成草酰乙酸,而磷酸烯醇式丙酮酸羧激酶在线粒体和胞质中都存在,因此草酰乙酸可在线粒体中直接转变为磷酸烯醇式丙酮酸再进入胞质中,也可在胞质中转变为磷酸烯醇式丙酮酸。但是,草酰乙酸不能通过线粒体膜,需要还原生成苹果酸或经转氨基作用生成天冬氨酸再逸出线粒体。进入胞质中的苹果酸或天冬氨酸再分别通过脱氢氧化和转氨基作用重新生成草酰乙酸。

(二)1,6-二磷酸果糖转变为6-磷酸果糖

该反应由果糖二磷酸酶-1催化脱去C_1上磷酸。因是放能反应,反应易于进行。

(三)6-磷酸葡萄糖水解为葡萄糖

此反应由葡萄糖-6磷酸酶催化完成。

在以上反应过程中,底物和产物的互变反应由不同酶催化,这种互变循环被称为底物循环(substrate cycle)。在机体细胞内这些酶的活性不完全相等,代谢反应向一个方向进行。糖异生途径可归纳如图5-11。

二、糖异生的调节

糖异生与糖酵解是方向相反的两条代谢途径。体内进行糖异生时,为避免无效循环,必须抑制糖酵解,反之亦然。这种协调方式依赖于对这两条代谢途径的两个底物循环进行调节。

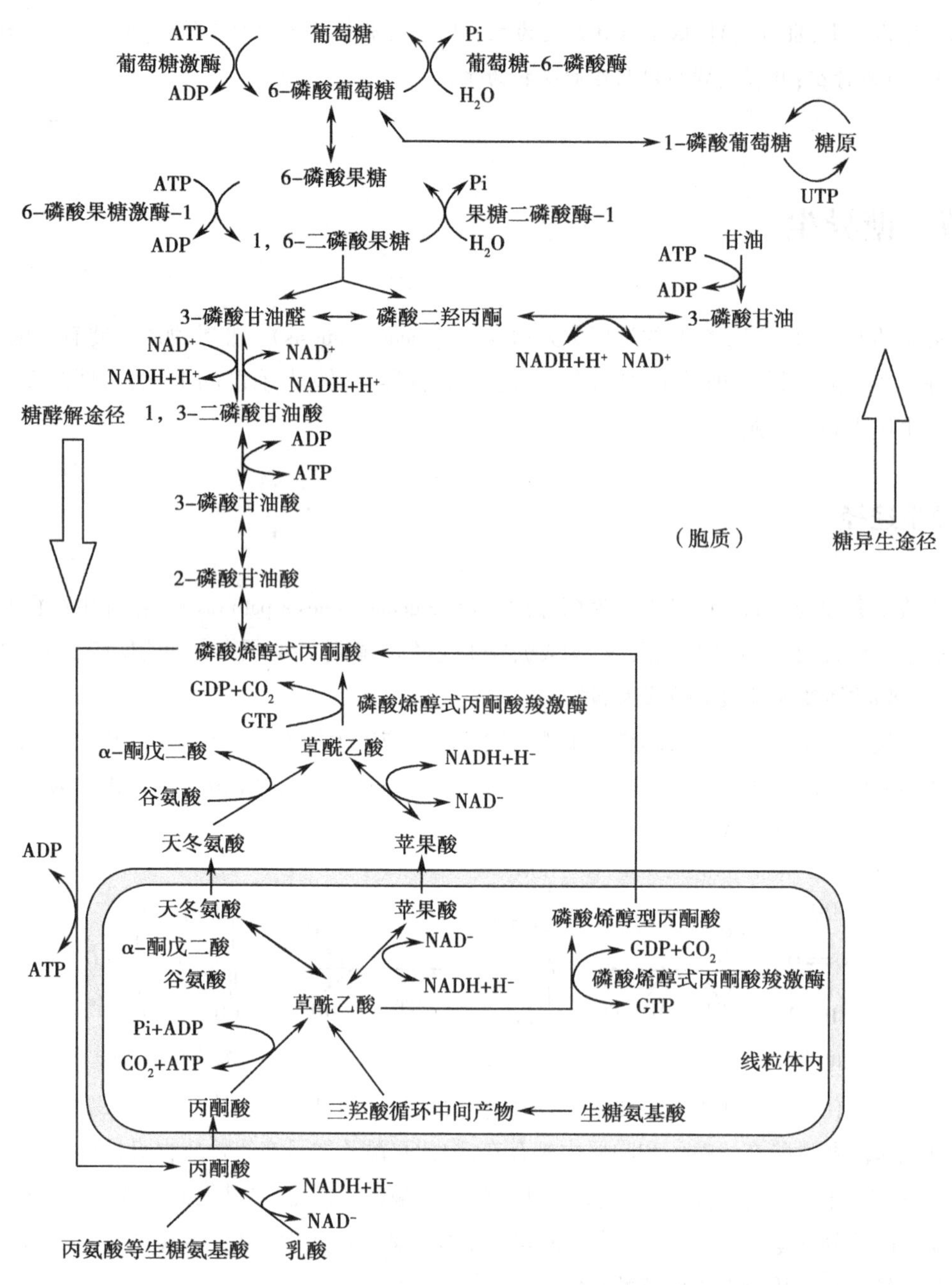

图 5-11　糖异生途径

第一个底物循环在 6-磷酸果糖与 1,6-二磷酸果糖之间进行。

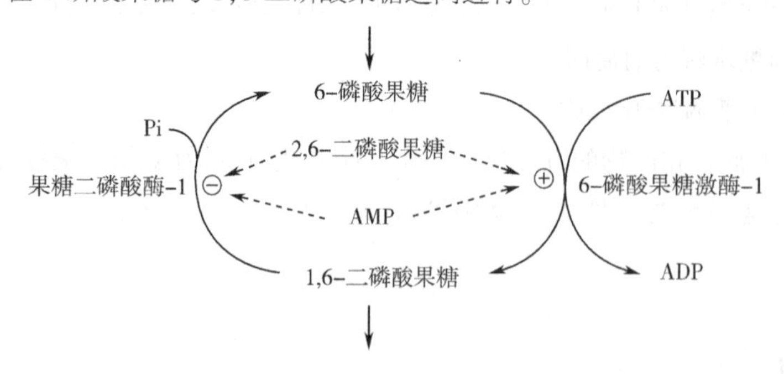

6-磷酸果糖磷酸化生成 1,6-二磷酸果糖,而 1,6-二磷酸果糖脱磷酸生成 6-磷酸果糖。这样,磷酸化反应与脱磷酸化应构成了一个底物循环,若 6-磷酸果糖激酶-1、果糖二磷酸酶-1 活性相等,就不能将代谢向前推进,净结果是 ATP 的消耗。实际上,在细胞内这两种酶活性在同一生理条件下活性相反。2,6-二磷酸果

糖和 AMP 激活 6-磷酸果糖激酶-1 的同时,抑制果糖二磷酸酶-1 的活性,使反应向糖酵解方向进行,同时糖异生受到抑制。胰高血糖素通过 cAMP 和依赖 cAMP 的蛋白激酶 A,使 6-磷酸果糖激酶-2 磷酸化而失活,降低肝细胞中 2,6-二磷酸果糖的浓度,从而促进了糖异生途径而抑制了糖酵解途径。胰岛素的作用正相反,2,6-二磷酸果糖是果糖二磷酸酶-1 的别构抑制剂,又是 6-磷酸果糖激酶-1 最强的别构激活剂,进餐后,胰岛素分泌增多,2,6-二磷酸果糖水平增多,糖异生受抑制,糖的分解加强,为脂肪酸的合成提供乙酰 CoA;饥饿时,胰高血糖素分泌增加,2,6-二磷酸果糖水平减少,使糖从分解转向糖异生。

第二个底物循环在磷酸烯醇式丙酮酸和丙酮酸之间。

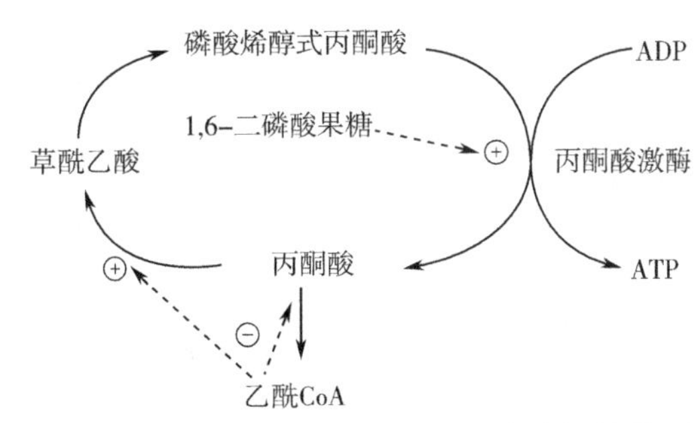

1,6-二磷酸果糖是丙酮酸激酶的别构激活剂,通过 1,6-二磷酸果糖将两个底物循环相协调。胰高血糖素能抑制 2,6-二磷酸果糖合成,因而减少 1,6-二磷酸果糖的生成;胰高血糖素还可通过 cAMP 使丙酮酸激酶磷酸化而失去活性,从而使糖异生加强而糖酵解受抑制。此外,糖异生的原料丙氨酸也可抑制丙酮酸激酶,有利于丙氨酸异生成糖。

饥饿时脂肪动员增强,脂酰 CoA 大量氧化时乙酰 CoA 堆积。乙酰 CoA 一方面反馈抑制丙酮酸脱氢酶复合体,使丙酮酸蓄积,另一方面别构激活丙酮酸羧化酶,促使丙酮酸转变为草酰乙酸,从而加速糖异生。

胰高血糖素可通过 cAMP 快速诱导磷酸烯醇式丙酮酸羧激酶基因的表达,增加酶的合成,故而促进糖异生作用。胰岛素则抑制该酶的基因表达,对该酶有重要的调节作用。

三、糖异生的生理意义

(一)维持血糖水平恒定

糖异生最主要的生理意义是空腹或饥饿时维持血糖水平恒定,其主要原料为乳酸、生糖氨基酸和甘油。乳酸来自肌糖原分解,肌内糖异生活性低,生成的乳酸不能在肌内重新合成糖,得经血液转运至肝后异生成糖。乳酸进行糖异生主要与运动强度有关。饥饿时糖异生的原料主要是氨基酸和甘油。肌组织蛋白质分解成氨基酸后以丙氨酸和谷氨酰胺形式运行至肝。每天需分解 180~200g 蛋白质,生成 90~120g 葡萄糖;另一方面随着脂肪组织中脂肪分解增强,运送至肝的甘油增多,每天生成 10~15g 葡萄糖。然而,蛋白质消耗过多会危及生命,经过机体调节,脑减少每天对葡萄糖的消耗,其余依赖酮体供能。

(二)补充肝糖原

糖异生是肝补充或恢复糖原储备的重要途径。长期以来人们认为,进食后肝糖原储备丰富是肝直接利用葡萄糖合成糖原的结果,但后来经核素标记等实验结果证明,进食后摄入的大部分葡萄糖先在肝外细胞中分解为乳酸或丙酮酸等三碳化合物,再进入肝细胞异生成糖原,合成糖原的这条途径称为三碳途径或间接途径。

(三)调节酸碱平衡

肾糖异生活性增强有利于维持机体酸碱平衡。长期禁食时,酮体生成增加造成体液 pH 下降,促进了肾小管中磷酸烯醇式丙酮酸羧激酶的合成,使糖异生作用加强。当肾中 α-酮戊二酸因异生成糖而减少时,促进了谷氨酰胺或谷氨酸脱氨,肾小管细胞将 NH_3 分泌入管腔中,与原尿中 H^+ 结合,降低原尿 H^+ 的浓度,对于防止酸中毒有重要作用。

四、乳酸循环

剧烈运动时,骨骼肌糖酵解加强,可产生大量的乳酸。肌内缺乏葡萄糖-6-磷酸酶,糖异生作用又非常弱,所以乳酸透过细胞膜进入血液运送至肝,在肝中异生为葡萄糖,释入血液后又可被肌摄取,这就构成了乳酸循环(lactic acid cycle),亦称 Cori 循环(图 5-12)。乳酸循环的意义在于避免损失乳酸以及防止因乳酸堆积引起代谢性酸中毒。2 分子乳酸异生成为葡萄糖需消耗 6 分子 ATP。

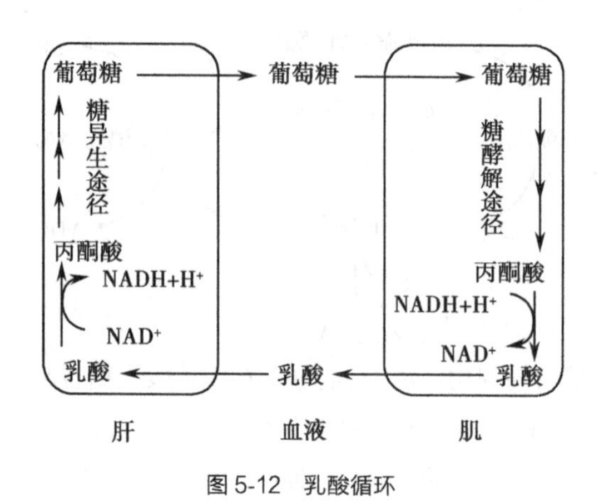

图 5-12 乳酸循环

第五节 血糖及其调节

血液中的葡萄糖,称为血糖(blood sugar)。血糖浓度是反映机体糖代谢状况的一项重要指标。正常人空腹血糖浓度为 3.89~6.11mmol/L(葡萄糖氧化酶法)。正常情况下,血糖浓度是相对恒定的,这是由于血糖的来源和去路处于动态平衡的结果。

一、血糖的来源与去路

血糖的主要来源有:①食物中的糖类经消化吸收入血;②肝糖原分解释放的葡萄糖;③由乳酸、甘油及生糖氨基酸等非糖物质经糖异生作用生成的葡萄糖。

血糖的主要去路有:①葡萄糖经氧化分解为各组织细胞提供能量;②在肝、肌组织中合成肝、肌糖原;③转变为脂肪、非必需氨基酸等非糖物质;④转变成核糖、脱氧核糖、氨基糖等其他糖及糖衍生物;⑤当血糖浓度超过肾糖阈(8.89~10.00mmol/L)时由尿排出葡萄糖。

二、血糖水平的调节

正常人体内血糖浓度维持在恒定范围,是因为有神经系统、激素及组织器官的调节作用。肝是调节血糖水平的最主要器官,主要通过肝糖原的合成及分解、糖异生作用及脂肪合成等代谢途径来调节血糖浓度。神经系统对血糖浓度的调节主要通过下丘脑和自主神经系统调节相关激素的分泌。调节血糖浓度的激素可分为两大类,即降低血糖水平的激素和升高血糖水平的激素。这两类激素的调节作用相反但又相互制约,共同维持血糖在正常水平。激素的作用如表 5-2。

表 5-2 激素对血糖浓度的影响

降低血糖水平的激素		升高血糖水平的激素	
胰岛素	1. 促进血糖转运至细胞	胰高血糖素	1. 促进肝糖原分解，抑制糖原合成
	2. 促进糖原合成、抑制糖原分解		2. 促进糖异生途径，抑制糖酵解途径
	3. 促进糖的有氧氧化		3. 促进脂肪动员
	4. 抑制糖异生作用	肾上腺素	1. 促进肝、肌糖原分解
	5. 抑制脂肪动员		2. 促进糖异生
		糖皮质激素	1. 促进肌蛋白质的分解，促进糖异生
			2. 抑制肝外组织对葡萄糖的摄取和利用
			3. 协助促进脂肪动员

三、血糖水平的异常

（一）高血糖与糖尿病

临床上将空腹血糖浓度高于 7.0mmol/L 称为高血糖。当空腹血糖超过肾糖阈时尿糖可呈阳性。高血糖分为生理性高血糖和病理性高血糖。生理性高血糖多见于高糖饮食、剧烈运动、情绪激动、胃倾倒综合征等。病理性高血糖常见于以糖尿病为代表的内分泌功能紊乱。慢性肾炎、肾病综合征等引起肾小管对糖的吸收障碍而出现糖尿，但血糖水平正常，称为肾性糖尿。

糖尿病（diabetes mellitus，DM）是最常见的糖代谢紊乱疾病，是由于胰岛素分泌和（或）作用缺陷引起以慢性血糖水平升高为特征的代谢性疾病。临床上糖尿病多见于 1 型糖尿病和 2 型糖尿病，1 型糖尿病属于自身免疫性疾病，由于遗传因素和环境因素，引起选择性胰岛 β 细胞破坏和功能衰竭，导致胰岛素分泌不足，多见于青少年。2 型糖尿病也是复杂的遗传因素和环境因素共同作用的结果，与肥胖关系密切，引起胰岛素抵抗和胰岛 β 细胞功能缺陷。糖尿病患者长期糖代谢、脂肪代谢、蛋白质代谢紊乱引起多系统损坏，导致眼、肾、神经、心脏、血管等组织器官慢性进行性病变、功能减退及衰竭，病情严重或应激可发生酮症酸中毒等急性严重代谢紊乱。

引发糖尿病并发症的生化机制仍然不太清楚，目前认为血中持续的高糖刺激可使细胞生成晚期的糖化终产物（advanced glycation end products，AGEs），同时发生氧化应激。红细胞通过葡萄糖转运蛋白摄取血中的葡萄糖，使血红蛋白的氨基发生不依赖酶的糖化作用，红细胞的寿命约为 120 天，因此糖化血红蛋白的数量可间接反映血糖的平均浓度，比利用葡萄糖氧化酶进行的血糖的实时检测更为简便，并对糖尿病诊断和治疗具有重要的临床意义。另外，临床上常用葡萄糖耐量试验（glucose tolerance test，GTT）用于诊断症状不明显或血糖升高不明显的可疑糖尿病。口服葡萄糖耐量试验（oral glucose tolerance test，OGTT）多采用 WHO 推荐的 75g 葡萄糖标准，被试者测定空腹血糖水平后，一次服用 75g 葡萄糖，分别检测服糖后的 30 分钟、1 小时、2 小时、3 小时的血糖和尿糖。正常人服糖后血糖急剧升高，然后逐渐降低，一般 2 小时左右恢复正常值。糖尿病等糖代谢紊乱时，服糖后血糖急剧升高或升高不明显，短时间内不能降至空腹血糖水平，称为糖耐量异常或糖耐量降低。

（二）低血糖症与低血糖休克

空腹血糖低于 3.9mmol/L 时称为低血糖，当空腹血糖低于 2.8mmol/L 时称为低血糖症（hypoglycemia）。低血糖也分为生理性低血糖和病理性低血糖。生理性低血糖多见于饥饿、长期剧烈运动、妊娠期等。病理性低血糖多见于胰岛素过多、升高血糖的激素分泌不足、肝糖原储存不足、消耗性疾病、急性乙醇中毒等。脑细胞对血糖水平降低非常敏感，因脑细胞功能所需的能量主要来自糖的氧化，当血糖水平过低时，脑细胞因能源缺乏而导致功能障碍，表现为头晕、心悸、饥饿感及出冷汗，若血糖浓度低于 2.5mmol/L，则会出现惊厥和昏迷，重者甚至死亡，称为低血糖昏迷或低血糖休克。

案例5-1

患者，男，51 岁，身高 170cm，体重：58kg。6 年前，因常有饥饿感，进食量比以前增大 1 倍，常感口渴，饮水增多，每天能喝 3~5L 水，排尿次数多，尿量大，体重减轻了 15kg，即到当地医院就诊，经查空腹血糖为 8.9mmol/L，餐后血糖 13.8mmol/L，尿糖+++。医生初步诊断为糖尿病，建议注意多休息，少吃含糖量高的食物，坚持适量体育运动，同时口服降糖药，服药同时检测血糖，经剂量调整，血糖稳定，即空腹血糖低于 6.11mmol/L，餐后 2 小时血糖低于 7.77mmol/L 后出院。三个月前，在一次同学聚餐后 6 个小时，该患者逐渐意识模糊，昏迷入院，呼气有烂苹果味。急诊入院检查该患者血糖为 19.8mmol/L，尿糖++++，尿酮体（+），血酮为 8.9mmol/L，CO_2CP 为 20Vol%，HCO_3^- 为 6mmol/L，pH 为 7.10。诊断为糖尿病酮症酸中毒，经补液、注射胰岛素、补钾、补充碳酸氢钠治疗后，意识恢复。患者自述最近一年多的时间里经常感觉手脚疼痛、麻木、视物模糊、皮肤破口易感染、不易痊愈。医生建议为更好的控制血糖，建议皮下注射胰岛素，经过一周的住院调整，出院回家继续使用调整好的胰岛素用量，同时在家自行监测血糖。

思考： 1. 糖尿病的诊断标准是什么？

2. 糖尿病的治疗原则是什么？

（王秀宏）

学习小结

食物中的糖类消化成单糖在小肠被吸收，葡萄糖的吸收需要特定的载体转运。

糖的分解代谢途径主要包括无氧氧化、有氧氧化及磷酸戊糖途径等。

糖无氧氧化是指机体在缺氧状态下葡萄糖生成乳酸的过程，在胞质中进行，净生成2分子ATP，是在特殊情况下机体快速获得能量的有效方式。分两个阶段：葡萄糖分解为丙酮酸，称为糖酵解；丙酮酸还原生成乳酸。关键酶是磷酸果糖激酶、丙酮酸激酶和己糖激酶。

糖有氧氧化是指在有氧条件下葡萄糖彻底氧化成 CO_2 和 H_2O 的过程，在胞质和线粒体中进行，净生成30或32个ATP，是主要产能途径。分三阶段：糖酵解；丙酮酸氧化脱羧；三羧酸循环。关键酶是磷酸果糖激酶、丙酮酸激酶、己糖激酶、丙酮酸脱氢酶复合体、异柠檬酸脱氢酶、α-酮戊二酸脱氢酶复合体、柠檬酸合酶。

磷酸戊糖途径生成5-磷酸核糖和 $NADPH+H^+$，关键酶是6-磷酸葡萄糖脱氢酶。

肝糖原和肌糖原是糖在体内的储存形式。肝糖原是血糖的重要来源，肌糖原可为肌收缩提供能量。糖原合成的关键酶是糖原合酶，糖原分解的关键酶是糖原磷酸化酶，两者均受共价修饰和别构调节。

糖异生是指从乳酸、氨基酸和甘油等非糖物质合成葡萄糖及糖原的过程，在空腹和饥饿状态下维持血糖水平的恒定。关键酶是丙酮酸羧化酶、烯醇式丙酮酸羧激酶、果糖二磷酸酶、葡萄糖-6-磷酸酶。

血糖的来源和去路的相对恒定。肝是调节血糖的主要器官，胰岛素具有降血糖作用，胰高血糖素、肾上腺素和糖皮质激素有升高血糖的作用。糖代谢发生障碍时可导致高血糖或低血糖。

复习参考题

1. 比较糖无氧氧化与糖有氧氧化的异同点。
2. 为什么说三羧酸循环是糖、脂、蛋白质三大营养物质代谢的共同通路？
3. 简述磷酸戊糖途径的生理意义。
4. 简述6-磷酸葡萄糖在体内的代谢去路。
5. 简述血糖的来源和去路，并举例说明激素在维持血糖水平的作用。

第六章 脂类代谢

6

学习目标

掌握	脂肪动员；脂肪酸 β-氧化；酮体的生成和利用；胆固醇合成及其在体内的转化；血浆脂蛋白的分类及功能。
熟悉	脂肪酸的合成；甘油三酯的合成；甘油磷脂的合成和分解；血浆脂蛋白的组成。
了解	脂类的消化吸收；血浆脂蛋白代谢异常。

脂类(lipids)是脂肪和类脂的总称,是一类不溶于水而易溶于有机溶剂,并能为机体利用的有机化合物。脂肪即甘油三酯(triglyceride,TG)或称三酰甘油(triacylglycerol,TAG),由一分子甘油和三分子脂肪酸组成。脂肪的主要生理功能是储能和供能、保温、保护内脏和促进脂溶性维生素吸收等。类脂包括磷脂(phospholipid,PL)、糖脂(glycolipid,GL)、胆固醇(cholesterol,Ch)和胆固醇酯(cholesterol ester,CE)等,其主要功能是构成生物膜,参与信息传递及代谢调节等。

第一节　脂类的消化和吸收

膳食中的脂类主要是甘油三酯,约占90%以上。此外还含有一定量的磷脂、胆固醇、胆固醇酯及少量游离脂肪酸。脂类消化和吸收的主要场所在小肠上段,此处有胆汁和胰液的流入。

一、脂类的消化

脂类难溶于水,胆汁中的胆汁酸盐是较强的乳化剂,能使甘油三酯和胆固醇酯等疏水脂质乳化成细小的微团,增加了消化酶对脂质的接触面积,有利于脂肪和类脂的消化和吸收。胰液中消化脂类的酶和蛋白质因子有胰脂酶、辅脂酶、磷脂酶 A_2 和胆固醇酯酶。胰脂酶特异催化甘油三酯1,3位酯键水解,生成2-甘油一酯和脂肪酸。辅脂酶本身不具有脂肪酶活性,负责将胰脂酶锚定在脂质微团的水油界面,有利于胰脂酶发挥作用并防止其变性,同时解除胆汁酸盐对胰脂酶的抑制作用,是胰脂酶不可缺少的蛋白质辅因子。磷脂酶 A_2 催化磷脂水解,生成溶血磷脂和脂肪酸;胆固醇酯酶催化胆固醇酯水解生成游离胆固醇和脂肪酸。溶血磷脂、胆固醇可与胆汁酸盐将食物脂质乳化成更小但极性更大的混合微团,易穿过小肠黏膜细胞表面的水屏障而被吸收。

二、脂类的吸收

脂类的消化产物中,小于12C的短、中链脂肪酸可直接被肠黏膜吸收,经门静脉入血;部分含短、中链脂肪酸的甘油三酯,经胆汁酸盐乳化后也可被吸收,在肠黏膜细胞内由脂肪酶水解生成脂肪酸和甘油,经门静脉入血;脂类消化产生的长链(12~26C)脂肪酸和2-甘油一酯被肠黏膜细胞吸收后,则在细胞内重新合成甘油三酯,再与磷脂、胆固醇、胆固醇酯和载脂蛋白等结合形成乳糜微粒(chylomicron,CM),经淋巴进入血液循环。

第二节　甘油三酯的代谢

在正常情况下甘油三酯的合成和分解处于动态平衡。各组织中的甘油三酯不断进行自我更新,以肝和脂肪组织最为活跃,其次是小肠和肌组织,皮肤和神经组织中甘油三酯的更新速率最低。

一、甘油三酯的分解代谢

(一)脂肪动员

储存在脂肪组织中的脂肪,在一系列脂肪酶的作用下逐步水解为游离的脂肪酸和甘油,并释放入血供全身各组织摄取利用的过程称为脂肪动员(fat mobilization)。

$$\text{甘油三酯}\xrightarrow[H_2O\ \ \text{脂肪酸}]{\text{甘油三酯脂肪酶}}\text{甘油二酯}\xrightarrow[H_2O\ \ \text{脂肪酸}]{\text{甘油二酯脂肪酶}}\text{甘油一酯}\xrightarrow[H_2O\ \ \text{脂肪酸}]{\text{甘油一酯脂肪酶}}\text{甘油}$$

其中,甘油三酯脂肪酶是脂肪动员的限速酶,此酶活性受到多种激素的调节,故称激素敏感性甘油三酯脂肪酶(hormone sensitive triglyceride lipase,HSL)。肾上腺素、胰高血糖素和促肾上腺皮质激素等能使该酶活性增强,促进脂肪动员,故将这些激素称为脂解激素;胰岛素和前列腺素等可使该酶活性降低,抑制脂肪动员,故称抗脂解激素。机体处于禁食、饥饿或兴奋状态时,肾上腺素和胰高血糖素等脂解激素分泌增加,脂肪动员增强;饱食后胰岛素分泌增加,脂肪动员受到抑制。两类激素的协同作用使体内脂肪的水解速度得到有效调节。

(二)甘油的代谢

脂肪动员产生的甘油,可由血液循环运输到肝、肾和小肠黏膜等组织细胞,经甘油激酶催化生成α-磷酸甘油,再脱氢生成磷酸二羟丙酮,后者可进入糖酵解途径彻底氧化分解或异生成糖。骨骼肌和脂肪组织因甘油激酶活性很低,对甘油的摄取利用很有限。

$$\underset{\text{甘油}}{\begin{array}{l}CH_2-OH\\ HC-OH\\ CH_2-OH\end{array}}\xrightarrow[ATP\ \ ADP]{\text{甘油激酶}}\underset{\alpha\text{-磷酸甘油}}{\begin{array}{l}CH_2-OH\\ HC-OH\\ CH_2-O-Ⓟ\end{array}}\xrightarrow[NAD^+\ \ NADH+H^+]{\text{磷酸甘油脱氢酶}}\underset{\text{磷酸二羟丙酮}}{\begin{array}{l}CH_2-OH\\ C=O\\ CH_2-O-Ⓟ\end{array}}\rightarrow\begin{cases}\text{氧化分解供能}\\ \text{糖异生}\end{cases}$$

(三)脂肪酸的β-氧化

脂肪动员产生的游离脂肪酸释放入血后,与清蛋白结合运输到全身各组织利用。在氧供给充足的条件下,脂肪酸在体内分解生成 CO_2 和 H_2O 并释放出大量能量。机体除脑、神经组织及红细胞外,大多数组织都能氧化脂肪酸,以肝和肌组织最为活跃。脂肪酸的氧化分以下4个阶段:

1. 脂肪酸的活化 脂肪酸氧化前需在胞质中进行活化。在HSCoA和 Mg^{2+} 的参与下,由ATP供能,脂肪酸经内质网及线粒体外膜上的脂酰CoA合成酶催化,生成其活性形式——脂酰CoA。

$$R\text{-}COOH + HSCoA + ATP \xrightarrow[Mg^{2+}]{\text{脂酰CoA合成酶}} R\text{-}CO\sim SCoA + AMP + PPi$$

脂酰CoA含高能硫酯键,水溶性强,大大提高了其代谢活性。活化反应中生成的焦磷酸(PPi)迅速被细胞内的焦磷酸酶水解,阻止了逆反应进行,故1分子脂肪酸活化实际上消耗2个高能磷酸键。

2. 脂酰基进入线粒体 脂肪酸进一步氧化的酶系存在于线粒体基质,而长链脂酰CoA不能直接通过线粒体内膜进入线粒体,需通过肉碱,即*L*-3-羟基-4-三甲氨基丁酸协助转运(图6-1)。

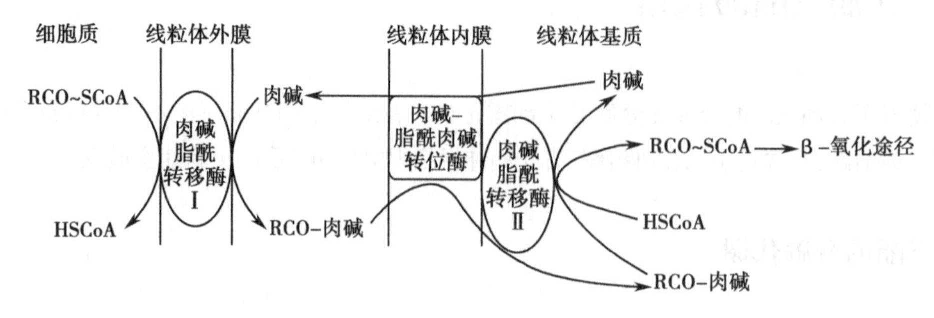

图6-1 脂酰CoA进入线粒体示意图

线粒体外膜的肉碱脂酰转移酶Ⅰ(CATⅠ)催化肉碱和脂酰 CoA 生成脂酰肉碱。脂酰肉碱借助线粒体内膜上的载体(肉碱-脂酰肉碱转位酶),通过线粒体内膜进入线粒体基质。位于线粒体内膜内侧面的肉碱脂酰转移酶Ⅱ(CATⅡ)催化脂酰肉碱重新转变成脂酰 CoA 并释放肉碱。此转运过程是脂肪酸氧化分解的限速步骤,肉碱脂酰转移酶Ⅰ是限速酶。饥饿、高脂低糖膳食或糖尿病时,机体不能利用糖,需脂肪酸氧化供能,该酶活性增高,脂肪酸氧化增加。相反,饱食后脂肪酸合成加强,丙二酰 CoA 增多,该酶被抑制,脂肪酸氧化减少。

3. 脂酰 CoA 的 β-氧化 进入线粒体基质的脂酰 CoA,在脂肪酸 β-氧化酶系的催化下,从脂酰基 β-碳原子开始,依次进行脱氢、加水、再脱氢、硫解 4 步连续的反应,完成一次 β-氧化。

(1)脱氢:脂酰 CoA 在脂酰 CoA 脱氢酶催化下,从 α 和 β 碳原子上各脱去 1 个氢原子,FAD 接受生成 $FADH_2$,同时生成反 Δ^2-烯酰 CoA。

(2)加水:反 Δ^2-烯酰 CoA 经水化酶催化,加 1 分子 H_2O 生成 *L*-β-羟脂酰 CoA。

(3)再脱氢:*L*-β-羟脂酰 CoA 在 *L*-β-羟脂酰 CoA 脱氢酶催化下,脱去 β 碳原子上的 2H,由 NAD^+ 接受生成 $NADH+H^+$,同时生成 β-酮脂酰 CoA。

(4)硫解:β-酮脂酰 CoA 由 β-酮脂酰 CoA 硫解酶催化,加 HSCoA 使碳链在 β 位断裂,生成 1 分子乙酰 CoA 和少 2 个碳原子的脂酰 CoA。

经过上述四步反应,脂酰 CoA 的碳链被缩短了 2 个碳原子(图 6-2)。脱氢、加水、再脱氢、硫解反复进行,偶数碳饱和脂酰 CoA 可完全氧化为乙酰 CoA,然后经三羧酸循环氧化。人体内还有奇数碳饱和脂肪酸,它们通过 β-氧化,除生成乙酰 CoA 外,最后还余下 1 个丙酰 CoA,后者经羧化、异构等反应生成琥珀酰 CoA,然后进入三羧酸循环。不饱和脂肪酸的氧化与饱和脂肪酸的氧化大体相同,只是由于天然不饱和脂肪酸的双键均为顺式构型,需要顺反异构酶将顺式的烯脂酰 CoA 转变成反式构型。

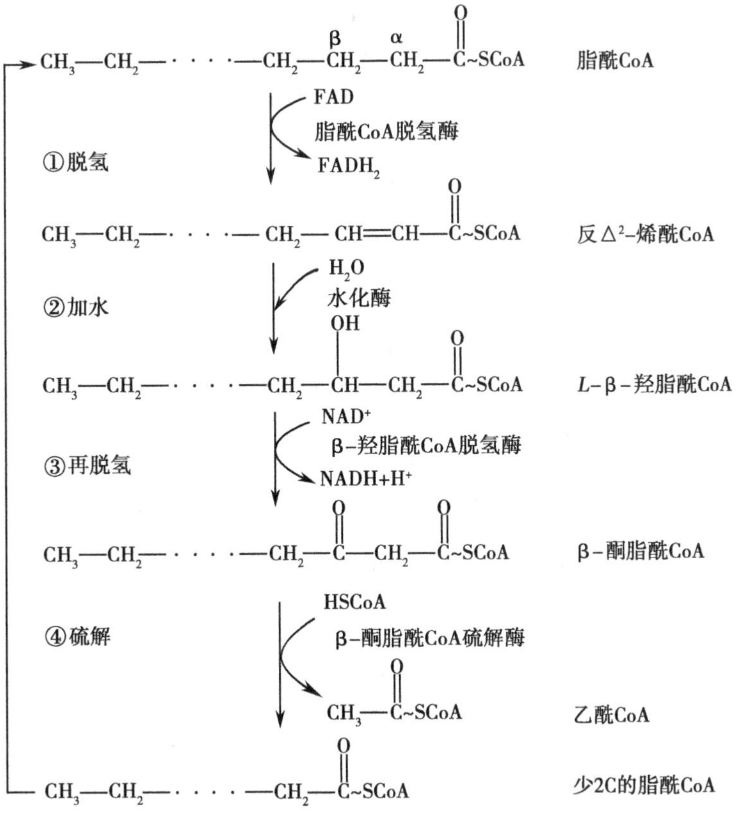

$CH_3—CH_2—\cdots—CH_2—\overset{\beta}{C}H_2—\overset{\alpha}{C}H_2—\overset{O}{\overset{\|}{C}}\sim SCoA$ 脂酰CoA

①脱氢 (FAD → $FADH_2$;脂酰CoA脱氢酶)

$CH_3—CH_2—\cdots—CH_2—CH═CH—\overset{O}{\overset{\|}{C}}\sim SCoA$ 反Δ^2-烯酰CoA

②加水 (H_2O;水化酶)

$CH_3—CH_2—\cdots—CH_2—\overset{OH}{\overset{|}{C}H}—CH_2—\overset{O}{\overset{\|}{C}}\sim SCoA$ *L*-β-羟脂酰CoA

③再脱氢 (NAD^+ → $NADH+H^+$;β-羟脂酰CoA脱氢酶)

$CH_3—CH_2—\cdots—CH_2—\overset{O}{\overset{\|}{C}}—CH_2—\overset{O}{\overset{\|}{C}}\sim SCoA$ β-酮脂酰CoA

④硫解 (HSCoA;β-酮脂酰CoA硫解酶)

$CH_3—\overset{O}{\overset{\|}{C}}\sim SCoA$ 乙酰CoA

$CH_3—CH_2—\cdots—CH_2—\overset{O}{\overset{\|}{C}}\sim SCoA$ 少2C的脂酰CoA

图 6-2 脂酰 CoA 的 β-氧化

4. **ATP 的生成** 脂肪酸氧化是体内能量的重要来源。现以软脂酸(16C 的饱和脂肪酸)为例,1 分子软脂酸彻底氧化需进行 7 次 β-氧化,生成 7 分子 $FADH_2$、7 分子 $NADH+H^+$ 和 8 分子乙酰 CoA。因此,1 分子 16C 软脂酸彻底氧化分解可以生成(7×1.5)+(7×2.5)+(8×10)= 108 分子 ATP。因为脂肪酸活化消耗的 2 个高能磷酸键,相当于 2 分子 ATP,所以 1 分子软脂酸彻底氧化净生成 106 分子 ATP。

(四)酮体的生成与利用

脂肪酸在肝内 β-氧化生成的乙酰 CoA,部分转变成酮体(ketone bodies),向肝外输出。酮体包括乙酰乙酸、β-羟丁酸和丙酮,其中 β-羟丁酸约占酮体总量的 70%,乙酰乙酸约占 30%,丙酮含量极微。

1. **酮体的生成** 酮体的合成原料是脂肪酸 β-氧化生成的乙酰 CoA,合成部位为肝细胞线粒体,其过程分三步进行(图 6-3)。

(1)乙酰乙酰 CoA 的生成:在硫解酶催化下,2 分子乙酰 CoA 缩合成 1 分子乙酰乙酰 CoA,并释出 1 分子 HSCoA。

(2)HMG-CoA 的生成:在 HMG-CoA 合酶催化下,乙酰乙酰 CoA 再与 1 分子乙酰 CoA 缩合生成 β-羟-β-甲基戊二酸单酰 CoA(β-hydroxy-β-methyl glutaryl CoA,HMG-CoA)。HMG-CoA 合酶是酮体合成的限速酶。

(3)酮体的生成:在 HMG-CoA 裂解酶催化下,HMG-CoA 裂解生成 1 分子乙酰乙酸和 1 分子乙酰 CoA。在 β-羟丁酸脱氢酶催化下,乙酰乙酸可还原生成 β-羟丁酸,所需的氢由 $NADH+H^+$ 提供。少量乙酰乙酸可自发脱羧生成丙酮。

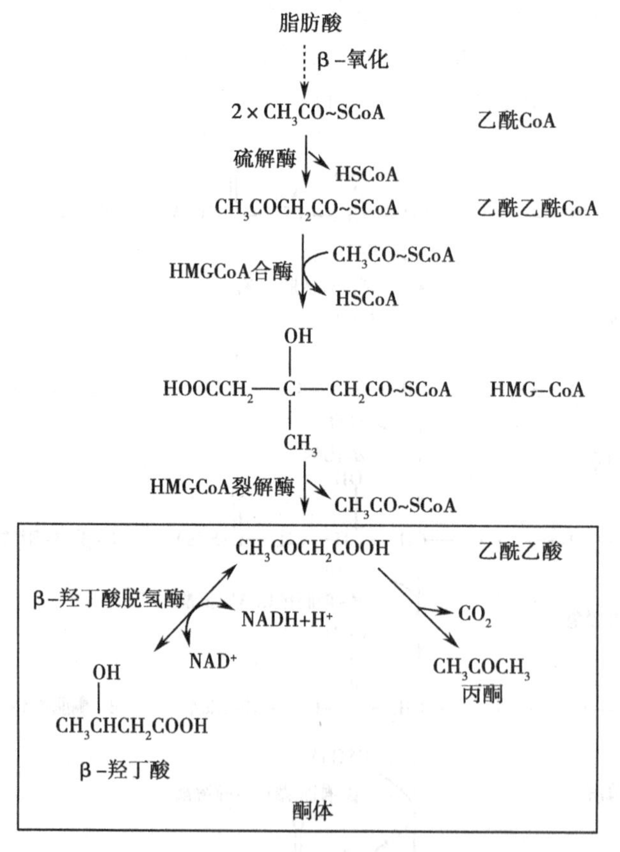

图 6-3 酮体的生成过程

2. **酮体的利用** 由于肝细胞内缺乏氧化利用酮体的酶,所以肝内生成的酮体需释放入血,运输到肝外组织再进一步氧化分解。因此,酮体代谢的特点是"肝内生成肝外利用"。

在心、肾、脑及骨骼肌的线粒体中含有琥珀酰 CoA 转硫酶和乙酰乙酸硫激酶,可以将乙酰乙酸活化生成乙酰乙酰 CoA，再经硫解酶作用分解为 2 分子乙酰 CoA，乙酰 CoA 进入三羧酸循环被彻底氧化分解，为肝外组织提供大量能量。β-羟丁酸脱氢后可转变成乙酰乙酸，再经上述途径进一步氧化分解。丙酮的代谢活性极低，一般可经肾随尿直接排出。当血液中酮体的含量升高时，其中的丙酮也可经肺呼出，使呼吸带有特殊的气味。酮体的利用过程如图 6-4。

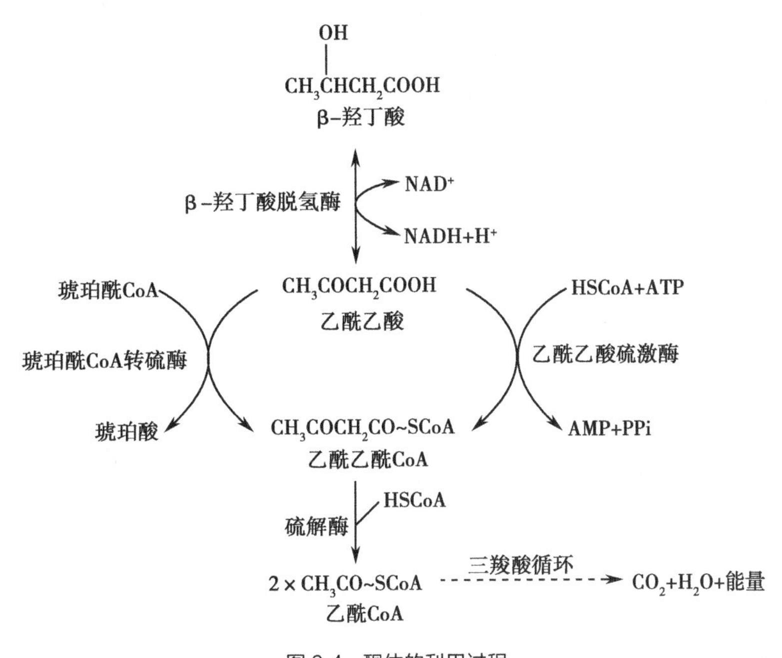

图 6-4 酮体的利用过程

3. 酮体生成的生理意义 酮体是脂肪酸在肝内正常代谢的中间产物，是肝输出能源的一种形式。酮体分子小，溶于水，能在血液中运输，还能通过血脑屏障和肌组织的毛细血管壁，是脑和肌组织的重要能源。脑组织不能氧化脂肪酸却能利用酮体，长期饥饿或糖供应不足时酮体可以代替葡萄糖，成为脑组织的主要能源。

正常情况下，血中仅含少量的酮体，为 0. 03～0. 5mmol/L。在长期饥饿、高脂低糖饮食或严重糖尿病时，脂肪动员加强，酮体生成增加，超过肝外组织的利用能力，可引起血中酮体含量升高，可导致酮症酸中毒，并可随尿排出，引起酮尿。

案例6-1

患者，男，56 岁，因“烦渴、多饮、多尿、消瘦 10 余年，咳嗽、发热 2 天，伴意识模糊 1 天”入院。患者既往有糖尿病史 10 余年，院外予胰岛素治疗，血糖控制情况不详。2 天前受凉后出现咳嗽、发热，自服中药治疗。1 天前出现意识模糊。体格检查：脱水貌，浅昏迷，呼气有烂苹果味。体温 38. 1℃，脉搏 115 次/min，血压 9. 2/5. 7kPa（69/43mmHg）。双侧瞳孔等大等圆。双肺呼吸音粗，右肺可闻及湿罗音。

思考：

1. 患者还需进行哪些实验室检查？
2. 通过病史及体格检查，初步诊断是什么？
3. 该病例发生糖尿病酮症酸中毒的生化机制是什么？
4. 如果糖尿病酮症酸中毒诊断成立，请拟定初步的治疗方案。

二、甘油三酯的合成代谢

人体大多数组织都能合成甘油三酯，主要的合成场所是肝、脂肪组织和小肠，又以肝的合成能力最强。人体甘油三酯的合成有两条途径：一是利用摄取的甘油三酯消化产物重新合成甘油三酯，由于一般食物中摄入的甘油三酯量不多，这条途径不是人体甘油三酯的主要来源；另一途径是以葡萄糖为原料，经过复杂的酶促反应合成甘油三酯，这是体内甘油三酯的主要来源。

甘油三酯的合成是在胞质中进行的，其合成过程分以下三个阶段。

（一）α-磷酸甘油的生成

α-磷酸甘油的来源有二：①主要由糖代谢的中间产物磷酸二羟丙酮在α-磷酸甘油脱氢酶的催化下，还原生成α-磷酸甘油；②细胞内甘油的再利用，肝、肾、小肠及哺乳期乳腺富含甘油激酶，可催化甘油磷酸化，生成α-磷酸甘油。α-磷酸甘油的生成过程如图6-5。

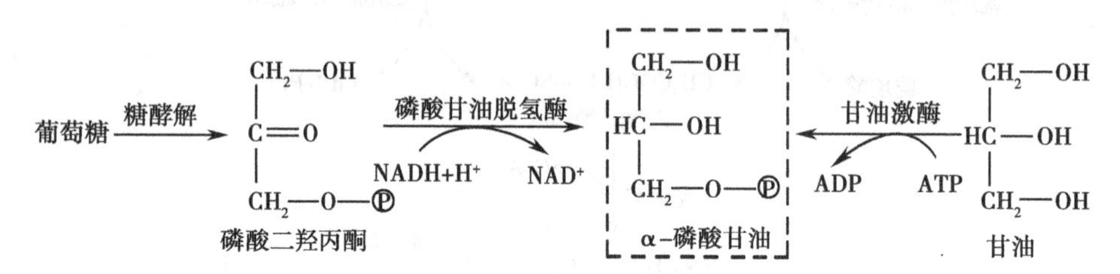

图6-5 α-磷酸甘油生成过程

（二）脂肪酸的合成

1. **合成部位** 肝是合成脂肪酸最活跃的组织，此外肾、脑、肺、乳腺及脂肪等组织也能合成脂肪酸。合成脂肪酸的酶系存在于细胞质中。

2. **合成原料** 脂肪酸的合成需要乙酰CoA、NADPH+H^+、ATP、CO_2和生物素等原料。其中乙酰CoA和ATP主要来自糖的氧化分解，NADPH+H^+主要来自磷酸戊糖途径。可见，脂肪酸的合成离不开糖代谢的正常进行。

乙酰CoA是在线粒体中产生，而合成脂肪酸的酶系存在于细胞质。乙酰CoA不能自由通过线粒体内膜，必须通过柠檬酸-丙酮酸循环，将其由线粒体转运至细胞质，用于合成脂肪酸（图6-6）。另外，此过程还可为脂肪酸的合成提供部分NADPH+H^+。

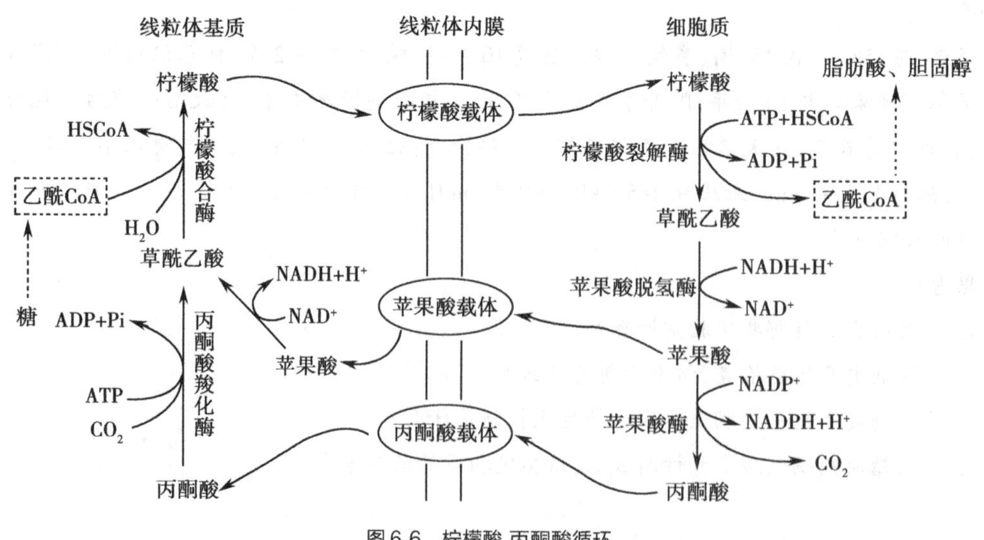

图6-6 柠檬酸-丙酮酸循环

3. **合成过程** 脂肪酸合成过程并不是β-氧化的逆过程,而是以乙酰 CoA 的羧化产物丙二酸单酰 CoA 为基础的连续反应。

(1)丙二酸单酰 CoA 的合成:脂肪酸的合成过程中,仅有 1 分子乙酰 CoA 直接参与反应,其他乙酰 CoA 在乙酰 CoA 羧化酶催化下,由碳酸氢盐提供 CO_2,ATP 供给能量,生成丙二酸单酰 CoA,才能参与脂肪酸的合成。

$$CH_3CO\sim SCoA + HCO_3^- + ATP \xrightarrow[\text{生物素}]{\text{乙酰CoA羧化酶}} HOOCCH_2CO\sim SCoA + ADP + Pi$$

乙酰 CoA 羧化酶存在于细胞质,是脂肪酸合成的限速酶。此酶活性受到膳食成分和体内代谢物的调节。长期高糖低脂饮食可诱导酶蛋白合成。柠檬酸和异柠檬酸是酶的别构激活剂,而长链脂酰 CoA 是酶的别构抑制剂。此酶还受到化学修饰调节,通过磷酸化/脱磷酸改变活性。

(2)软脂酸的合成:脂肪酸的合成过程是一个重复的加成反应,由脂肪酸合成酶系催化。大肠杆菌的脂肪酸合成酶系,是由 7 种酶蛋白和酰基载体蛋白(acylcarrier protein,ACP)聚合在一起形成的多酶复合体。ACP 通过丝氨酸残基连接 4′-磷酸泛酰巯基乙胺作为脂酰基的载体。在哺乳动物,由于基因融合,使脂肪酸合成酶系的 7 种酶活性均位于一条多肽链上,并含有 ACP 结构域,属多功能酶。具有活性的酶是由两条完全相同的多肽链首尾相连组成的二聚体,此二聚体解聚则活性丧失。

各种生物合成脂肪酸的过程相似,即由 1 分子乙酰 CoA 依次与 7 分子丙二酸单酰 CoA 在脂肪酸合成酶系的催化下,进行"缩合-还原-脱水-再还原"的循环反应过程,每次循环使脂肪酸碳链延长 2 个碳原子,经过 7 次循环,生成 16 碳的软脂酰 ACP,最后由硫酯酶水解释放软脂酸。软脂酸合成的总反应式为:

$$CH_3CO\sim SCoA + 7HOOCCH_2CO\sim SCoA + 14NADPH + 14H^+ \longrightarrow$$

$$CH_3(CH_2)_{14}COOH + 7CO_2 + 6H_2O + 8HSCoA + 14NADP^+$$

4. **脂肪酸碳链的延长** 脂肪酸合成酶系催化合成软脂酸,更长碳链脂肪酸的合成通过对软脂酸加工、延长完成。在内质网中,脂肪酸碳链延长酶系能利用丙二酸单酰 CoA 作为原料使软脂酰 CoA 的碳链延长,其过程与软脂酸合成酶系催化的过程相似;在线粒体中,软脂酸经延长酶系作用与乙酰 CoA 缩合,逐步延长碳链,其过程与脂肪酸β-氧化的逆反应相似。脂肪酸碳链一般可延长至 24 或 26 碳,但以 18 碳的硬脂酸居多。

5. **不饱和脂肪酸的合成** 人体所含的不饱和脂肪酸主要有软油酸(16:1,Δ^{9})、油酸(18:1,Δ^{9})、亚油酸(18:2,$\Delta^{9,12}$)、亚麻酸(18:3,$\Delta^{9,12,15}$)和花生四烯酸(20:4,$\Delta^{5,8,11,14}$)。前两种单不饱和脂肪酸可分别由软脂酸和硬脂酸活化后,在内质网去饱和酶催化下脱氢生成。由于缺乏相应的去饱和酶,后三种多不饱和脂肪酸在人体内不能合成,必须从食物中获取,称为营养必需脂肪酸。近年来陆续发现和证明了 EPA(20:5,$\Delta^{5,8,11,14,17}$)、DPA(22:5,$\Delta^{7,10,13,16,19}$)和 DHA(22:6,$\Delta^{4,7,10,13,16,19}$)等多不饱和脂肪酸与人体发育及生理功能具有密切关系,也应归到营养必需脂肪酸的范畴。

(三)甘油三酯的合成

人体合成甘油三酯是以α-磷酸甘油和脂酰 CoA 为原料,在细胞内质网中经脂酰转移酶的催化逐步合成的。脂肪酸作为甘油三酯合成的基本原料,必须活化成脂酰 CoA 才能参与甘油三酯的合成。甘油三酯合成有两条途径:

1. **甘油一酯途径** 小肠黏膜细胞由此途径合成甘油三酯。主要是利用脂类消化吸收产物甘油一酯及脂肪酸作为原料合成甘油三酯(图 6-7)。

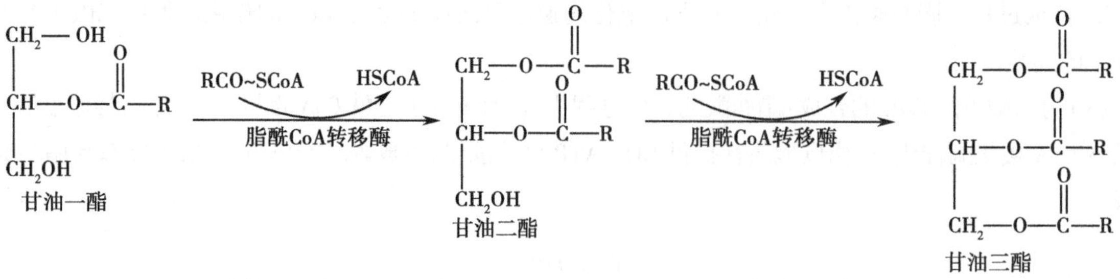

RCO~SCoA HSCoA
脂酰CoA转移酶
甘油一酯
甘油二酯
甘油三酯

图 6-7 甘油一酯途径

2. 甘油二酯途径 肝及脂肪组织细胞以此途径合成甘油三酯。主要是利用糖代谢生成的 α-磷酸甘油在脂酰 CoA 转移酶催化下与 2 分子脂酰 CoA 生成磷脂酸,磷脂酸水解脱去磷酸生成甘油二酯,再加上 1 分子脂酰基生成甘油三酯(图 6-8)。

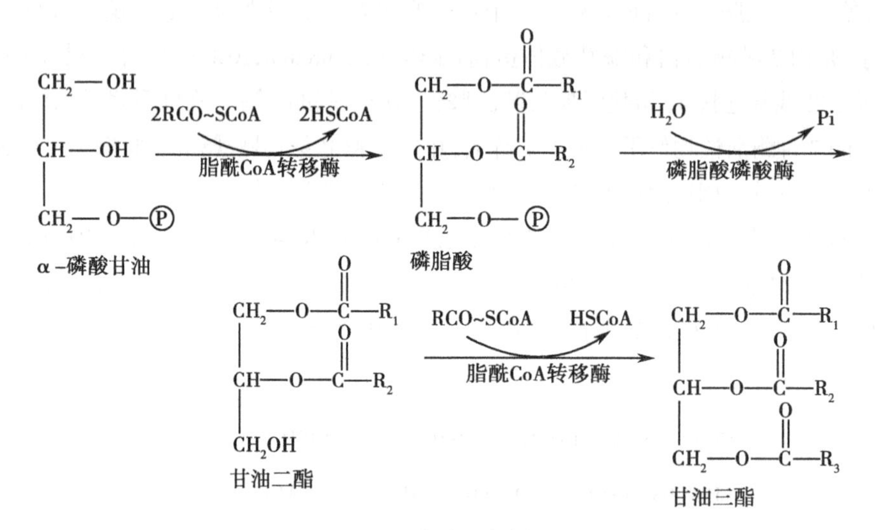

图 6-8 甘油二酯途径

合成甘油三酯的三分子脂肪酸可以相同也可不同,通常 C-2 位上连接的是多不饱和脂肪酸。人体甘油三酯中有 50% 的脂肪酸为不饱和脂肪酸,膳食中脂肪酸的组成在一定程度上影响体内脂类物质的组成。

甘油三酯的合成速率受到多种激素的调节。胰岛素促进糖转变为甘油三酯,胰高血糖素和肾上腺素等则抑制甘油三酯的合成。

脂肪组织是储存甘油三酯的仓库。小肠黏膜细胞和肝细胞合成的甘油三酯不能在原组织内储存而是形成乳糜微粒或极低密度脂蛋白后入血,经血液循环被运送到脂肪组织储存或被运至其他组织内利用。

第三节 类脂的代谢

类脂包括磷脂(PL)、糖脂(GL)、胆固醇(Ch)和胆固醇酯(CE),本节主要介绍甘油磷脂及胆固醇在体内的代谢。

一、磷脂代谢

（一）磷脂的基本结构与分类

磷脂是一类含有磷酸的脂，按其化学组成不同分为两类：一类以甘油作为基本骨架称甘油磷脂；另一类以鞘氨醇作为基本骨架称鞘磷脂。甘油磷脂在体内含量最多，分布最广，而鞘磷脂主要分布在脑和神经髓鞘。

甘油磷脂由甘油、脂肪酸、磷酸及含氮化合物等组成。根据与磷酸相连的取代基团的不同，甘油磷脂分为五大类，包括磷脂酰胆碱（phosphatidylcholine，PC，俗称卵磷脂）、磷脂酰乙醇胺（phosphatidylethanolamine，PE，俗称脑磷脂）、磷脂酰丝氨酸（phosphatidyl serine，PS）、磷脂酰肌醇（phosphatidyl inositol，PI）、磷脂酰甘油（phosphatidyl glycerol，PG）和二磷脂酰甘油（diphosphatidyl glycerol，俗称心磷脂）等，其中磷脂酰胆碱在体内含量最多，约占磷脂总量的50%。心磷脂由甘油的C-1和C-3位-OH分别与1分子磷脂酸的磷酸脱水缩合而成，是动物细胞线粒体内膜的重要成分，尤其在心肌组织含量丰富，也是唯一具有抗原性的磷脂分子。

X= —H　磷脂酸

X= —CH_2—CH_2—$N^+(CH_3)_3$　磷脂酰胆碱(PC, 卵磷脂)

X= —CH_2—CH_2—NH_2　磷脂酰乙醇胺(PE, 脑磷脂)

X= —CH_2—CH(NH_2)—COOH　磷脂酰丝氨酸(PS)

X= 肌醇（OH OH / HO / OH / OH）　磷脂酰肌醇(PI)

X= 二磷脂酰甘油结构（CH_2—O—P(=O)(OH)—O—CH_2；H—C—OH；—CH_2；H—C—O—C(=O)—R_4；R_3—C(=O)—O—CH_2）　二磷脂酰甘油(心磷脂)

R_2—C(=O)—O—C—H（CH_2—O—C(=O)—R_1；CH_2—O—P(=O)(OH)—O—X）

甘油磷脂的基本结构

甘油磷脂因含有疏水的长链脂酰基和亲水的含氮碱基或羟基，因而具有两亲性，通常作为水溶性蛋白质和非极性脂类之间的结构桥梁，是生物膜和脂蛋白的重要结构成分。

（二）甘油磷脂的合成

1. 合成部位　人体各组织细胞内质网均含有合成磷脂的酶系，以肝、肾及肠等活性最高。肝不仅合成自身组织更新所需要的磷脂，还可向肝外组织输送磷脂。

2. 合成原料　合成甘油磷脂的基本原料包括甘油、脂肪酸、胆碱、乙醇胺、丝氨酸和肌醇等。甘油和脂肪酸主要由葡萄糖转化而来，甘油C-2位的多不饱和脂肪酸为必需脂肪酸，只能从食物（植物油）摄取。胆碱和乙醇胺可由食物供给，亦可由丝氨酸脱羧生成乙醇胺后再经甲基化生成胆碱。甘油磷脂合成还需ATP和CTP参与提供能量或作为活性载体。

3. 合成过程　根据活化的中间产物不同，甘油磷脂的合成有两条途径。

（1）甘油二酯合成途径：磷脂酰胆碱和磷脂酰乙醇胺主要通过此途径合成。胆碱和乙醇胺经激酶作用生成磷酸化形式后，被CTP活化生成CDP-胆碱或CDP-乙醇胺，继而与甘油二酯结合生成相应的甘油磷脂

(图 6-9)。这两类磷脂占组织及血液磷脂的 75%以上。

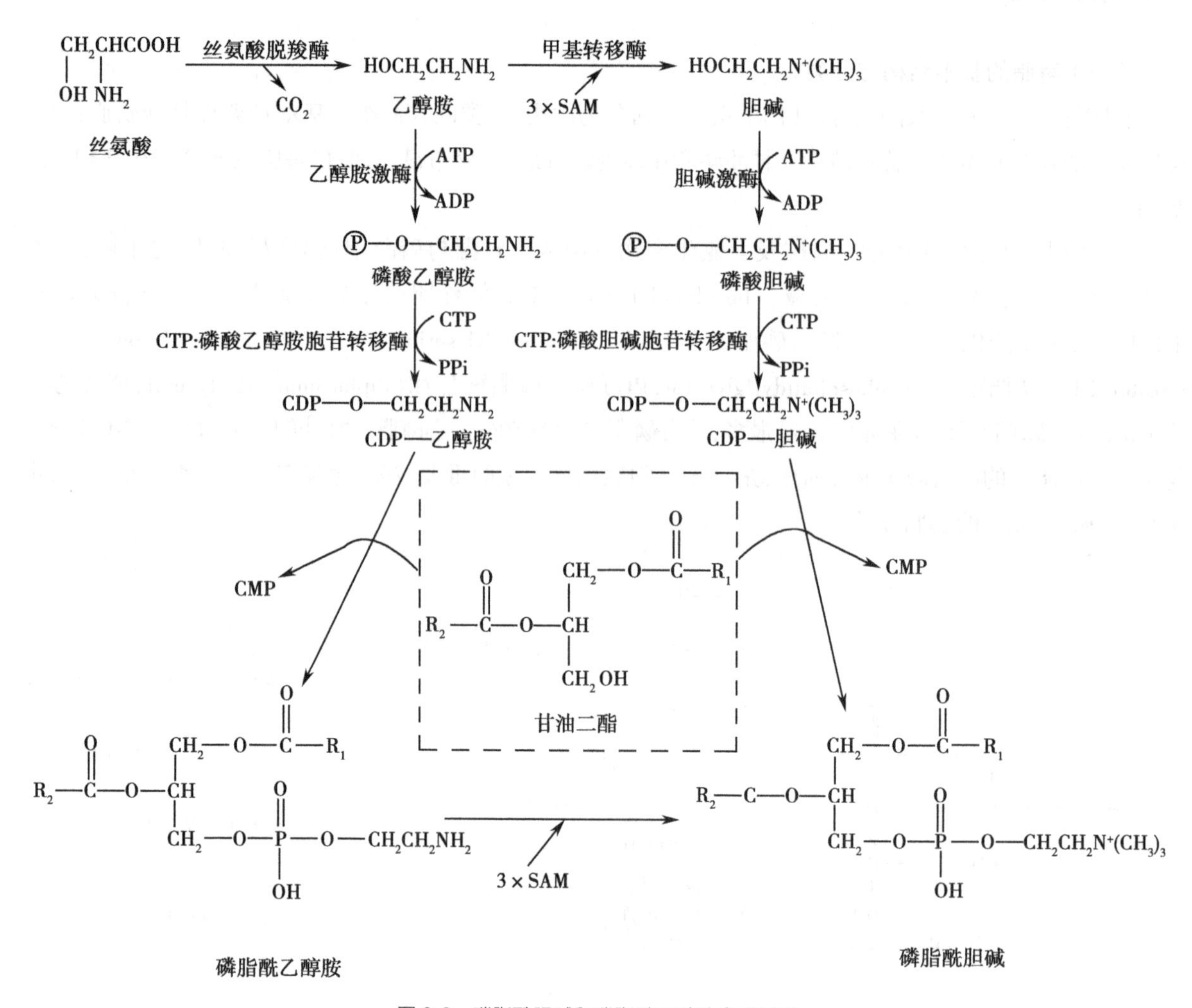

图 6-9 磷脂酰胆碱和磷脂酰乙醇胺合成过程

(2)CDP-甘油二酯合成途径:磷脂酰丝氨酸、磷脂酰肌醇和二磷脂酰甘油皆由此途径合成。甘油二酯首先被活化生成 CDP-甘油二酯,再与丝氨酸、肌醇或磷脂酰甘油结合,生成相应的甘油磷脂(图 6-10)。

Ⅱ型肺泡上皮细胞合成一种特殊的磷脂酰胆碱,其 C-1 和 C-2 位均为软脂酰基,称二软脂酰胆碱,是较强的乳化剂,能降低肺泡表面张力,有利于肺泡的伸张。若新生儿肺泡上皮细胞二软脂酰胆碱合成障碍,则可导致肺不张,引起新生儿呼吸窘迫综合征。

(三)甘油磷脂的降解

生物体内存在多种水解甘油磷脂的磷脂酶,包括磷脂酶 A_1、A_2、B_1、B_2、C 和 D,它们分别作用于甘油磷脂分子中不同的酯键,降解甘油磷脂(图 6-11)。

磷脂酶 A_1 和 A_2 存在于动物细胞中,其作用产物均为脂肪酸和只含一个脂酰基的溶血磷脂。溶血磷脂具较强的表面活性,能使红细胞膜或其他细胞膜破坏引起溶血或细胞坏死。溶血磷脂可经磷脂酶 B 水解失去唯一的脂酰基,即失去溶细胞作用。磷脂酶 C 存在于动物细胞膜及某些微生物中,特异水解第 3 位磷酸酯键,生成甘油二酯和磷酸胆碱或磷酸乙醇胺。磷脂酶 D 主要存在于植物,其作用产物是磷脂酸和胆碱或乙醇胺。

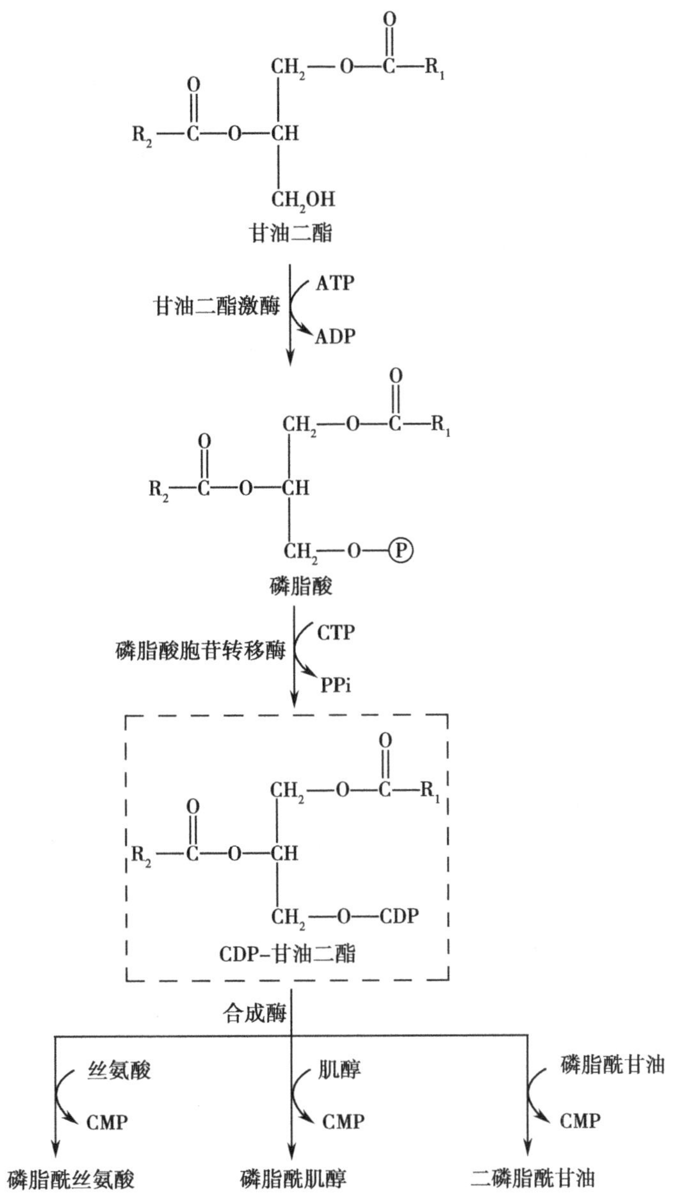

甘油二酯

甘油二酯激酶（ATP → ADP）

磷脂酸

磷脂酸胞苷转移酶（CTP → PPi）

CDP-甘油二酯

合成酶

丝氨酸 → CMP：磷脂酰丝氨酸

肌醇 → CMP：磷脂酰肌醇

磷脂酰甘油 → CMP：二磷脂酰甘油

图 6-10　磷脂酰丝氨酸、磷脂酰肌醇和心磷脂合成过程

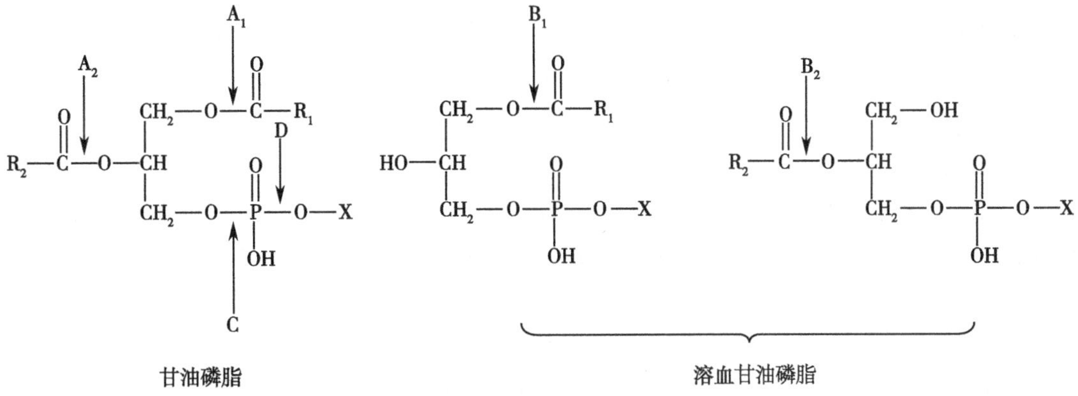

甘油磷脂（A_1、A_2、C、D）

溶血甘油磷脂（B_1、B_2）

图 6-11　各种磷脂酶的作用部位

甘油磷脂与脂肪肝

正常人肝中脂类含量为3%~5%，其中甘油三酯占一半。如果甘油三酯在肝内存积量超过2.5%，脂类总量超过10%，即称脂肪肝。脂肪肝形成的原因主要涉及以下三个方面：①高糖、高脂饮食或伴大量饮酒，使得肝内甘油三酯来源过多；②肝功能障碍，氧化利用脂肪酸的能力降低，合成、释放脂蛋白的能力不足，造成肝内甘油三酯堆积；③磷脂合成的原料供应不足，甘油二酯生成磷脂的量减少，转而生成甘油三酯，生成的甘油三酯又由于磷脂合成不足，脂蛋白生成障碍，运出困难，在肝细胞内堆积，形成脂肪肝。因此，临床上常用磷脂及其合成原料（丝氨酸、甲硫氨酸、胆碱、肌醇及乙醇胺等）以及相关的辅助因子（叶酸、维生素B_{12}、ATP及CTP等）来防治脂肪肝。

二、胆固醇代谢

胆固醇是最早是从动物的胆石中分离出具有羟基的固醇类化合物，故称为胆固醇（cholesterol）。体内胆固醇有游离胆固醇和胆固醇酯两种形式，后者是胆固醇的储存形式。

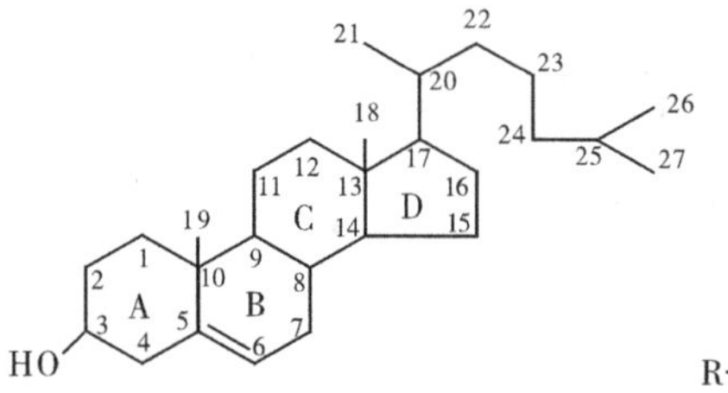

胆固醇 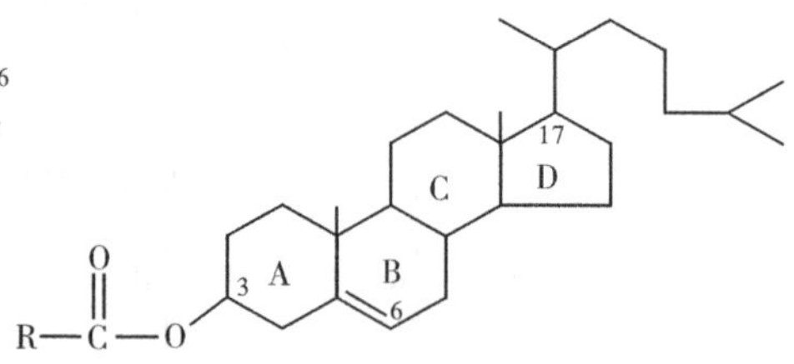　　　　胆固醇酯

人体约含胆固醇140g，广泛分布于全身各组织，其中约1/4分布在脑及神经组织中，约占脑组织的2%。肾上腺和卵巢的胆固醇含量可高达1%~5%。肝、肾、肠等内脏组织以及皮肤、脂肪组织也含有较多的胆固醇，其中以肝最多，肌组织胆固醇含量较低。

人体胆固醇可以来自食物（外源性），也可以体内合成（内源性）。动物性食物如脑髓、内脏、卵黄、鱼子、虾蟹及肥畜肉等是食物胆固醇的主要来源，植物固醇不易吸收，大量摄入可抑制胆固醇的吸收。一般情况下，内源性合成是机体胆固醇最主要的来源，约占机体胆固醇总量的2/3，在严格控制外源性摄入的条件下更是如此。

（一）胆固醇的合成

1. 合成部位　除成年动物脑组织及成熟红细胞外，几乎所有的组织均可以合成胆固醇，每天可以合成1.0~1.5g左右。体内胆固醇70%~80%由肝合成，10%由小肠合成。胆固醇的合成主要在细胞质和内质网中进行。

2. 合成原料　胆固醇的合成原料是乙酰CoA和$NADPH+H^+$，并需要ATP供能。乙酰CoA和ATP主要来自糖的有氧氧化，而$NADPH+H^+$则主要来自磷酸戊糖途径。由于乙酰CoA在线粒体生成，不能通过线粒体内膜，需通过柠檬酸-丙酮酸循环转运进入胞质参与胆固醇的合成。合成1分子胆固醇需要18分子乙酰CoA、16分子$NADPH+H^+$及36分子ATP。

3. 合成过程　胆固醇合成过程复杂，有近30步酶促反应，大致分为甲基二羟戊酸（MVA）的生成、鲨烯的生成和胆固醇的合成三个阶段（图6-12）。其中，HMG-CoA还原酶是胆固醇合成的限速酶。胆固醇合成与酮体合成的起始过程相似，只是前者发生在细胞质而后者发生在线粒体。

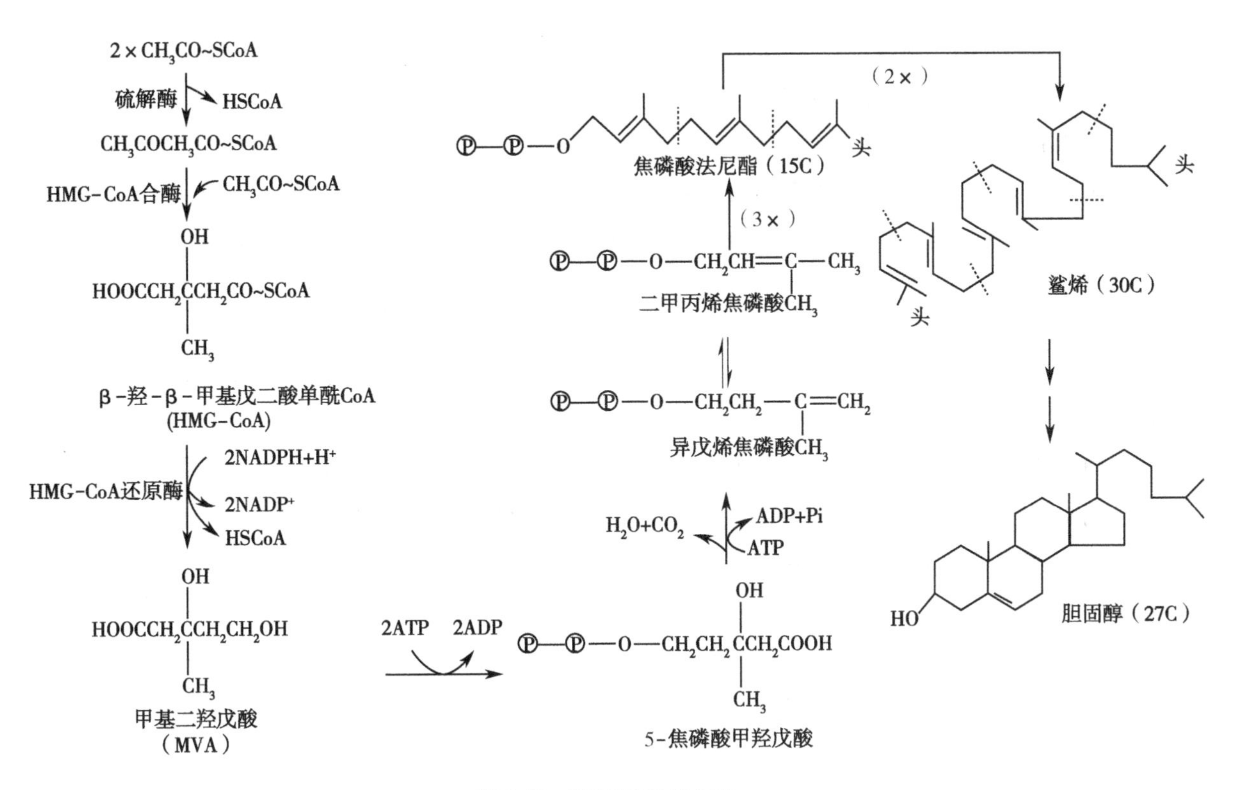

图6-12 胆固醇的生物合成

4. 胆固醇的酯化 细胞内和血浆中游离的胆固醇均可被酯化生成胆固醇酯，但不同部位催化胆固醇酯化的酶及反应过程不同。

(1)细胞内胆固醇的酯化：细胞内的游离胆固醇可以在脂酰 CoA：胆固醇脂酰转移酶(acycoenzymeA：cholesterolacyltransferase，ACAT)的催化下，由脂酰 CoA 提供脂酰基，转变成胆固醇酯。ACAT 的活性受细胞内胆固醇水平的调节。

(2)血浆中胆固醇的酯化：血浆中的游离胆固醇是在卵磷脂：胆固醇脂酰转移酶(lecithin：cholesterol acyl transferase，LCAT)的催化下，接受卵磷脂第 2 位碳上的脂酰基(多为不饱和脂肪酸)生成胆固醇酯。LCAT 由肝细胞合成并分泌入血，在血浆中发挥作用。

5. 影响胆固醇合成的因素 胆固醇合成的限速酶是 HMG-CoA 还原酶。各种因素通过影响该酶的含量和活性，来调控胆固醇的合成。HMG-CoA 还原酶也是调节血脂药物作用的重要靶点。

(1)饥饿与饱食：饥饿或禁食可以使肝 HMG-CoA 还原酶合成减少、活性降低，同时乙酰 CoA、ATP、$NADPH+H^+$等原料供给不足，抑制肝胆固醇的合成。相反，摄取高糖、高饱和脂肪酸饮食后，肝 HMG-CoA 还原酶活性升高，促进胆固醇合成。但饥饿与饱食对肝外组织的胆固醇合成影响不大。

(2)反馈调节：胆固醇可反馈抑制肝 HMG-CoA 还原酶的合成，从而抑制肝胆固醇的合成，但小肠黏膜细胞合成胆固醇并不受这种负反馈作用的调节。降低食物胆固醇含量，可以解除胆固醇对肝 HMG-CoA 还原酶的抑制作用，促进胆固醇合成。因此，长期低胆固醇饮食并不能显著降低血浆胆固醇水平。

(3)激素的调节：胰岛素和甲状腺素能诱导肝 HMG-CoA 还原酶的合成并增强其活性，从而促进胆固醇的合成。胰高血糖素和糖皮质激素则能抑制 HMG-CoA 还原酶的合成并降低其活性，从而减少胆固醇的合成。甲状腺素虽能促进胆固醇的合成，但同时又能促进其在肝转变为胆汁酸，且后一作用更强，因此甲状腺功能亢进患者血清胆固醇含量反而下降。

(二)胆固醇的转化与排泄

胆固醇的环戊烷多氢菲烃核在体内不能被降解，但其侧链可被氧化、还原或降解转变为胆汁酸、类固醇激素和维生素 D_3 等具有重要生理功能的物质。

1. **转化成胆汁酸** 胆固醇在体内主要的代谢去路是在肝内转化成胆汁酸。正常人每天合成1.0～1.5g胆固醇,其中约40%(0.4～0.6g)在肝内转变成胆汁酸,随胆汁排出。

2. **转化成类固醇激素** 胆固醇是合成类固醇激素的原料。肾上腺皮质球状带细胞可以利用胆固醇合成盐皮质激素醛固酮,束状带细胞可以合成糖皮质激素皮质醇和皮质酮,网状带细胞可以合成雄激素睾酮;睾丸间质细胞也可以利用胆固醇合成雄激素;卵巢卵泡内膜细胞、胎盘和黄体可以利用胆固醇合成雌激素雌二醇、雌三醇及孕激素孕酮。类固醇激素在调节水盐平衡和物质代谢、提高机体抵抗力、促进性器官发育和生殖细胞形成以及维持副性征等方面发挥重要作用。

3. **转化成维生素 D_3** 皮肤中的胆固醇经酶促氧化生成7-脱氢胆固醇,后者经紫外线照射可以转变成维生素 D_3。

4. **胆固醇的排泄** 转变为胆汁酸随胆汁排出是胆固醇排泄的主要途径。还有少量胆固醇以原型的形式随胆汁排出,或随脱落的肠黏膜细胞排入肠道。进入肠道的胆固醇可以被重新吸收,未被吸收的胆固醇或直接随粪便排出或被肠菌还原成粪固醇排出。

第四节 血浆脂蛋白代谢

一、血脂

血浆中的脂类物质称为血脂,包括甘油三酯、磷脂、糖脂、胆固醇、胆固醇酯和游离脂肪酸等。血脂的来源有两条途径:①外源性:从食物摄取的脂类经消化吸收进入血液;②内源性:由肝、脂肪组织以及其他组织合成后释放入血。血脂的去路有四个方向:①氧化分解;②构成生物膜;③进入脂库储存;④转变为其他物质或直接排出体外。

血脂含量受膳食、年龄、性别、职业及代谢等影响,波动范围较大,正常成人空腹12～14小时血脂的组成与含量见表6-1。

表6-1 正常成人空腹血脂的组成及含量

组成	血脂含量		空腹时主要来源
	mg/dl	mmol/L	
总脂	400～700		
甘油三酯	10～150	0.11～1.69	肝
总胆固醇	100～250	2.59～6.47	肝
胆固醇酯	70～200	1.81～5.17	
游离胆固醇	40～70	1.02～1.81	
总磷脂	150～250	48.44～80.73	肝
卵磷脂	50～200	16.10～64.60	
脑磷脂	15～35	4.80～13.00	
神经磷脂	50～130	16.10～42.00	
游离脂肪酸	5～20	0.50～0.70	脂肪组织

血脂含量仅占全身脂类总量的极少部分。但由于脂类物质随着血液循环运转于各组织细胞之间,因此血脂可以反映体内脂类代谢的概况,在临床上血脂测定是高脂血症、动脉粥样硬化和冠心病等的重要辅助诊断指标。

二、血浆脂蛋白的分类、组成及结构

脂类不溶于水，在水中呈乳浊液状态，正常人血浆清澈透明，是因为血脂在血浆中并非游离存在，而是与多种蛋白质结合，以脂蛋白的形式进行运输和参加代谢。

（一）血浆脂蛋白的分类

不同脂蛋白所含的脂类和蛋白质不一样，其理化性质如密度、颗粒大小、表面电荷、电泳行为及免疫学性质均有不同。一般采用电泳法和超速离心法对血浆脂蛋白进行分类。

1. 电泳分类法 由于颗粒质量及表面电荷的差别，不同血浆脂蛋白在同一电场中的电泳迁移率不同。电泳法可将血浆脂蛋白分为α-脂蛋白、前β-脂蛋白、β-脂蛋白和乳糜微粒，如图6-13所示。

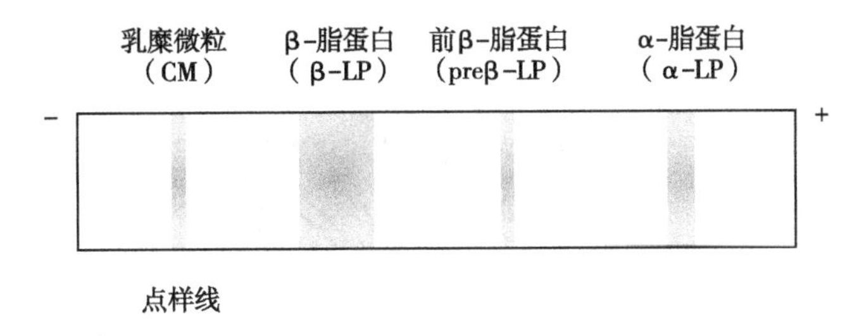

图6-13 血浆脂蛋白电泳示意图

2. 超速离心法（密度分类法） 不同脂蛋白中因含脂类和蛋白质种类和数量不同，密度不一样（脂类含量比较高的密度相对小）。根据在特定密度的盐溶液中进行超速离心时的漂浮或沉降的行为，可将血浆脂蛋白按密度从低到高依次分为乳糜微粒（chylomicron，CM）、极低密度脂蛋白（very low density lipoprotein，VLDL），低密度脂蛋白（low density lipoprotein，LDL）和高密度脂蛋白（high density lipoprotein，HDL）；分别相当于电泳分类中的CM、前β-脂蛋白、β-脂蛋白及α-脂蛋白。

（二）血浆脂蛋白的组成和结构

1. 血浆脂蛋白的组成 血浆脂蛋白由脂类物质（甘油三酯、磷脂、胆固醇及胆固醇酯）和蛋白质（载脂蛋白）组成。但不同脂蛋白脂类物质和蛋白质的组成比例存在很大差别。例如CM的甘油三酯含量最高，可高达近90%；HDL中脂类含量仅为45%~55%，而蛋白质的含量是最高的；LDL中的胆固醇及胆固醇酯含量最高，几乎占到50%；VLDL也以甘油三酯为主，含量可达50%以上（表6-2）。

表6-2 血浆脂蛋白的性质、组成和主要生理功能

分类	超速离心法 电泳法	CM CM	VLDL 前β-脂蛋白	LDL β-脂蛋白	HDL α-脂蛋白
性质	密度（g/ml）	<0.95	0.95~1.006	1.006~1.063	1.063~1.210
	漂浮系数（S_f）	>400	20~400	0~20	沉降
	颗粒直径（nm）	90~1000	30~90	20~30	7.5~10
组成（%）	蛋白质	1~2	5~10	20~25	45~55
	脂质	98~99	90~95	75~80	45~55
	甘油三酯	84~88	50~54	8~10	6~8
	磷脂	5~7	16~20	20~24	21~23
	总胆固醇	4~5	20~22	43~47	18~20
	游离胆固醇	1~2	6~8	6~10	5~6
	胆固醇酯	3	12~16	37~39	15~17

续表

分类 超速离心法 电泳法	CM CM	VLDL 前β-脂蛋白	LDL β-脂蛋白	HDL α-脂蛋白
载脂蛋白	B_{48}、 AⅠ、AⅡ、AⅣ、 C、E	B_{100}、 CⅠ、CⅡ、CⅢ、 E	B_{100}	AⅠ、AⅡ、 CⅠ、CⅡ、CⅢ
合成部位	小肠	肝	血浆	肝、小肠
生理功能	转运外源性 甘油三酯和胆固醇	转运内源性 甘油三酯和胆固醇	转运内源性 胆固醇	逆向转运 胆固醇

2. **血浆脂蛋白的结构** 各种血浆脂蛋白具有大致相似的基本结构(图6-14)。除新生的HDL为盘状结构外,脂蛋白一般呈球形。疏水性较强的甘油三酯和胆固醇酯位于核心,磷脂和游离胆固醇具有极性及非极性基团以单分子层排列,与载脂蛋白一起形成外壳,内外层分子通过疏水基团相互作用。

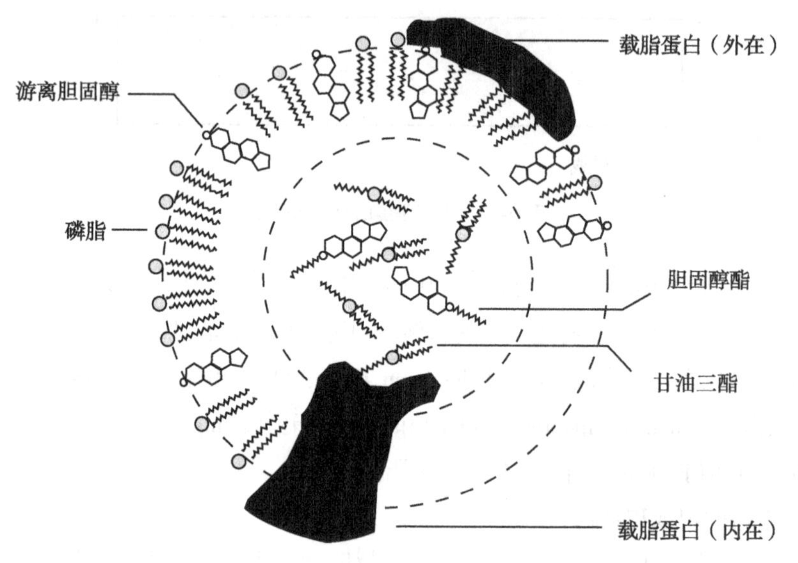

图6-14 血浆脂蛋白结构示意图

3. **载脂蛋白** 脂蛋白中的蛋白质部分称为载脂蛋白(apolipoprotein,Apo)。目前发现人血浆中的载脂蛋白至少有20种,按结构不同可分为A、B、C、D、E五大类,各类载脂蛋白又可分为许多亚类,如Apo A有AⅠ、AⅡ、AⅣ、AⅤ;Apo B包括B_{100}和B_{48};Apo C可分为CⅠ、CⅡ、CⅢ,而CⅢ又可根据所含唾液酸数目的差异,分为CⅢ0、CⅢ1和CⅢ2;Apo E也有E-2、E-3、E-4等亚类。按照与脂蛋白结合的紧密程度不同,载脂蛋白可分为两类:一类是结合紧密的内在载脂蛋白,另一类是结合疏松的外在载脂蛋白。前者在运输和代谢过程中从不脱离原生脂蛋白如Apo B_{100},而后者则可在不同脂蛋白之间穿梭交换,如Apo C和Apo E。

研究表明,载脂蛋白不但在结合、转运脂质及稳定脂蛋白的结构方面发挥重要作用,还是许多脂蛋白代谢调节酶的调控因子,并参与脂蛋白与受体的识别和结合。因此,载脂蛋白是决定脂蛋白结构、功能和代谢的核心组分。

三、血浆脂蛋白代谢

(一)乳糜微粒(CM)

CM由小肠黏膜细胞合成,是运输外源性甘油三酯及胆固醇的主要形式。脂类消化产物如脂肪酸、甘油一酯被吸收后在小肠黏膜细胞内重新合成甘油三酯,并与磷脂和胆固醇,加上Apo B_{48}、Apo AⅠ、AⅡ、

AⅣ等组装成新生的 CM，经淋巴管进入血液循环，从 HDL 获得 Apo C 和 E，并将部分 Apo AⅠ、AⅡ、AⅣ转移给 HDL，形成成熟的 CM。后者随血液循环流经心肌、骨骼肌及脂肪组织时，其所含的 Apo CⅡ激活组织毛细血管内皮细胞表面的脂蛋白脂肪酶（LPL）。在 LPL 的作用下，CM 中的甘油三酯逐步水解生成甘油和脂肪酸，并被相关组织摄取利用或储存。随着甘油三酯的水解释放，胆固醇和胆固醇酯的含量相对增加，CM 颗粒明显变小，密度有所增加，其外层的 Apo AⅠ、AⅡ、AⅣ和 Apo C 又转回 HDL，CM 最后转变成富含胆固醇酯、Apo E 和 Apo B_{48}的 CM 残粒，由 Apo E 介导被肝细胞摄取利用。正常人 CM 在血浆中代谢迅速，半衰期为 5~15 分钟，因此空腹过夜的血浆中不含 CM。若在空腹血液中存在明显的 CM，则提示可能存在 LPL 或 Apo CⅡ结构或功能缺陷导致的脂蛋白代谢异常。

（二）极低密度脂蛋白（VLDL）

VLDL 主要由肝细胞合成，是运输内源性甘油三酯的主要形式。肝细胞利用葡萄糖、脂肪酸、甘油等合成甘油三酯，并与磷脂、胆固醇及 Apo B_{100}、Apo E 等组装成 VLDL。进入血液循环后 VLDL 的代谢与 CM 非常相似，接受 HDL 的 Apo C 和 Apo E，其中的 Apo CⅡ激活 LPL 水解 VLDL 中的甘油三酯。随着甘油三酯的水解，VLDL 将 Apo C 转移回 HDL，颗粒逐渐变小，同时载脂蛋白、胆固醇、胆固醇酯和磷脂的含量相对增加，密度逐渐增大，转变为中间密度脂蛋白（IDL）。一部分 IDL 通过 Apo E 介导的受体代谢途径被肝细胞摄取利用。未被肝细胞摄取的 IDL 则继续受 LPL 的作用，表面 Apo E 转移至 HDL，最终转变为密度更大且仅含 Apo B_{100}的 LDL。VLDL 在血液中的半衰期为 6~12 小时。

（三）低密度脂蛋白（LDL）

LDL 是 VLDL 在血浆中经 IDL 转变而来的脂蛋白，是转运肝合成的内源性胆固醇的主要形式。肝是降解 LDL 的主要器官，约 50%的 LDL 在肝降解。肾上腺皮质、卵巢、睾丸等组织摄取及降解 LDL 的能力亦较强。LDL 在体内的代谢途径有两条：①受体介导途径是 LDL 代谢的主要途径。正常情况下，约有 2/3 的 LDL 经该途径降解。几乎所有的组织细胞表面都有 LDL 受体，以肝最为丰富。LDL 受体能够特异地识别和结合 Apo B_{100}，介导 LDL 的摄取。进入细胞的 LDL 与溶酶体融合，水解释放出游离的胆固醇，参与构成生物膜或转变成其他物质，同时反馈调节 LDL 的摄取以及细胞内胆固醇的合成和酯化。②吞噬细胞等非受体介导途径是 LDL 代谢的次要途径。约 1/3 的 LDL 由单核巨噬细胞吞噬清除。

LDL 的半衰期为 2~4 天，因此 LDL 也是正常人空腹血浆脂蛋白的主要成分，可占血浆脂蛋白总量的 2/3。血液总胆固醇水平的升高主要来自 LDL。LDL 水平的升高可引起动脉内皮下胆固醇的沉积而促进动脉粥样硬化，因此 LDL 被认为是导致动脉粥样硬化的危险因子。

相关链接

家族性高胆固醇血症

1974 年 Michael S. Brown 和 Joseph L. Goldstein 发现了人成纤维细胞膜表面的 LDL 受体，并发现 LDL 受体可通过调控细胞对 LDL 的摄取，保持血液 LDL 的正常水平，防止胆固醇在动脉血管壁的沉积，这一研究成果被认为是脂蛋白研究领域最伟大的进展之一。它不仅揭示了胆固醇代谢调节的重要机制，而且为胆固醇代谢异常引起的相关疾病的治疗指明了方向。这两位科学家因他们的杰出贡献而荣获 1985 年生理和医学奖。

家族性高胆固醇血症（familial hypercholesterolemia，FH）是一种常染色体显性遗传病。该病的病因是由于基因突变导致机体细胞膜表面的 LDL 受体结构和功能改变，导致体内 LDL 代谢异常，引起血浆总胆固醇水平和 LDL-胆固醇水平明显升高的遗传性脂质代谢异常性疾病，临床上常见多部位黄色瘤和早发的动脉粥样硬化。曾有 18 个月幼儿患者发生心肌梗死的报道。

也有报道显示，FH 也可源于 LDL 受体的配体 Apo B_{100}结构和功能的异常。

（四）高密度脂蛋白（HDL）

HDL主要由肝细胞合成，小肠黏膜细胞也可少量合成。HDL的主要功能是将胆固醇从外周组织转运到肝进行代谢，这一过程称为胆固醇的逆向转运。

肝细胞利用载脂蛋白、磷脂及少量胆固醇合成新生的HDL。后者富含载脂蛋白如Apo A、C、D和Apo E等，以Apo A为主，其中的Apo AⅠ是血浆LCAT的激活因子。LCAT由肝细胞合成并分泌入血，负责催化HDL表面游离胆固醇的酯化反应，脂酰基由磷脂酰胆碱提供。新生的HDL呈圆盘状，分泌入血后不断获得肝外组织的游离胆固醇，在血浆LCAT的作用下形成胆固醇酯并移入HDL的非极性核心，随着胆固醇酯数量的增加，磷脂双层逐渐伸展分离，HDL转变为成熟的球状HDL。成熟的HDL可以通过肝细胞表面的Apo AⅠ受体介导进入肝细胞，完成胆固醇的逆向转运。同时，HDL的胆固醇酯也可通过胆固醇酯转移蛋白（CETP）转移到VLDL和LDL，再被肝细胞摄取。进入肝细胞的胆固醇可用于合成胆汁酸或直接随胆汁排出体外。HDL对胆固醇的逆向转运既保证了周围组织细胞对胆固醇的需要，又避免了过量胆固醇在外周的蓄积，具有重要的生理意义。正常人血浆中HDL半衰期为3~5天。

除了对胆固醇的逆向转运作用，HDL还是Apo C和Apo E的储存库。这两种载脂蛋白活跃地穿梭于CM、VLDL和HDL之间，对于维持脂蛋白的正常代谢具有重要的生理意义，也体现了不同脂蛋白代谢之间的相互联系。

LDL和HDL的水平常用胆固醇（Ch）含量来表示，即LDL-Ch和HDL-Ch，前者与动脉粥样硬化发病率呈正相关，后者呈负相关，二者比值（LDL-Ch/HDL-Ch）称为动脉粥样硬化指数（AI），能够反映机体对动脉粥样硬化的易患性。

四、血浆脂蛋白代谢异常

血脂的组成或含量在一定程度上可以反映机体脂类代谢的状况，有助于脂类相关疾病的预防、诊断、治疗和预后判断。对于血脂异常的认识也经历了概念的更新和测定方法的不断发展。

20世纪50年代，随着人们对血脂水平与动脉粥样硬化相关性的认识不断深入，提出了“高脂血症”的概念，即在空腹时血浆中的脂类有一种或几种高于正常参考值的上限。同时建立和改进了胆固醇和甘油三酯的测定方法，高脂血症分为高甘油三酯血症、高胆固醇血症和高甘油三酯合并高胆固醇血症。

20世纪60年代后，人们进一步认识到血液中的脂质并非游离存在，而是以脂蛋白的形式进行运输和代谢的，血脂的异常必然表现为脂蛋白的异常，故而提出“高脂蛋白血症”的概念。世界卫生组织（WHO）于1970年建议将高脂蛋白血症分为六型（表6-3），Ⅱa型和Ⅳ型在我国发病率较高。随着低HDL血症与动脉粥样硬化的相关性被阐明及其他低脂蛋白血症引起的脂类代谢障碍性疾病的陆续发现，这一概念很快被更正为“异常脂蛋白血症”。相应的，药理学也将“降血脂药”更名为“血脂调整药”。

表6-3 高脂蛋白血症分型

分型	病名	脂蛋白变化	血脂变化	病因
Ⅰ	家族性高乳糜微粒血症	CM↑	TG↑↑↑ Ch↑	LPL或Apo CⅡ遗传缺陷
Ⅱa	家族性高胆固醇血症	LDL↑	Ch↑↑	Apo B_{100}、E受体功能缺陷
Ⅱb	家族性高胆固醇血症	LDL↑ VLDL↑	Ch↑↑ TG↑↑	VLDL及Apo B_{100}、E合成↑

续表

分型	病名	脂蛋白变化	血脂变化	病因
Ⅲ	家族性异常 β 脂蛋白血症	LDL↑	Ch↑↑ TG↑↑	Apo E 异常
Ⅳ	高前 β 脂蛋白血症	VLDL↑	TG↑↑	VLDL 合成↑或降解↓
Ⅴ	混合性高甘油三酯血症	CM↑ VLDL↑	TG↑↑↑ Ch↑	LPL 或 Apo CⅡ缺陷

血脂水平受多种因素的影响可以发生较大范围的波动，包括遗传、地区、膳食、年龄、职业、生活方式以及测定方法等。同一国家或民族的血脂参考值也不是固定不变的，2016 年我国修订的新的中国成人血脂水平分层标准见表 6-4。

表 6-4 成人血脂水平分层标准（mmol/L）

分层	TC	LDL-Ch	HDL-Ch	非-HDL-Ch	TG
理想水平		<2.6		<3.4	
合适水平	<5.2	<3.4		<4.1	<1.7
边缘升高	≥5.2 且<6.2	≥3.4 且<4.1		≥4.1 且<4.9	≥1.7 且<2.3
升高	≥6.2	≥4.1		≥4.9	≥2.3
降低			<1.0		

异常脂蛋白血症按病因可分为原发性和继发性。原发性异常脂蛋白血症除少数证明由遗传缺陷所致，多数病因未明；继发性异常脂蛋白血症往往继发于控制不良的糖尿病、甲状腺功能减退症及肝、肾疾病等，也多见于肥胖、酗酒等不良的生活方式。因此，维持血脂水平在正常范围内、避免进一步的脂质伤害是一项复杂而十分必要的工作。

（王宏娟）

学习小结

脂类是脂肪和类脂的总称。脂肪即甘油三酯，主要功能是储能和供能；类脂包括磷脂、糖脂、胆固醇和胆固醇酯，是生物膜的主要成分。

储存在脂肪组织中的脂肪，在一系列脂肪酶的作用下，逐步水解生成游离的脂肪酸和甘油，其中甘油三酯脂肪酶是脂肪动员的限速酶。甘油经活化、脱氢、转化成磷酸二羟丙酮后，循糖代谢途径代谢。脂肪酸在胞质中活化后经肉碱系统转运进入线粒体经β-氧化过程（脱氢、加水、再脱氢、硫解）释放大量的能量。肝β-氧化生成的乙酰CoA可以转变成酮体，经血液循环运输至肝外利用。

甘油三酯的合成主要在肝、脂肪组织及小肠黏膜细胞。合成所需的甘油和脂肪酸主要来自糖代谢。脂肪酸的合成在胞质中进行，以乙酰CoA为原料，在NADPH+H^+、ATP、CO_2和生物素的参与下，逐步缩合而成。乙酰CoA羧化酶是脂肪酸合成的限速酶。亚油酸、亚麻酸和花生四烯酸在人体不能合成，必须从食物中摄取，称营养必需脂肪酸。

甘油磷脂的合成包括甘油二酯合成途径和CDP-甘油二酯合成途径，需CTP参与。甘油磷脂的水解由磷脂酶A_1、A_2、B_1、B_2、C和D催化完成。

胆固醇合成的原料是乙酰CoA和NADPH+H^+，并需要ATP供能。HMG-CoA还原酶是胆固醇合成的限速酶。胆固醇酯是胆固醇在体内的储存形式。胆固醇不能氧化分解，但可以转化为胆汁酸、类固醇激素和维生素D_3。

血浆中的脂类物质称为血脂。血浆脂蛋白是脂类在血液中的运输形式。按超速离心法及电泳法可将血浆脂蛋白分为乳糜微粒（CM）、极低密度脂蛋白（前β-）、低密度脂蛋白（β-）及高密度脂蛋白（α-）四类。CM主要转运外源性甘油三酯及胆固醇，VLDL主要转运内源性甘油三酯及胆固醇，LDL主要转运内源性胆固醇，HDL主要逆向转运胆固醇。

复习参考题

1. 酮体的来源及其生理意义。
2. 简述胆固醇代谢的调节，降低血胆固醇的措施有哪些？
3. 简述脂肪肝与磷脂代谢的关系。
4. 简述血浆脂蛋白的分类和功能。

第七章 生物氧化

7

学习目标

掌握 生物氧化的概念与特点；呼吸链的概念、组成成分和排列顺序；氧化磷酸化的概念、P/O 比值的概念；ATP 生成的方式、储存和利用。

熟悉 生物氧化中 CO_2 的生成方式；胞质中 NADH 的转运；影响氧化磷酸化的因素。

了解 生物氧化的方式；参与生物氧化还原反应的酶类；非线粒体氧化体系。

一切生物生存所必需的能量大都来自体内糖、脂、蛋白质等有机物的氧化。糖、脂、蛋白质等营养物质在生物体内彻底氧化生成 CO_2 和 H_2O。这一系列的反应过程伴随着能量的释放，其中一部分能量以底物水平磷酸化和氧化磷酸化的方式转化到 ATP 分子中，供机体肌收缩、物质转运、生物电等各种生命活动的需要，其余能量以热能的形式释放。人们把物质在生物体内氧化分解形成 CO_2 和 H_2O 并释放能量的过程称为生物氧化（biologicaloxidation）。生物氧化本质上是需氧细胞呼吸作用中的一系列氧化-还原反应，所以又称为组织呼吸或细胞呼吸。生物氧化的主要场所是线粒体、微粒体、过氧化物酶体。线粒体内进行的生物氧化是机体产生 ATP 的主要途径。微粒体和过氧化物酶体中进行的生物氧化则与机体内代谢物、药物及毒物的清除、排泄有关。

第一节　概述

一、生物氧化的方式和特点

（一）生物氧化的方式

在化学本质上，物质在体内外的氧化反应是相同的。生物氧化是在一系列氧化-还原酶的作用下完成的，遵循氧化还原反应的一般规律。生物氧化的主要方式有加氧、脱氢、失电子反应。

1. **加氧反应**　底物分子中直接加入氧原子或氧分子。

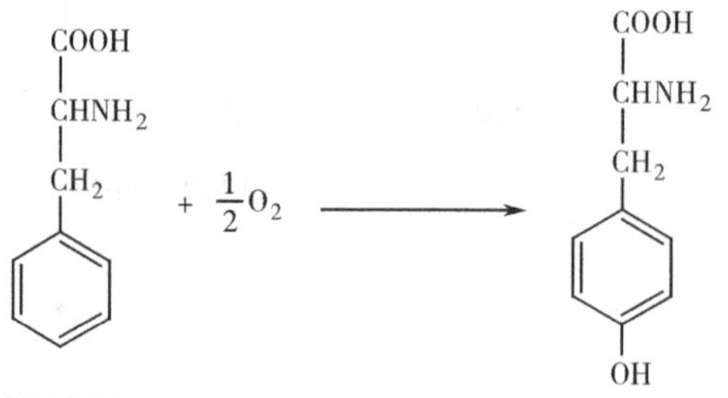

COOH
|
CHNH$_2$
|
CH$_2$
(苯环)

$+ \frac{1}{2}O_2 \longrightarrow$

COOH
|
CHNH$_2$
|
CH$_2$
(苯环)
OH

苯丙氨酸　　　　酪氨酸

2. **脱氢反应**　底物分子中脱下一对氢，氢与受氢体结合。

$$CH_3CH(OH)COOH + NAD^+ \longrightarrow CH_3COCOOH + NADH + H^+$$

乳酸　　　　丙酮酸

3. **失电子反应**　底物分子失去一个电子，从而使其原子或离子化合价增加而被氧化。

$$Fe^{2+} \longrightarrow Fe^{3+} + e$$

（二）生物氧化的特点

营养物质在体内外氧化的本质是相同的，方式均为加氧、脱氢、失电子，其耗氧量、终产物（CO_2 和 H_2O）和释放的总能量均相同。体外燃烧是有机物的氢、碳直接与空气中的氧反应生成 H_2O 和 CO_2，释放的能量以光和热的形式骤然大量向环境散发。但生物氧化在体内进行，故有其特点（表 7-1）。

表 7-1　生物氧化体系及其特点

内容	特点
反应条件	酶催化、37℃、近中性 pH 环境、逐步释放能量
氧化方式	加氧、脱氢、失电子
CO_2 的生成方式	脱羧基
氧化场所	线粒体、微粒体、过氧化物酶体等
能量的形式	ATP、热能

二、参与生物氧化的酶类

参与生物体内氧化反应的酶有氧化酶类、脱氢酶类、过氧化氢酶等。

1. **氧化酶类** 主要存在于线粒体，催化底物脱氢，氧分子接受氢生成水。抗坏血酸氧化酶、细胞色素氧化酶等属于此类酶，该类酶的辅基常含有铁、铜等金属离子。

$$\text{抗坏血酸} + \frac{1}{2}O_2 \xrightarrow{\text{抗坏血酸氧化酶}} \text{脱氢抗坏血酸} + H_2O$$

2. **脱氢酶类** 根据是否需要氧直接作为受氢体，脱氢酶分为需氧脱氢酶和不需氧脱氢酶。

(1)需氧脱氢酶：主要存在于过氧化物酶体，催化底物脱氢经其辅基 FMN 或 FAD 传递给氧生成 H_2O_2，如黄嘌呤氧化酶、单胺氧化酶等。

$$\text{黄嘌呤} + O_2 + H_2O \xrightarrow{\text{黄嘌呤氧化酶}} \text{尿酸} + H_2O_2$$

(2)不需氧脱氢酶：是生物氧化最主要的酶类，催化底物脱氢脱电子，以 NAD^+ 或 $NADP^+$、FMN 或 FAD 为受氢体，不以氧为直接受氢体，产物是水，如苹果酸脱氢酶、琥珀酸脱氢酶等。

$$\text{苹果酸} + NAD^+ \xrightarrow{\text{苹果酸脱氢酶}} \text{草酰乙酸} + NADH + H^+$$

3. **其他酶类** 除上述酶外，体内还有一些氧化酶类，如过氧化氢酶、超氧化物歧化酶、加单氧酶和过氧化物酶等参与生物氧化。

三、生物氧化过程中 CO_2 的生成

糖、脂肪、蛋白质等在生物氧化中产生许多有机酸，其羧基可脱下生成 CO_2。根据脱去的羧基的位置不同及是否同时伴有脱氢，可将脱羧基作用分为：

1. α-单纯脱羧

$$\underset{\text{氨基酸}}{R-CH(NH_2)-COOH} \xrightarrow[\text{磷酸吡哆醛}]{\text{氨基酸脱羧酶}} \underset{\text{胺}}{R-CH_2-NH_2} + CO_2$$

2. α-氧化脱羧

$$\underset{\text{丙酮酸}}{CH_3-\overset{O}{\overset{\|}{C}}-COOH} + HSCoA \xrightarrow[NAD^+ \rightarrow NADH + H^+]{\text{丙酮酸脱氢酶系}} \underset{\text{乙酰辅酶A}}{CH_3CO \sim SCoA} + CO_2$$

3. β-单纯脱羧

$$\underset{\text{草酰乙酸}}{\begin{matrix} CH_2-COOH \\ | \\ CO-COOH \end{matrix}} \xrightarrow{\text{丙酮酸羧化酶}} \underset{\text{丙酮酸}}{CH_3-\overset{O}{\overset{\|}{C}}-COOH} + CO_2$$

4. β-氧化脱羧

$$\underset{\text{苹果酸}}{\begin{matrix} CH_2-COOH \\ | \\ CHOH-COOH \end{matrix}} \xrightarrow[NADP^+ \rightarrow NADPH + H^+]{\text{苹果酸酶}} \underset{\text{丙酮酸}}{CH_3-\overset{O}{\overset{\|}{C}}-COOH} + CO_2$$

第二节　线粒体氧化体系

一、呼吸链

线粒体是生物氧化的主要场所，其内膜上一系列的酶与辅酶发挥重要的作用。生物氧化过程中，代谢物脱下的氢以 $NADH+H^+$ 或 $FADH_2$ 的形式经一系列酶或辅酶的传递，最终与氧结合生成水。在这一过程中，起传递氢作用的酶或辅酶称为递氢体，传递电子作用的酶或辅酶称为递电子体。它们按一定顺序排列在线粒体内膜上组成递氢或递电子体系，称为电子传递链（electron transfer chain）。该体系进行的一系列连锁反应与细胞摄取氧的呼吸过程有关，故又称为呼吸链（respiratory chain）。

（一）呼吸链的组成

用去垢剂温和处理线粒体内膜，可将呼吸链分离得到四种仍具有传递电子功能的复合体（complex）（表 7-2，图 7-1）。

表 7-2　组成呼吸链的蛋白复合物

名称	质量（kDa）	多肽链数	辅基
复合体Ⅰ（NADH-泛醌还原酶）	850	42	FMN，Fe-S
复合体Ⅱ（琥珀酸-泛醌还原酶）	140	4	FAD，Fe-S
复合体Ⅲ（泛醌-细胞色素 c 还原酶）	250	11	血红素 b_L，b_H，c_1，Fe-S
复合体Ⅳ（细胞色素 c 氧化酶）	162	13	血红素 a，血红素 a_3，Cu_A，Cu_B

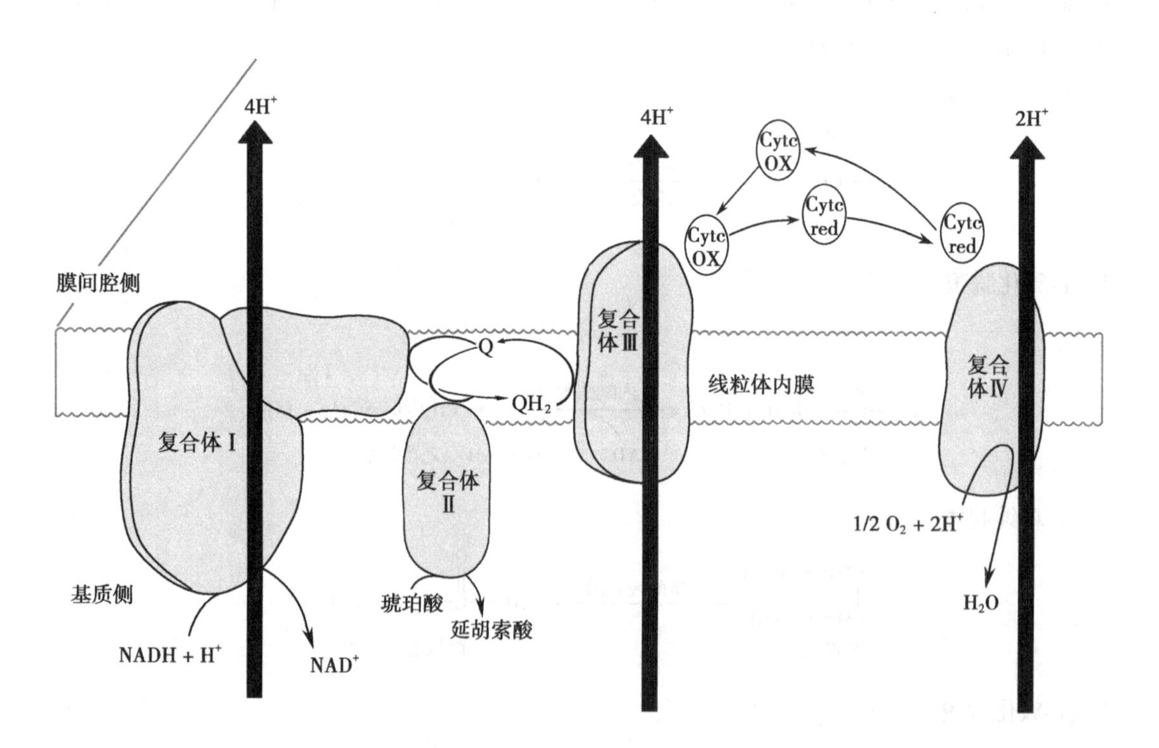

图 7-1　呼吸链各复合体位置示意图

泛醌和细胞色素 c 是可移动的电子载体

1. 复合体Ⅰ 称为NADH-泛醌还原酶。复合体Ⅰ为一巨大的复合物，整个复合体嵌在线粒体内膜上。其中包括黄素蛋白（辅基为FMN）和铁硫蛋白。$NADH+H^+$脱下的氢经复合体Ⅰ中的FMN、铁硫蛋白传递给泛醌，与此同时伴有质子从线粒体内膜基质侧泵到内膜胞质侧。

（1）烟酰胺腺嘌呤二核苷酸（nicotinamide adenine dinucleotide，NAD^+）或称辅酶Ⅰ（coenzymeⅠ，CoⅠ）是多种脱氢酶类的辅酶（图7-2）。NAD^+的主要功能是接受从底物上脱下的2H（$2H^++2e$），然后传递给另一传递体黄素蛋白辅基FMN。在生理pH条件下，烟酰胺中的氮（吡啶氮）为五价氮，它能可逆的接受电子而成为三价氮，与氮对位的碳也较活泼，能可逆的加氢还原，故可将NAD^+视为递氢体（图7-3）。

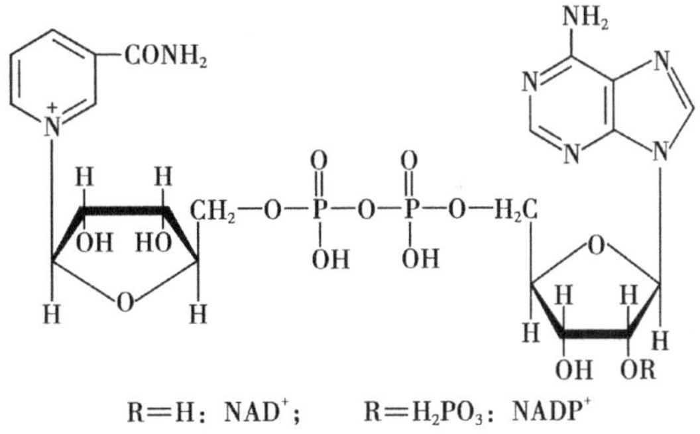

图7-2　NAD（P）$^+$的结构式

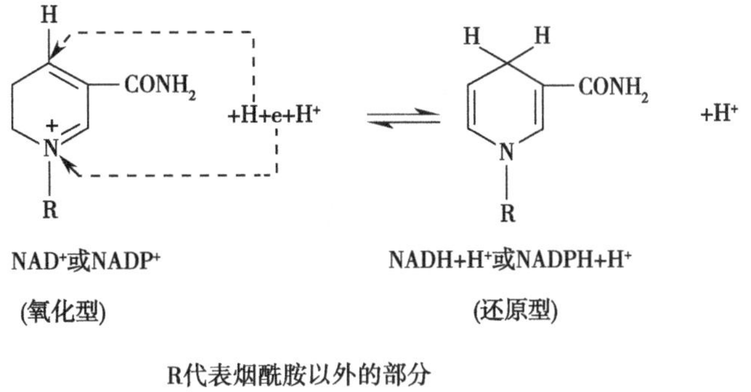

图7-3　NAD（P）$^+$的氧化还原反应

（2）黄素蛋白（flavoprotein，FP）种类很多，其辅基有黄素单核苷酸（flavia mononucleotide，FMN）和黄素腺嘌呤二核苷酸（flavin adenine dinucleotide，FAD）两种，两者均含有核黄素。FMN、FAD分子异咯嗪环上的第1及第10位氮原子与活泼的双键连接，此两个氮原子可反复接受或释放氢，进行可逆的脱氢或加氢反应，是递氢体（图7-4）。

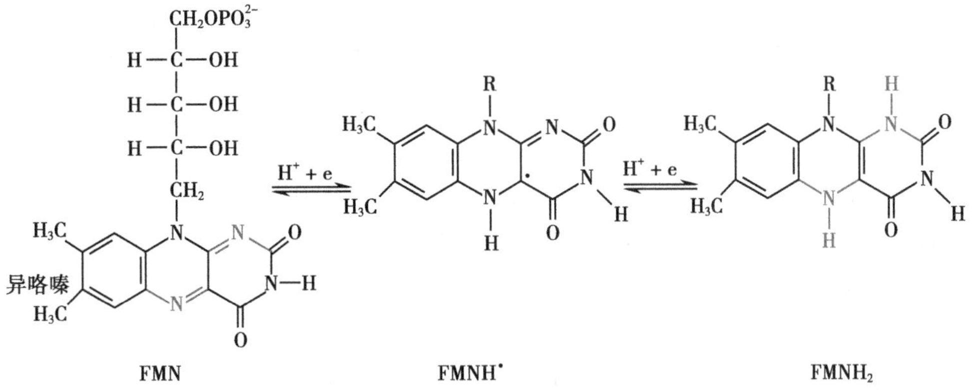

图7-4　FMN或FAD的氧化还原反应

黄素蛋白可催化底物脱氢,脱下的氢可被该酶的辅基 FMN 或 FAD 接受。NADH-泛醌还原酶是黄素蛋白的一种,它将氢由 NADH+H^+转移到酶的辅基 FMN 上,使 FMN 还原为 $FMNH_2$。

(3)铁硫簇(又称铁硫中心 iron-sulfur center,符号 Fe-S)是铁硫蛋白(iron-sulfur protein)的辅基,Fe-S 与蛋白质结合为铁硫蛋白。Fe-S 是 NADH-泛醌还原酶的第二种辅基。铁硫簇含有等量的铁原子与硫原子,有几种不同的类型,有的只含有 1 个铁原子[FeS],有的含有 2 个铁原子[Fe_2S_2],有的含有 2 个铁原子[Fe_2S_4](图 7-5)。铁原子除与无机硫原子连接外,还与蛋白质分子中半胱氨酸的巯基硫连接。铁硫蛋白分子中的一个铁原子能可逆地进行氧化还原反应,每次只能传递一个电子,为单电子传递体。

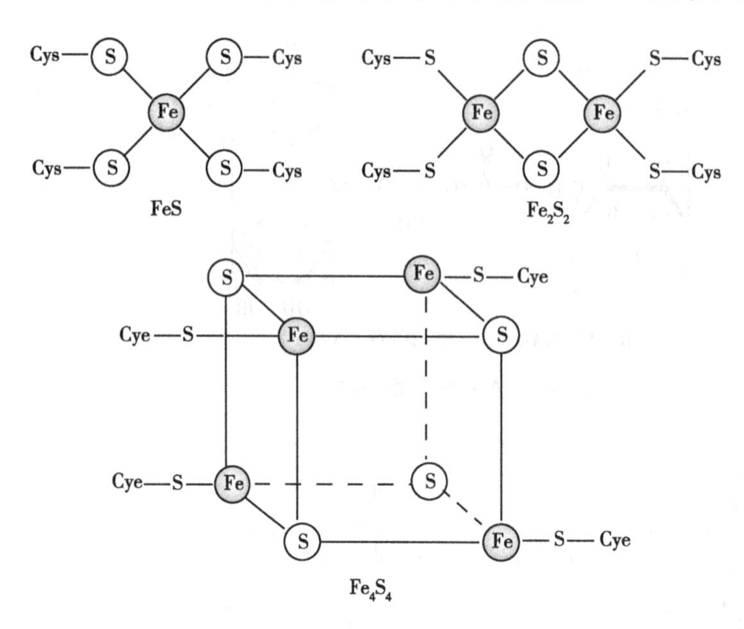

图 7-5 线粒体中铁硫中心的结构

S 表示无机硫

(4)泛醌又称为辅酶 Q(coenzyme Q,CoQ,Q),是一种小分子脂溶性的醌类化合物,是呼吸链中唯一不与蛋白质紧密结合的递氢体(图 7-6)。泛醌结构中含多个异戊二烯构成的侧链,人的 CoQ 侧链含 10 个异戊二烯单位,用 CoQ_{10}(Q_{10})表示。CoQ 在电子传递过程中的作用是将电子从 NADH-泛醌还原酶(复合体Ⅰ)或从琥珀酸-泛醌还原酶(复合体Ⅱ)转移到细胞色素 c 还原酶(复合体Ⅲ)上。

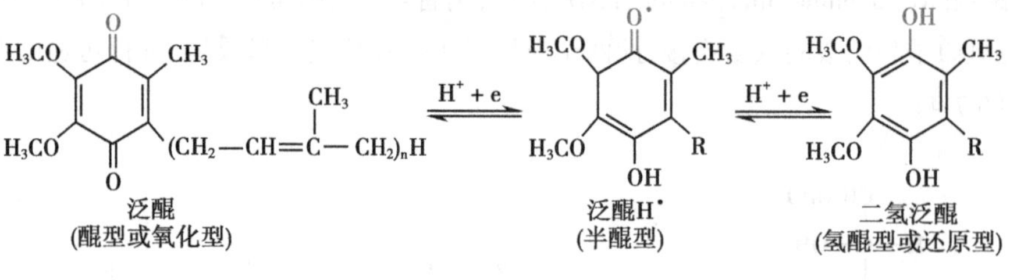

泛醌(醌型或氧化型) ⇌(H^+ + e) 泛醌$H^{\cdot}$(半醌型) ⇌(H^+ + e) 二氢泛醌(氢醌型或还原型)

图 7-6 泛醌的氧化还原反应

2. 复合体Ⅱ 称为琥珀酸-泛醌还原酶,人复合体Ⅱ中含有以 FAD 为辅基的黄素蛋白,铁硫蛋白。以 FAD 为辅基的琥珀酸脱氢酶、脂酰辅酶 A 脱氢酶等催化相应底物脱氢后,使 FAD 还原为 $FADH_2$,后者再传递电子到铁硫中心,然后传递给泛醌。

3. 复合体Ⅲ 称为泛醌-细胞色素 c 还原酶。人复合体Ⅲ含有两种细胞色素 b(Cyt b_{562},b_{566})、细胞色素 c_1、铁硫蛋白以及其他多种蛋白质。复合体Ⅲ将电子从泛醌传递给细胞色素 c,同时将质子从线粒体内膜基质侧转移至胞质侧。细胞色素(cytochrome,Cyt)是以血红素(heme,又称为铁卟啉)为辅基的电子传递蛋白质,因具有颜色故名细胞色素。在呼吸链中其功能是将电子从泛醌传递到氧。细胞色素分为 Cyt a、Cyt b、Cyt c 三类,每类又有各种亚类。在呼吸链中的细胞色素有 b、c_1、c、a、a_3。细胞色素各辅基中的铁可以得失电子,进行可逆的氧化还原反应,因此起到传递电子的作用,为单电子传递体。

$$Fe^{2+} \underset{+e}{\overset{-e}{\rightleftharpoons}} Fe^{3+}$$

细胞色素 c 分子量较小,与线粒体内膜结合疏松,是除泛醌外另一个可在线粒体内膜外侧移动的递电子体,有利于将电子从复合体Ⅲ传递到复合体Ⅳ。

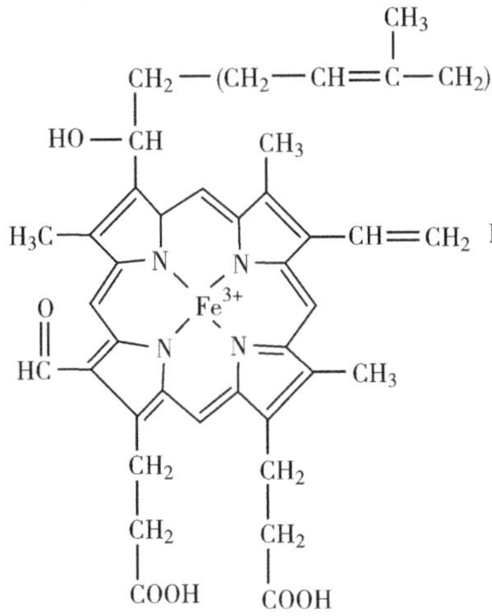

细胞色素a辅基 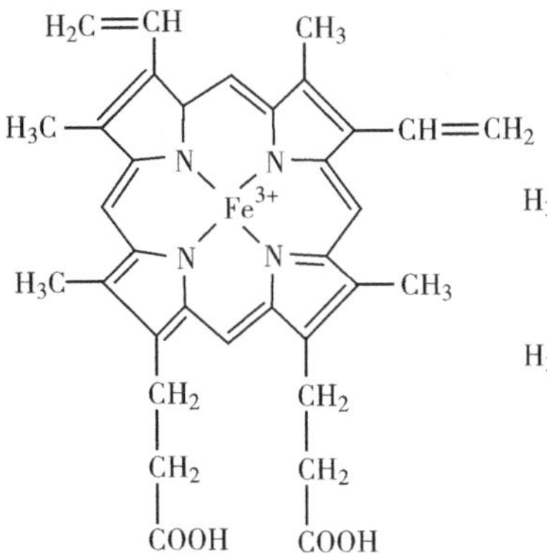　　细胞色素b辅基 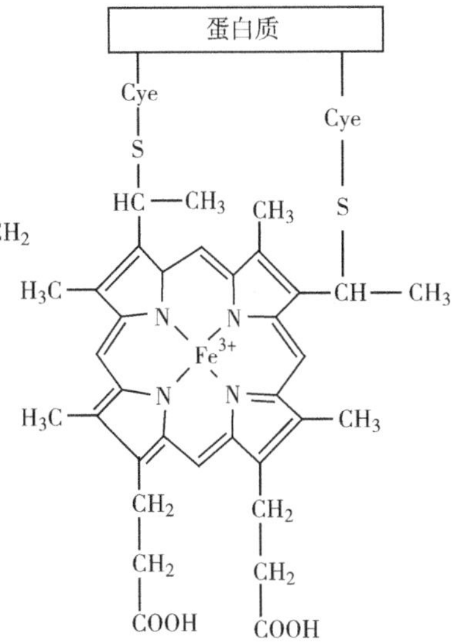　　细胞色素c辅基

4. **复合体Ⅳ**　复合体Ⅳ包括细胞色素 a 及 a_3,电子从细胞色素 c 通过复合体Ⅳ到氧,同时引起质子从线粒体内膜基质侧向胞质侧移动。Cyt a 与 Cyt a_3 很难分开,组成一复合体。Cyt aa_3 是唯一能将电子传给氧的细胞色素,故又称为细胞色素 c 氧化酶(cytochrome c oxidase)。复合体Ⅳ中有 4 个氧化还原中心:Cyt a、Cyt a_3、Cu_B、Cu_A。

(二)呼吸链的类型

根据电子供体及其传递过程,目前认为,氧化呼吸链有两条途径:一条以 NADH 为电子供体,称为 NADH 氧化呼吸链;另一条途径以 $FADH_2$ 为电子供体,称为 $FADH_2$ 氧化呼吸链,也称琥珀酸氧化呼吸链。

1. **NADH 氧化呼吸链**　体内多种代谢物如苹果酸、异柠檬酸等在相应酶的催化下,脱下 2H,交给 NAD^+ 生成 $NADH+H^+$,$NADH+H^+$ 脱下的氢经复合体Ⅰ传递给 CoQ,再经在复合体Ⅲ传至细胞色素 c,然后传至复合体Ⅳ传递给 O_2。每 2H 通过此呼吸链氧化生成水时,所释放的能量可以生成 2.5 个 ATP。其电子传递顺序是:

$NADH+H^+$→复合体Ⅰ→CoQ→复合体Ⅲ→Cyt c→复合体Ⅳ→O_2

2. **$FADH_2$ 氧化呼吸链**　琥珀酸脱氢酶、脂酰辅酶 A 脱氢酶和 α-磷酸甘油脱氢酶催化底物脱下的氢均通过此呼吸链氧化。与 NADH 氧化呼吸链的区别在于脱下的 2H 不经过 NAD^+ 这一环节,除此之外,其氢和电子传递过程均与 NADH 氧化呼吸链相同,每 2H 经此呼吸链氧化生成 1.5 分子 ATP。其电子传递顺序是:

琥珀酸→复合体Ⅱ→CoQ→复合体Ⅲ→Cyt c→复合体Ⅳ→O_2

(三)呼吸链组分的排列顺序

呼吸链各种组分的排列顺序是由下列实验确定的:①根据呼吸链各组分的标准氧化还原电位,由低到高的顺序排列(电位低容易失去电子)(表 7-3);②在体外将呼吸链拆开和重组,鉴定四种复合体的组成与排列;③利用呼吸链特异的抑制剂阻断某一组分的电子传递,在阻断部位以前的组分处于还原状态,后面组分处于氧化状态,根据吸收光谱的改变进行检测;④利用呼吸链各组分特有的吸收光谱,以离体线粒体无氧时处于还原状态作为对照,缓慢给氧,观察各组分被氧化的顺序。

表 7-3 与呼吸链相关的电子传递体的标准氧化还原电位

氧化还原反应	E°′(V)	氧化还原反应	E°′(V)
$NAD^+ + 2H^+ + 2e^- \rightarrow NADH + H^+$	-0.32	Cyt c_1 (Fe^{3+}) $+e^- \rightarrow$ Cyt c_1 (Fe^{2+})	0.22
$FMN + 2H^+ + 2e^- \rightarrow FMNH_2$	-0.22	Cyt c (Fe^{3+}) $+e^- \rightarrow$ Cyt c (Fe^{2+})	0.25
$FAD + 2H^+ + 2e^- \rightarrow FADH_2$	-0.22	Cyt a (Fe^{3+}) $+e^- \rightarrow$ Cyt a (Fe^{2+})	0.29
$Q_{10} + 2H^+ + 2e^- \rightarrow Q_{10}H_2$	0.06	Cyt a_3 (Fe^{3+}) $+e^- \rightarrow$ Cyt a_3 (Fe^{2+})	0.35
Cytb (Fe^{3+}) $+e^- \rightarrow$ Cytb (Fe^{2+})	0.07	$1/2O_2 + 2H^+ + 2e^- \rightarrow H_2O$	0.82

E°′ 表示在 pH=7.0,25℃,1mol/L 反应物浓度测得的标准氧化还原电位

二、ATP 的生成

生物体不能直接利用糖、脂肪、蛋白质营养物质的化学能,需要将它们氧化分解转变成可利用的能量形式,即 ATP 等高能磷酸化合物。当机体需要能量时,再由这些高能磷酸化合物直接提供,也有利于细胞对能量代谢进行严格调控。所以 ATP 几乎是组织细胞能直接利用的唯一的高能化合物,ATP 在机体能量代谢中处于中心地位。不同化学键储存的能量不同,水解时释放的能量也不相同,一般磷酸酯键水解时自由能变化(ΔG°)为-8~-12kJ/mol,而 ATP 中的磷酸酐键水解时,ΔG° 为-30.5kJ/mol。生物化学中把磷酸化合物水解时释出的能量>21kJ/mol 者称为高能磷酸化合物,其所含的键称为高能磷酸键,用"~P"符号表示。

体内 ATP 的生成方式有底物水平磷酸化和氧化磷酸化两种。

(一)底物水平磷酸化

代谢物在氧化分解过程中,有少数反应因脱氢或脱水而引起分子内部能量重新分布产生高能键,直接将代谢物分子中的高能键转移给 ADP(或 GDP)生成 ATP(或 GTP)的反应称为底物水平磷酸化(substrate level phosphorylation)。目前,已知体内有三个底物水平磷酸化反应。

$$\text{1,3-二磷酸甘油酸} + \text{ADP} \xrightleftharpoons{\text{磷酸甘油酸激酶}} \text{3-磷酸甘油酸} + \text{ATP}$$

$$\text{磷酸烯醇式丙酮酸} + \text{ADP} \xrightarrow{\text{丙酮酸激酶}} \text{烯醇式丙酮酸} + \text{ATP}$$

$$\text{琥珀酰辅酶A} + \text{GDP} + H_3PO_4 \xrightleftharpoons{\text{琥珀酰辅酶A合成酶}} \text{琥珀酸} + \text{GTP} + \text{HSCoA}$$

(二)氧化磷酸化

在生物氧化过程中,代谢物脱下的氢经呼吸链氧化生成水的同时,所释放出的能量用于 ADP 磷酸化生成 ATP,这种氧化与磷酸化相偶联的过程称为氧化磷酸化(oxidativephosphorylation)。这种方式生成的 ATP 约占 ATP 生成总量的 80%,是维持生命活动所需能量的主要来源。

1. 氧化磷酸化偶联部位 根据下述实验方法及数据可以大致确定氧化磷酸化偶联部位即 ATP 的生成部位。

(1)P/O 比值:P/O 比值是指物质氧化时,每消耗 1 摩尔氧原子所消耗的无机磷的摩尔数,即生成 ATP 的摩尔数。比较 β-羟丁酸和琥珀酸、琥珀酸和抗坏血酸以及抗坏血酸和细胞色素 c 的 P/O 比值(表 7-4),可推测出偶联部位在 NADH→CoQ(复合体Ⅰ)、CoQ→Cyt c(复合体Ⅲ)和 Cyt $aa_3 \rightarrow O_2$(复合体Ⅳ)之间。

表 7-4 线粒体离体实验测得的一些底物的 P/O 比值

底物	呼吸链的组成	P/O 比值	生成 ATP 数
β-羟丁酸	NAD^+→FMN→CoQ→Cyt→O_2	2.4~2.8	2.5
琥珀酸	FAD→CoQ→Cyt→O_2	1.7	1.5
抗坏血酸	Cyt c→Cyt aa_3→O_2	0.88	0.5
细胞色素 c (Fe^{2+})	Cyt aa_3→O_2	0.61~0.68	0.5

(2)自由能变化:在氧化还原反应或电子传递反应中自由能变化($\Delta G^{o\prime}$)和电位变化($\Delta E^{o\prime}$)之间的关系如下:

$$\Delta G^{o\prime} = -nF\ \Delta E^{o\prime}$$

n=传递电子数;F 为法拉第常数,F=96.5kJ/mol·V。

在 NADH 和 CoQ 之间:$\Delta E^{o\prime}$ =0.38V,相应 $\Delta G^{o\prime}$ =-73.34kJ/mol;在 CoQ 和 Cyt c 之间:$\Delta E^{o\prime}$ =0.19V,相应 $\Delta G^{o\prime}$ =-36.67kJ/mol;在 Cyt aa_3 和 O_2 之间:$\Delta E^{o\prime}$ =0.53V,相应的 $\Delta G^{o\prime}$ =-102.29kJ/mol。每摩尔 ATP 的生成需能约 30.5kJ(7.3kcal),故这三个部位能提供足够的能量用于合成 ATP,也即经复合体Ⅰ、复合体Ⅱ、复合体Ⅲ传递一对电子过程中,各偶联 1 次氧化磷酸化。

2. 氧化磷酸化偶联机制 关于氧化磷酸化的机制有多种假说,目前被普遍接受的是化学渗透学说(chemiosmotic hypothesis),是 1961 年由英国生物化学家 Peter Mitchell 提出的。其基本要点是电子经呼吸链传递时将质子(H^+)从线粒体内膜基质侧转运到胞质侧,而线粒体内膜不允许质子自由回流,因此产生膜内外两侧电化学梯度(H^+浓度梯度和跨膜电位差),当质子顺梯度回流到基质时驱动 ADP 与 Pi 生成 ATP。传递一对电子,在复合体Ⅰ、Ⅲ、Ⅳ处分别生成 1、1、0.5 个 ATP,而复合体Ⅱ处不形成 ATP。因此,NADH 氧化呼吸链每传递 2H 生成 2.5 个 ATP,$FADH_2$ 氧化呼吸链每传递 2H 生成 1.5 个 ATP。

相关链接

化学渗透假说的发现及意义

1961 年,英国生物化学家 P. Mitchell 提出化学渗透假说,该理论阐明了氧化磷酸化的偶联机制,1978 年获诺贝尔化学奖。他提出电子经电子传递链传递时驱动质子(H^+)从线粒体基质侧转运到胞质侧,产生内膜内外两侧电化学梯度(H^+浓度梯度和跨膜电位差),形成跨内膜质子梯度,储存能量。当质子经 ATP 合酶返回线粒体基质,释放能量催化 ATP 的生成。该理论解释了氧化磷酸化中电子传递链、ATP 合酶在线粒体内膜或基质分布的意义;也为解决生物能学中,ATP 在生物体内的生成、储存等问题提供了新的认识。

3. ATP 合酶 ATP 合酶(ATP synthase)又称为复合体Ⅴ,线粒体内膜基质面和脊的表面有许多颗粒就是 ATP 合酶。ATP 合酶是多蛋白组成的复合体,由疏水的 F_0 部分和亲水的 F_1 部分组成(图 7-7)。F_0 镶嵌在线粒体内膜中,形成跨内膜质子通道;F_1 为线粒体内膜的基质侧颗粒状突起,其功能是催化生成 ATP。当质子顺梯度经 F_0 回流时,F_1 催化 ADP 磷酸化生成 ATP。

4. 影响氧化磷酸化的因素

(1)ADP 的调节:正常机体氧化磷酸化的速率主要受 ADP 的调节。当机体耗能增加时,对能量的需求大为增加,ATP 分解为 ADP 和 Pi 的速率增加,使 ADP/ATP 比值增大,ADP 的浓度增高,转运入线粒体后使氧化磷酸化速率加快;相反,机体耗能减少时,ATP 增加,ADP 不足,使氧化磷酸化速率减慢。这种调节作用可使 ATP 的生成速度适应生理需要。

(2)激素的调节:甲状腺素诱导细胞膜上的 Na^+,K^+-ATP 酶的生成,使 ATP 加速分解为 ADP 和 Pi,ADP

增加促进氧化磷酸化。由于 ATP 的合成和分解速度均增加，另外甲状腺素(T_3)还可使解偶联蛋白基因表达增加，因而引起耗氧和产热均增加。所以甲状腺功能亢进症患者基础代谢率增高。

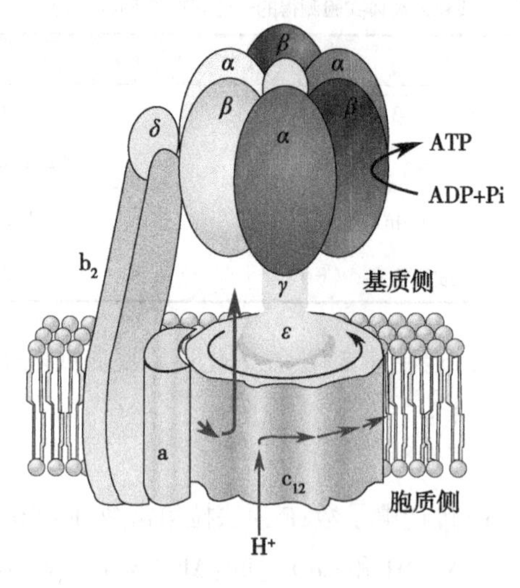

图 7-7 ATP 合酶结构

(3)氧化磷酸化抑制剂：氧化磷酸化为机体提供生命活动所需的 ATP，抑制氧化磷酸化无疑会对机体造成严重后果。氧化磷酸化抑制剂主要有三类：

1)解偶联剂：解偶联剂(uncoupler)可使氧化与磷酸化偶联过程脱离，不影响呼吸链的电子传递，但不能使 ADP 磷酸化合成 ATP。2,4-二硝基苯酚(dinitrophenol, DNP)是脂溶性物质，在线粒体内膜中可以自由移动，在胞质侧结合 H^+，返回基质侧释出 H^+，从而破坏了内膜两侧的电化学梯度，故不能生成 ATP，导致氧化磷酸化呈现解偶联。氧化磷酸化的解偶联作用可发生于新生儿的棕色脂肪组织，其线粒体内膜上有解偶联蛋白(uncoupling protein)，可使氧化磷酸化解偶联，新生儿可通过这种机制产热，维持体温。

问题与思考

某新生儿(早产儿)，在冬季出现如下临床表现：①全身或肢端凉、体温在摄氏35℃下，皮肤硬肿和多系统功能损害；②皮脂硬化，皮肤变硬，皮肤紧贴皮下组织不能提起，皮肤呈暗红色或苍黄色，指压呈凹陷性；③器官功能低下、功能损害。

思考：该新生儿患什么病？其发病机制可能是什么？

2)电子传递抑制剂：此类抑制剂能抑制呼吸链中的不同环节，使电子传递受阻。常见的有阿米妥(amytal)、鱼藤酮(rotenone)、粉蝶霉素 A(piericidin A)、抗霉素 A(antimycin A)、异戊巴比妥(amobarbital)等。具体抑制部位见图 7-8。目前在城市发生的火灾事故中，伤员除因燃烧不完全造成的 CO 中毒外，还存在由于装饰材料中含有的 N 和 C，遇到火灾时，在高温下可形成 HCN，还存在 CN^- 中毒。此类抑制剂可使细胞停止，迅速引起死亡。

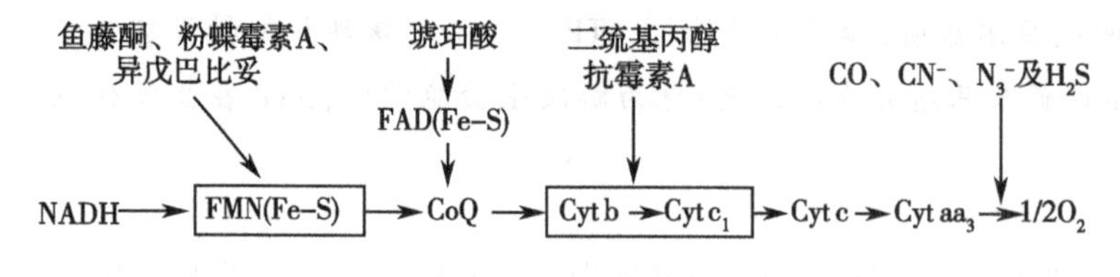

图 7-8 电子传递链抑制剂的作用部位

3)ATP 合酶抑制剂：这类抑制剂对电子传递及 ADP 磷酸化均有抑制作用。寡霉素(oligomycin)和二环乙基碳二亚胺(dicyclohexyl carbodiimide, DCCD)可阻止 H^+ 从 F_0 质子通道回流。由于线粒体内膜两侧质子化学梯度增高影响氧化呼吸链质子泵的功能，继而抑制电子传递。

三、胞质中的 NADH 的氧化

线粒体内生成的 NADH 可直接参加氧化磷酸化过程，但胞质中生成的 NADH 不能自由通过线粒体内膜，故线粒体外 NADH 所携带的 2H 必须通过某种转运机制才能进入线粒体进行氧化磷酸化，这种转运机制主要有α-磷酸甘油穿梭和苹果酸-天冬氨酸穿梭。

1. **α-磷酸甘油穿梭** α-磷酸甘油穿梭主要存在于脑和骨骼肌中。如图7-9所示，胞质中的NADH+H$^+$在α-磷酸甘油脱氢酶催化下，使磷酸二羟丙酮还原成α-磷酸甘油，后者进入线粒体，再经位于线粒体内膜近胞质侧的α-磷酸甘油脱氢酶（辅基FAD）催化下氧化生成磷酸二羟丙酮，FAD接受氢生成$FADH_2$。磷酸二羟丙酮可穿出线粒体至胞质，继续进行穿梭作用。$FADH_2$则进入$FADH_2$氧化呼吸链，生成1.5分子ATP。

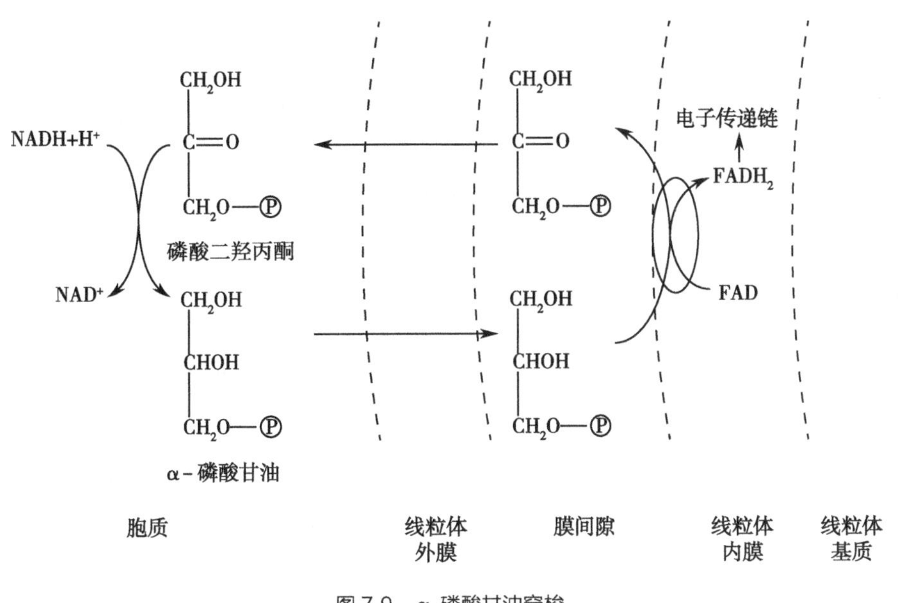

图7-9 α-磷酸甘油穿梭

2. **苹果酸-天冬氨酸穿梭** 苹果酸-天冬氨酸穿梭主要存在于肝和心肌中。如图7-10所示，胞质中的NADH+H$^+$在苹果酸脱氢酶催化下，使草酰乙酸还原为苹果酸，后者通过线粒体内膜上的转运蛋白进入线粒体，又在线粒体内苹果酸脱氢酶的作用下重新生成草酰乙酸和NADH+H$^+$。NADH+H$^+$进入NADH氧化呼吸链，生成2.5分子ATP。草酰乙酸经天冬氨酸转氨酶的作用生成天冬氨酸，后者由转运蛋白转运至胞质再进行转氨基作用生成草酰乙酸，继续进行穿梭。

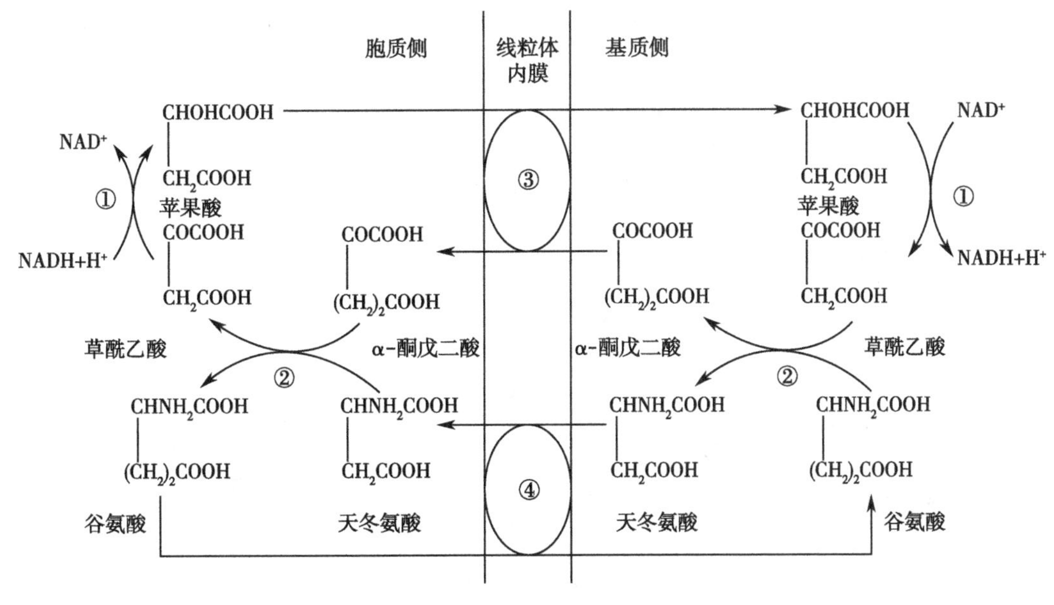

图7-10 苹果酸-天冬氨酸穿梭

①苹果酸脱氢酶；②天冬氨酸转氨酶；③α-戊二酸转运蛋白；④天冬氨酸-谷氨酸转运蛋白

四、生物体内能量的储存和利用

糖、脂、蛋白质在分解代谢过程中释放的能量大约有40%以化学能的形式储存在ATP分子中。ATP是生物体能量转移的关键物质，它直接参与细胞中各种能量代谢的转移，可接受代谢反应释出的能量，亦可供给代谢需要的能量。ATP分子中有两个高能磷酸键，人体内ATP水解时释放的能量可供肌收缩、生物合成、离子转运、信息传递等生命活动之需。

ATP是肌收缩的直接能源，但其浓度很低，每kg肌肉内的含量以mmol计，当骨骼肌急剧收缩时，消耗的ATP可高达6mmol/(kg·s)，远远超过营养物氧化时生成ATP的速度。这时肌收缩的能源就依赖于磷酸肌酸(creatine phosphate, C~P)。磷酸肌酸是骨骼肌和脑组织中能量的贮存形式，肌酸在肌酸激酶(creatine kinase, CK)的作用下，由ATP提供能量转变成磷酸肌酸，当肌收缩时ATP不足，磷酸肌酸的~P又可转移给ADP，使ADP重新生成ATP，供机体需要。

$$H_3C-N(CH_2COOH)-C(=NH)-NH_2 + ATP \overset{\text{肌酸激酶}}{\rightleftharpoons} H_3C-N(CH_2COOH)-C(=NH)-NH\sim\text{Ⓟ} + ADP$$

心肌与骨骼肌不同，心肌是持续性节律性收缩与舒张，在细胞结构上，线粒体是丰富的，它几乎占细胞总体积的1/2，而且能直接利用葡萄糖、游离脂肪酸和酮体为燃料，经氧化磷酸化产生ATP，供心肌利用。心肌既不能大量贮存脂肪和糖原，也不能贮存很多的磷酸肌酸，因此，一旦心血管受阻导致缺氧，则极易造成心肌坏死，即心肌梗死。

糖、脂、蛋白质的生物合成除需要ATP外，还需要其他核苷三磷酸，如糖原合成需UTP，磷脂合成需要CTP，蛋白质合成需要GTP。这些核苷三磷酸的生成和补充，不能从物质氧化过程中直接生成，而主要来源于ATP。由核苷单磷酸激酶(nucleoside monophosphate kinase)和核苷二磷酸激酶(nucleoside diphosphate kinase)催化磷酸基转移，生成相应核苷三磷酸。

$$NMP \xrightarrow[ATP \to ADP]{\text{核苷单磷酸激酶}} NDP \xrightarrow[ATP \to ADP]{\text{核苷二磷酸激酶}} NTP$$

现将体内能量的转移、储存和利用的关系总结，见图7-11。

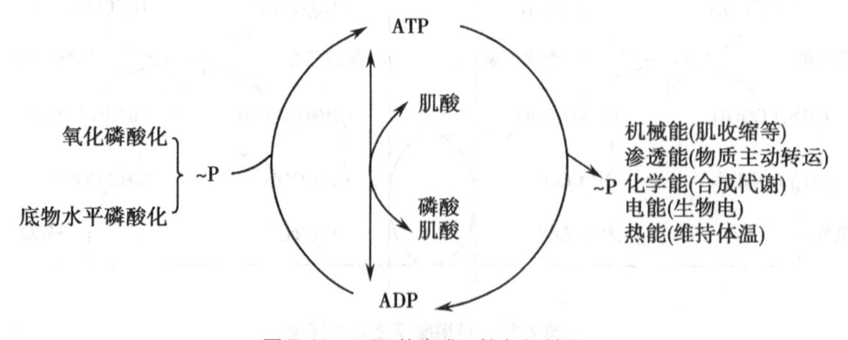

图7-11 ATP的生成、储存和利用

第三节　非线粒体氧化体系

除线粒体氧化体系外，还有其他一些氧化体系，如微粒体或过氧化物酶体中的氧化体系，这些氧化体系不伴有 ATP 的生成。

一、微粒体氧化体系

存在于微粒体的加氧酶(oxygenase)，根据向底物分子中加入氧原子数的不同，又分为加单氧酶(monooxygenase)和加双氧酶(dioxygenase)。

1. 加单氧酶　催化氧分子中的一个氧原子加到底物分子上(羟化)，而另一个氧原子从 $NADPH+H^+$ 中获得 H 被还原成水，故又称羟化酶或混合功能氧化酶。

$$RH + O_2 + NADH + H^+ \xrightarrow{\text{加单氧酶}} ROH + NADP^+ + H_2O$$

加单氧酶在肝和肾上腺的微粒体中含量最多，参与类固醇激素、胆汁酸及胆色素等的生成，以及药物、毒物在肝的生物转化作用。

2. 加双氧酶　催化氧分子直接加到底物分子上，如色氨酸加双氧酶(tryptophan dioxygenase)等。

$$\text{色氨酸}\ (CH_2-CH(NH_2)-COOH) \xrightarrow[O_2]{\text{色氨酸加双氧酶}} \text{N甲酰犬尿氨酸}\ (C(=O)-CH_2-CH(NH_2)-COOH,\ HN-CHO)$$

二、过氧化物酶体氧化体系

生物氧化过程中氧必须接受细胞色素 c 氧化酶的 4 个电子被彻底还原，最后生成 H_2O。但是有的时候产生一些部分还原的氧的形式。O_2 得到 1 个电子生成超氧阴离子(superoxide anion，O_2^-)，接受 2 个电子生成过氧化氢(hydrogen peroxide，H_2O_2)，接受 3 个电子生成 H_2O_2 和羟自由基(hydroxyl free radical，·OH)。O_2^-、H_2O_2、·OH 统称为活性氧类。其中 O_2^- 和·OH 称为自由基。H_2O_2 不是自由基，但是可以转变成羟自由基。

$$H_2O_2 + O_2^- \longrightarrow O_2 + OH^- + \cdot OH$$

H_2O_2 在体内有一定的生理作用，如中性粒细胞产生的 H_2O_2 可用于杀死吞噬的细菌，甲状腺中产生的 H_2O_2 可使酪氨酸碘化生成甲状腺素。但对于大多数组织来说，活性氧则会对细胞有毒性作用。

1. 过氧化氢酶　过氧化氢酶(catalase)又称触酶，其辅基含有 4 个血红素，催化反应如下：

$$2H_2O_2 \xrightarrow{\text{过氧化氢酶}} 2H_2O + O_2$$

2. 过氧化物酶 过氧化物酶(peroxidase)也以血红素为辅基,它催化 H_2O_2 直接氧化酚类及胺类等有毒物质化合物,反应如下:

$$R + H_2O_2 \xrightarrow{\text{过氧化物酶}} RO + H_2O \quad \text{或} \quad RH_2 + H_2O_2 \xrightarrow{\text{过氧化物酶}} R + 2H_2O$$

体内还存在一种含硒的谷胱甘肽过氧化物酶(glutathione peroxidase),可利用还原型谷胱甘肽(G-SH)使 H_2O_2 或其他过氧化物(ROOH)还原。此类酶具有保护生物膜及血红蛋白免遭损伤的作用。它催化的反应如下:

H_2O_2 或ROOH → $2H_2O$ 或 $ROH+H_2O$(谷胱甘肽过氧化物酶);2GSH → GS–SG;GS–SG → 2GSH(谷胱甘肽还原酶);$NADPH+H$ → $NADP^+$

三、超氧化物歧化酶

广泛分布的超氧化物歧化酶(superoxide dismutase,SOD),可催化1分子 O_2^- 氧化生成 O_2,另一分子还原生成 H_2O_2:

$$2O_2^- + 2H^+ \xrightarrow{SOD} H_2O_2 + O_2$$

在真核细胞的胞质中,该酶以 Cu^{2+}、Zn^{2+} 为辅基,称为CuZn-SOD;线粒体内以 Mn^{2+} 为辅基,称Mn-SOD。生成的 H_2O_2 可被活性极强的过氧化氢酶分解。SOD是人体防御内、外环境中超氧离子损伤的重要酶。

理论与实践

超氧化物歧化酶的应用

超氧化物歧化酶(superoxide dismutase,SOD)是生物体内重要的抗氧化酶,广泛分布于各种生物体内,如动物,植物,微生物等。1938年首次从牛红细胞中分离得到超氧化物歧化酶,1969年McCord等重新发现这种蛋白,并且发现了它们的生物活性,弄清了它催化过氧阴离子发生歧化反应的性质,所以正式将其命名为超氧化物歧化酶。SOD是生物体内清除自由基的首要物质,能消除生物体在新陈代谢过程中产生的有害物质,SOD具有抗衰老的特殊效果。临床上已有部分有关SOD的产品,作为抗衰老、免疫调节、抗辐射和美容等作用。

(王海生)

学习小结

物质在生物体内进行氧化称为生物氧化。生物氧化主要是指糖、脂肪、蛋白质等在体内分解最终生成 CO_2 和 H_2O，并逐步释放能量，其中有相当一部分能量使 ADP 磷酸化生成 ATP，供生命活动之需。ATP 是生物体内能量的转化、储存和利用的中心。CO_2 是有机酸脱羧基作用生成。生物氧化过程中水是由代谢物脱下的氢所含的电子经呼吸链传递给氧而生成。呼吸链由复合体Ⅰ、Ⅱ、CoQ、Ⅲ、Cytc 和Ⅳ组成。呼吸链各组分传递电子顺序如下：

```
            琥珀酸
              ↓
             FAD
           (Fe-S)
              ↓
NADH→FMN→CoQ→Cyt b→Cyt c1→Cyt c
    (Fe-S)
→Cyt aa3→1/2 O2
```

根据传递顺序的不同有 NADH 和 $FADH_2$ 两条氧化呼吸链。

ATP 生成的方式有底物水平磷酸化和氧化磷酸化两种，以后者为主。通过测定不同底物经呼吸链氧化的 P/O 比值、自由能变化可推测氧化磷酸化的偶联部位，NADH 氧化呼吸链存在 3 个偶联部位，生成 2.5 分子 ATP，$FADH_2$ 氧化呼吸链有 2 个偶联部位，生成 1.5 分子 ATP。化学渗透学说是目前被普遍接受的解释氧化磷酸化机制的学说。

氧化磷酸化抑制剂包括呼吸链抑制剂、解偶联剂和 ATP 合酶抑制剂，此外氧化磷酸化还受 ADP 浓度及甲状腺激素的调控。

除线粒体外，体内还有非线粒体氧化体系，如微粒体、过氧化物酶体等，主要参与体内代谢物、药物和毒物的生物转化。

复习参考题

1. 何谓生物氧化？生物氧化与体外氧化有何异同？

2. 请写出体内两条重要呼吸链的排列顺序。

3. 细胞质中 NADH 是通过哪两种穿梭机制进入线粒体内的？

第八章 氨基酸代谢

8

学习目标

掌握	氮平衡的类型和意义；必需氨基酸的种类；各种脱氨基作用的方式和意义；血氨的来源、去路和转运方式；尿素合成的原料、部位生理意义。
熟悉	蛋白质互补作用的概念；氨基酸代谢概况；α-酮酸的代谢；尿素合成的过程；氨基酸脱羧产物及其作用；一碳单位的来源及其代谢的生理意义。
了解	蛋白质消化、吸收和腐败；甲硫氨酸代谢；芳香族氨基酸代谢；支链氨基酸代谢。

蛋白质是生命活动的基础,也是机体的重要组成成分。由于蛋白质的基本组成单位是氨基酸,而且蛋白质需要在体内先分解为氨基酸后再进一步代谢,所以氨基酸的代谢是蛋白质分解代谢的中心内容。在体内,氨基酸需要食物蛋白质来不断补充,组织蛋白的更新也需要食物蛋白质来维持,因此,在讨论氨基酸代谢之前,首先讲述蛋白质的营养作用。

第一节　蛋白质的营养作用

蛋白质是组织细胞的主要成分。膳食中必须提供足够质和量的蛋白质,才能满足机体生长发育、更新、修补和增殖的需要。体内具有多种特殊功能的蛋白质,例如酶、多肽类激素、抗体和某些调节蛋白等。骨骼肌收缩、物质的运输、血液的凝固等生理过程也离不开蛋白质。氨基酸在代谢过程中还可产生儿茶酚胺类激素、甲状腺素、神经递质、多胺类等活性物质;也能参与血红素、活性肽类、嘌呤和嘧啶等重要化合物的合成。每克蛋白质在体内氧化可产生 17.19kJ(4.3kcal)的能量。一般成人每日约有 10%~15%的能量来自蛋白质的氧化。

问题与思考

有的人通过少吃主食或不吃主食减肥,反而越减越肥。

思考: 少吃主食或不吃主食减肥这科学吗?

一、蛋白质的需要量

(一)氮平衡

人体摄取的含氮物质主要是蛋白质,蛋白质经消化分解可产生含氮废物经排泄器官排出体外。通过测定每日食物中的氮的摄入量和测定尿液、粪便代谢废物中的氮的排出量,就可反映人体蛋白质的代谢概况,这种机体每日摄入氮量与排出氮量之间的关系即为氮平衡(nitrogen balance)。依据机体状况不同氮平衡可出现三种情况。

1. 氮的总平衡　指每天摄入氮量等于排出氮量,说明蛋白质的合成和分解处于平衡状态,即"收支"平衡。营养正常的成年人蛋白质的代谢情况属此类型。

2. 氮的正平衡　指每天摄入氮量多于排出氮量,说明摄入的氮要用于体内蛋白质的合成,蛋白质的合成代谢多于分解代谢。儿童、孕妇及恢复期的病人属于此类型,因此,儿童、孕妇及恢复期病人要摄取丰富和优质的膳食蛋白质。

3. 氮的负平衡　指每天摄入氮量少于排出氮量,说明体内蛋白质合成代谢少于分解代谢。营养不良、出血、严重烧伤或消耗性疾病患者属此类型,这类病人体内过多的蛋白质分解,形成自体消耗,应该加强对他们的蛋白质营养补充,有利于疾病的治疗和恢复。

(二)蛋白质的需要量

根据氮平衡实验,一个正常成人在不进食蛋白质时,每日最低要分解 20g 蛋白质。由于食物蛋白质的质量差异、人的个体差异以及消化吸收等因素,在供给食物蛋白质时,必须超过 20g/d,故成人最低需要 30~50g/d蛋白质才能维持机体的总氮平衡。为了保证机体处于最佳功能状态,我国营养学会推荐蛋白质的需要量为 80g/d。

二、蛋白质的营养价值

1. **必需氨基酸与非必需氨基酸** 机体需要但自身不能合成,必须从食物中获取的氨基酸称为营养必需氨基酸(nutritionally essential amino acid),包括苏氨酸、苯丙氨酸、甲硫氨酸、赖氨酸、色氨酸、亮氨酸、异亮氨酸、缬氨酸。其余12种氨基酸体内能够合成,称营养非必需氨基酸(nutritionally nonessential amino acid)。组氨酸和精氨酸虽能在人体合成,但合成量少,不能满足机体的生理需要,长期缺乏也会引起氮的负平衡,故有人将这两种氨基酸也归为营养必需氨基酸。

2. **蛋白质的营养价值** 蛋白质的营养价值(nutrition value)是指食物蛋白质在体内的利用率。食物蛋白质营养价值的高低取决于其所含必需氨基酸的种类、数量和比例,凡是含必需氨基酸种类和数量多且比例和人体接近的蛋白质营养价值高,反之营养价值低。由于动物性蛋白质所含必需氨基酸的种类和比例与人体需要接近,所以一般动物性蛋白质的营养价值高于植物性蛋白质。

3. **蛋白质的互补作用** 将几种营养价值较低的蛋白质混合食用,必需氨基酸可以相互补充,从而提高蛋白质营养价值,这种作用称为蛋白质的互补作用。蛋白质的互补作用的实质是必需氨基酸之间的互补,例如豆类蛋白质含赖氨酸多色氨酸少,而谷类蛋白质则含赖氨酸少色氨酸多,两者混合食用可提高其营养价值。膳食的多样化是利用蛋白质的互补作用提高食物蛋白质营养价值的很好措施。

相关链接

高蛋白食品

含蛋白质多的食物包括:动物蛋白有牲畜的奶,如牛奶、羊奶、马奶等;畜肉,如牛、羊、猪、狗肉等;禽肉,如鸡、鸭、鹅、鹌鹑、鸵鸟等;蛋类,如鸡蛋、鸭蛋、鹌鹑蛋等及水产品,如鱼、虾、蟹等。植物蛋白有大豆类,包括黄豆、大青豆和黑豆等,其中以黄豆的营养价值最高,此外像芝麻、瓜子、核桃、杏仁、松子等干果类的蛋白质的含量均较高。

第二节 蛋白质的消化、吸收与腐败

一、蛋白质的消化

外源性食物蛋白直接进入人体,常会引起过敏现象,发生毒性反应,需经消化消除其抗原性,并且食物蛋白质还需经消化成氨基酸或寡肽方可被吸收。唾液中无水解蛋白质的酶类,蛋白质的消化由胃开始,主要在小肠中进行。

(一)胃中的消化

胃蛋白酶(pepsin)将食物蛋白分解为多肽及少量氨基酸。胃蛋白酶原由胃黏膜的主细胞分泌,胃蛋白酶原经盐酸激活成胃蛋白酶,胃蛋白酶也可自身激活生成。胃蛋白酶的最适pH为1.8,主要水解芳香族氨基酸羧基所形成的肽键,产物主要是多肽及少量氨基酸。此外,胃蛋白酶还有凝乳作用,使乳汁中的酪蛋白凝为乳块,使其在胃中的停留时间延长,有利于乳汁中蛋白质的消化。

(二)小肠中的消化

小肠是蛋白质消化的主要场所。在小肠内,有胰腺和肠黏膜细胞分泌的多种蛋白酶和肽酶共同作用,将蛋白质分解为寡肽和氨基酸。

胰液中的蛋白酶分为内肽酶与外肽酶。内肽酶特异地催化蛋白质肽链内部肽键的水解，它包括胰蛋白酶、糜蛋白酶和弹性蛋白酶，这些酶对不同氨基酸组成的肽键有一定的专一性。外肽酶主要是羧基肽酶，分为羧基肽酶A和羧基肽酶B，它们能特异从蛋白质或多肽羧基末端开始水解肽键。

小肠黏膜细胞的刷状缘及胞质中存在着寡肽酶，主要有氨基肽酶和二肽酶。氨基肽酶从肽链的氨基末端逐个水解出氨基酸，最后生成二肽，二肽再被二肽酶水解生成氨基酸。

二、氨基酸的吸收

氨基酸可通过继发性主动转运被小肠黏膜细胞吸收。小肠黏膜细胞膜上有转运氨基酸的载体蛋白，能与氨基酸和 Na^+ 结合，从而将氨基酸和 Na^+ 转运入黏膜细胞内，再由钠泵将 Na^+ 泵出细胞，此过程消耗ATP。载体蛋白因所转运的氨基酸结构不同而有差异，目前已知的小肠黏膜的刷状缘上参与氨基酸和小肽吸收的载体蛋白至少有7种：中性氨基酸转运蛋白、碱性氨基酸转运蛋白、酸性氨基酸转运蛋白、β-氨基酸转运蛋白、亚氨基酸转运蛋白、二肽转运蛋白和三肽转运蛋白。

氨基酸还可通过"γ-谷氨酰基循环"（γ-glutamyl cycle）而被吸收。"γ-谷氨酰基循环"由Meister提出，其反应过程是首先由谷胱甘肽对氨基酸进行转运，然后再进行谷胱甘肽的再生成，由此构成一个循环（图8-1）。上述反应的各种酶存在于小肠黏膜细胞、肾小管细胞和脑细胞中，除γ-谷氨酰基转移酶（γ-glutamyl transferase）位于细胞膜上，其余的酶均在胞质中，其中γ-谷氨酰基转移酶是关键酶。

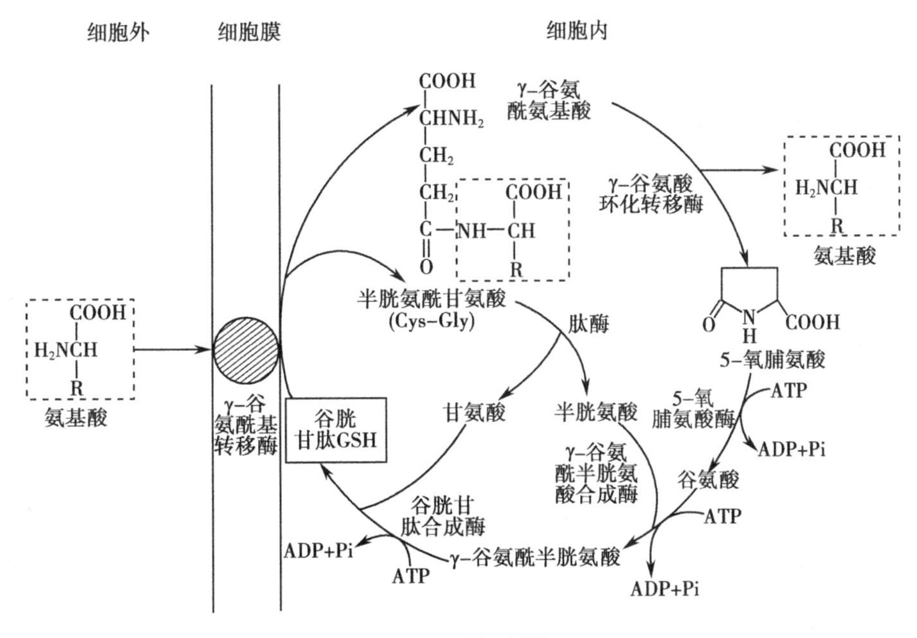

图8-1 γ-谷氨酰基循环

三、蛋白质的腐败作用

肠道细菌对食物中未被消化的蛋白质和未被吸收的氨基酸进行分解的过程称为腐败作用（putrefaction）。腐败作用是肠道细菌本身的代谢过程，腐败产物除少数（如少量脂肪酸及维生素等）可被机体利用，大多数对人体有害，如胺类、氨、酚类、硫化氢、吲哚等。

（一）胺类的生成

肠道细菌蛋白酶使蛋白质水解生成氨基酸，再经氨基酸脱羧基作用产生胺类物质。例如，组氨酸脱羧基转变成组胺,赖氨酸脱羧基转变成尸胺,色氨酸经羟化后脱羧基转变成5-羟色胺,酪氨酸脱羧基转变成酪胺、苯丙氨酸脱羧基转变成苯乙胺等。其中,酪胺有升血压作用,组胺、尸胺有降血压作用。当肝功能受损时,酪胺和苯乙胺不能在肝内分解转化而进入脑组织,羟化后形成假神经递质β-羟酪胺和苯乙醇胺,它们可取代正常神经递质儿茶酚胺,阻碍神经冲动传递,使大脑发生异常抑制,这可能是肝性脑病症状发生的原因之一。

(二)氨的生成

肠道中的氨有两个来源:一是未被吸收的氨基酸在肠道细菌作用下脱氨基生成的氨,这是肠道氨的重要来源;二是血液中尿素渗入肠道,在肠道细菌尿素酶作用下生成的氨。这些氨均可被吸收入血,在肝合成尿素然后排出。降低肠道的pH,可减少氨的吸收。

(三)其他有害物质的生成

腐败作用除了胺类和氨以外,还可产生硫化氢、吲哚、甲基吲哚和苯酚等其他有害产物。

正常情况下,这些有害物质大部分随粪便排出,小部分被肠道吸收,在肝中代谢解毒,机体不会产生中毒症状。

问题与思考

便秘的主要表现是大便次数减少,间隔时间延长,排出不畅或排出困难。伴有腹胀,腹痛,食欲减退,口苦、嗳气反胃,排气多等胃肠症状,还可伴有头昏、头痛、易疲劳等症状。

思考:为什么便秘会对人体造成危害?

第三节　氨基酸的一般代谢

食物蛋白质经消化而被吸收的氨基酸(外源性氨基酸)与体内组织蛋白质降解产生的氨基酸及体内合成的非必需氨基酸(内源性氨基酸)混在一起,分布于体内各处,参与代谢,称为氨基酸代谢库(aminoacid metabolic pool)。氨基酸代谢库以游离氨基酸总量计算。由于氨基酸不能自由通过细胞膜,所以在体内的分布是不均匀的。骨骼肌中氨基酸占代谢库的50%以上,肝约占10%,肾约占4%,血浆占1%~6%。

体内氨基酸的主要功能是合成蛋白质、多肽或其他含氮化合物。但多余的氨基酸需要被降解,正常人尿中排出氨基酸极少。各种氨基酸具有共同的结构特征,故它们有其共同的代谢途径。但个别氨基酸由于其特殊的侧链结构也有特殊的代谢途径。体内氨基酸代谢的概况见图8-2。本节主要介绍氨基酸的一般代谢——脱氨基作用,这是氨基酸分解的主要方式。

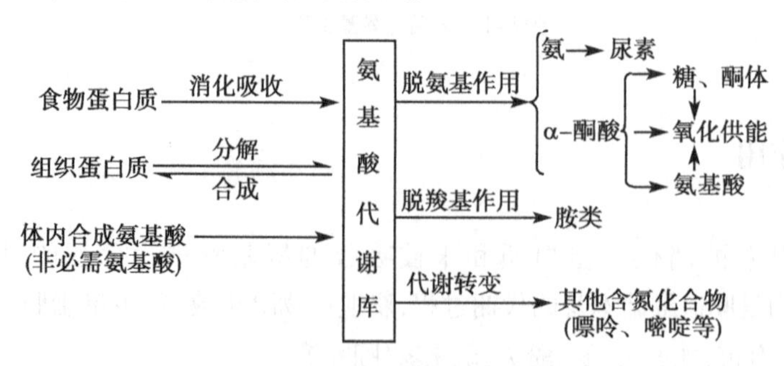

图8-2　氨基酸代谢的概况

一、氨基酸的脱氨基作用

α-氨基酸的氨基被脱去生成α-酮酸和氨的反应过程，称氨基酸脱氨基作用。脱氨基作用的方式主要有三种：氧化脱氨基、转氨基和联合脱氨基，其中联合脱氨基作用为主要方式。

（一）氧化脱氨基作用

氧化脱氨基作用是指在酶的催化下氨基酸在氧化脱氢的同时脱去氨基的过程。*L*-谷氨酸是哺乳动物组织中唯一能以相当高的速率进行氧化脱氨基反应的氨基酸，*L*-谷氨酸脱氢酶（*L*-glutamate dehydrogenase）催化*L*-谷氨酸氧化脱氨基反应，此酶在肝、脑、肾等组织普遍存在，属于不需氧脱氢酶，辅酶是NAD^+或$NADP^+$。

$$\underset{\text{谷氨酸}}{HOOC-(CH_2)_2-CH(NH_2)-COOH} \underset{}{\overset{L\text{-谷氨酸脱氢酶}}{\rightleftharpoons}} \underset{\text{亚谷氨酸}}{HOOC-(CH_2)_2-C(=NH)-COOH} \underset{-H_2O}{\overset{+H_2O}{\rightleftharpoons}} \underset{\alpha\text{-酮戊二酸}}{HOOC-(CH_2)_2-C(=O)-COOH} + NH_3$$

$$(NAD^+ \rightarrow NADH+H^+)$$

该反应可逆，故*L*-谷氨酸脱氢酶催化的反应在物质代谢的联系上有重要意义。但由于*L*-谷氨酸脱氢酶在心肌和骨骼肌活性很低以及酶的特异性较强，使这种脱氨基方式具有范围和空间的局限性，不可能作为脱氨基的主要方式。

（二）转氨基作用

转氨基作用指α-氨基酸在转氨酶（aminotransferase）催化下将氨基转移到另一α-酮酸的酮基上的过程。通过转氨基作用使原来的氨基酸生成相应的α-酮酸，原来的α-酮酸生成相应的氨基酸。

$$H-C(R_1)(NH_2)-COOH + R_2-C(=O)-COOH \overset{\text{转氨酶}}{\longleftrightarrow} R_1-C(=O)-COOH + H-C(R_2)(NH_2)-COOH$$

体内转氨酶种类多，分布广，其中以丙氨酸转氨酶（alanine aminotransferase，ALT）和天冬氨酸转氨酶（aspartate aminotransferase，AST）最重要，它们催化的反应如下：

$$\underset{\text{丙氨酸}}{CH_3-CHNH_2-COOH} + \underset{\alpha\text{-酮戊二酸}}{COOH-(CH_2)_2-C(=O)-COOH} \overset{ALT}{\rightleftharpoons} \underset{\text{丙酮酸}}{CH_3-C(=O)-COOH} + \underset{\text{谷氨酸}}{COOH-(CH_2)_2-CHNH_2-COOH}$$

$$\underset{\text{天冬氨酸}}{COOH-CH_2-CHNH_2-COOH} + \underset{\alpha\text{-酮戊二酸}}{COOH-(CH_2)_2-C(=O)-COOH} \overset{AST}{\rightleftharpoons} \underset{\text{草酰乙酸}}{COOH-CH_2-C(=O)-COOH} + \underset{\text{谷氨酸}}{COOH-(CH_2)_2-CHNH_2-COOH}$$

转氨酶主要存在于细胞内，ALT和AST在各组织器官中的活性很不均衡（表8-1），正常人ALT在肝细胞中活性最高，AST在心肌细胞活性最高，两者在血清中活性很低。当某种原因使细胞膜通透性增大或组织坏死、细胞破裂后，转氨酶可大量释放入血，导致血清转氨酶活性显著升高。例如急性肝炎时，血清ALT显著升高。心肌梗死时，血清AST明显升高。临床上测定血清中ALT和AST可以此作为疾病诊断和预后的指标之一。

表 8-1 正常人各组织中 ALT 和 AST 活性（U/g 组织）

组织	ALT	AST	组织	ALT	AST
心	7100	156 000	胰腺	2000	28 000
肝	44 000	142 000	脾	1200	14 000
骨骼肌	4800	99 000	肺	700	10 000
肾	19 000	91 000	血清	16	20

转氨酶的辅酶是维生素 B_6 的磷酸酯，即磷酸吡哆醛。在转氨基过程中，磷酸吡哆醛先从氨基酸接受氨基转变成磷酸吡哆胺，再进一步将氨基转移给另一种 α-酮酸生成相应的氨基酸，而磷酸吡哆胺本身又恢复成磷酸吡哆醛。通过磷酸吡哆醛和磷酸吡哆胺两种形式的互变起传递氨基的作用。

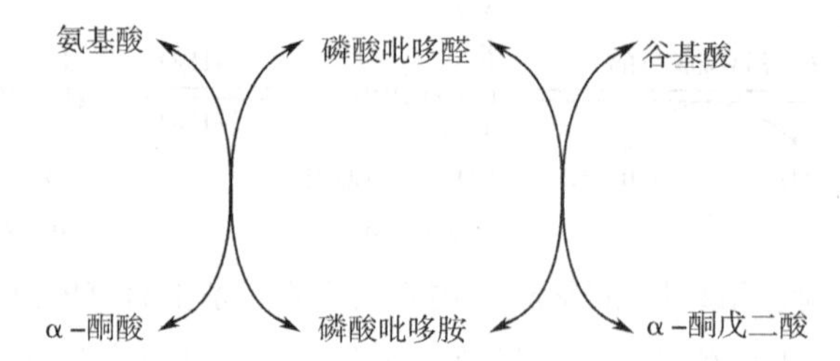

转氨基作用是体内合成非必需氨基酸的途径，通过转氨基作用可以调节体内非必需氨基酸的种类和数量，以满足体内蛋白质合成时对非必需氨基酸的需求。转氨基作用虽在体内普遍存在，但此种方式只有氨基的转移，氨基酸没有真正脱去氨基生成游离氨。一般认为，氨基酸的脱氨基主要是通过联合脱氨基作用实现的。

（三）联合脱氨基作用

由两种或两种以上的酶联合作用脱去氨基并产生氨的过程称联合脱氨基作用，常见的联合脱氨基作用方式有以下两种：

1. 转氨酶与谷氨酸脱氢酶的联合 体内大多数氨基酸的脱氨基作用，是氨基酸首先与 α-酮戊二酸在转氨酶作用下生成 α-酮酸和谷氨酸，然后谷氨酸再经 *L*-谷氨酸脱氢酶催化脱去氨基生成 α-酮戊二酸和氨（图 8-3）。这是肝、脑、肾等组织中最主要的脱氨基方式。其逆反应是体内合成非必需氨基酸的主要途径。

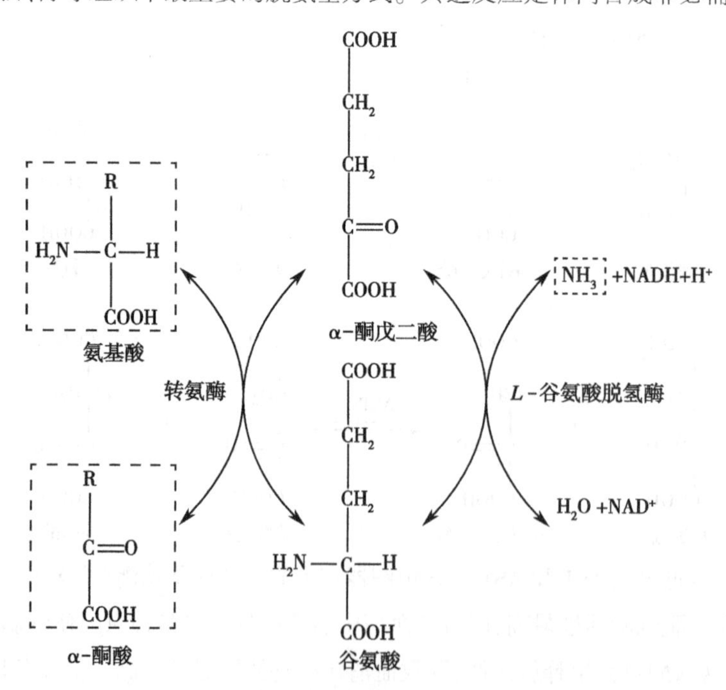

图 8-3 转氨基与氧化脱氨基作用的联合脱氨

2. **嘌呤核苷酸循环** 骨骼肌和心肌中*L*-谷氨酸脱氢酶的活性较低，氨基酸很难以上述联合脱氨基作用脱去氨基。在骨骼肌和心肌中，氨基酸主要通过嘌呤核苷酸循环(purine nucleotides cycle)脱去氨基。其具体过程是，氨基酸首先通过连续的转氨基作用将氨基转移给草酰乙酸，生成天冬氨酸。天冬氨酸与次黄嘌呤核苷酸(IMP)反应生成腺苷酸代琥珀酸，后者再经裂解酶催化生成延胡索酸和腺嘌呤核苷酸(AMP)，AMP经腺苷酸脱氨酶催化脱去氨基又生成IMP(图8-4)。

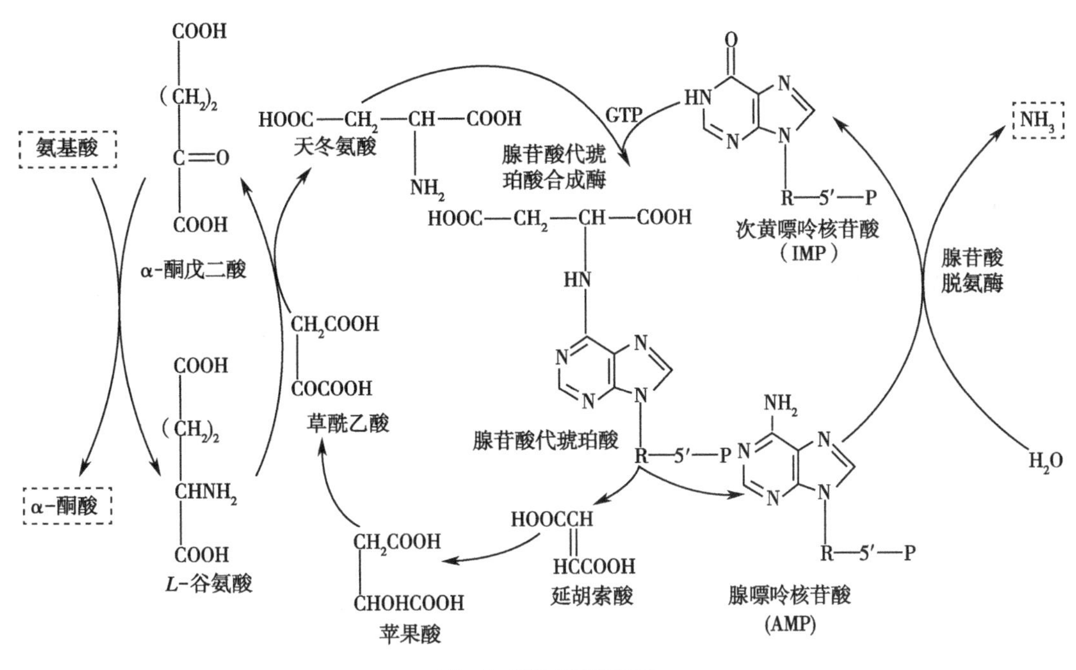

图8-4 嘌呤核苷酸循环

二、α-酮酸的代谢

由氨基酸脱氨基代谢产生的α-酮酸在体内可以通过下列三条途径进行代谢。

（一）经氨基化生成非必需氨基酸

多种α-酮酸可经转氨酶与*L*-谷氨酸脱氢酶联合脱氨基作用的逆过程氨基化生成新的非必需氨基酸。

（二）转变成糖及脂类

在体内α-酮酸可以转变成糖和脂类化合物。在体内能转变成糖的氨基酸称为生糖氨基酸；能转变成酮体的氨基酸称为生酮氨基酸；既能生成糖又能生成酮体的氨基酸称生糖兼生酮氨基酸(表8-2)。α-酮酸在糖、脂类和氨基酸代谢的相互联系中发挥重要作用。

表8-2 氨基酸生糖及生酮性质的分类表

类别	氨基酸
生糖氨基酸	甘氨酸、丙氨酸、缬氨酸、甲硫氨酸、脯氨酸、丝氨酸、谷氨酰胺、天冬酰胺、半胱氨酸、精氨酸、组氨酸、天冬氨酸、谷氨酸
生酮氨基酸	亮氨酸、赖氨酸
生糖兼生酮氨基酸	苯丙氨酸、酪氨酸、色氨酸、苏氨酸、异亮氨酸

（三）氧化供能

α-酮酸在体内可经三羧酸循环彻底氧化成CO_2和H_2O，同时释放能量供机体需要。

综上所述，氨基酸代谢与糖和脂肪的代谢密切相关。氨基酸可转变成糖和脂肪；糖可以转变成脂肪及非必需氨基酸的碳架部分。由此可见三羧酸循环将糖代谢、脂类代谢和氨基酸代谢紧密地联系起来。

第四节　氨的代谢

机体各种来源的氨进入血液形成血氨。正常生理情况下，血氨水平在 47～65μmol/L。氨具有毒性，浓度过高会引起中毒，脑组织对氨的作用尤为敏感。

一、氨的来源

（一）氨基酸的脱氨基作用产生的氨

氨基酸的脱氨基作用产生的氨是体内氨的主要来源。另外，胺类分解也可以产生氨，其反应如下：

$$RCH_2NH_2 \xrightarrow{\text{胺氧化酶}} RCHO + NH_3$$

（二）肠道吸收的氨

肠道内的氨主要产生于两个方面：一是未消化蛋白质经肠道细菌的腐败作用产生；二是血中尿素扩散入肠道经细菌尿素酶水解产生。肠道产氨的量较多，每日约 4g。氨的吸收部位主要在结肠，NH_3 比 NH_4^+ 易于透过细胞膜而被吸收入血。NH_3 与 NH_4^+ 的互变与肠液 pH 有关，酸性条件下，NH_3 与 H^+ 结合生成 NH_4^+ 不被吸收；碱性条件下，NH_4^+ 可解离出 NH_3，NH_3 吸收增强。临床上对高血氨病人常采用弱酸性透析液作结肠透析，而禁止用碱性肥皂液灌肠，就是为了减少氨的吸收。

（三）肾小管泌氨

肾远曲小管上皮细胞含有活性较高的谷氨酰胺酶，能催化谷氨酰胺水解产生氨和谷氨酸。酸性尿时，氨扩散入尿，与尿中 H^+ 结合生成 NH_4^+，以铵盐形式随尿排出；碱性尿时，氨被肾小管上皮细胞吸收入血，导致血氨升高。故临床上对因肝硬化而产生腹水的病人，不宜使用碱性利尿药，以免血氨升高

二、氨的转运

有毒的氨必须以无毒的方式经血液运送到肝或肾处理后排出体外。氨在血液中主要以谷氨酰胺或丙氨酸两种形式转运。

（一）谷氨酰胺的运氨作用

脑、骨骼肌等组织的氨以谷氨酰胺的形式运输至肝或肾。脑、骨骼肌等组织产生的氨，在谷氨酰胺合成酶催化下合成无毒的谷氨酰胺，并由血液输送到肝或肾，再经谷氨酰胺酶水解为谷氨酸及氨。

$$\underset{\text{谷氨酸}}{HOOC-CH_2-CH_2-CH(NH_2)-COOH} \underset{\text{谷氨酰胺酶}\ (H_2O \rightarrow NH_3)}{\overset{\text{谷氨酰胺合成酶}\ (NH_3,\ ATP \rightarrow ADP+Pi)}{\rightleftharpoons}} \underset{\text{谷氨酰胺}}{H_2NOC-CH_2-CH_2-CH(NH_2)-COOH}$$

谷氨酰胺是氨的解毒产物，也是氨的储存和运输的重要方式。它的生成对控制组织中氨的浓度起重

要作用。脑组织对氨的毒性极为敏感，谷氨酰胺在脑中固定和转运氨的过程中起着重要作用，因此，临床上对氨中毒患者也可通过补充谷氨酸盐来降低氨浓度。

（二）丙氨酸-葡萄糖循环

骨骼肌中生成的氨经转氨基作用将氨基转移给丙酮酸生成丙氨酸，经血液运到肝。在肝中，丙氨酸经联合脱氨基作用重新生成氨和丙酮酸，氨用于合成尿素，丙酮酸则经糖异生途径转变成葡萄糖，葡萄糖由血液输送到肌组织沿糖酵解再生成丙酮酸，后者接受氨基又生成丙氨酸。丙氨酸和葡萄糖周而复始地在骨骼肌和肝之间进行氨的转运，这一途径称为丙氨酸-葡萄糖循环（alanine-glucose cycle）（图 8-5）。经过这个循环，可使骨骼肌中的氨以无毒的丙氨酸形式运输到肝，同时肝又为骨骼肌提供了能生成丙酮酸的葡萄糖。

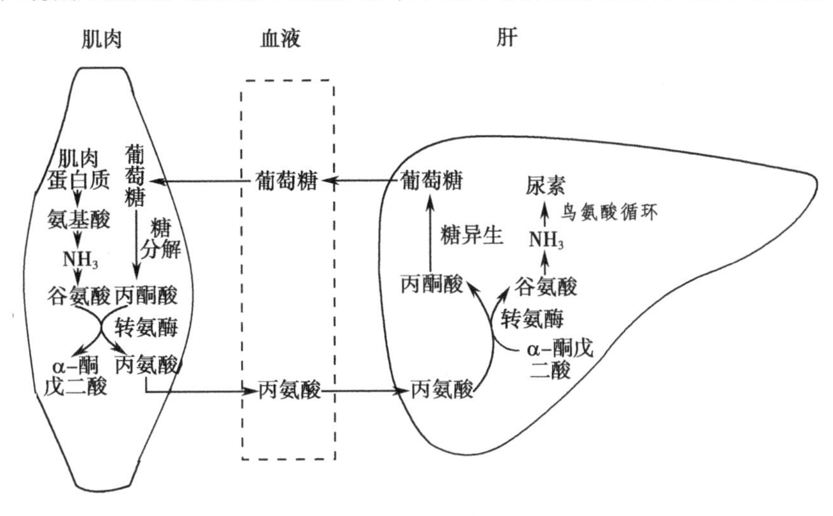

图 8-5　丙氨酸-葡萄糖循环

三、氨的去路

正常人体内 80%～90%的氨以尿素形式随尿排出，少量氨合成谷氨酰胺和参与嘌呤、嘧啶等含氮化合物的合成。

（一）生成尿素

尿素主要在肝合成，通过肾排泄。动物实验证明，如将犬的肝切除，则血液及尿中尿素含量明显降低，而血氨浓度升高。急性重型肝炎患者血、尿中几乎不含尿素，这些情况都说明肝是合成尿素的最主要器官。1932 年，德国学者 Hans Krebs 和 Kurt Henseleit 提出尿素合成的鸟氨酸循环（ornithine cycle）学说，又称尿素循环（urea cycle）。

鸟氨酸循具体过程比较复杂，大体可分为以下四步：

1. 氨基甲酰磷酸的合成　在肝细胞的线粒体中，氨、CO_2 和 H_2O 在肝特有的氨基甲酰磷酸合成酶 Ⅰ（carbamoyl phosphatesynthetase Ⅰ，CPS-Ⅰ）催化下，首先合成氨基甲酰磷酸，此反应消耗 2 分子 ATP。

氨基甲酰磷酸合成酶 Ⅰ 是鸟氨酸循环启动的关键酶，属于别构酶，*N*-乙酰谷氨酸（*N*-acetyl glutamicacid，AGA）是该酶的别构激活剂，AGA 与酶结合诱导酶的构象改变，进而增加了合成酶对 ATP 的亲和力。精氨酸是 *N*-乙酰谷氨酸合成酶的激活剂，精氨酸浓度增高时，尿素合成增加。

$$CO_2+NH_3+H_2O+2ATP \xrightarrow[N\text{-乙酰谷氨酸，}Mg^{2+}]{\text{氨基甲酰磷酸合成酶 I}} \underset{\text{氨基甲酰磷酸}}{H_2N-\overset{\overset{\displaystyle O}{\|}}{C}-O\sim PO_3^{2-}} + 2ADP+Pi$$

2. 瓜氨酸的生成　氨基甲酰磷酸在鸟氨酸氨基甲酰转移酶（ornithine carbamoyltransferase，OCT）催化下与鸟氨酸缩合成瓜氨酸。

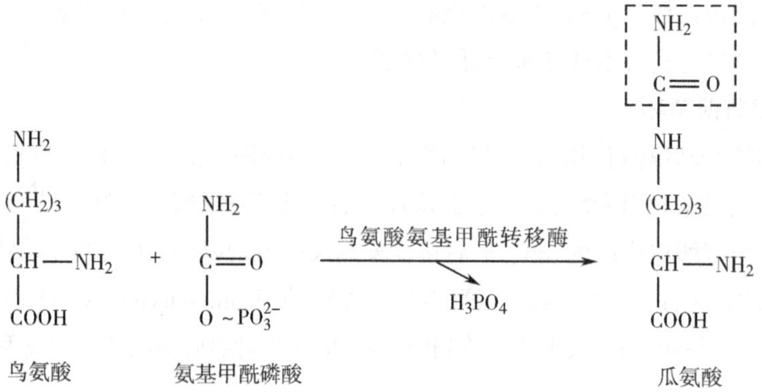

$$NH_2-(CH_2)_3-CH(NH_2)-COOH + NH_2-C(=O)-O\sim PO_3^{2-} \xrightarrow[H_3PO_4]{\text{鸟氨酸氨基甲酰转移酶}} NH_2-C(=O)-NH-(CH_2)_3-CH(NH_2)-COOH$$

鸟氨酸　　氨基甲酰磷酸　　瓜氨酸

3. 精氨酸的生成　瓜氨酸进入细胞质后，瓜氨酸与天冬氨酸经精氨酸代琥珀酸合成酶(argininosuccinate synthetase)催化生成精氨酸代琥珀酸，后者裂解产生出精氨酸和延胡索酸。天冬氨酸起着供给氨基的作用，此反应由 ATP 供能。精氨酸代琥珀酸合成酶是尿素合成启动后的关键酶，可调节尿素的合成速度。

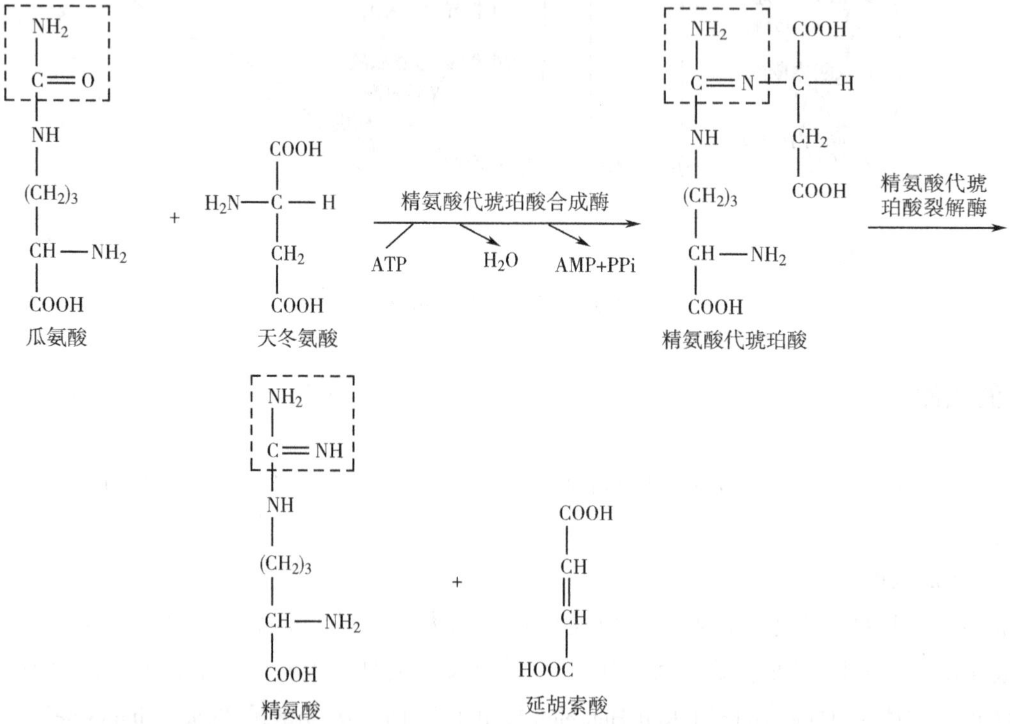

$$NH_2-C(=O)-NH-(CH_2)_3-CH(NH_2)-COOH + H_2N-CH(CH_2COOH)-COOH \xrightarrow[ATP\quad H_2O\quad AMP+PPi]{\text{精氨酸代琥珀酸合成酶}} NH_2-C(=N-CH(COOH)-CH_2-COOH)-NH-(CH_2)_3-CH(NH_2)-COOH$$

瓜氨酸　　天冬氨酸　　精氨酸代琥珀酸

$$\xrightarrow{\text{精氨酸代琥珀酸裂解酶}} NH_2-C(=NH)-NH-(CH_2)_3-CH(NH_2)-COOH + HOOC-CH=CH-COOH$$

精氨酸　　延胡索酸

4. 尿素的生成　精氨酸在胞质中经精氨酸酶的水解生成尿素和鸟氨酸，鸟氨酸再进入线粒体合成瓜氨酸再参与下一次循环过程。如此循环往复，尿素不断合成。

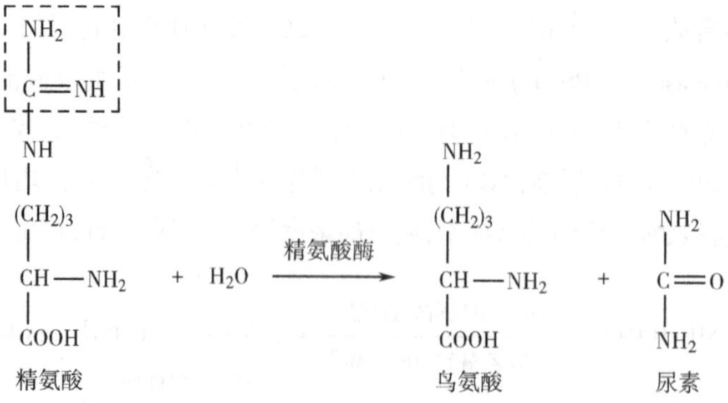

$$NH_2-C(=NH)-NH-(CH_2)_3-CH(NH_2)-COOH + H_2O \xrightarrow{\text{精氨酸酶}} NH_2-(CH_2)_3-CH(NH_2)-COOH + NH_2-C(=O)-NH_2$$

精氨酸　　鸟氨酸　　尿素

鸟氨酸循环的总反应为：

$$2NH_3 + CO_2 + 3ATP + 3H_2O \rightarrow H_2NCONH_2 + 2ADP + AMP + 2Pi + PPi$$

乌氨酸循环总过程如图 8-6 所示。

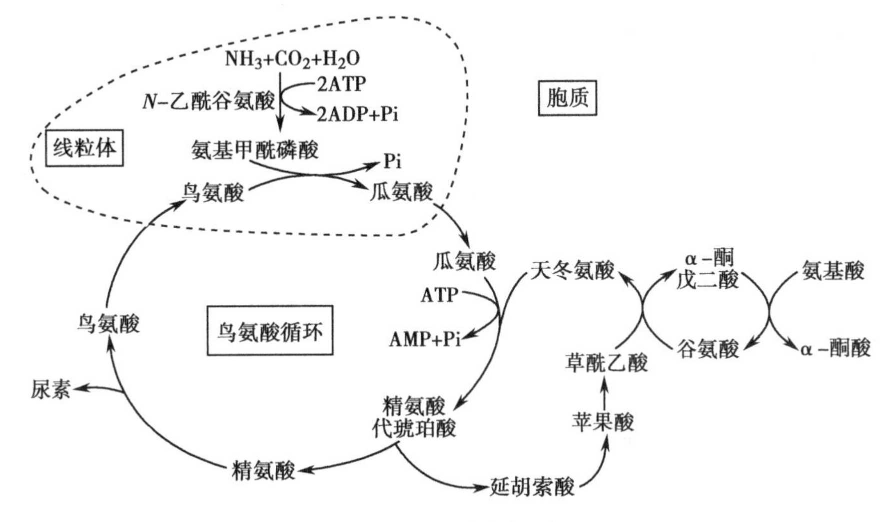

图 8-6　尿素合成的中间步骤

综上所述，每经一次鸟氨酸循环，可利用 2 分子 NH_3（1 分子来自于游离 NH_3，1 分子来自于天冬氨酸）和 1 分子 CO_2 合成 1 分子尿素。尿素合成是一耗能过程，每合成 1 分子尿素需要消耗 3 分子 ATP（4 个高能磷酸键）。

尿素合成的生理意义在于解除氨的毒性。机体正常代谢产生有毒的氨，在肝内合成无毒的尿素，再经肾排出。在肝合成尿素是机体解除氨毒的主要方式。

高蛋白膳食时，蛋白质分解增多，尿素合成速度加快，排泄的含氮物中尿素占 90%，低蛋白膳食使尿素合成速度减慢，排泄的含氮物中尿素可低至 60%。

（二）合成谷氨酰胺

脑、骨骼肌等组织产生的氨，在谷氨酰胺合成酶催化下合成无毒的谷氨酰胺。谷氨酰胺的生成不仅参与蛋白质的生物合成，而且也是体内储氨、运氨以及解氨毒的一种重要方式。

（三）氨代谢的其他途径

氨可将 α-酮酸氨基化为非必需氨基酸，如 α-酮戊二酸、草酰乙酸、丙酮酸可分别氨基化为谷氨酸、天冬氨酸和丙氨酸；氨还参与嘌呤、嘧啶等含氮化合物的合成。

正常生理情况下，血氨的来源与去路处于动态平衡之中。肝合成尿素是维持这一平衡的关键。当肝功能严重损伤时，尿素合成障碍，血氨浓度升高，称为高氨血症。一般认为，大量氨进入脑组织和脑中的 α-酮戊二酸结合成谷氨酸，谷氨酸又与氨进一步结合生成谷氨酰胺，这样虽然消耗了部分氨，但同时也消耗了脑细胞大量的 α-酮戊二酸，导致三羧酸循环减弱，从而使脑组织中 ATP 生成减少，引起大脑功能障碍，严重时可发生昏迷，这就是肝性脑病氨中毒学说的基础。

理论与实践

调节饮食防治肝性脑病

肝性脑病可以通过调节饮食防治，饮食中的蛋白质在肠道中可产生氨和其他有害物质，从而诱发、加重肝性脑病。肝性脑病患者可用植物蛋白代替动物蛋白、口服乳果糖和支链氨基酸等方法降低血氨。

患者血浆中芳香氨基酸增高，支链氨基酸减少，多量的芳香氨基酸可导致肝性脑病。因植物蛋白含支链氨基酸较多，调整肝性脑病患者的食物氨基酸谱，用植物蛋白代替动物蛋白。乳果糖是一种合成双糖，乳果糖使肠道呈酸性环境，不利于产尿素酶的细菌生长而使氨的生成量减少，同时酸性环境有利于血氨重吸收到肠道中从而降低血氨，达到治疗肝性脑病的作用。

第五节 个别氨基酸的代谢

有些氨基酸除了参加共有代谢途径外，还有其特殊的代谢途径，生成具有重要生理作用的含氮化合物。本节主要讨论氨基酸的脱羧基作用，一碳单位代谢，含硫氨酸代谢，芳香族氨基酸代谢以及支链氨基酸的代谢。

一、氨基酸的脱羧基作用

某些氨基酸可在氨基酸脱羧酶（decarboxylase）催化下进行脱羧基作用（decarboxylation），生成有重要生理功能的胺，氨基酸脱羧酶的辅酶为磷酸吡哆醛。

$$\underset{\text{氨基酸}}{R-\underset{\underset{NH_2}{|}}{CH}-COOH} \xrightarrow[\text{磷酸吡哆醛}]{\text{脱羧酶}} \underset{\text{胺}}{R-CH_2NH_2} + CO_2$$

胺类物质在生理浓度时常具有重要生理作用，但这些物质在体内蓄积，则会引起神经、心血管系统功能紊乱。体内广泛存在着胺氧化酶，能将胺类氧化成相应的醛类，再进一步氧化成羧酸，从而避免胺类在体内蓄积。下面列举几种氨基酸脱羧产生的重要胺类物质。

（一）γ-氨基丁酸

谷氨酸在 *L*-谷氨酸脱羧酶催化下脱羧基生成 γ-氨基丁酸（γ-aminobutyric acid，GABA）。*L*-谷氨酸脱羧酶在脑、肾组织中活性很高，所以脑中 γ-氨基丁酸含量较高。

$$\underset{\text{谷氨酸}}{\begin{array}{c}COOH\\|\\(CH_2)_2\\|\\CHNH_2\\|\\COOH\end{array}} \xrightarrow[\searrow CO_2]{L\text{-谷氨酸脱羧酶}} \underset{\gamma\text{-氨基丁酸}}{\begin{array}{c}COOH\\|\\(CH_2)_2\\|\\CH_2NH_2\end{array}}$$

γ-氨基丁酸是一种抑制性神经递质，对中枢神经有抑制作用。睡眠时大脑皮层产生较多的 γ-氨基丁酸。临床上使用维生素 B_6 治疗小儿抽搐和妊娠呕吐，原因就是维生素 B_6 构成脱羧酶的辅酶，使 γ-氨基丁酸生成增多，增强对中枢的抑制作用。

（二）组胺

组氨酸脱羧生成组胺（histamine）。组胺主要由肥大细胞产生并贮存，在乳腺、肺、肝、肌及胃黏膜中含量较高。组胺是一种强烈的血管舒张剂，并能增加毛细血管的通透性，造成血压下降和局部水肿。此外，组胺与过敏反应症状密切相关；组胺可促进平滑肌收缩；组胺还可刺激胃蛋白酶和胃酸的分泌。

$$\underset{\text{组氨酸}}{\text{(咪唑环)}-CH_2\underset{\underset{NH_2}{|}}{CH}COOH} \xrightarrow[\searrow CO_2]{\text{组氨酸脱羧酶}} \underset{\text{组胺}}{\text{(咪唑环)}-CH_2CH_2NH_2}$$

（三）5-羟色胺

色氨酸首先由色氨酸羟化酶催化生成 5-羟色氨酸，再经脱羧酶作用生成 5-羟色胺

(5-hydroxytryptamine, 5-HT)。5-羟色胺分布广泛，5-羟色胺在脑组织是一种抑制性神经递质；在外周组织中具有强烈的血管收缩作用。

$$\text{色氨酸} \xrightarrow{\text{色氨酸羟化酶}} \text{5-羟色氨酸} \xrightarrow[-CO_2]{\text{5-羟色氨酸脱羧酶}} \text{5-羟色胺}$$

(四)牛磺酸

半胱氨酸可经氧化、脱羧生成牛磺酸，牛磺酸是结合胆汁酸的重要组成成分。

$$\underset{L\text{-半胱氨酸}}{CH_2SH-CHNH_2-COOH} \xrightarrow{3[O]} \underset{\text{磺基丙氨酸}}{CH_2SO_3H-CHNH_2-COOH} \xrightarrow[-CO_2]{\text{磺基丙氨酸脱羧酶}} \underset{\text{牛磺酸}}{CH_2SO_3H-CHNH_2}$$

(五)多胺

含有多个氨基的化合物称多胺。鸟氨酸及甲硫氨酸经脱羧基等作用可生成多胺，鸟氨酸脱羧酶是多胺合成的关键酶，反应如下：

$$L\text{-鸟氨酸} \xrightarrow[-CO_2]{\text{鸟氨酸脱羧酶}} H_2N-(CH_2)_4-NH_2\text{(腐胺)}$$

$$S\text{-腺苷甲硫氨酸(SAM)} \xrightarrow[-CO_2]{\text{SAM脱羧酶}} \text{腺苷}-S-(CH_2)_3-NH_2\text{(脱羧基SAM)}$$

$$\text{腐胺} + \text{脱羧基SAM} \xrightarrow[-\text{腺苷}-S-CH_3]{\text{丙胺转移酶}} H_2N-(CH_2)_3-NH-(CH_2)_4-NH_2\text{(精脒)}$$

$$\text{精脒} + \text{脱羧基SAM} \xrightarrow[-\text{腺苷}-S-CH_3]{\text{丙胺转移酶}} H_2N-(CH_2)_3-NH-(CH_2)_4-NH-(CH_2)_3-NH_2\text{(精胺)}$$

精脒和精胺均属多胺，它们是调节细胞生长的重要物质，有促进核酸、蛋白质合成的作用，有利于细胞增殖。凡生长旺盛的组织(胚胎、再生肝、癌瘤组织等)多胺含量均增加。目前，临床上常测定肿瘤病人血、尿中多胺含量作为观察病情和辅助诊断的指标之一。

二、一碳单位的代谢

(一)一碳单位的概念

某些氨基酸在分解代谢过程中产生的含有一个碳原子的有机基团，称一碳单位或一碳基团(one carbon unit)。包括甲基($-CH_3$)、亚甲基($-CH_2$)、次甲基($=CH-$)、甲酰基($-CHO$)、亚氨甲基($-CH=NH$)等。

(二)一碳单位的载体

一碳单位不能游离存在，常与四氢叶酸(FH_4)结合而转运并参加代谢。FH_4是一碳单位的载体，也是一碳单位代谢的辅酶。

可用R表示

5,6,7,8－四氢叶酸(FH_4)

$$\text{叶酸} \xrightarrow[\text{NADPH+H}^+ \quad \text{NADP}^+]{\text{二氢叶酸还原酶}} \text{二氢叶酸} \xrightarrow[\text{NADPH+H}^+ \quad \text{NADP}^+]{\text{二氢叶酸还原酶}} \text{四氢叶酸}$$

（三）一碳单位的来源、互变及利用

一碳单位主要来源于丝氨酸、甘氨酸、组氨酸、色氨酸的分解代谢。各种形式的一碳单位中碳原子的氧化状态不同，在适当条件下它们可以通过氧化还原反应相互转变。但是 N^5-甲基四氢叶酸的生成基本是不可逆的，也就是说 N^5-甲基四氢叶酸不能转化为其他类型的一碳单位，它的主要作用是提供甲基。一碳单位的来源、互变及利用见图 8-7。

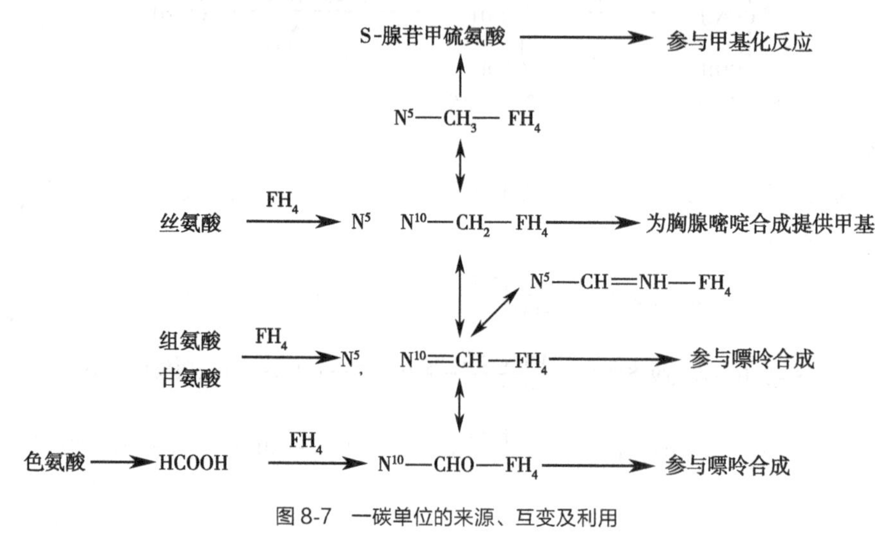

图 8-7 一碳单位的来源、互变及利用

（四）一碳单位的生理功能

一碳单位的主要生理功能是作为嘌呤、嘧啶的合成原料，在核酸代谢中具有重要意义。如 N^5,N^{10}—CH_2—FH_4 直接提供甲基用于 dUMP 向 dTMP 的转化，N^{10}—CHO—FH_4 和 N^5,N^{10}—CH=FH_4 分别参与嘌呤碱中 C_2、C_8 的生成。因此，一碳单位代谢与细胞的增殖、组织生长和机体发育等重要过程密切相关。

一碳单位还参与 S-腺苷甲硫氨酸的合成，后者参与体内重要的甲基化反应，为激素、磷脂、核酸等的合成提供活性甲基。

另外，一碳单位代谢可把氨基酸代谢与核酸代谢联系起来，一碳单位的代谢障碍可造成某些病理情况，例如巨幼细胞贫血等，因而对机体生命活动有重要意义。

三、含硫氨基酸的代谢

含硫氨基酸包括甲硫氨酸、半胱氨酸和胱氨酸三种。甲硫氨酸可以转变为半胱氨酸和胱氨酸，后两者也可以互相转变，但他们不能转变为甲硫氨酸，所以甲硫氨酸是必需氨基酸。

（一）甲硫氨酸代谢

甲硫氨酸与 ATP 反应经腺苷转移酶催化生成 S-腺苷甲硫氨酸（S-adenosyl methionine，SAM），SAM 为甲基的供体，是甲硫氨酸的活性形式，可参与多种重要的甲基化反应。SAM 提供甲基后转变为 S-腺苷同型半胱氨酸，进一步脱去腺苷转变成同型半胱氨酸，同型半胱氨酸在转甲基酶催化下，从 N^5-甲基四氢叶酸上再获得甲基后又生成了甲硫氨酸，形成了甲硫氨酸在体内的循环，故称为甲硫氨酸循环（methionine cycle）（图 8-8）。

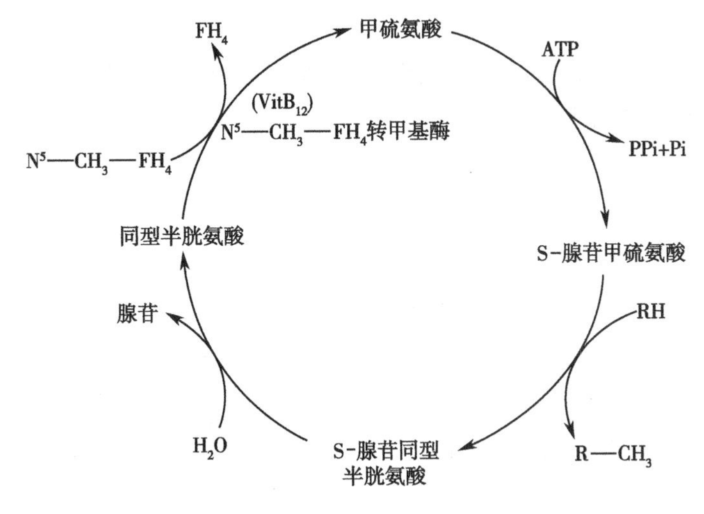

图 8-8　甲硫氨酸循环

催化 $N^5—CH_3—FH_4$ 与同型半胱氨酸重新生成甲硫氨酸的过程中，需要维生素 B_{12} 为辅酶，因此当维生素 B_{12} 缺乏时，$N^5—CH_3—FH_4$ 的甲基转移受阻，不仅影响甲硫氨酸的重新生成，还影响 FH_4 的再生，使组织中游离 FH_4 减少，导致核酸合成障碍，细胞分裂受阻，导致引起巨幼细胞贫血。

同型半胱氨酸在血中浓度堆积可造成高半胱氨酸血症，它是心血管疾病和高血压的危险因子。

甲硫氨酸循环生理意义就在于将四氢叶酸携带的不活泼的甲基转变为机体可直接利用的活泼甲基，以进行体内广泛存在的甲基化反应。据统计，体内有 50 多种物质的合成需要 SAM 提供甲基，生成甲基化合物，如 DNA、RNA 及蛋白质的甲基化，还有肌酸、胆碱、肾上腺素等的合成。

（二）半胱氨酸和胱氨酸的代谢

1. 半胱氨酸和胱氨酸的相互转变　半胱氨酸含有巯基（—SH），胱氨酸含有二硫键（—S—S—），二者可通过氧化还原而互变。在蛋白质分子中两个半胱氨酸残基间所形成的二硫键对维持蛋白质分子空间结构起重要作用。而蛋白质分子中半胱氨酸的巯基是许多蛋白质或酶的活性基团。

$$2\ \begin{array}{c} CH_2SH \\ | \\ CH—NH_2 \\ | \\ COOH \end{array} \underset{+2H}{\overset{-2H}{\rightleftharpoons}} \begin{array}{ccc} CH_2 & —S—S— & CH_2 \\ | & & | \\ CH—NH_2 & & CH—NH_2 \\ | & & | \\ COOH & & COOH \end{array}$$

L-半胱氨酸　　　　　　　　　胱氨酸

2. 生成活性硫酸根　含硫氨基酸在体内氧化分解生成硫酸根，半胱氨酸是硫酸根主要的来源。体内的硫酸根一部分以硫酸盐的形式随尿排出，一部分经 ATP 活化生成活性硫酸根，即 3′-磷酸腺苷-5′-磷酸硫酸（PAPS）。PAPS 的性质活泼，是硫酸根的供体使某些物质形成硫酸酯，这种反应在肝的生物转化中有重要作用。

NH_2
N
N
O
$^-O_3S—O—P—O—H_2C$　O
OH
H_2O_3PO　OH

PAPS的结构

3. **半胱氨酸生成牛磺酸** 半胱氨酸生成牛磺酸参与结合型胆汁酸生成。

四、芳香族氨基酸的代谢

苯丙氨酸和酪氨酸结构相似,在体内苯丙氨酸可转变成酪氨酸,所以合并在一起讨论。

(一)苯丙氨酸与酪氨酸的代谢

正常情况下,苯丙氨酸的主要代谢是经羟化作用生成酪氨酸,酪氨酸进一步代谢生成多巴胺、去甲肾上腺素、肾上腺素、黑色素等多种物质(图 8-9)。多巴胺、去甲肾上腺素、肾上腺素统称为儿茶酚胺(catecholamine)。苯丙氨酸和酪氨酸代谢障碍可导致多种疾病。

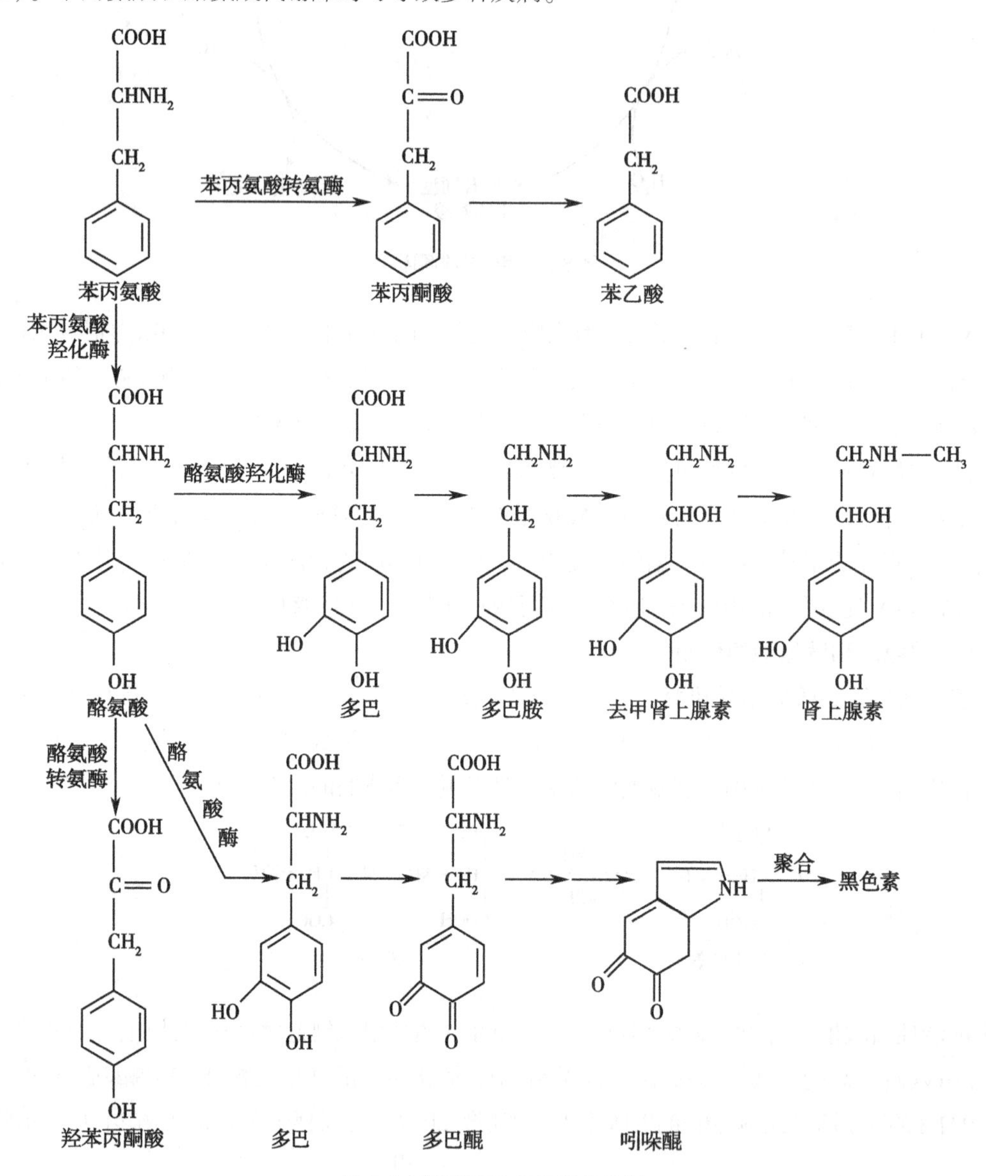

图 8-9 苯丙氨酸与酪氨酸的代谢

1. **苯丙酮尿症** 苯丙氨酸除能转变为酪氨酸外,少量可经转氨基作用生成苯丙酮酸。当苯丙氨酸羟化酶先天性缺乏时,苯丙氨酸不能正常地转变为酪氨酸,体内苯丙氨酸蓄积,并经转氨基作用生成苯丙酮酸(一部分还原为苯乙酸)由尿排出,称苯丙酮尿症(phenylketonuria,PKU)。苯丙酮酸的堆积对中枢神经系统有毒性,故本病伴发智力发育障碍。早期发现可控制饮食中苯丙氨酸含量,有利于智力发育。

2. **帕金森病** 帕金森病(parkinson disease)是由于脑多巴胺的生成减少所导致的一种严重的神经系

统疾病。临床常用多巴治疗,多巴本身不能通过血脑屏障无直接疗效,但在相应组织中脱羧可生成多巴胺达到治疗作用。

3. 白化病 在黑色素细胞中酪氨酸可经酪氨酸酶催化生成多巴,再经氧化、脱羧、聚合等反应生成黑色素。人体先天性缺乏酪氨酸酶,黑色素合成障碍,皮肤、毛发等发白,称为白化病(albinism)。患者畏光,对紫外线敏感,容易患皮肤癌。

4. 尿黑酸尿症 尿黑酸氧化酶先天缺乏,尿黑酸不能氧化而随尿排出,与空气接触后导致尿液变黑,故称尿黑酸尿症(alkaptonuria)。

(二)色氨酸代谢

色氨酸代谢除前文已述及的羟化脱羧生成5-羟色胺,色氨酸还是一碳单位的供体,也可分解生成丙酮酸和乙酰辅酶A,所以,色氨酸是生糖兼生酮氨基酸。色氨酸在体内还可产生维生素PP,这是体内合成维生素的特例,合成量甚少,不能满足机体需要。

五、支链氨基酸的代谢

支链氨基酸包括亮氨酸、异亮氨酸和缬氨酸,它们均为必需氨基酸。三种氨基酸在体内的有相似的代谢过程,首先都要经脱氨基作用生成α-酮酸,再经过氧化脱羧生成相应的脂酰CoA,经若干步反应,亮氨酸产生乙酰CoA及乙酰乙酰CoA,缬氨酸产生琥珀酰CoA,异亮氨酸产生乙酰CoA及琥珀酰CoA。所以,这三种氨基酸分别是生酮氨基酸、生糖氨基酸和生糖兼生酮氨基酸。支链氨基酸的分解代谢主要在骨骼肌中进行。

(马红雨)

学习小结

蛋白质具有重要的生理功能，它既是生物体的结构分子，又是生命活性物质（如酶、激素、抗体）的物质基础，在特殊生理条件下，蛋白质也可以给机体供能。

通过测定每日食物中氮的摄入量和测定尿、粪代谢废物中氮的排出量，就可反映人体蛋白质的代谢概况，氮平衡有氮的总平衡、氮的正平衡、氮的负平衡。各种蛋白质由于所含氨基酸种类和数量不同，其营养价值也不相同。体内不能合成或合成量不足而必须由食物供给的氨基酸，称为营养必需氨基酸。营养必需氨基酸有8种。

外源性氨基酸和内源性氨基酸混在一起，分布于体内各处，参与代谢，称为氨基酸代谢库。脱氨基作用是氨基酸分解代谢的主要途径。氨基酸脱氨基生成α-酮酸和氨。氨基酸的脱氨基作用主要包括氧化脱氨基、转氨基、联合脱氨基等，其中的联合脱氨基作用是体内大多数氨基酸脱氨基的主要方式，也是体内合成非必需氨基酸的重要途径。氨是有毒物质。体内的氨通过形成无毒的谷氨酰胺运输和储存，大部分氨经过鸟氨酸循环转变成尿素排出体外。

氨基酸通过脱羧基作用产生胺类物质，如γ-氨基丁酸、组胺、5-羟色胺、多胺等，这些物质具有重要的生理作用。

氨基酸代谢还可产生多种重要的生物活性物质。丝氨酸、甘氨酸、组氨酸、色氨酸分解代谢生成一碳单位。甲硫氨酸循环提供活性甲基。苯丙氨酸与酪氨酸的代谢可以生成多巴胺、去甲肾上腺素、肾上腺素、黑色素等多种物质。

复习参考题

1. 氨基酸脱氨基作用有几种方式？
2. 简述血氨的来源与去路。
3. 简述一碳单位的定义、来源和生理意义。
4. 简述叶酸、维生素B_{12}缺乏导致巨幼细胞贫血的生化机制。

第九章 核苷酸代谢

9

学习目标	
掌握	核苷酸的生物学功能；从头合成途径的原料、特点；脱氧核糖核苷酸的生成特点；核苷酸分解代谢的主要产物。
熟悉	补救合成途径；核苷酸抗代谢物及其作用机制。
了解	核苷酸合成和分解过程。

核苷酸是核酸的基本结构单位。人体内的核苷酸主要由机体细胞自身合成,所以核苷酸不属于营养必需物质。

食物中的核酸多以核蛋白的形式存在。核蛋白在胃中受胃酸的作用,分解为核酸和蛋白质。核酸进入小肠后,在胰液和肠液中各种水解酶的作用逐步水解(图 9-1)。核苷酸及其水解产物均可被肠黏膜细胞吸收和利用。在细胞内,戊糖进入戊糖代谢;嘌呤和嘧啶碱则进一步分解而排出体外。故食物来源的嘌呤和嘧啶碱很少为机体所用。

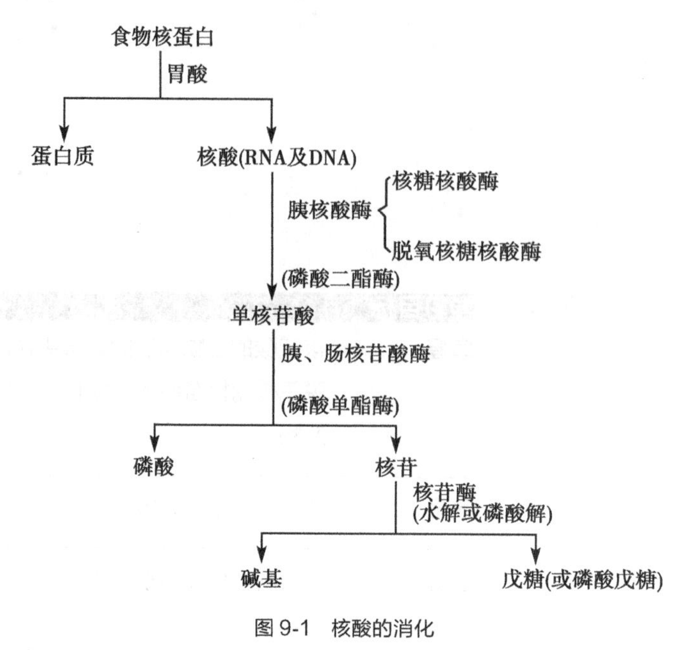

图 9-1　核酸的消化

核苷酸是生物体内极为重要的物质,具有多种生理功能:①核酸合成的原料,这是核苷酸最主要的功能;②作为直接供能物质(ATP、GTP 等),为机体提供能量;③作为多种活化中间代谢物的载体(如 UDPG、CDP-胆碱等)参与代谢;④辅酶的组成成分,如腺苷酸是多种辅酶(NAD^+、$NADP^+$、FAD 及辅酶 A 等)的组成成分;⑤参与代谢和生理调节,如 cAMP 和 cGMP 是细胞内信号传导的第二信使,AMP、ADP 和 ATP 等是酶的别构效应剂等。

第一节　嘌呤核苷酸的代谢

一、嘌呤核苷酸的合成代谢

体内嘌呤核苷酸的合成有两种途径:一是利用磷酸核糖、氨基酸、一碳单位及 CO_2 等简单物质为原料,经过一系列酶促反应合成嘌呤核苷酸,称从头合成(de novo synthesis);二是利用体内游离的嘌呤或嘌呤核苷,经过简单的反应合成嘌呤核苷酸,称补救合成(salvage pathway)。从头合成是大多数组织核苷酸合成的主要途径,但脑和骨髓则进行补救合成。

(一)嘌呤核苷酸的从头合成

1. 合成原料　包括 5-磷酸核糖、谷氨酰胺、甘氨酸、天冬氨酸、一碳单位和 CO_2。其中嘌呤碱的元素来源见图 9-2。

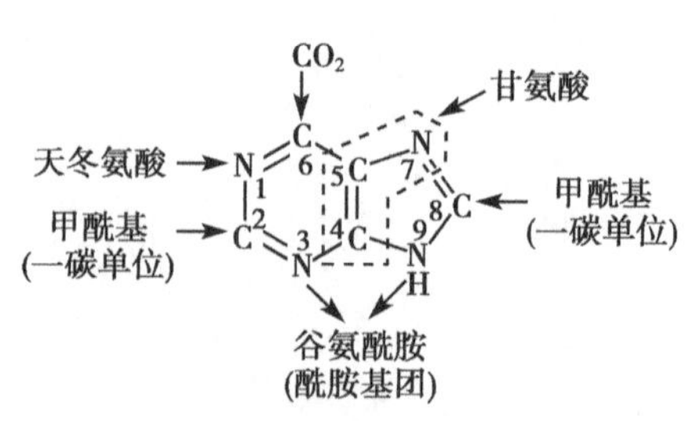

图 9-2　嘌呤碱合成的元素来源

2. 合成过程　嘌呤核苷酸的从头合成主要在肝,其次在小肠黏膜和胸腺的胞质中进行。合成过程较为复杂,其特点是在磷酸核糖的基础上由简单物质或基团转移逐渐合成嘌呤环部分。反应可分为两个阶段：首先合成次黄嘌呤核苷酸（inosine monophosphate，IMP），然后再转变成 AMP 和 GMP。

（1）IMP 的合成：需经过十一步反应完成（图 9-3）。首先，5-磷酸核糖经磷酸核糖焦磷酸合成酶作用，活化生成磷酸核糖焦磷酸（phosphoribosyl pyrophosphate，PRPP），然后，在磷酸核糖酰胺转移酶的催化下，谷氨酰胺的酰胺基取代 PRPP 上的焦磷酸，形成 5-磷酸核糖胺（PRA）。以上两个步骤是 IMP 合成的关键步骤。在 PRA 的基础上，将甘氨酸分子、N^5，N^{10}-甲炔四氢叶酸、谷氨酰胺的酰胺氮、CO_2、天冬氨酸、N^{10}-甲酰四氢叶酸依次掺入，经九步酶促反应，生成 IMP。

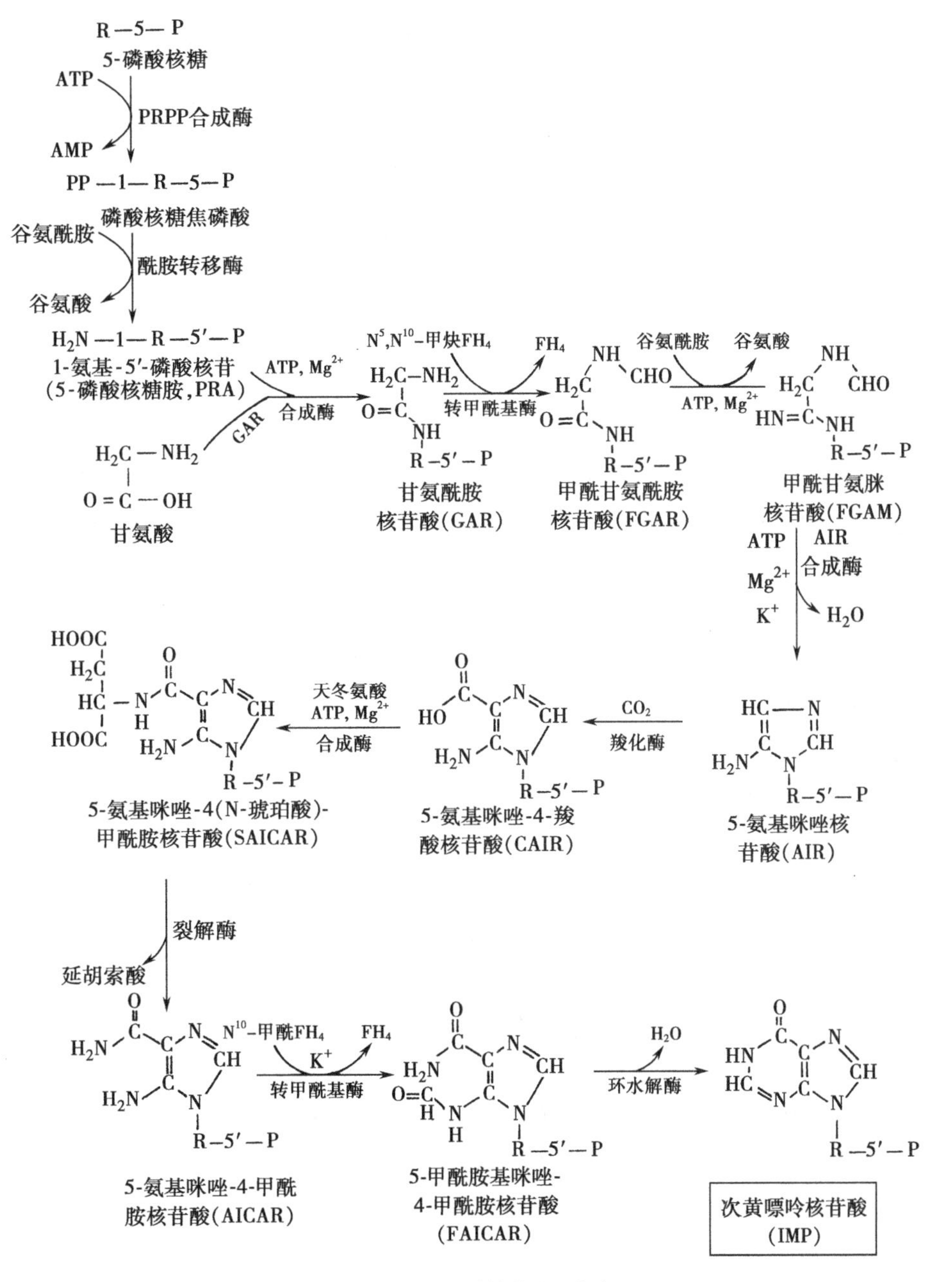

图 9-3　次黄嘌呤核苷酸的合成

（2）AMP 和 GMP 的生成：IMP 是 AMP 和 GMP 的前体（图 9-4）。AMP 和 GMP 在激酶的作用下，经过二步磷酸化分别生成 ATP 和 GTP。

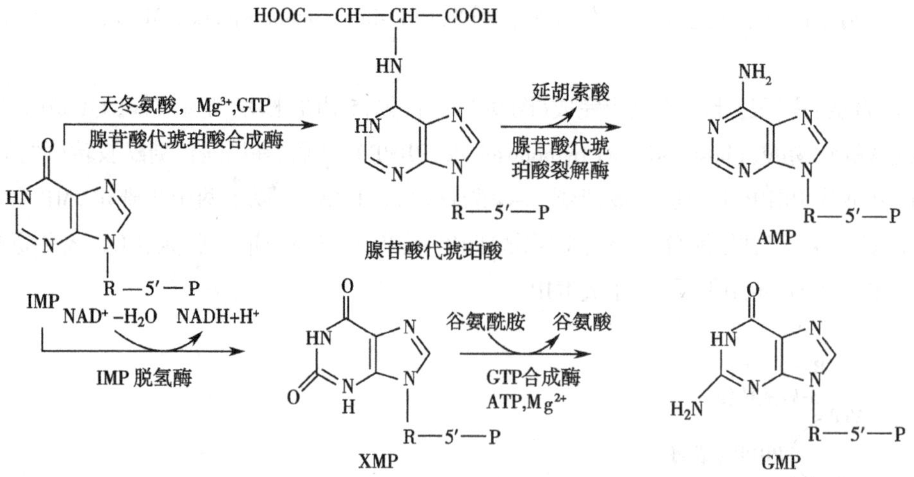

图 9-4 IMP 转化成 AMP 和 GMP

$$\text{AMP} \xrightarrow{\text{激酶}} \text{ADP} \xrightarrow{\text{激酶}} \text{ATP}$$

$$\text{GMP} \xrightarrow{\text{激酶}} \text{GDP} \xrightarrow{\text{激酶}} \text{GTP}$$

3. **合成调节** 从头合成是体内核苷酸的主要来源,但此过程要消耗氨基酸等原料和大量 ATP。机体通过对其合成速度的精细调节,以满足合成核酸对嘌呤核苷酸的需求,同时又避免“供过于求”对营养物及能量的消耗。调节的机制是反馈调节。嘌呤核苷酸从头合成起始阶段的 PRPP 合成酶和 PRPP 酰胺转移酶均可被合成产物 IMP、AMP 和 GMP 等反馈抑制。而 PRPP 增加可以促进 PRPP 酰胺转移酶活性,加速 PRA 生成。在嘌呤核苷酸合成的调节中,PRPP 合成酶可能比 PRPP 酰胺转移酶起更大的作用。此外,由 IMP 转变成 AMP 时需要 GTP 参与,而 IMP 转变成 GMP 时需要 ATP。因此 GTP 可以促进 AMP 的生成,而 ATP 也可以促进 GMP 的生成,这种交叉调节作用对于维持 AMP 和 GMP 浓度的平衡具有重要意义。

(二)嘌呤核苷酸的补救合成

补救合成比从头合成简单,消耗能量少。参与补救合成的酶主要是腺嘌呤磷酸核糖转移酶(adenine phosphoribosyl transferase, APRT)、次黄嘌呤-鸟嘌呤磷酸核糖转移酶(hypoxanthine-guanine phosphoribosyl transferase, HGPRT)和腺苷激酶。

$$\text{腺嘌呤} + \text{PRPP} \xrightarrow{\text{APRT}} \text{AMP} + \text{PPi}$$

$$\text{次黄嘌呤} + \text{PRPP} \xrightarrow{\text{HGPRT}} \text{IMP} + \text{PPi}$$

$$\text{鸟嘌呤} + \text{PRPP} \xrightarrow{\text{HGPRT}} \text{GMP} + \text{PPi}$$

$$\text{腺苷} + \text{ATP} \xrightarrow{\text{腺苷激酶}} \text{AMP} + \text{ADP}$$

嘌呤核苷酸补救合成的生理意义在于:一方面可以节省从头合成时能量和一些氨基酸的消耗;另一方面,对某些组织补救合成具有更重要的意义,例如脑和骨髓等由于缺乏从头合成的酶系,只能进行嘌呤核苷酸的补救合成。Lesch-Nyhan 综合征(或称自毁容貌症)就是由于先天基因缺陷导致 HGPRT 缺失所引起的一种遗传代谢性疾病。

相关链接

Lesch-Nyhan 综合征

Lesch-Nyhan 综合征又称自毁容貌综合征,是一种特殊的伴 X 染色体隐性遗传病,其突变基因定位在染色体 Xq26~q27.2 上,发病率为 1/380 000~1/100 000。Lesch-Nyhan 综合征的临床表现为高尿酸血症和高尿酸尿症。具体症状如痛风性关节炎、高尿酸性尿路结石、智力低下、痉挛性脑瘫、舞蹈样不自主运动、咬嘴唇和手指的强迫性自残行为等。还可能会出现巨幼细胞贫血。

该病的发病机制是由于体内嘌呤核苷酸代谢中的次黄嘌呤-鸟嘌呤磷酸核糖转移酶(HGPRT)缺乏,以致使磷酸核糖基不能转移到次黄嘌呤和鸟嘌呤上形成IMP和GMP,而IMP和GMP对于嘌呤的合成有反馈作用。因此该病患者由于嘌呤合成增多致使其终末产物尿酸大量蓄积体内出现高尿酸血症。D1-多巴胺拮抗因子可能与本病的神经系统表现尤其是自残行为有关。

(三)脱氧核糖核苷酸的生成

体内脱氧核糖核苷酸是由相应的核糖核苷酸还原而生成的。核糖核苷酸在二磷酸核苷(NDP)的水平上还原(N代表A、G、U、C等碱基)生成二磷酸脱氧核苷(dNDP),其总反应如下:

$$\mathrm{NDP} \xrightarrow[\text{核糖核苷酸还原酶}]{\mathrm{NADPH+H^+} \;\;\; \mathrm{NADP^+ + H_2O}} \mathrm{dNDP}$$

核糖核苷酸的还原反应比较复杂,核糖核苷酸还原酶从NADPH+H⁺获得电子时,需要一种硫氧化还原蛋白作为递电子体,硫氧化还原蛋白(含—SH)在氧化还原中还需要硫氧还原蛋白还原酶参与(图9-5)。

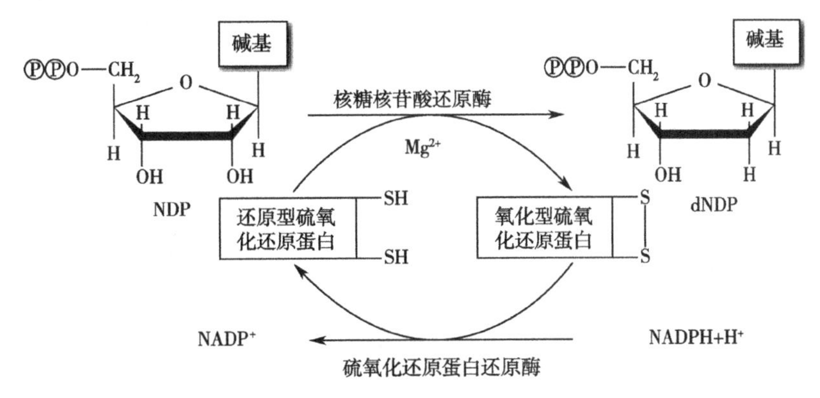

图9-5 脱氧核糖核苷酸的生成

如上所述,与嘌呤脱氧核苷酸的生成一样,嘧啶脱氧核苷酸(dUDP、dCDP)也是通过相应的二磷酸嘧啶核苷的直接还原而生成的。

上述生成的dNDP,经过激酶的作用再被磷酸化成三磷酸脱氧核苷(dNTP)。

二、嘌呤核苷酸的分解代谢

案例9-1

患者,男,40岁。近一年来发现左足趾、足背偶尔肿痛,2周前因酒后卧睡受凉疼痛加剧,故来医院就诊。查体:面红,左足背及踇指红、肿、压痛、功能受限。实验室检查:血沉:80mm/h,血尿酸:700μmol/L。

思考:

1. 根据患者症状及实验室检查,初步诊断是什么?
2. 确诊还需做何检查?
3. 痛风发病的机制是什么?
4. 日常饮食中应该注意哪些问题?

嘌呤核苷酸的分解代谢主要是在肝、小肠及肾中进行。细胞中的嘌呤核苷酸在核苷酸酶催化下水解生成嘌呤核苷,然后经核苷磷酸化酶催化,生成嘌呤碱基和1-磷酸核糖。后者在磷酸核糖变位酶催化下转变为5-磷酸核糖,既可以进入磷酸戊糖途径也可作为合成PRPP的原料。嘌呤碱既可参加核苷酸的补救合成,也可进一步水解,最终分解生成尿酸,随尿排出体外。反应过程如图9-6。

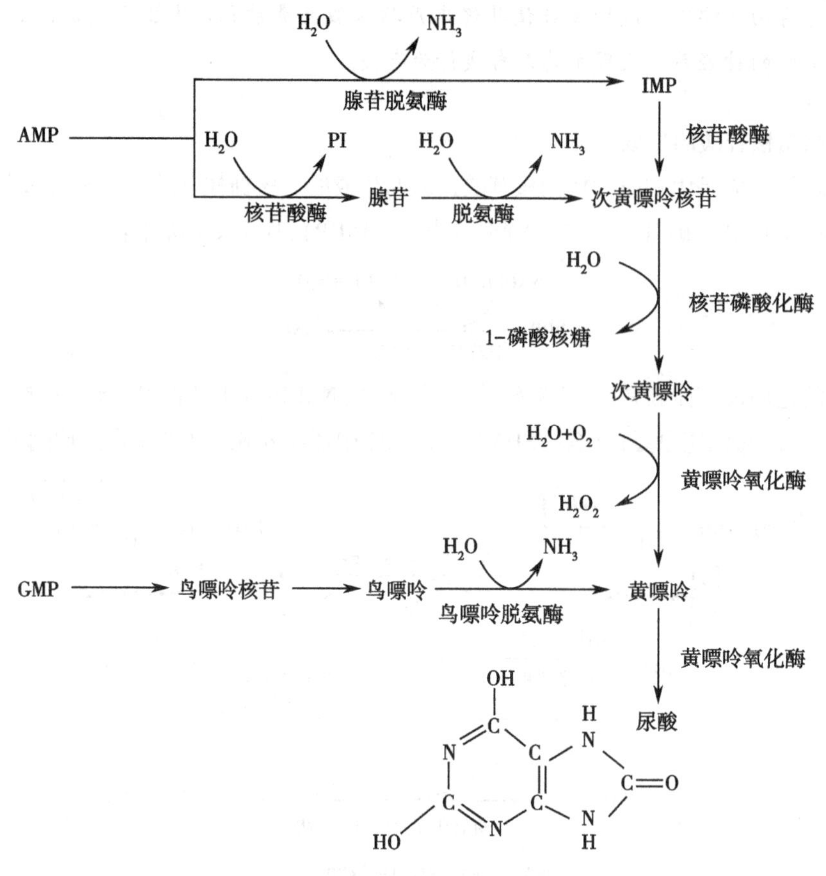

图9-6　嘌呤核苷酸的分解代谢

成年男性血尿酸含是为208~416μmol/L(3.5~7.0mg/dl);女性为149~358μmol/L(2.5~6.0mg/dl)。尿酸的水溶性较差。当血中尿酸含量超过0.48mmol/L(8mg/dl)时,尿酸盐可在关节、软组织、软骨和肾等处形成结晶并沉积,而导致关节炎,尿路结石及肾疾病,尤其是常常引起痛风症(gout)。临床上常用别嘌呤醇治疗痛风症。别嘌呤醇与次黄嘌呤结构类似,只是分子中的 N_7 与 C_8 互换了位置,故可竞争性抑制黄嘌呤氧化酶,从而抑制尿酸的生成。黄嘌呤和次黄嘌呤的水溶性比尿酸大得多,故不会沉积形成结晶。同时,别嘌呤醇与PRPP生成别嘌呤核苷酸,不仅消耗了核苷酸合成所必需的PRPP,还可作为IMP的类似物,反馈地抑制嘌呤核苷酸从头合成的酶,这两方面的作用均可减少嘌呤核苷酸的合成。

次黄嘌呤　　　　别嘌呤醇

第二节　嘧啶核苷酸的代谢

一、嘧啶核苷酸的合成代谢

嘧啶核苷酸的合成代谢也有从头合成和补救合成两条途径。

（一）嘧啶核苷酸的从头合成

1. 合成原料　包括谷氨酰胺、CO_2、天冬氨酸和5-磷酸核糖。嘧啶碱的各元素来源见图 9-7。

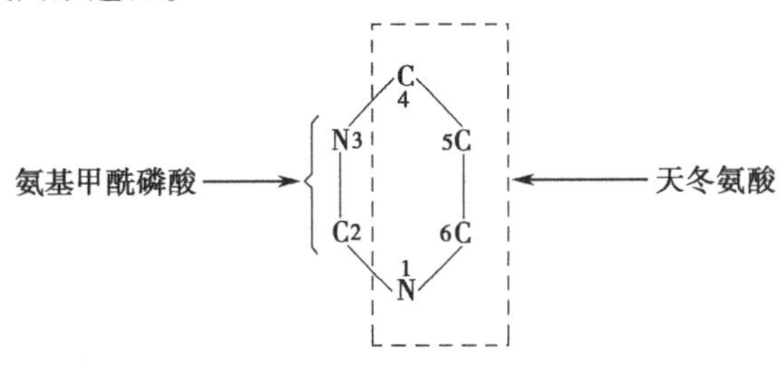

图 9-7　嘧啶碱合成的元素来源

2. 合成过程　嘧啶核苷酸的从头合成的组织器官是肝，合成的酶系大多在细胞质中，合成过程也较复杂，其特点是先以小分子物质为原料逐步合成嘧啶碱基后再与磷酸核糖相连而成。合成的过程如下：

（1）UMP 的合成：首先谷氨酰胺、CO_2 和 ATP 在氨基甲酰磷酸合成酶Ⅱ（carbamyl phosphate synthetase Ⅱ，CPSⅡ）的催化下生成氨基甲酰磷酸，氨基甲酰磷酸在天冬氨酸氨基甲酰转移酶的催化下与天冬氨酸结合生成氨甲酰天冬氨酸，氨甲酰天冬氨酸脱水环化生成二氢乳清酸后在经脱氢生成乳清酸，乳清酸在乳清酸磷酸核糖转移酶的催化下从 PRPP 获得磷酸核糖而生成乳清酸核苷酸，后者脱羧生成 UMP（图 9-8）。

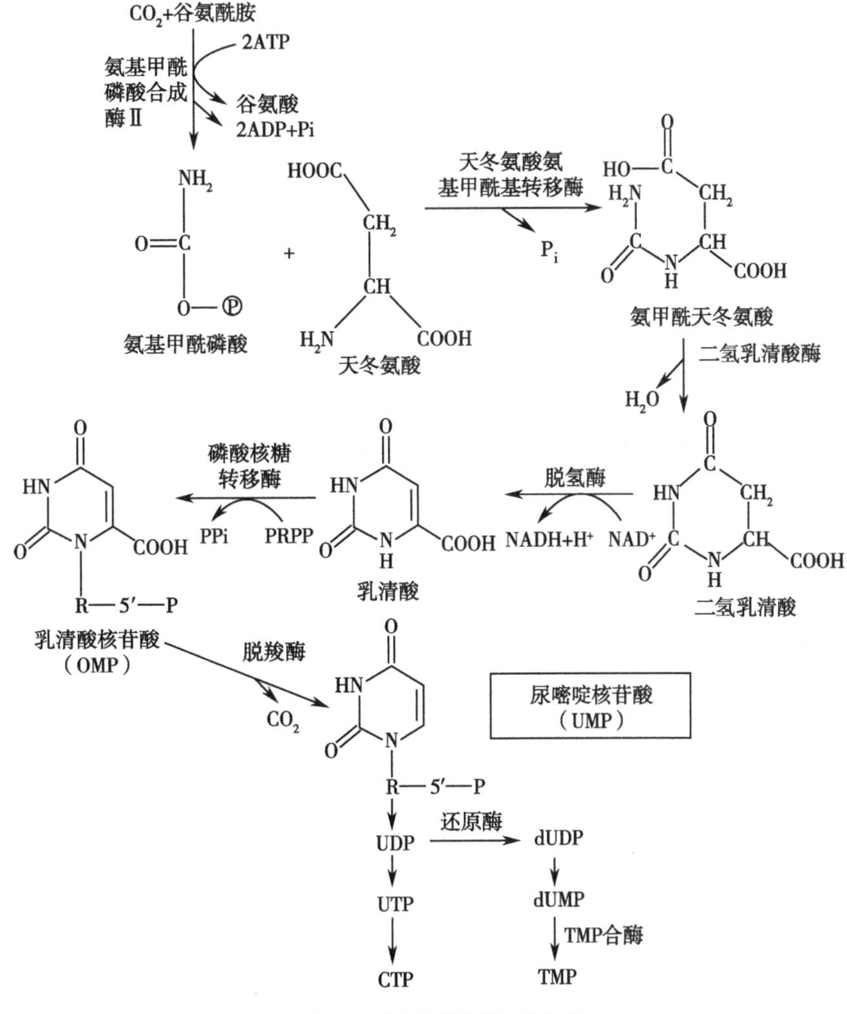

图 9-8　嘧啶核苷酸的从头合成

在真核细胞中氨基甲酰磷酸合成酶Ⅱ、天冬氨酸氨基甲酰转移酶和二氢乳清酸酶,位于同一多肽链上,是一种多功能酶;乳清酸磷酸核糖转移酶和乳清酸核苷酸脱羧酶也是位于同一多肽链上的多功能酶,这样更有利于它们以均匀的速度参与嘧啶核苷酸的合成。

(2)CTP 的合成:UMP 在激酶的连续作用下生成 UTP,后者经 CTP 合成酶作用,从谷氨酰胺获得氨基,并消耗一分子 ATP,生成 CTP。

(3)脱氧胸腺嘧啶核苷酸(dTMP)的生成:dTMP 由 dUMP 经甲基化而成,反应由胸苷酸合酶催化,N^5,N^{10}-甲烯四氢叶酸提供甲基。dUMP 可由 dUDP 水解生成,也可由 dCMP 脱氨基生成,以后者为主(图 9-9)。

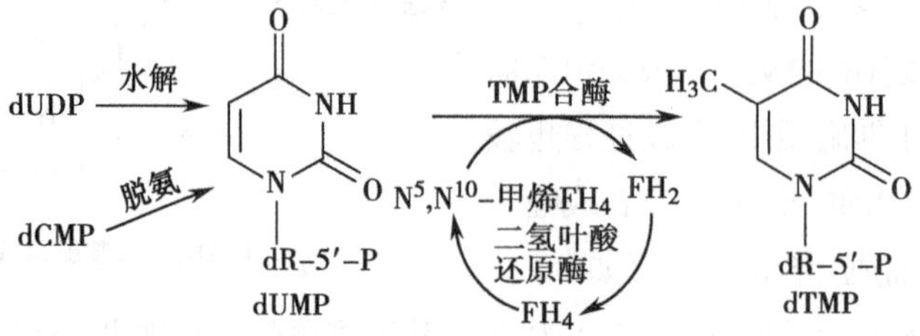

dUDP —水解→ dUMP;dCMP —脱氨→ dUMP

dUMP —TMP合酶(N^5,N^{10}-甲烯FH_4 → FH_2;FH_2 —二氢叶酸还原酶→ FH_4)→ dTMP

图 9-9 dTMP 的生成

3. 合成调节 细菌中,天冬氨酸氨基甲酰转移酶是嘧啶核苷酸从头合成的主要调节酶。在哺乳动物细胞中,嘧啶核苷酸从头合成的主要调节酶是 CPSⅡ,它受 UMP 的反馈抑制。这两种酶均受反馈机制的调节。由于 PRPP 合成酶是嘌呤和嘧啶两类核苷酸合成过程中共同需要的酶,它可同时接受嘌呤核苷酸和嘧啶核苷酸的反馈抑制,使两者的合成速度保持平行。

(二)嘧啶核苷酸的补救合成

嘧啶磷酸核糖转移酶是嘧啶核苷酸补救合成的主要酶,它能利用尿嘧啶、胸腺嘧啶及乳清酸作为底物,但对胞嘧啶不起作用。尿苷激酶可催化尿苷生成尿苷酸。胸苷激酶可催化脱氧胸苷生成 dTMP,该酶在正常肝中活性很低,再生肝中活性升高,恶性肿瘤中明显升高,并与恶性程度有关。

嘧啶(除胞嘧啶) + PRPP —嘧啶磷酸核糖转移酶→ 嘧啶核苷酸 + PPi

尿嘧啶核苷 + ATP —尿苷激酶→ UMP + ADP

脱氧胸苷 + ATP —胸苷激酶→ dTMP + ADP

二、嘧啶核苷酸的分解代谢

嘧啶核苷酸的分解代谢主要在肝中进行,首先通过核苷酸酶及核苷磷酸化酶的作用,脱去磷酸和核糖,产生嘧啶碱再进一步分解。胞嘧啶脱氨基转化为尿嘧啶,后者再还原成二氢尿嘧啶,并水解开环,最终生成 NH_3、CO_2 和 β-丙氨酸。胸腺嘧啶降解可生成 β-氨基异丁酸(图 9-10),可直接随尿排出或进一步分解。食入含 DNA 丰富的食物、经放射线治疗或化学治疗的癌症病人,尿中 β-氨基异丁酸的排泄增加。

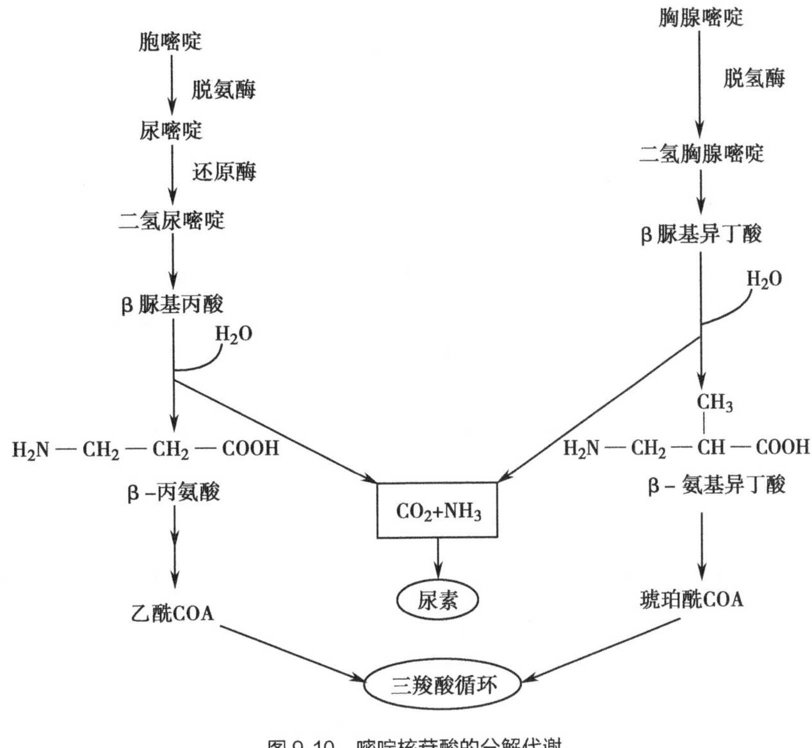

图 9-10　嘧啶核苷酸的分解代谢

第三节　核苷酸抗代谢物

核苷酸的抗代谢物是一些嘌呤、嘧啶、氨基酸及叶酸等的类似物。它们抗代谢作用的机制主要是以竞争性抑制或“以假乱真”的方式干扰或阻断核苷酸的合成代谢，从而进一步阻止核酸和蛋白质的生物合成。

嘌呤类似物主要有6-巯基嘌呤（6MP）、6-巯基鸟嘌呤、8-氮杂鸟嘌呤等，其中以6MP在临床上应用最多。由于6MP的结构与次黄嘌呤相似，生成6-MP核苷酸与IMP结构类似，可抑制IMP向AMP和GMP的转化，同时又可通过反馈抑制PRPP酰胺转移酶活性，使嘌呤核苷酸的从头合成受阻；此外，6MP还可直接通过竞争性抑制，影响次黄嘌呤-鸟嘌呤磷酸核糖转移酶的活性，使PRPP分子中的磷酸核糖不能向鸟嘌呤和次黄嘌呤转移，阻止了嘌呤核苷酸的补救合成。

6–巯基嘌呤(6–MP)　　6–巯基鸟嘌呤　　8–氮杂鸟嘌呤

嘧啶类似物主要有5-氟尿嘧啶（5-FU），是临床上常用的抗肿瘤药物。5-FU的结构与胸腺嘧啶相似，在体内转变成氟尿嘧啶核苷三磷酸（FUTP）和氟尿嘧啶脱氧核苷一磷酸（FdUMP）后发挥作用。FdUMP与dUMP的结构相似，是胸苷酸合酶的抑制剂，可阻断dTMP的合成。FUTP可以以FUMP的形式掺入RNA分子中，从而破坏RNA的结构和功能。

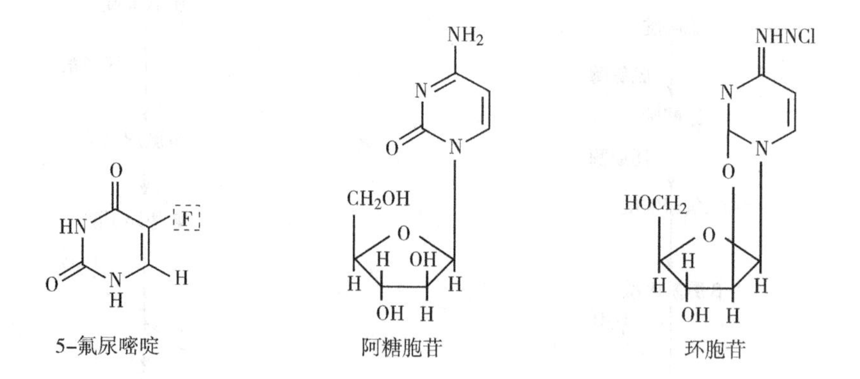

氨基酸类似物主要有氮杂丝氨酸及6-重氮-5-氧正亮氨酸等。它们的结构与谷氨酰胺相似，可干扰嘌呤与嘧啶核苷酸合成过程中需谷氨酰胺参与的反应。

叶酸类似物有氨蝶呤（aminopterin）和甲氨蝶呤（methotrexate，MTX），它们能竞争性抑制二氢叶酸还原酶，使叶酸不能还原成二氢叶酸和四氢叶酸，使嘌呤环上来自一碳单位的 C_2 和 C_8 均得不到供应，从而阻止嘌呤核苷酸的合成。MTX 在临床上常用于白血病等癌瘤的治疗。

改变核糖结构的核苷类似物如阿糖胞苷、环胞苷也是重要的抗癌药物。阿糖胞苷能抑制 CDP 还原成 dCDP，也能影响 DNA 的合成。

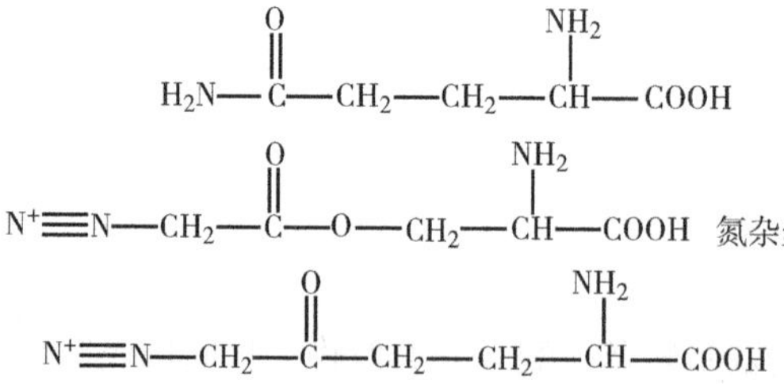

$H_2N-C(=O)-CH_2-CH_2-CH(NH_2)-COOH$　谷氨酰胺

$N^+\equiv N-CH_2-C(=O)-O-CH_2-CH(NH_2)-COOH$　氮杂丝氨酸（重氮乙酰丝氨酸）

$N^+\equiv N-CH_2-C(=O)-CH_2-CH_2-CH(NH_2)-COOH$　6-重氮-5-氧正亮氨酸

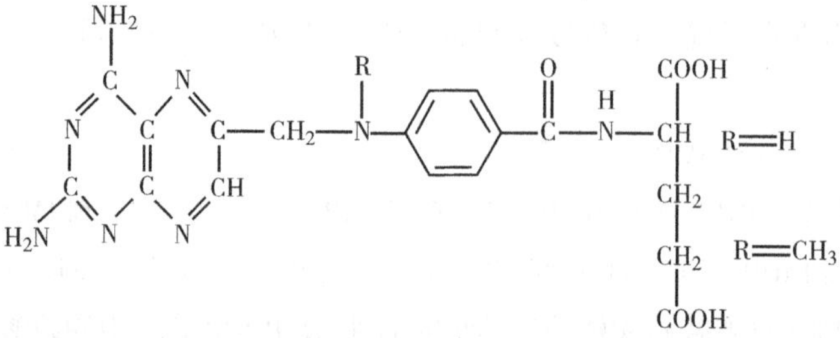

R=H　氨蝶呤

R=CH_3　甲氨蝶呤

嘌呤核苷酸的作用环节如下所示：

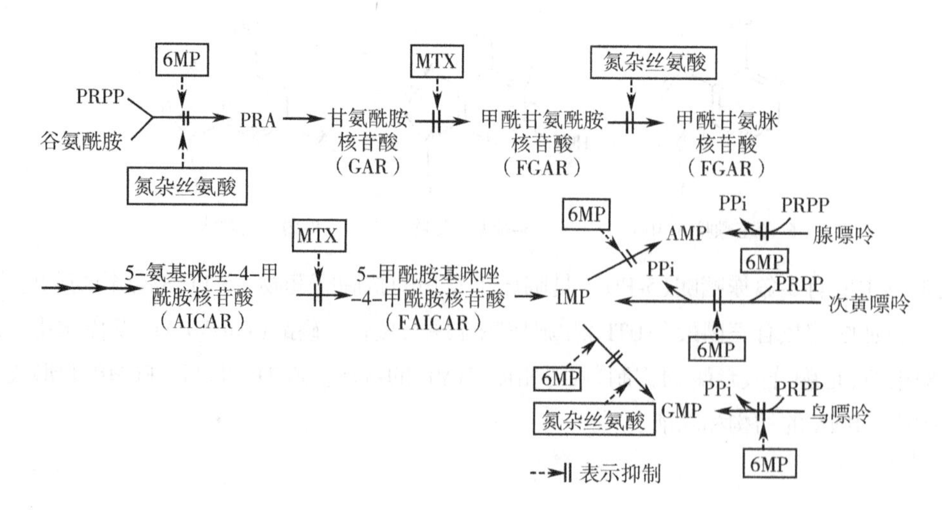

嘧啶核苷酸的作用环节如下所示：

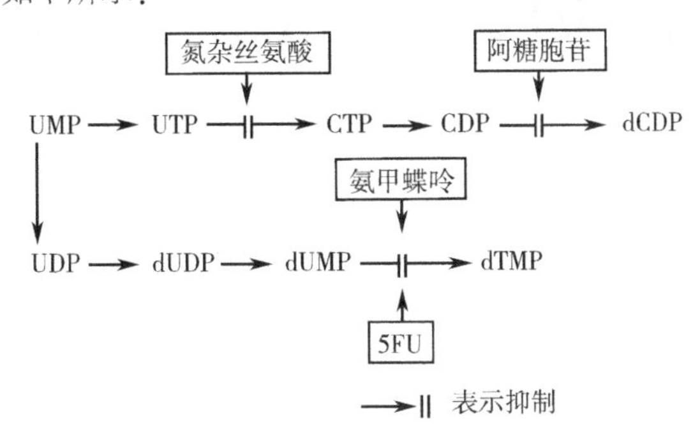

（徐跃飞）

学习小结

核苷酸具有多种功能，除了作为合成核酸分子的原料，还参与能量代谢、代谢调节等过程。人体所需的核苷酸主要由机体细胞自身合成。

体内嘌呤核苷酸的合成有从头合成和补救合成。从头合成是利用磷酸核糖、氨基酸、一碳单位及 CO_2 等简单物质为原料，在 PRPP 的基础上经过一系列酶促反应逐步形成嘌呤环。首先合成 IMP，然后再转变成 AMP 和 GMP。从头合成过程受精确的反馈调节。补救合成是在现有的嘌呤或嘌呤核苷的基础上进一步合成，合成量很少，但也有重要意义。

体内嘧啶核苷酸的从头合成是先合成嘧啶环，再与磷酸核糖相连生成嘧啶核苷酸，从头合成也受反馈调节。

体内脱氧核糖核苷酸是在核糖核苷酸还原酶作用下由相应的核糖核苷酸在核苷二磷酸的水平上直接还原而成的。

嘌呤核苷酸分解代谢的终产物是尿酸，黄嘌呤氧化酶是尿酸生成的重要酶。痛风症就是由于血中尿酸含量升高而引起的，别嘌呤醇常被用于痛风症的治疗。嘧啶核苷酸的分解代谢产物是 NH_3、CO_2、β-丙氨酸和 β-氨基异丁酸。β-氨基酸可随尿排出或进一步代谢。

核苷酸的抗代谢物是一些嘌呤、嘧啶、氨基酸及叶酸等的类似物。这些抗代谢物在抗肿瘤治疗中有重要作用。

复习参考题

1. 简述核苷酸的生物学作用。
2. 比较嘌呤核苷酸和嘧啶核苷酸从头合成途径的异同。
3. 核苷酸抗代谢物的抗肿瘤机制是什么？并举例说明。

第十章 物质代谢的联系与调节

10

学习目标	
掌握	细胞水平的代谢调节。
熟悉	物质代谢的特点及物质代谢之间的相互联系。
了解	组织、器官的代谢特点；激素水平、整体水平的代谢调节。

物质代谢是生命活动的物质基础。食物中的糖、脂及蛋白质经消化吸收进入体内，一方面氧化分解释出能量以满足生命活动的需要，另一方面进行合成代谢，转变成机体自身的蛋白质、脂类、糖类以构成机体的成分。每种物质都有各自的代谢途径，同一物质或者不同物质的各条代谢途径之间相互联系形成体内复杂的代谢网络。机体通过复杂完整的代谢调节网络，使体内各种物质代谢能有条不紊地进行，确保机体能够适应各种内、外环境的变化，完成各种生理功能。

第一节　物质代谢的特点

一、物质代谢的整体性

体内的各种物质代谢不是彼此孤立的，而是彼此相互联系、相互转变，相互依存，构成统一的整体。例如食物含有的糖类、脂类、蛋白质、水、无机盐及维生素等从消化吸收到中间代谢（分解与合成）、排泄都是同时进行，并且各种物质代谢之间也相互联系，相互依存。物质氧化分解释出的能量保证了合成代谢时的能量需求，而酶蛋白的合成又为各种物质代谢提供了必备条件。

二、物质代谢的可调节性

体内的各种物质总是通过不断的分解和合成而得到更新。机体根据生理状况的需要，通过酶、激素、神经系统调节各种物质的代谢速度和代谢方向，保证各种物质代谢适应内外环境的变化，能有条不紊地进行。

三、各组织、器官物质代谢各具特色

由于各组织、器官的结构及其所含酶的种类与含量的差别，因而在物质代谢方面各具特色。如肝在糖、脂及蛋白质的代谢方面具有极其重要的作用，是人体内物质代谢的枢纽；脂肪组织的功能是储存和动员脂肪，而脑组织及红细胞则主要以葡萄糖作为能源。

四、各种代谢物均具有共同的代谢池

无论由体内组织细胞合成的，还是从体外摄入的同一代谢物，在代谢时均进入共同的代谢池中参与代谢。以血糖为例，无论是消化吸收的糖，还是肝糖原分解的葡萄糖，或是氨基酸等非糖物质经糖异生转化生成的葡萄糖，均可混为一体进入血糖代谢池，参与各种组织的代谢。

五、ATP是机体能量储存与利用的共同形式

在体内糖、脂及蛋白质分解释放的能量都储存在ATP分子的高能磷酸键中。人体生命活动如生长、发育、肌收缩及蛋白质的合成等均直接利用ATP。

六、NADPH提供合成代谢所需的还原当量

NADPH主要经磷酸戊糖途径生成。参与还原性生物合成的还原酶多以NADPH为辅酶，它可为脂肪

酸、胆固醇及脱氧核糖核酸的合成提供还原当量。

第二节　物质代谢的相互联系

一、在能量代谢上的相互联系

三大营养物质都可氧化分解释放能量，它们在体内分解代谢途径虽各不相同，但乙酰辅酶A是共同的中间代谢物，三羧酸循环和氧化磷酸化则是糖类、脂类及蛋白质在体内分解代谢的最终共同通路，释放的能量均以ATP形式储存。一般情况下，供能以糖和脂肪为主，糖可提供总热量的50%～70%，脂肪为10%～40%。在糖和脂肪供应充足时，机体可节约对蛋白质的消耗。当糖供应不足时，机体可加强对脂肪的动员，脑组织也可利用酮体供能。总之，当任一种供能物质分解代谢占优势时，常能抑制和节约其他供能物质的降解。

二、糖、脂和蛋白质代谢之间的相互联系

（一）糖代谢与脂代谢的相互联系

糖在体内可转变成脂肪。葡萄糖氧化分解产生磷酸二羟丙酮及丙酮酸等中间产物。其中磷酸二羟丙酮还原成α-磷酸甘油，而丙酮酸氧化脱羧产生乙酰辅酶A，乙酰辅酶A和磷酸戊糖途径中生成的NADPH等为原料合成脂肪酸。α-磷酸甘油和脂肪酸再用来进一步合成脂肪。此外，乙酰辅酶A也是胆固醇合成的原料。当机体摄入的糖量超过体内能量消耗时，除在肝和肌合成糖原储存外，进而合成脂肪酸和脂肪在脂肪组织中储存。然而脂肪绝大部分不能在体内转变成糖。这是因为脂肪分解产生脂肪酸和甘油，脂肪酸氧化产生的乙酰辅酶A在动物体内不能转变成糖，甘油可以沿糖异生途径转变成糖，但由于其量与脂肪中大量脂肪酸相比是极少的。脂肪分解代谢的强度及顺利进行，有赖于糖代谢的正常进行。当糖供给不足和糖代谢障碍时，脂肪动员增强，引起血中酮体升高，产生高酮血症。

（二）糖代谢与氨基酸代谢的相互联系

糖分解代谢的中间产物如丙酮酸、α-酮戊二酸、草酰乙酸等可通过转氨基或氨基化作用生成相应的非必需氨基酸。但体内8种必需氨基酸不能由糖代谢的中间产物转变生成，必须由食物供给。当机体缺乏糖摄入时，组织蛋白分解就要增强。组成蛋白质的20种氨基酸除亮氨酸和赖氨酸这两种生酮氨基酸不能生糖之外，其他的氨基酸都可通过转氨基或脱氨基作用生成相应的α-酮酸，再沿糖异生途径转变成糖。

（三）脂类代谢与氨基酸代谢的相互联系

脂类不能转变为氨基酸，仅脂肪中的甘油可循糖异生途径生成糖，再转变成非必需氨基酸。无论生糖、生酮或生糖兼生酮氨基酸分解生成的乙酰辅酶A可缩合成脂肪酸，进而合成脂肪。因此蛋白质可转变成脂肪。乙酰辅酶A也可合成胆固醇以满足机体的需要。氨基酸也可作为合成磷脂的原料。

（四）核酸与氨基酸代谢的相互联系

氨基酸是合成嘌呤和嘧啶核苷酸的原料，核苷酸再进一步合成核酸。如嘌呤的合成需天冬氨酸、谷氨酰胺、甘氨酸及一碳单位。嘧啶的合成需天冬氨酸、谷氨酰胺及一碳单位。核苷酸合成所需的磷酸核糖由磷酸戊糖途径提供。

糖、脂、氨基酸代谢途径间的相互联系见图10-1。

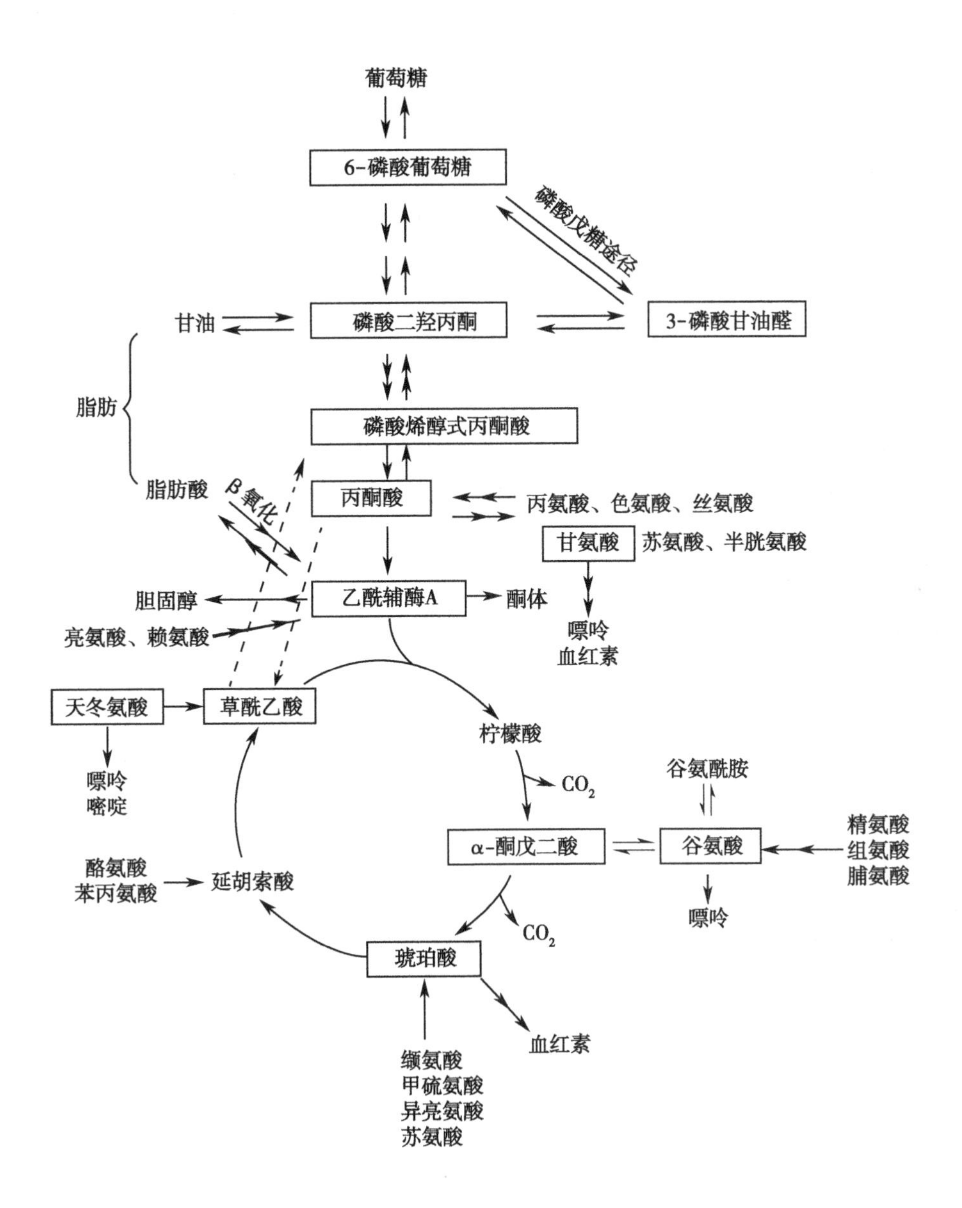

图 10-1　糖、脂、氨基酸代谢途径间的相互联系

□中为枢纽性中间代谢物

第三节　组织、器官的代谢特点及联系

各组织、器官的代谢方式有共同之处，但由于它们的结构，酶体系的组成及含量不同，功能各异，因而各具特色。

1. 肝　肝是机体物质代谢的枢纽，是人体的中心生化工厂。肝的耗氧量占全身耗氧量的 20%，在糖、脂、蛋白质、水、无机物及维生素代谢中均具有独特而重要的作用。以糖代谢为例，肝合成和储存糖原可达肝重的 10%，约 150g，而肌储存糖原量仅占 1%，脑及成熟红细胞则无糖原储存；肝还具有糖异生途径，可使甘油、乳酸和氨基酸等非糖物质转变为糖，以保证机体对糖的需要，而肌中因无相应酶体系则缺乏此能力。此外，肝具有葡萄糖-6-磷酸酶，可使储存的糖原分解为葡萄糖释放入血维持血糖含量恒定，而肌缺乏此酶，因而肌糖原不能降解成葡萄糖。

2. 心肌　依次以酮体、乳酸、脂肪酸及葡萄糖为耗用的能源物质，并以有氧氧化途径为主。因此即使在能源供给十分缺乏的情况下，仍能保证心脏不停搏动时 ATP 的需要。

3. 脑 脑是机体耗能大的主要器官，耗氧量占全身耗氧量的 20%~25%，主要以葡萄糖为供能物质，耗用葡萄糖约 100g/d。由于脑组织无糖原储存，其耗用的葡萄糖主要由血糖供应。长期饥饿血糖供应不足时，则主要利用由肝生成的酮体作为能量。饥饿 3~4 天时，脑耗用酮体约 50g/d，饥饿 2 周后，脑耗用酮体可达 100g/d。

4. 骨骼肌 骨骼肌有一定的糖原储备，静息状态下肌组织获取能量通常以有氧氧化肌糖原、脂肪酸和酮体为主；剧烈运动时糖无氧酵解供能大大增加。由于肌缺乏葡萄糖-6-磷酸酶，因此肌糖原不能直接分解葡萄糖提供血糖。

5. 脂肪组织 是合成及储存脂肪的重要组织。肝虽可合成脂肪，但不能储存脂肪，肝细胞内的脂肪随即合成 VLDL 释放入血。脂肪还含有动员脂肪的激素敏感性甘油三酯脂肪酶，使储存的脂肪分解成脂肪酸和甘油释入血液循环以供机体其他组织能源的需要。

6. 红细胞 由于成熟红细胞没有线粒体，不能进行糖的有氧氧化，也不能利用脂肪酸和其他非糖物质作为能源。糖酵解是成熟红细胞的主要能量来源。

7. 肾 肾是可进行糖异生和生成酮体两种代谢的器官。肾髓质无线粒体，主要靠糖酵解供能，肾皮质主要由脂肪酸及酮体有氧氧化供能。在正常情况下，肾糖异生产生的葡萄糖量仅占肝糖异生的 10%。但长期饥饿(5~6 周)后由肾生成葡萄糖约 40g/d，几乎与肝糖异生的量相等。

不同组织器官的代谢、代谢中间物及代谢终产物，通过血液循环及神经系统及激素的调节联系成统一整体。其氧化供能特点见表 10-1。

表 10-1 重要器官及组织氧化供能的特点

器官组织	特有的酶	功能	主要代谢途径	主要代谢物	主要代谢产物
肝	葡萄糖激酶、葡萄糖-6-磷酸酶、甘油激酶、磷酸烯醇式丙酮酸羧激酶	代谢枢纽	糖异生、脂肪酸 β-氧化、糖有氧氧化	葡萄糖、脂肪酸、乳酸、甘油、氨基酸等	葡萄糖、VLDL、HDL、酮体
脑		神经中枢	糖有氧氧化、糖酵解、氨基酸代谢	葡萄糖、氨基酸、酮体、脂肪酸	乳酸、CO_2、H_2O
心	脂蛋白脂肪酶	泵出血液	有氧氧化	乳酸、葡萄糖、VLDL	CO_2、H_2O
脂肪组织	脂蛋白脂肪酶、激素敏感脂肪酶	储存及动员脂肪	酯化脂肪酸、脂解	VLDL、CM	游离脂肪酸、甘油
骨骼肌	脂蛋白脂肪酶	收缩	糖酵解、糖有氧氧化	脂肪酸、葡萄糖、酮体	乳酸、CO_2、H_2O
肾	甘油激酶、磷酸烯醇式丙酮酸羧激酶	排泄尿液、糖异生	糖异生、糖酵解、酮体生成	脂肪酸、葡萄糖、乳酸、甘油	葡萄糖
红细胞		运输氧	糖酵解	葡萄糖	乳酸

第四节 物质代谢的调节

代谢调节在生物界中普遍存在，是生物进化过程中逐步形成的一种适应能力，进化程度越高的生物，其代谢调节方式越复杂、精细。单细胞生物主要通过细胞内代谢物浓度的变化来影响酶的活性和含量来调节各代谢途径的速度，以维持细胞的代谢及生长、繁殖等活动的正常进行，这种调节称为细胞水平的调节。高等生物还发展了完整的内分泌系统和复杂的神经系统，通过激素和神经递质作用于靶细胞，使各组织的代谢互相协调。上述三级代谢调节中，细胞水平代谢调节是基础，激素及神经对代谢的调节需通过细胞水平代谢调节实现。

一、细胞水平的代谢调节

（一）各种代谢酶在细胞内区域分布

在相同时间内，细胞内有多种物质代谢同时进行。参与同一代谢途径的酶，相对集中分布于细胞特定区域或亚细胞结构中（表 10-2），形成酶的区域分布，甚至有的酶结合在一起形成多酶复合体。酶的这种区域分布不仅可避免各种代谢途径之间的相互干扰，而且使调节因素能较专一作用于某一亚细胞区域的酶系中的关键酶，从而准确地调控特定的代谢过程。

表 10-2 真核细胞内某些酶系的区域分布

酶系或酶	亚细胞区域	酶系或酶	亚细胞区域
糖酵解	胞质	脂肪酸 β-氧化	线粒体
磷酸戊糖途径	胞质	酮体合成	线粒体
糖原合成与分解	胞质	胆固醇合成	胞质及内质网
糖异生	胞质	磷脂合成	内质网
三羧酸循环	线粒体	尿素合成	线粒体及胞质
糖的有氧氧化	胞质及线粒体	DNA 和 RNA 合成	胞核
氧化磷酸化	线粒体	蛋白质合成	粗面内质网
脂肪酸合成	胞质	血红素合成	胞质及线粒体

每条代谢途径由一系列酶促反应组成，其反应速率和方向由其中一个或几个具有调节作用的关键酶的活性决定。这些调节整条代谢途径的速度和方向的酶称为关键酶（key enzymes）。关键酶所催化的反应具有的特点包括：①它催化的反应速度最慢，故又称限速酶（rate-limiting enzyme）；②常催化单向反应或非平衡反应，其活性能决定整个代谢途径的方向；③酶活性除受底物控制外，还受多种代谢物或效应剂的调节。表 10-3 列出一些重要代谢途径中的关键酶。

表 10-3 某些重要代谢途径的关键酶

代谢途径	关键酶
糖原合成	糖原合酶
糖原分解	磷酸化酶
糖酵解	己糖激酶、6-磷酸果糖激酶-1、丙酮酸激酶
三羧酸循环	柠檬酸合酶、异柠檬酸脱氢酶、α-酮戊二酸脱氢酶系
糖异生	丙酮酸羧化酶、磷酸烯醇式丙酮酸羧激酶、果糖二磷酸酶-1、葡萄糖-6-磷酸酶
脂肪动员	甘油三酯脂肪酶
脂肪酸合成	乙酰 CoA 羧化酶
胆固醇合成	HMG-CoA 还原酶
酮体合成	HMG-CoA 合成酶

代谢调节是通过对关键酶的活性或含量的调节而实现的。改变酶的结构使酶的活性发生变化从而调节酶促反应速度，这类调节在数秒或数分钟内即可发生作用，属于快速调节，包括别构调节和化学修饰调节。通过调节酶蛋白的合成或降解以改变细胞内酶的含量，一般需数小时或几天才能实现，属于迟缓调节，包括酶蛋白的合成和降解。

（二）别构调节

1. **别构调节的概念** 小分子物质与某些酶分子活性中心以外的某一部位特异地结合，引起酶蛋白分子构象变化，从而改变酶的活性。这种调节称酶的别构调节（allosteric regulation）。别构调节在生物界普遍存在，表10-4是一些代谢途径中的别构酶及其别构效应剂。

表10-4 一些代谢途径中的别构酶及其效应剂

代谢途径	别构酶	别构激活剂	别构抑制剂
糖酵解	己糖激酶		G-6-P
	磷酸果糖激酶-1	AMP、ADP、FBP	ATP、柠檬酸
	丙酮酸激酶	FBP	ATP、乙酰CoA
三羧酸循环	柠檬酸合酶	AMP	ATP、长链脂酰CoA
	异柠檬酸脱氢酶	AMP、ADP	ATP
糖异生	丙酮酸羧化酶	乙酰CoA、ATP	AMP
	果糖二磷酸酶-1	ATP	AMP、F-6-P
糖原合成	糖原合酶	G-6-P	
糖原分解	磷酸化酶	AMP、G-1-P、Pi	ATP、G-6-P
脂肪酸合成	乙酰CoA羧化酶	柠檬酸、异柠檬酸	长链脂酰CoA

2. **别构调节的机制** 别构酶常是由两个以上亚基组成的聚合体。在别构酶分子中有的亚基能与底物结合起催化作用，称为催化亚基；有的亚基能与别构剂结合而起调节作用，称为调节亚基；有的别构效应剂与底物都结合在同一个亚基上，只是结合部位不同。与别构效应剂结合的部位称调节部位，而与底物结合的部位称催化部位。别构效应剂可以是酶的底物、产物或其他小分子化合物。它们通过自身浓度的变化灵敏地反映代谢途径的强度和能量的供求情况，并使酶的构象发生变化以影响酶的活性，从而调节代谢的强度和反应的方向以及能量的产生与消耗的平衡。别构效应剂引起酶分子构象的改变，有的表现为亚基聚合或解聚；有的是由原聚体变为多聚体，进而引起酶活性改变。

3. **别构调节的生理意义** 别构调节是体内快速调节酶活性的一种重要方式。在一个代谢反应体系中，其终产物常可使该途径中催化起始反应的酶受到反馈抑制，其机制多是别构抑制。例如长链脂酰辅酶A反馈抑制乙酰辅酶A羧化酶，从而抑制脂肪酸的合成。这样防止产物堆积和可能对机体的损害。别构调节还可使能量得以有效利用避免浪费。饱食后，G-6-P抑制糖原磷酸化酶以阻断糖的氧化使ATP不致产生过多，同时G-6-P又激活糖原合酶，使多余的磷酸葡萄糖合成糖原，使能量得以有效储存。别构调节还可使不同代谢途径相互协调。例如当糖氧化增加而柠檬酸含量增加时，柠檬酸既可抑制磷酸果糖激酶减少糖的氧化，又可激活乙酰辅酶A羧化酶促进多余的乙酰辅酶A合成脂肪酸。

（三）化学修饰调节

1. **化学修饰的概念** 酶蛋白肽链上的某些氨基酸残基可在另一种酶的催化下发生可逆的共价修饰，从而引起酶活性改变，这种调节称为酶的化学修饰调节（chemical modification），又称共价修饰。酶的化学修饰包括磷酸化与脱磷酸化，乙酰化与脱乙酰基、甲基化与脱甲基化、腺苷化与脱腺苷及SH与S-S互变等，其中，磷酸化与脱磷酸在代谢调节中最为多见（表10-5）。酶蛋白分子中丝氨酸、苏氨酸及酪氨酸的羟基是磷酸化修饰的位点，磷酸化反应是在蛋白激酶（protein kinase）的催化下，由ATP提供磷酸基，而脱磷酸反应则是由磷酸酶催化的水解反应（图10-2）。

表 10-5 酶促化学修饰对酶活性的调节

酶	化学修饰类型	酶活性改变	酶	化学修饰类型	酶活性改变
糖原合成酶	磷酸化/脱磷酸	抑制/激活	果糖二磷酸酶	磷酸化/脱磷酸	激活/抑制
糖原磷酸化酶	磷酸化/脱磷酸	激活/抑制	HMG-CoA 还原酶	磷酸化/脱磷酸	抑制/激活
磷酸化酶 b 激酶	磷酸化/脱磷酸	激活/抑制	乙酰 CoA 羧化酶	磷酸化/脱磷酸	抑制/激活
磷酸果糖激酶	磷酸化/脱磷酸	抑制/激活	甘油三酯脂肪酶	磷酸化/脱磷酸	激活/抑制
丙酮酸脱氢酶	磷酸化/脱磷酸	抑制/激活			

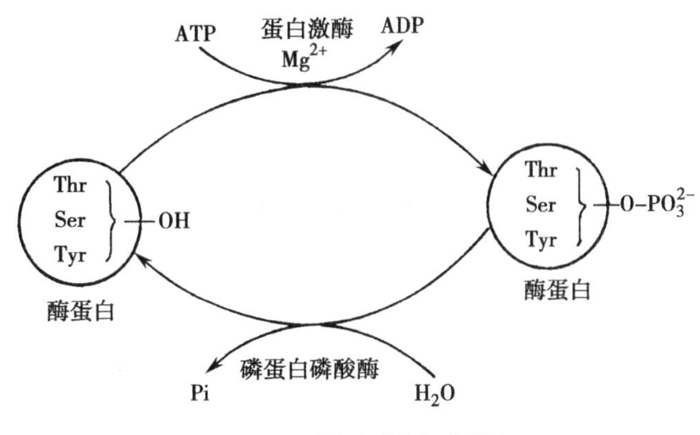

图 10-2 酶的磷酸化与脱磷酸

2. 酶促化学修饰的特点 ①绝大多数化学修饰调节的关键酶都具无活性(或低活性)和有活性(或高活性)两种形式且在不同酶的催化下可以互变,催化互变反应的酶受激素等因素的调节;②化学修饰是酶促反应,故有放大效应;③由于磷酸化是最常见的酶促化学修饰反应,而每个亚基发生磷酸化通常只消耗 1 分子 ATP,这比合成酶蛋白所消耗的 ATP 要少得多,再加上放大效应,因此是体内非常经济有效的调节方式。

别构调节和化学修饰调节是酶活性调节的两种不同方式,均属于快速调节,有的酶可同时受这两种方式的双重调节,二者相辅相成,对于调节代谢的顺利进行和内环境的稳定具有重要意义。

(四)酶含量的调节

除改变酶分子结构外,机体还可通过改变细胞内酶的合成或降解速度以控制细胞内酶的含量,从而影响代谢的速度和强度。这种调节是迟缓而长效的调节,其调节效应通常要数小时甚至数日才能实现。酶蛋白合成的调节包括诱导和阻遏两个方面。某些底物、产物、激素或药物可影响一些酶的合成。一般将能诱导酶蛋白合成的化合物称为诱导剂,能减少酶合成的化合物称为酶的阻遏剂。例如,底物、很多药物和毒物可促进肝细胞微粒体中加单氧酶或其他一些药物代谢酶的诱导合成,从而加速药物失活,具有解毒作用。当然,这也是引起耐药性的原因。细胞内酶含量还受酶蛋白分子降解速度的影响。细胞内蛋白降解有两条途径,溶酶体蛋白水解酶可非特异降解酶蛋白,蛋白酶体能特异水解泛素化的待降解蛋白。

二、激素水平的代谢调节

激素能与特定组织或细胞(即靶组织或靶细胞)的受体特异结合,通过一系列细胞信号转导反应,引起代谢改变,发挥代谢调节作用。按受体存在的细胞部位和特性不同,可将激素分为两大类:

1. 膜受体激素 膜受体是存在于细胞质膜上的跨膜糖蛋白。膜受体激素包括胰岛素、促性腺激素、生长激素、促甲状腺激素、甲状旁腺素等蛋白质、肽类激素,及肾上腺素等儿茶酚胺类激素。这类激素亲水,不能跨过脂质双层结构的细胞膜，而是第一信使与相应的靶细胞膜受体结合后，通过跨膜传递将所携带的信息传递到细胞内。由第二信使将信号逐级放大，产生显著的代谢效应。

2. 胞内受体激素 包括类固醇激素、前列腺素、甲状腺素及视黄酸等疏水性激素，这类激素可通过细胞膜脂质双层结构进入细胞，与相应的胞内受体结合。细胞内受体大多位于细胞核内，也有的位于胞质中，胞质中的受体与激素结合后再进入核内与其特异性受体结合成激素受体复合物与DNA的特定序列即激素反应元件（hormone response element）结合，促进或抑制相关基因的转录，影响细胞内蛋白或酶的合成，从而对物质代谢进行调节。

三、整体水平的代谢调节

人类生活的环境是不断变化的，机体可在神经系统的主导下，通过神经、体液途径直接调控细胞水平和激素水平的物质代谢调节，使各个组织、器官中物质代谢相互协调、相互联系，又相互制约，以适应环境的变化，维持内环境的相对恒定。现以饥饿及应激为例说明物质代谢的整体调节。

（一）饥饿

在病理状态（如昏迷等）或特殊情况下不能进食时，若不能及时治疗和补充食物，则机体物质代谢在整体调节下将发生一系列的变化。

1. 短期饥饿 禁食1~3天，肝糖原接近耗竭，血糖浓度趋于降低，这引起胰岛素分泌减少和胰高血糖素分泌增加，产生下列代谢改变：

（1）组织对葡萄糖的利用降低：由于心肌、骨骼肌及肾皮质摄取和氧化脂肪酸及酮体增加，因而这些组织对葡萄糖的摄取和利用减少。饥饿时脑对葡萄糖的利用减少，但饥饿初期仍以葡萄糖为主要能源。

（2）糖异生作用增强：饥饿2天后，肝糖异生生成葡萄糖约为150g/d，其中10%来自甘油，30%来自乳酸，40%来自氨基酸；肝是饥饿初期糖异生的主要场所（约80%），另有20%的糖异生在肾皮质中进行。

（3）脂肪动员加强，酮体生成增多：脂肪动员产生的脂肪酸约25%在肝合成酮体，此时，脂肪酸和酮体成为心肌、骨骼肌和肾的重要燃料，一部分酮体可被脑利用。

（4）骨骼肌蛋白质分解增强：蛋白质分解加强，产生的氨基酸大部分转变为丙氨酸和谷氨酰胺释放入血液循环。饥饿第3天，骨骼肌释放的丙氨酸占输出总氨基酸的30%~40%。

总之，饥饿时能量来源主要是储存的脂肪和蛋白质，脂肪占能量来源的85%以上。短期饥饿时及时补充葡萄糖不仅可减少酮体的生成，降低酮症酸中毒的发生，而且可防止蛋白质的消耗。每输入100g葡萄糖可节省蛋白质50g，这对不能进食的消耗性疾病患者尤其重要。

2. 长期饥饿 饥饿一周以上为长期饥饿，长期饥饿时的代谢改变是：

（1）脂肪动员进一步加强，肝内大量酮体产生，脑组织利用酮体增加，超过葡萄糖的利用。肌组织则以脂肪酸为主要燃料，以保证酮体优先供应给脑。

（2）肾糖异生明显增强，几乎和肝相等。肝糖异生的原料主要是乳酸和丙酮酸。

（3）骨骼肌蛋白质分解下降，释出氨基酸减少，负氮平衡有所改善。

（二）应激

应激（stress）是机体受到创伤、剧痛、出血、烧伤、冷冻、中毒、急性感染、情绪紧张等强烈刺激时所作出的适应反应。其特征是交感神经兴奋和肾上腺髓质和皮质激素分泌增多为主要表现的一系列神经和内分泌变化。肾上腺素、胰高血糖素和生长激素的分泌增加，胰岛素分泌减少，引起一系列代谢改变。

1. 血糖水平升高 应激时，由于肾上腺素和胰高血糖素分泌增加，激活磷酸化酶促进肝糖原分解而抑制糖原合成，同时肾上腺皮质激素和胰高血糖素使糖异生作用增强，加上肾上腺皮质激素和生长激素使周围组织对糖的利用降低，均可致血糖升高。这对于保证脑的能量供应具有重要意义。

2. 脂肪动员加强 应激时，由于肾上腺素和胰高血糖素分泌增加，激活甘油三酯脂肪酶使脂肪动员增强，血中游离脂肪酸升高，成为心肌、骨骼肌及肾等组织能量的主要来源。

3. 蛋白质分解增强 骨骼肌释出丙氨酸等增加，尿素合成和排泄增加，机体出现负氮平衡。

从上述代谢变化可知，应激时糖、脂肪和蛋白质分解代谢增强，合成代谢减弱，血中分解代谢的产物葡萄糖、氨基酸、游离脂肪酸、甘油、乳酸、酮体和尿素等含量增加，使代谢适应环境的变化，维持机体代谢平衡。

相关链接

肥 胖 症

肥胖症指体内脂肪堆积过多和（或）分布异常、体重增加，是遗传因素、环境因素等多种因素相互作用所引起的慢性代谢性疾病。脂肪的积聚是由于摄入的能量超过消耗的能量，即多食或消耗减少，或两者兼有，均引起肥胖。肥胖症有家族聚集倾向，但遗传基础未明，也不能排除共同饮食、活动习惯的影响。肥胖人群动脉粥样硬化、冠心病、脑卒中、糖尿病、高血压等疾病的风险显著高于正常人群，是这些疾病的主要危险因素之一。不仅如此，肥胖还与痴呆、脂肪肝病、呼吸道疾病和某些肿瘤的发生相关。

（刘丽红 徐跃飞）

学习小结

体内各种物质代谢是相互联系、相互制约的。体内物质代谢的特点是：①整体性；②可调节性；③各组织器官各具代谢特点；④代谢物具有共同的代谢池；⑤ATP是共同的能量形式；⑥NADPH是合成代谢所需的还原当量。

糖、脂肪和蛋白质等营养物质在供应能量上可互相代替，并互相制约，但不能完全互相转变。各组织、器官的代谢方式各具特点，肝是物质代谢的中枢器官。

细胞水平的代谢调节主要是通过调节关键酶的结构或含量以影响酶活性。酶结构的调节是通过其结构改变来调节酶的活性，因此可快速适应机体的需要，包括别构调节和化学修饰调节。酶含量的调节是通过调节酶的合成与降解速率来实现，作用缓慢但持久。

激素水平的代谢调节是指激素与靶细胞受体特异地结合，受体对信号进行转换并启动靶细胞内信息系统，使靶细胞产生生物学效应。激素分为膜受体的激素和细胞内受体的激素。前者通过与膜受体结合将信号跨膜传递入细胞内。后者进入细胞内与胞内受体结合，形成二聚体与DNA上特定激素反应元件结合来调控特定基因的表达。

整体水平的代谢调节是机体通过内分泌腺间接调节代谢和直接影响组织器官的代谢，以适应饥饿、应激等状态，维持整体代谢平衡。

复习参考题

1. 简述体内物质代谢的特点。
2. 简述糖、脂、蛋白质及核苷酸代谢之间相互转变的特点。
3. 调节细胞内的酶活性共有哪些方式？
4. 比较酶的别构调节和化学修饰调节的异同？
5. 简述饥饿状态下机体的物质代谢调节。

第十一章　遗传信息的传递及其调控

11

学习目标

掌握	复制、转录和翻译的概念、特点及基本过程；反转录的概念及基本过程；基因表达的概念及调控特点。
熟悉	DNA 损伤与修复；大肠杆菌乳糖操纵子调控模式；真核生物转录水平调控的顺式作用元件和反式作用因子。
了解	RNA 复制；蛋白质生物合成与医学的关系。

自然界中生物体最基本的特点是能将自身的性状和特性延续给后代,这种现象称为遗传。DNA是遗传的物质基础,遗传信息就储存在DNA分子的碱基序列中。基因(gene)是DNA分子中编码RNA或多肽链的功能区段。1926年,摩尔根创立了著名的基因学说,提出:①基因是携带遗传信息的基本单位;②又是控制特定性状的功能单位;③也是突变和交换的单位。在子代的个体发育过程中,遗传信息从DNA流向RNA,再通过RNA流向蛋白质,以执行各种生命功能。1958年,Francis Crick将遗传信息传递的基本规律归纳为中心法则(central dogma)。1970年,H. M. Temin和D. Baltimore分别发现了反转录酶,为此对中心法则做了有益的补充。RNA病毒的RNA分子也含有遗传信息,通过RNA复制酶催化RNA复制。遗传信息传递的中心法则概述如图11-1。

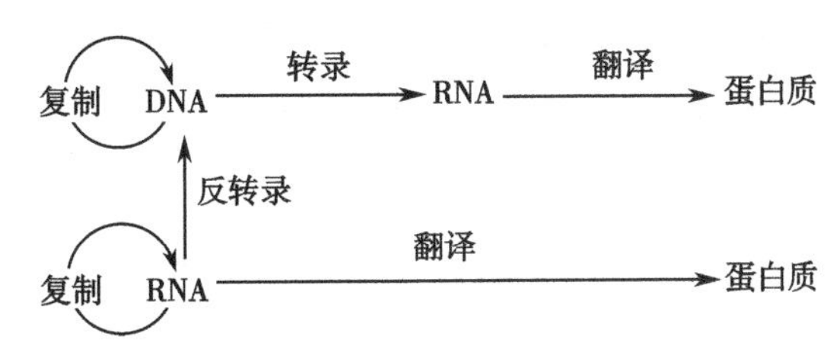

图11-1 遗传信息传递的中心法则

本章以中心法则为基本线索,依次讨论DNA复制(replication)、转录(transcription)和翻译(translation),以及反转录(reverse transcription)和RNA复制过程。随着内外环境的变化,生物体内的基因表达过程受到精细调控,因此阐述基因表达调控的机制也是本章的重要内容。

第一节 DNA的生物合成

DNA复制是以亲代DNA为模板合成子代DNA的过程。在复制过程中必须准确拷贝亲代DNA的核苷酸序列,以确保遗传信息的完整性和正确性。无论是原核生物还是真核生物,DNA的复制都是在一系列酶的催化下进行的十分复杂的过程。

一、DNA复制的基本特征

(一)复制的固定起始点

实验证明,DNA复制总是从序列特异的复制起始点(origin)开始。大肠杆菌(*E. Coli*)、酵母以及病毒SV40的DNA复制起始点序列有很大的不同,但它们有着共同特征:①有多个短的重复序列,这些序列是参与复制起始的多种蛋白质的结合部位;②复制起始点有AT丰富的序列,使DNA双链易于解链。例如,大肠杆菌有1个复制起始点,其上有3个串联重复序列和4个反向重复序列(图11-2)。真核生物有多个复制起始点,起始点是一段100~200bp的DNA,含有保守序列A(T)TTTATA(G)TTTA(T)。

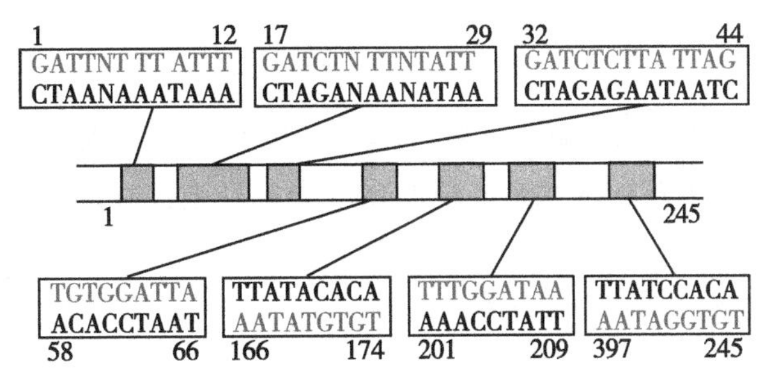

图11-2 大肠杆菌DNA的复制起始点序列

（二）复制的双向性

DNA复制从起始点开始同时向两个方向延伸，此为双向复制(bidirectional replication)。当双链DNA从复制起始点AT富集区域解链，并且完成复制起始后，会形成一个小的泡状结构，称为复制泡。在复制起始部位的两侧形成两个向相反方向推进的叉形结构，称为复制叉(replication fork)。复制叉是由于DNA双链解开，两条子链沿各自的模板单链延伸所形成的Y字形结构(图11-3)。从一个DNA复制起始点开始的DNA复制区域称为复制子(replicon)。大肠杆菌有一个复制起始点，故只有一个复制子。真核生物有多个复制起始点，因此有多个复制子。人的基因组可能有10^4~10^5个复制子。

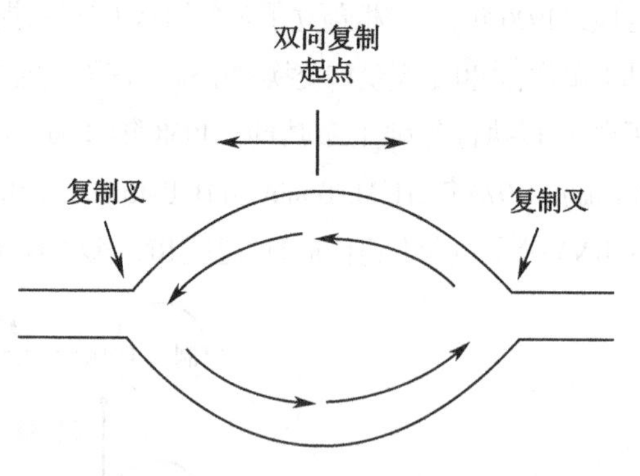

图11-3 DNA复制的双向性及复制叉

（三）复制的半保留性

通过DNA复制产生的子代DNA分子中，一条链来自于亲代，另一条链是新合成的。DNA的这种复制方式称作半保留复制(semi-conservative replication)。1953年，James Watson和Francis Crick提出DNA双螺旋结构模型，根据这个模型他们进一步推测DNA的复制方式为半保留复制。1957年，Matthew Meselson和Franklin Stahl用实验证明了DNA的半保留复制。他们将大肠杆菌先置于以$^{15}NH_4Cl$为唯一氮源的培养液中培养14代，再将其转移到含$^{14}NH_4Cl$的培养液中培养。由于^{15}N-DNA的密度较^{14}N-DNA大一些，因此提取DNA后经过氯化铯(CsCl)密度梯度离心分析，结果第一代出现一条DNA区带，其密度介于^{15}N-DNA和^{14}N-DNA之间，既没有出现单纯的^{15}N-DNA区带，也没有出现单纯的^{14}N-DNA区带，说明复制过程中子代DNA分子的两条链是新旧各半(图11-4)。

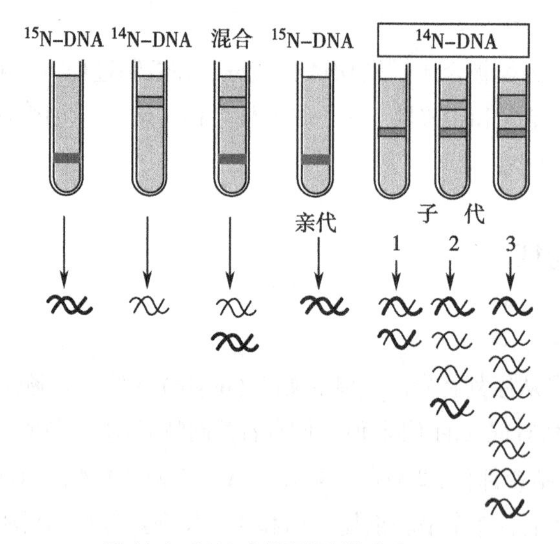

图11-4 DNA半保留复制的实验证明

问题与思考

DNA复制最重要的特征是半保留复制。复制时，亲代双链DNA解开成两股单链，各自作为模板，按照碱基互补规律合成序列互补的子代DNA双链。亲代DNA模板在子代DNA中的存留有3种可能性：全保留式、半保留式或混合式。

思考：如何证明DNA复制是半保留式复制？

（四）复制的半不连续性

DNA 聚合酶只能催化 DNA 新链沿 5′→3′方向合成，以保持子代 DNA 双螺旋的两条链反向平行。所以，对于每个复制叉而言，DNA 复制时一条 DNA 新链的合成方向总是与复制叉的前进方向相同而连续复制，另一条 DNA 新链的合成方向总是与复制叉的前进方向相反而不连续复制。DNA 的这种复制方式称为半不连续复制（图 11-5）。连续复制的那条链称为前导链或领头链（leading strand），不连续复制的那条链称为滞后链或随从链（lagging strand）。随从链上一段一段合成的 DNA 片段称为冈崎片段（Okazaki fragment）。多个冈崎片段连接后形成随从链。原核生物冈崎片段的长度约为 1000～2000 个核苷酸，真核生物约为 100～200 个核苷酸。

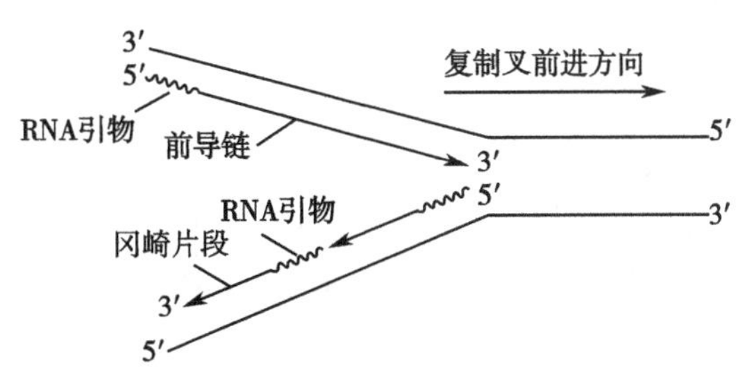

图 11-5　DNA 的半不连续复制

（五）复制的高保真性

无论是原核生物还是真核生物，确保 DNA 复制的高度准确性对于保持物种遗传的稳定性具有十分重要的意义。保证 DNA 复制的高保真性至少有 3 种机制：①严格遵守碱基配对原则；②DNA 聚合酶对底物（dATP、dGTP、dCTP、dTTP）的选择功能；③DNA 聚合酶的即时校读功能，即偶尔出现碱基错配时可通过 DNA 聚合酶 3′→5′外切核酸酶的活性切除错配的核苷酸，重新掺入正确的核苷酸。

二、DNA 复制的酶学

（一）DNA 聚合酶

DNA 聚合酶（DNA polymerase，DNA-pol），又称为 DNA 依赖的 DNA 聚合酶。DNA-pol 以 4 种 dNTP 为底物，以亲代 DNA 为模板，在 RNA 引物的 3′-OH 上不断催化底物间形成 3′，5′-磷酸二酯键，使 DNA 新链不断从 5′→3′方向延伸（图 11-6）。聚合反应需二价阳离子（Mg^{2+}，Zn^{2+}）参与。

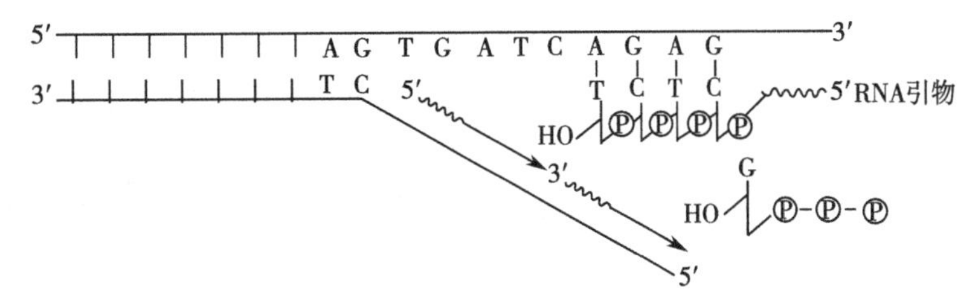

图 11-6　DNA 聚合酶催化 dNTP 的聚合

1. **原核生物 DNA 聚合酶**　现已发现大肠杆菌有 5 种 DNA 聚合酶。DNA-pol Ⅰ的主要功能是切除 RNA 引物并填补缺口以及参与 DNA 损伤修复，DNA pol Ⅲ是主要的复制酶，DNA-pol Ⅱ、Ⅳ和Ⅴ参与 DNA 损伤修复。

DNA-pol Ⅰ、Ⅱ和Ⅲ都具有 5′→3′聚合酶活性及 3′→5′外切核酸酶活性。DNA-pol Ⅰ还具有 5′→3′外切核酸酶活性，而 DNA-pol Ⅱ和Ⅲ则没有。

（1）DNA-pol Ⅰ：由一条肽链构成，相对分子质量为 109kDa。DNApol Ⅰ的二级结构主要是 α-螺旋，含有 A～R 共 18 个 α-螺旋（图 11-7）。用特异的蛋白酶处理 DNA-pol Ⅰ，可在螺旋 F 和 G 之间切开产生大小两个片段。A~F 螺旋区的小片段共有323个氨基酸残基,此片段具有5′→3′外切核酸酶活性。大片段又称 Klenow 片段,包括 G~R 螺旋区及 C 末端,共有604个氨基酸残基,此片段具有5′→3′聚合酶活性及3′→5′外切核酸酶活性。Klenow 片段是基因工程中常用的工具酶之一。

(2)DNA pol Ⅲ:该酶的相对分子质量为250kDa,它是由10种22个亚基组成的不对称的异源二聚体(图11-8)。核心酶由α、ε和θ三个亚基构成,其中α亚基具有5′→3′聚合酶活性,ε亚基具有3′→5′外切核酸酶活性(即时校读功能)和对底物的选择功能,θ亚基起组装作用。β亚基二聚体形成一个环或夹子使核心酶夹住单链 DNA 模板并滑动。τ亚基具有促使核心酶二聚化作用,其柔性连接区可使处于复制叉处的2个核心酶能够相对独立运动,分别负责领头链和随从链的合成。其余亚基构成γ复合物,具有促进全酶组装到模板上及增强核心酶活性的作用。

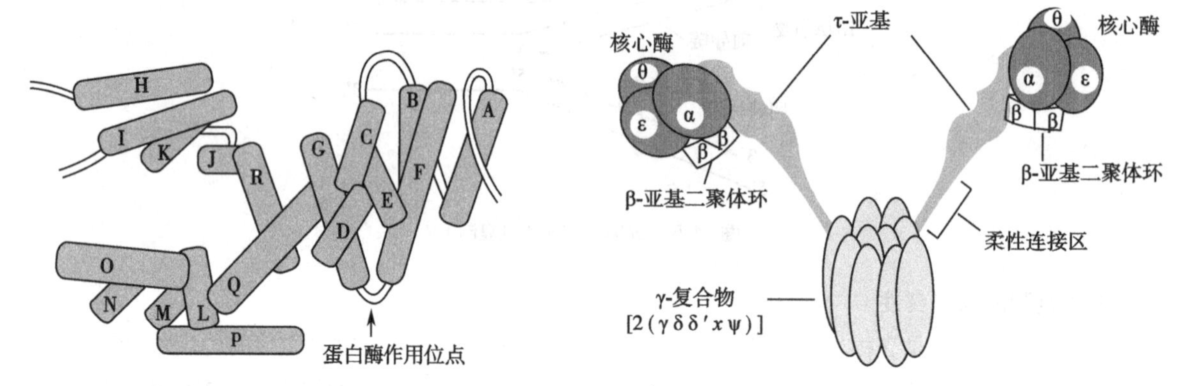

图11-7 大肠杆菌 DNA 聚合酶Ⅰ结构示意图

图11-8 大肠杆菌 DNA 聚合酶Ⅲ全酶结构示意图

2. 真核DNA聚合酶 真核细胞发现有α、β、γ、δ和ε等十几种 DNA 聚合酶,其中 DNA-Pol α负责引物合成,DNA-Pol δ是主要的复制酶,DNA-Pol γ负责线粒体 DNA 复制和损伤修复,DNA-Pol β和DNA-Pol ε主要参与碱基切除修复。

(二)DNA 拓扑异构酶

DNA 复制过程中,染色体 DNA 的超螺旋结构需松弛。拓扑异构酶(topoisomerase,Topo)具有内切核酸酶及 DNA 连接酶的性质,能消除超螺旋和解连环。拓扑异构酶切割 DNA 双链或双链中的一股链,并适时连接封闭切口,使 DNA 超螺旋结构得到松弛,理顺 DNA 链,以利于 DNA 复制。拓扑异构酶分为Ⅰ型(TopoⅠ)和Ⅱ型(TopoⅡ)。TopoⅠ能切割 DNA 单链,不需要 ATP;TopoⅡ能切割 DNA 双链,需要 ATP 提供能量(图11-9)。

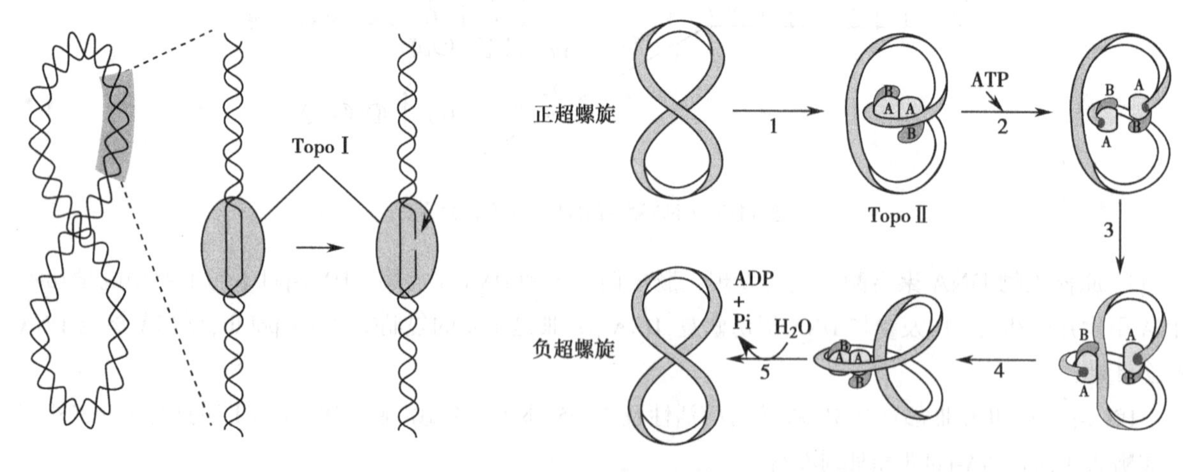

图11-9 DNA 拓扑异构酶Ⅰ和Ⅱ的作用

（三）解螺旋酶

DNA 复制时，局部双链须解开形成两条单链。解螺旋酶(helicase)能利用 ATP 水解产生的能量将 DNA 双链间的氢键断裂，产生两条单链。大肠杆菌的解螺旋酶又称为 DnaB 蛋白。

（四）单链 DNA 结合蛋白

单链 DNA 结合蛋白(single stranded DNA binding protein，SSB)对单链 DNA 具有高度亲和力，能特异地与解开的单链 DNA 结合，使它们不能再重新缔合成双链，而且能保护单链 DNA 不被核酸酶降解。大肠杆菌的 SSB 是同源四聚体，可以和单链 DNA 上相邻的 32 个核苷酸结合。一个 SSB 四聚体结合于单链 DNA 上可以促进其他 SSB 四聚体与相邻的单链 DNA 结合，这个过程称为协同结合。当 DNA 聚合酶向前推进时，SSB 就与单链 DNA 脱离，使复制得以进行。脱落的 SSB 可重新再利用。

（五）引物酶

DNA 聚合酶不能催化游离的 dNTP 之间形成 3′，5′-磷酸二酯键，它需要一小段 RNA 引物为其提供自由的 3′-OH 端，从而使底物逐个聚合而延长 DNA 新链。引物酶(primase)负责催化 RNA 引物的生成。该酶的底物是 NTP，合成的 RNA 引物长度约为 10 个核苷酸。大肠杆菌的引物酶又称为 DnaG 蛋白。真核生物引物酶是 DNA 聚合酶 α 的一个亚单位。

（六）DNA 连接酶

DNA 连接酶(ligase)通过催化两个 DNA 片段之间形成 3′，5′-磷酸二酯键而将它们连接起来，形成更长的 DNA 片段(图 11-10)。这一反应需 ATP 提供能量。

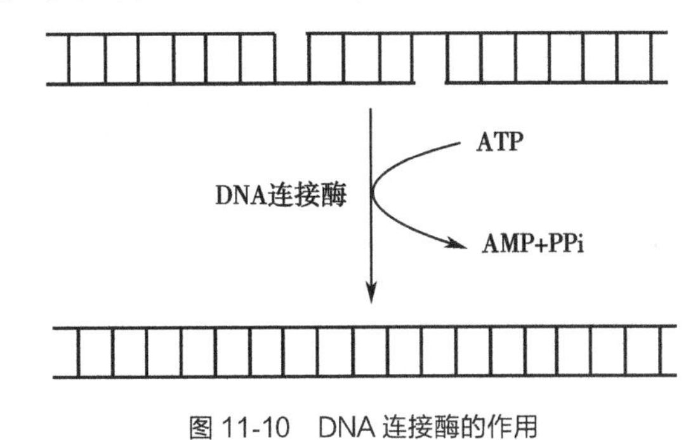

图 11-10　DNA 连接酶的作用

三、DNA 的复制过程

DNA 的复制过程分为复制的起始、DNA 新链的延伸和复制的终止 3 个阶段。

（一）原核生物的 DNA 复制过程

1. 复制的起始　起始是复制过程比较复杂的环节，包括复制起始点的辨认、解链、形成引发体及引物的合成。

大肠杆菌 DNA 上有一个固定的复制起始点，位于 82 等分点处，称作 *oriC*。*oriC* 的跨度为 245bp，由 3 个 13bp 的串联正向重复序列和 4 个 9bp 的反向重复序列组成。复制起始时：①DnaA 蛋白是同四聚体，它首先辨认并结合在 *oriC* 的反向重复序列上，约有 20～40 个 DnaA 蛋白结合在此位点；②HU 蛋白与 DNA 结合，促使双链 DNA 弯曲，DnaA 蛋白作用于 3 个正向重复序列并解链，形成开放复合物；③在 DnaC 蛋白的协同下，DnaB 蛋白(解螺旋酶)与 DNA 结合，逐步置换出 DnaA 蛋白并扩大解链范围，形成 2 个复制叉；④约 60 个单链 DNA 结合蛋白(SSB)与解开的 DNA 单链结合；⑤DnaG 蛋白(引物酶)进入，形成引发体(即 DnaG、DnaB、DnaC 和 DNA 复制起始区域组成的复合体)(图 11-11)；⑥引发体的蛋白组分在 DNA 链上移动，在适当位置，引物酶催化合成 RNA 引物。拓扑异构酶可松弛超螺旋，解链过程势必发生打结现象，拓扑异构酶可以在将要打结或已打结处做切口，把结打开，然后旋转复位连接。

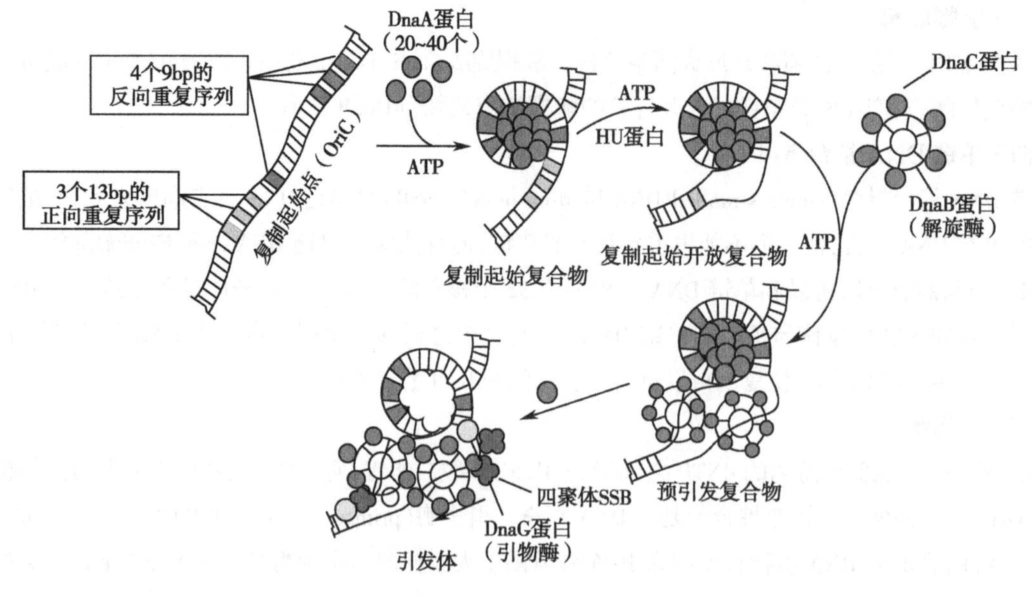

图 11-11 引发体的形成

2. **DNA 新链的延伸** DNApol Ⅲ催化 dNTP 在引物的 3′-OH 上不断聚合，DNA 新链也就不断延长，延长方向是 5′→3′（图 11-12）。DNA-pol Ⅰ不断切除引物和填补空隙，DNA 连接酶也不断地进行 DNA 片段的连接。

3. **复制的终止** 大肠杆菌 DNA 有一个复制终止点，位于 32 等分位点。当两个复制叉到达终止点时，DNA-pol Ⅰ切除随从链最后冈崎片段上的 RNA 引物，并聚合底物填补留下的空隙，再由 DNA 连接酶将缺口连接起来，形成 2 个套在一起的子代环状 DNA 的双连环，拓扑异构酶Ⅱ将它们解开，产生 2 个独立的子代环状 DNA。Tus 蛋白参与复制的终止。

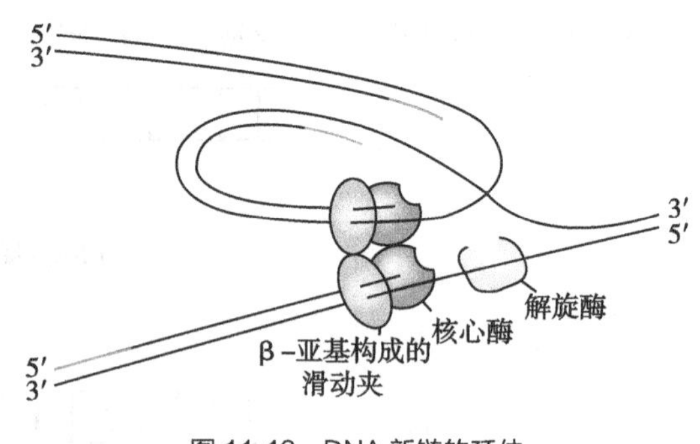

图 11-12 DNA 新链的延伸

（二）真核生物的 DNA 复制过程

真核生物 DNA 的复制过程与原核生物基本相同，但较原核生物更加复杂。

1. **复制的起始** 真核生物染色体 DNA 复制的起始也是解旋解链、产生复制叉、形成引发体、合成 RNA 引物等。真核 DNA 也是采取双向复制，但有多个复制起始点。复制起始时，起始识别复合物（origin recognition complex，ORC）组装在保守序列上，该过程还需另一种称为小染色体维系蛋白（MCM）复合物的参与。ORC/MCM 复合体催化双链 DNA 模板解链形成小的复制泡，复制蛋白 A（一种单链 DNA 结合蛋白）结合到 DNA 单链上，随之解旋酶也组装到复制泡上。DNA 聚合酶 α 上具有引物酶活性的一个亚基催化 RNA 引物合成，具有聚合酶活性的最大亚基在 RNA 引物 3′-OH 端聚合 15~30 个脱氧核苷酸。

2. **复制的延长和终止** 由于 DNA 聚合酶 α 不具备持续合成的能力，因此当它催化产生的 RNA-DNA 长度达约 40 个核苷酸后，复制因子 C（RFC）便结合到引物-模板结合处，促使 DNA 聚合酶 α 与模板 DNA 脱离。接下来，RFC 负责把增殖细胞核抗原（PCNA）滑动夹子组装到 DNA 上，然后 DNA 聚合酶 δ 结合到 PCNA 上；DNA 聚合酶 δ-PCNA 复合物沿模板 DNA 滑动，催化冈崎片段延伸，当延伸到已产生的冈崎片段的 5′-端时，该复合物从 DNA 上释放下来。前导链引物合成后由 DNA 聚合酶 δ 连续延伸。

一定长度的 DNA 片段形成后，核酸酶 H 和核酸内切酶共同参与切除 RNA 引物，DNA 连接酶也不断连接 DNA 片段，形成大的 DNA 片段。

3. **端粒 DNA 的合成** 真核染色体 DNA 是线性分子，复制中新链 DNA 片段的连接都易于理解。但两条

DNA 新链最后 5′-端的 RNA 引物被切除后留下的空隙如何填补？即成为 DNA 的 5′-端复制问题(图 11-13)。

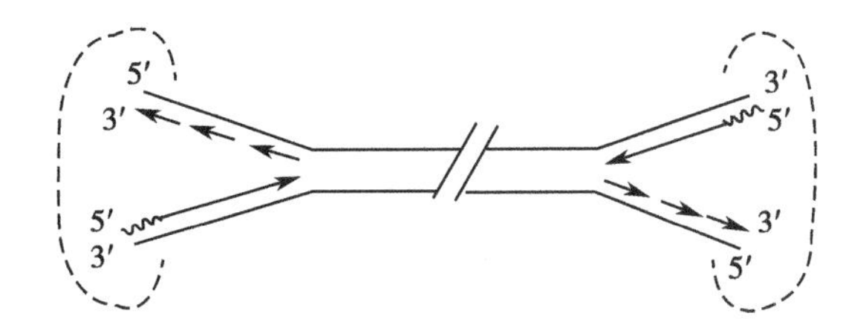

图 11-13　DNA 的 5′-端复制问题

20 世纪 80 年代中期人们发现了端粒酶(telomerase)，解决了上述引物切除后留下的空隙填补问题。端粒酶由蛋白质和 RNA 组成，具有反转录酶的活性。端粒酶借助其 RNA 与亲代链 3′-端的单链 DNA 碱基互补，采取“爬行”方式，以其 RNA 为模板，催化亲代链 3′-端延伸。当延伸到足够长时，由引物酶催化引物合成，DNA 聚合酶利用此 RNA 引物催化延伸 DNA 链，DNA 连接酶再连接封闭缺口、最后去除引物。

四、反转录

反转录是指以 RNA 为模板，通过反转录酶催化合成 DNA 的过程。这一过程与一般遗传信息的流向，即从 DNA→RNA 的转录方向相反，故称为反转录，是 DNA 生物合成的一种特殊方式。

(一)反转录酶

反转录酶，又称依赖 RNA 的 DNA 聚合酶(RNA dependent DNA polymerase，RDDP)。1970 年 Termin 首先在 Rous 肉瘤病毒中发现了反转录酶，此后研究发现在所有的 RNA 肿瘤病毒中都含有反转录酶。反转录酶是一种多功能酶，具有三种酶活性：①RNA 依赖性 DNA 聚合酶活性，即以 RNA 为模板合成 DNA 单链；②核糖核酸酶 H 活性，即水解 RNA 模板；③DNA 依赖性 DNA 聚合酶活性，即以合成的 DNA 单链为模板合成另一条 DNA 链。以 RNA 为模板生成的双链 DNA 称为互补 DNA(complementary DNA，cDNA)。因反转录酶缺乏校读功能，故合成的 DNA 错误率相对较高，这可能是 RNA 肿瘤病毒较易变异的一个重要原因。

(二)反转录过程

在反转录酶作用下，以病毒 RNA 为模板，利用宿主细胞中 4 种 dNTP 为原料，以宿主 tRNA 为引物(一些鸟类反转录病毒以宿主 $tRNA^{Trp}$为引物，鼠类反转录病毒以宿主 $tRNA^{Pro}$为引物)，在引物的 3′-OH 端以 5′→3′方向合成与 RNA 互补的一条 DNA 链，形成 RNA-DNA 杂交分子，随后杂交分子中的 RNA 被反转录酶降解，然后以此 DNA 单链为模板合成与之互补的另一条 DNA 链，形成双链 DNA 分子(图 11-14)。

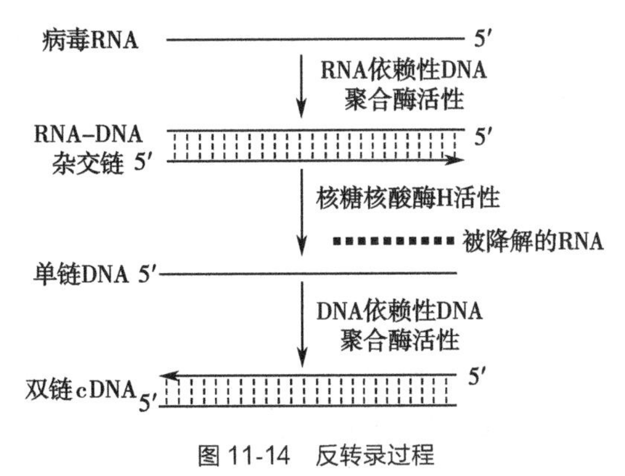

图 11-14　反转录过程

(三)反转录的生物学意义

反转录酶和反转录现象的发现对遗传中心法则进行了修正和补充；反转录酶存在于所有致癌的 RNA 病毒中，同时在致癌病毒的研究中发现了癌基因，为研究肿瘤的发病机制提供了重要线索。反转录酶也存在于正常细胞如蛙卵、正在分裂的淋巴细胞、胚胎细胞等中，因此推测这类酶在细胞分化和胚胎发生过程中可能起某种作用。

理论与实践

HIV 病毒与反转录

HIV 病毒，即人类免疫缺陷病毒（human immunodeficiency virus，HIV），即艾滋病（AIDS，获得性免疫缺陷综合征）病毒，是造成人类免疫系统缺陷的一种病毒。1983 年，HIV 病毒首次在美国发现。它是一种感染人类免疫系统细胞的慢病毒（lentivirus），属反转录病毒的一种。HIV 通过破坏人体的 $CD4^{+}T$ 淋巴细胞，进而阻断细胞免疫和体液免疫过程，导致免疫系统瘫痪，从而致使各种疾病在人体内蔓延，最终导致艾滋病的发生。2015 年 3 月 4 日，多国科学家研究发现，艾滋病毒已知的 4 种病株，均来自喀麦隆的黑猩猩及大猩猩，这是人类首次完全确定艾滋病病毒毒株的所有源头。由于 HIV 的变异极为迅速，难以生产特异性疫苗，因此至今无有效治疗方法，对人类健康造成了极大威胁。

五、DNA 的损伤与修复

（一）DNA 损伤

由于 DNA 是遗传物质，因此保持其完整性极其重要。自然界的许多因素都能引起 DNA 分子的改变，称为 DNA 损伤，又称突变（mutation）。这些损伤因素包括紫外线、电离辐射、烷化剂、碱基类似物、修饰剂化学、诱变剂、致癌病毒等。例如，具有扁平分子结构的嵌入剂（如溴乙啶和吖啶）可以造成 DNA 片段减少或增加，博来霉素和自由基可使磷酸二酯键断裂，丝裂霉素可使两条 DNA 链发生交联。

根据 DNA 分子的变化，突变常可分为以下几种类型：

1. **点突变** DNA 分子中的一个碱基被其他碱基所取代称为点突变（point mutation）。
2. **缺失突变** DNA 分子中发生一个核苷酸或一段核苷酸链的缺失（deletion）。
3. **插入突变** DNA 分子中发生一个或一段核苷酸的插入（insertion）。
4. **片段重排** DNA 片段的重复、断裂后重排。
5. 短串联重复序列突变，又称三联体扩增，是指 DNA 三核苷酸重复的拷贝数增加。

基因突变在生物界普遍存在，它既可以自发发生，也可以因环境因素诱发发生。从生物进化的角度来看，基因突变能够引起物种发生改变，使生物界变得多姿多彩。从医学角度讲，基因突变可导致衰老和疾病的发生，甚至死亡，这样的突变是有害突变。一切致病基因都因突变而产生。

相关链接

β 地中海贫血

β 地中海贫血（简称 β 地贫）是指由于基因点突变，少数为基因缺失，导致 Hbβ 链的合成受部分抑制（β^{+}地贫）或完全抑制（β^{0} 地贫）的一组血红蛋白病。轻型表现轻度贫血或无任何症状，发育正常；中间型表现轻度至中度贫血，患者大多可存活至成年；重型者，出生数日即可发病，出现贫血、进行性加重的肝脾大，黄疸，并有发育不良等症状。

β 地中海贫血基因突变较多，迄今已发现的突变点达 100 多种，国内已发现 28 种。其中常见的突变有 6 种：①*β41-42*（-TCTT），约占 45%；②*IVS-Ⅱ654*（C→T），约占 24%；③*β17*（A→T）；约占 14%；④*TATA 盒-28*（A→T），约占 9%；⑤*β71-72*（+A），约占 2%；⑥*β26*（G→A），约占 2%。

案例11-1

患儿，男，15岁。因手足部位反复出现水疱15年前来就诊。患儿出生后不久即见手足出现水疱，以关节和摩擦部位最为明显，夏季加重，冬季稍缓解，愈后无瘢痕及色素沉着。该患者家族中连续6代均有此类患者，家系中患者共有10人。

体格检查：患儿营养发育良好。双肘膝关节外侧、掌趾关节背侧见多个厚壁清亮水疱，尼氏征(-)。其他各系统检查均未见阳性。

实验室检查：组织病理学显示基底细胞空泡变性，表皮真皮间水疱形成。透射电镜显示表皮基底细胞层出现裂隙。

思考：

1. 该患儿初步诊断患有何种疾病？
2. 该病发生的分子机制是什么？

（二）DNA损伤的修复

DNA损伤可以导致复制、转录障碍，甚或导致疾病，因此细胞必须有一个机制来识别和修复这些损伤。一定条件下，生物体能使损伤DNA分子恢复正常的过程称为DNA修复(DNA repairing)。DNA修复是生物在长期进化过程中获得的一种保护功能。

DNA修复有光修复、切除修复、重组修复、跨损伤DNA合成和SOS修复等多种方式。

1. 光修复 波长260nm的紫外线可以引起DNA链上相邻的两个嘧啶通过共价连接生成嘧啶二聚体，从而影响DNA复制。光修复可修复此种损伤。在*E. coli*中，300~600nm的可见光能激活细胞内的光裂合酶(photolyase)，使嘧啶二聚体间的共价键断裂而修复(图11-15)。光裂合酶普遍存在于各种生物中，人类细胞也有发现。

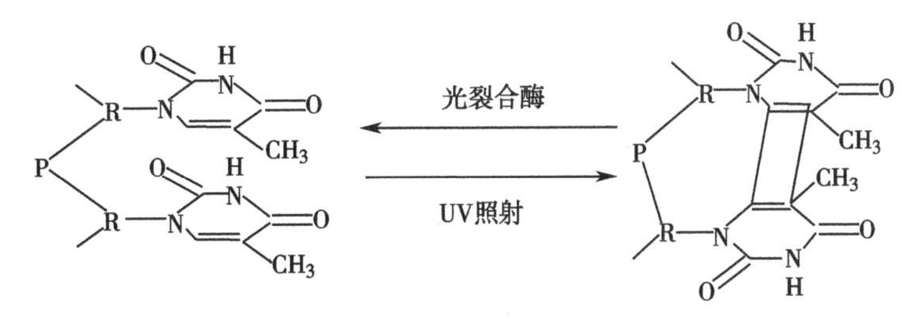

图11-15 紫外线造成的嘧啶二聚体与光修复

2. 切除修复 切除修复(excision repairing)可以修复几乎所有类型的DNA损伤，包括单个变化的碱基、无碱基位点和一段核苷酸的损伤，是细胞修复DNA损伤的主要方式。

(1)单个碱基切除修复：糖苷酶(又称糖苷水解酶)切开戊糖与损伤碱基间的β-N-糖苷键，去除损伤的碱基，然后由无碱基位点核酸内切酶切断磷酸二酯键，产生的缺口由DNA聚合酶催化引入一个正确的核苷酸，最后由DNA连接酶完成连接。

(2)核苷酸片段切除修复：*E. coli*的核苷酸切除修复时，2分子UvrA和1分子UvrB结合于DNA上，UvrA识别损伤部位，UvrB使DNA解链并募集核酸内切酶UvrC。UvrC在损伤片段的两侧切开酯键，再由UvrD协助去除损伤片段。DNA聚合酶Ⅰ以另一条完整的DNA链为模版，催化填补切除部分的空隙，再由DNA连接酶封口(图11-16)。

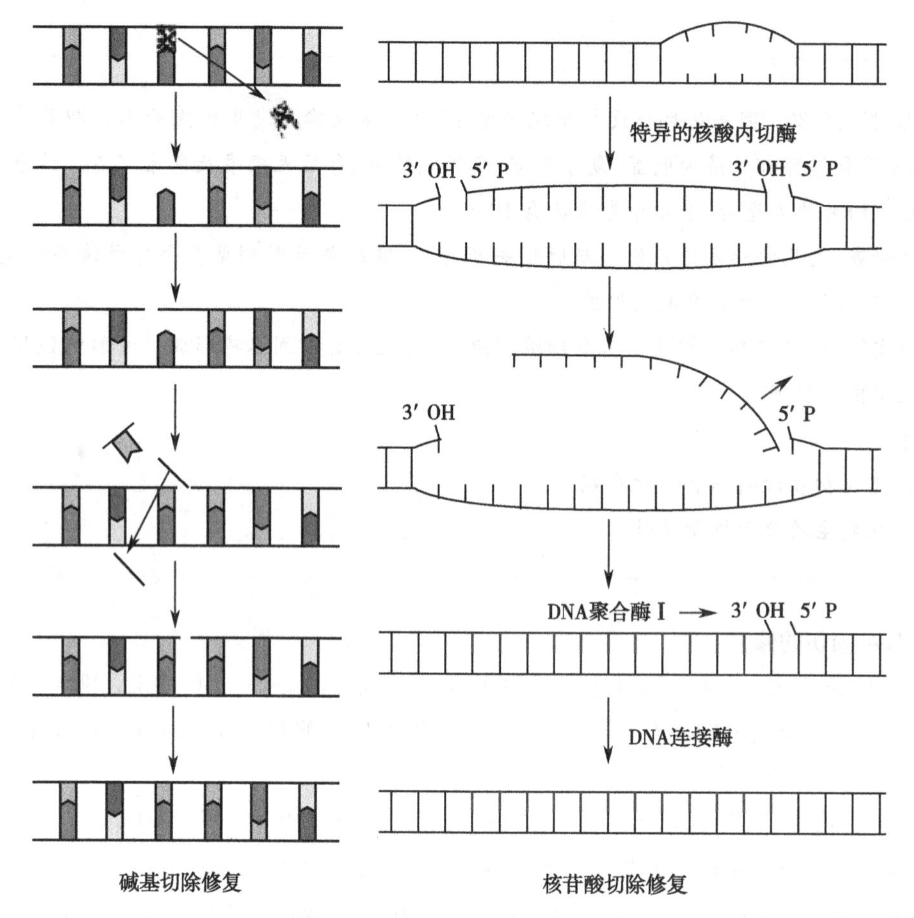

图 11-16 DNA 损伤的切除修复

相关链接

着色性干皮病

着色性干皮病(xeroderma pigmentosum,XP)是一种罕见的由于DNA修复基因缺陷所致的常染色体隐性遗传病。患者尤其是对紫外线敏感,主要临床表现是皮肤雀斑样色素沉着,毛细血管扩张,局限性萎缩,疣状增生,浅表溃疡,最后可癌变。人类DNA损伤的切除修复需要多种XP蛋白因子的参与,如XPA、XPB、XPC、XPF、XPG等。这些蛋白因子具有识别DNA损伤部位、解旋酶活性、核酸酶活性等。人类着色性干皮病患者由于皮肤细胞编码XP蛋白的某些基因缺陷,因此不能修复紫外线照射引起的DNA损伤。

3. 重组修复 当DNA分子损伤的面积较大,还来不及修复就进行复制时,损伤部位因没有模板指引,复制出来的子代DNA链中与损伤部位相对应的部位出现空隙,此时可利用重组过程进行修复,称重组修复(recombination repairing)。其机制是RecA蛋白(具有链交换功能和内切酶活性)结合在子链的空缺处,引发对侧正常模板链与子链重组,使子链完全修复。对侧正常模板链上留下的空缺由DNA聚合酶Ⅰ合成DNA片段填补,最后由连接酶连接,使模板链重新成为一条完整的DNA链(图11-17)。

4. 跨损伤DNA合成 当DNA链在复制过程中遇到损伤而使复制停顿下来,机体启动跨损伤合成系统绕过损伤继续进行DNA复制(图11-18)。这种修复方式称作跨损伤合成。参与跨损伤修复的DNA聚合酶的保真性不高,使得DNA合成过程中核苷酸的错误掺入率增加,但这种后果要比复制阻断小得多。

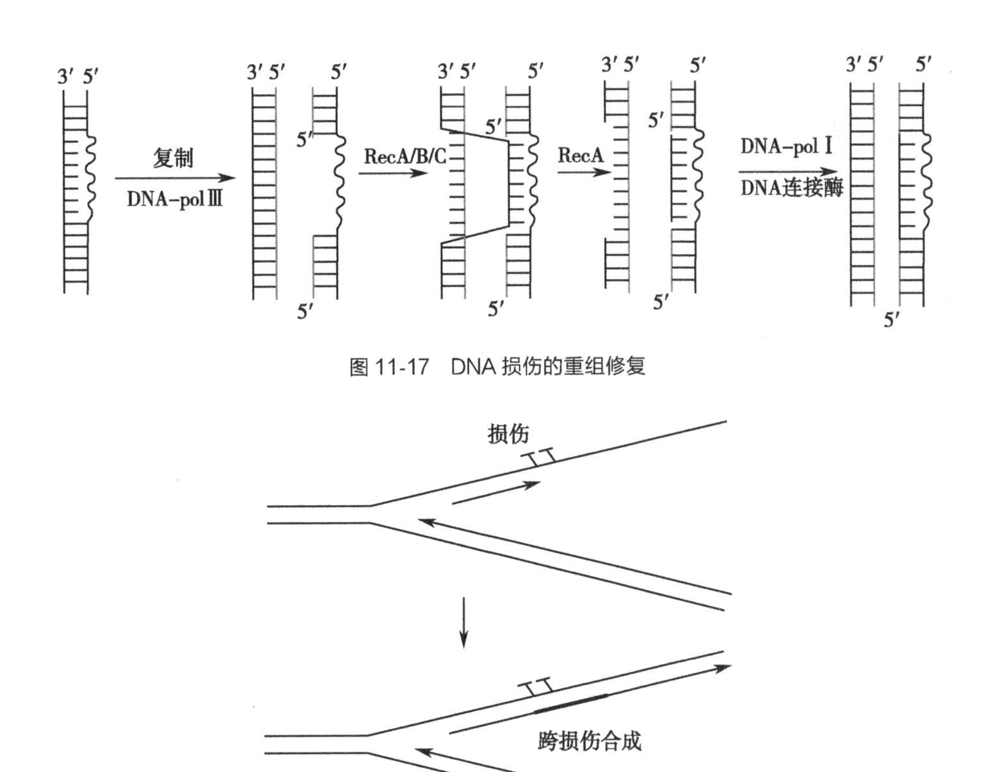

图 11-17 DNA 损伤的重组修复

图 11-18 跨损伤 DNA 合成

5. SOS 修复 SOS 修复也称紧急呼救修复,它是在 DNA 分子受到严重损伤,细胞处于危险状态,正常修复机制均已被抑制时进行的急救措施。SOS 反应是由 RecA 蛋白和 LexA 阻遏物蛋白相互作用引起的,其机制是:在 ATP 存在时,RecA 被损伤的 DNA 激活而表现出蛋白水解酶活力,水解 LexA 阻遏物蛋白,使其与修复有关的基因开放,表达产物即可对损伤 DNA 进行修复(图 11-19)。SOS 修复只能维持 DNA 完整性以使细胞得以生存,但突变率很高。

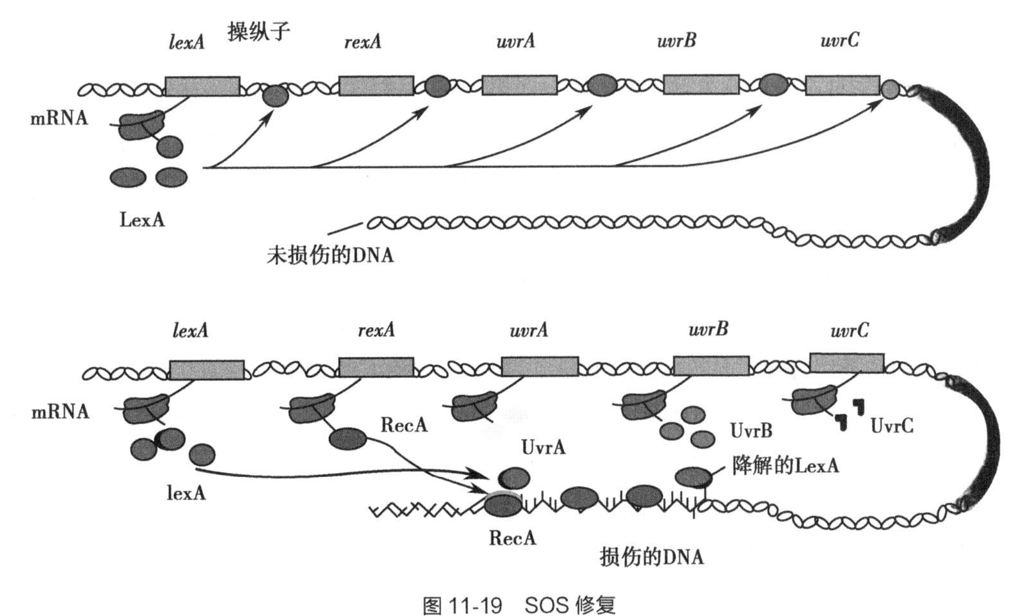

图 11-19 SOS 修复

第二节　RNA的生物合成

生物体以DNA为模板合成RNA的过程称为转录。转录的实质就是把DNA的碱基序列(遗传信息)转抄成RNA的碱基序列,这样RNA上的碱基排列顺序就代表了相应DNA的遗传信息,从而将DNA和蛋白质这两种生物大分子衔接起来。经转录生成的各类RNA还需加工才能成为具有生物学功能的RNA分子。

一、转录的模板

(一)转录的不对称性

在双链DNA分子中,能转录出RNA的DNA区段称为结构基因(structural gene)。转录过程中,按碱基配对规律指导RNA合成的那股DNA单链称为模板链(template strand),也称作Watson链;与模板链对应的不被转录的那股DNA单链则称为编码链(coding strand),也称作Crick链。与DNA复制不同,转录是不对称的。它有两方面含义:①在DNA的一个转录区段中,只有模板链被转录,而编码链不被转录;②在DNA的不同转录区段中,模板链并非总在同一股DNA链上。这种选择性的转录称为不对称转录(asymmetric transcription)(图11-20)。

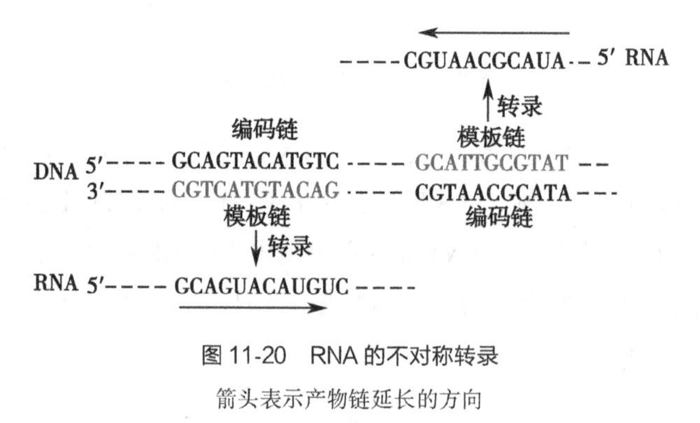

图11-20　RNA的不对称转录

箭头表示产物链延长的方向

模板链与编码链互补,也与RNA链互补。与编码链相比,转录生成的RNA链中的碱基序列除了U与T不同外,其余碱基序列与编码链是一致的,所以一般只写出编码链序列。由于编码链的碱基序列才真正代表着编码蛋白质的氨基酸序列的信息,故编码链又称为有义链,而与之互补的模板链则称为反义链。

(二)启动子

启动子(promoter)是供RNA聚合酶识别与结合并启动转录的DNA序列。启动子是控制转录的关键结构,它具有方向性,决定着转录的方向,但启动子本身并不转录(内启动子例外)。

1. 原核生物启动子　通过对大肠杆菌的乳糖、阿拉伯糖和色氨酸操纵子等100多个启动子区序列的分析表明,不同基因的启动子在序列上具有保守性,也称为共有序列(consensus sequence)。通常以DNA模板链上转录产生RNA链5′-端的第一位核苷酸的碱基为+1,用负数表示上游(向左)的碱基序数。1975年,Pribnow首先发现-10区的共有序列为$T_{80}A_{95}T_{45}A_{60}A_{50}T_{96}$,称为TATA盒或Pribnow盒。TATA盒序列易于解链,有利于转录。-35区的共有序列为$T_{82}T_{84}G_{78}A_{65}C_{54}A_{45}$,主要供σ亚基识别。一个基因的启动子序列与共有序列的一致程度越高,启动转录的能力越强。

2. 真核生物启动子　根据真核生物RNA聚合酶的类别,启动子分为Ⅰ、Ⅱ和Ⅲ类启动子。RNA聚合酶Ⅱ识别的启动子属于Ⅱ类启动子,通常位于转录起始点上游,本身并不被转录,它包括启动子和启动子上游元件等近端调控序列。真核生物启动子的TATA盒位于-30区域,又称为Hogness盒,通常认为这是启动子的核心序列，是转录因子ⅡD和RNA聚合酶Ⅱ结合的区域，控制转录起始的精确性与频率。在靠近TATA盒的上游有一个转录因子ⅡB识别元件。启动子上游元件多在-40～-110处，比较常见的是CAAT盒和GC盒。在起始点周围(-3～+5)通常还有一个起始元件。有的基因缺少TATA盒，此时起始元件可代替其作用。一个典型的启动子由TATA盒、CAAT盒和GC盒组成(图11-21)，通常有一个转录起始点和高的转录活性。

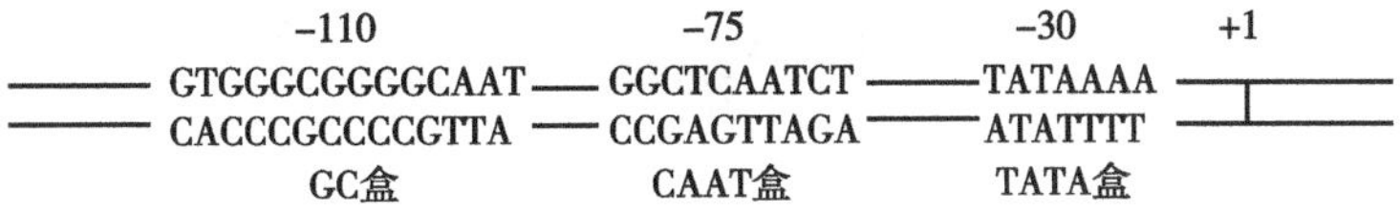

-110 -75 -30 +1
GTGGGCGGGGCAAT GGCTCAATCT TATAAAA
CACCCGCCCCGTTA CCGAGTTAGA ATATTTT
GC盒 CAAT盒 TATA盒

图11-21 真核生物典型启动子的序列

二、RNA聚合酶

RNA聚合酶(RNA polymerase，RNA-pol)是依赖DNA的RNA聚合酶(DNA dependent RNA polymerase，DDRP)。

1. **原核生物RNA聚合酶** 原核生物细胞中只有一种RNA聚合酶，兼有合成各种RNA的功能。大肠杆菌(*E. coli*)RNA聚合酶是由α、β、β′、σ和ω亚基组成。$\alpha_2\beta\beta'\omega\sigma$称为全酶，$\alpha_2\beta\beta'\omega$称为核心酶。α亚基与核心酶亚基的正确聚合有关，能与启动子结合，控制转录的速率；β亚基具有催化作用；β′亚基有解链功能；σ能辨认起始位点，促进全酶与启动子结合；ω亚基的功能目前仍不清楚。

2. **真核生物RNA聚合酶** 目前已发现在真核生物中存在5种RNA聚合酶，它们分别负责不同基因的转录，产生不同的转录产物(表11-1)。

表11-1 真核生物RNA聚合酶的种类与转录产物

种类	细胞内定位	转录产物
RNA-pol Ⅰ	核仁	45SrRNA
RNA-pol Ⅱ	核质	hnRNA、某些snRNA
RNA-pol Ⅲ	核质	5S rRNA、tRNA、snRNA
RNA-pol Ⅳ	核质	siRNA
RNA-pol mt	线粒体	线粒体RNAs

三、转录过程

RNA的转录过程可分为起始、RNA链的延长及终止三个阶段。

(一)原核生物的转录过程

原核生物RNA聚合酶能直接与模板DNA结合。活细胞的转录起始需要全酶参与，使得转录能够在特异的起始位点上进行。转录启动后，σ亚基(又称σ因子)便与核心酶脱离。转录延长阶段仅需核心酶催化。终止过程包括依赖ρ因子的转录终止和非依赖ρ因子的转录终止两种机制。

1. **转录起始** 转录起始是指RNA聚合酶的σ因子辨认DNA的启动子部位，并带动RNA聚合酶的全酶与启动子结合，形成转录复合物，并形成第一个3′,5′-磷酸二酯键的过程(图11-22)。

RNA-pol全酶的σ因子识别-35区序列，并使核心酶与启动子结合。RNA聚合酶解旋解链，使双链DNA的局部解开约17bp±1bp长的DNA单链，形成转录泡(transcription bubble)，暴露出DNA模板链。

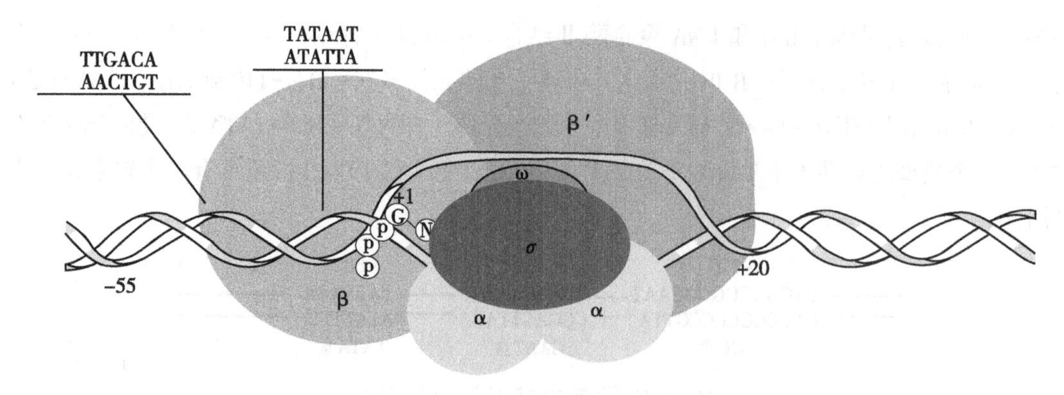

图 11-22 原核生物的转录起始

RNA 聚合酶直接催化两个与模板链碱基配对的相邻核苷酸形成第一个 3′,5′-磷酸二酯键,形成 RNA-pol 全酶-DNA-pppGpN-OH-3′复合物,称为转录起始复合物。RNA 链的第 1 个核苷酸通常为嘌呤核苷酸(最常见为鸟嘌呤核苷酸),并仍保留其 5′-端的 3 个磷酸基。转录一旦启动,σ 因子便从复合物上脱落,核心酶进一步催化 RNA 链的延长。σ 因子可以反复使用,它可与新的核心酶结合成 RNA 聚合酶的全酶,起始另一次转录过程。

2. RNA 链的延长　核心酶沿模板 DNA 链向下游方向滑动,每滑动一个核苷酸距离,则有一个 NTP 按 DNA 模板链的碱基互补关系进入反应体系,形成一个新的磷酸二酯键,如此不断延长下去。RNA 链的合成沿 5′→3′方向进行。延伸过程中,产物 RNA 链与模板 DNA 链形成长约 8~9bp 的杂交双链。DNA 链在核心酶经过后,即恢复双螺旋结构,新生成的 RNA 单链伸出 DNA 双链之外(图 11-23)。

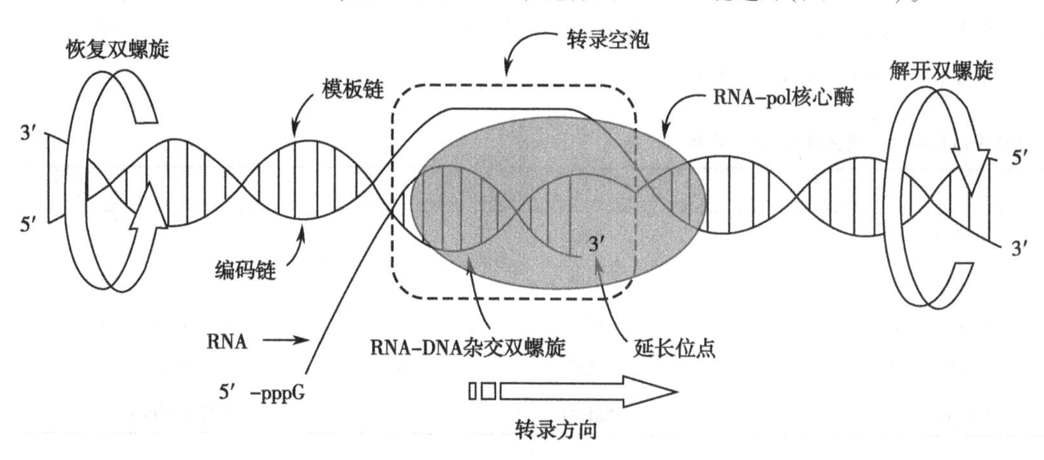

图 11-23 原核生物 RNA 链的延长

3. 转录终止　当核心酶($\alpha_2\beta\beta'\omega$)滑行到终止部位时,它就在 DNA 模板上停顿下来不再前行,转录生成的 RNA 产物链从转录复合物上脱落下来,这就是转录终止。依据是否需要蛋白质因子参与,原核生物转录终止分为依赖 ρ 因子的转录终止与非依赖 ρ 因子的转录终止两种机制。

(1)依赖 ρ 因子的转录终止:ρ 因子是由 6 个相同亚基(相对分子质量为 46kDa)组成的六聚体蛋白,兼具有解螺旋酶和 ATP 酶活性。ρ 因子终止转录的机制是它能与转录产物 RNA 结合,使得 ρ 因子和核心酶都发生构象变化,从而使核心酶停顿。ρ 因子的解螺旋酶活性使 RNA/DNA 杂交双链相分离,利用 ATP 释能使产物 RNA 从转录复合物中释放出来(图 11-24)。

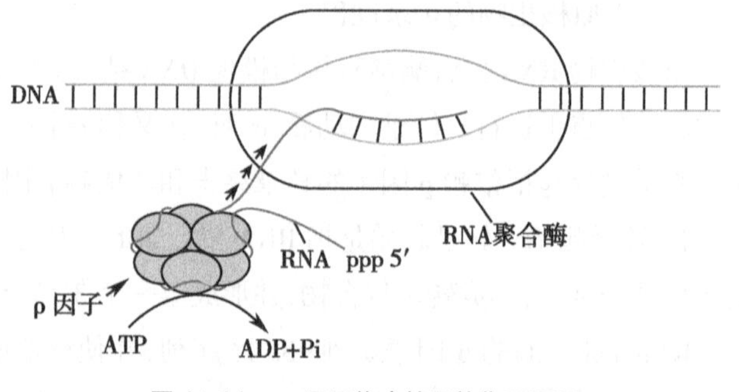

图 11-24 ρ 因子终止转录的作用原理

(2)非依赖 ρ 因子的转录终止:在非依赖 ρ 因子的转录终止时,转录终止区的碱基序列有两个重要特征,即 DNA 模板上靠近终止区有富含 GC 的反向重复序列(AAGCGCCG),以及其后出现的连续的 6~8 个 A。转录生成的 RNA 形成茎-环(stem-loop)或称发夹(hairpin)形式的二级结构。位于核心酶覆盖区域内的 RNA 茎-环结构与酶相互作用后,可使核心酶构象发生改变,阻止转录继续向下游推进。同时,在 RNA 链的茎-环结构之后出现多个连续的 U,由于在所有的碱基配对中,以 rU/dA 的配对最不稳定,因此 RNA 链上一串寡聚 U 也是使 RNA 链从模板上脱落的促进因素,有利于 RNA 链从 DNA 上脱落。

(二)真核生物的转录过程

真核生物的转录与原核生物有许多相似之处,但真核生物的转录过程比原核生物要复杂得多,尤其是转录的起始阶段更复杂。

1. 转录起始 与原核生物 RNA 聚合酶不同,真核生物 RNA 聚合酶不能直接与启动子区结合。在转录起始阶段,需依靠众多转录因子(transcriptional factor,TF)直接或间接地结合到 DNA 模板上,并与 RNA 聚合酶相互作用形成转录复合体,转录才能启动(图 11-25)。

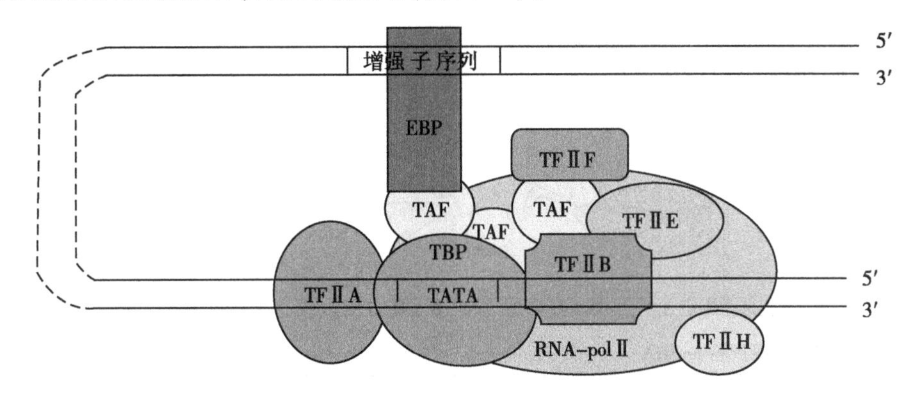

图 11-25 真核 mRNA 合成的启动

TFⅡ各成员作用的顺序:TFⅡD(TBP)→TFⅡA/J→TFⅡB→RNA polⅡ-TFⅡF→TFⅡE→TFⅡH

2. RNA 链的延长 真核生物的转录延长过程与原核生物大致相似。RNA 聚合酶沿着 DNA 模板链的 3′→5′方向移动,并按照模板 DNA 链上的碱基序列催化 RNA 链的延长,RNA 链延伸的方向也是 5′→3′端。

3. 转录终止 真核生物的转录终止与转录产物的加工密切相关。例如,真核生物 RNA 聚合酶Ⅱ转录产生 hnRNA 的过程中,直至转录出现多聚腺苷酸信号为止。这个信号序列通常为 AATAAA 及其下游的富含 GT 的序列,被称为转录终止的修饰点序列。转录越过修饰点序列后,在 hnRNA 的 3′-端产生 AAUAAA-------GUGUGUG 的剪切信号序列。内切核酸酶识别此信号序列进行剪切,剪切点位于 AAUAAA 下游的 10~30 个核苷酸处,距离 GU 序列约 20~40 个核苷酸,修饰点序列下游产生的多余 RNA 片段很快被降解。

四、真核生物的转录后加工

转录生成的 RNA 产物是 RNA 的前体,通常还需要经过一系列的加工(processing)和修饰(modifying),才能最终成为具有生物学功能的 RNA 分子。加工过程包括核苷酸的部分水解、剪接反应、核苷酸的修饰、mRNA 的 5′-端“加帽”和 3′-端“加尾”等。

(一)mRNA 的转录后加工

mRNA 由 hnRNA 加工而成。加工过程包括 5′-端和 3′-端的首尾修饰及剪接等。

1. 5′-端加帽 mRNA 的 5′-端帽子结构是在 hnRNA 转录后加工过程中形成的。转录产物的第 1 个核苷酸常是5′-三磷酸鸟苷(5′-pppG),在细胞核内磷酸酶的作用下水解释放出无机焦磷酸。然后,5′-端与另一个GTP反应生成三磷酸双鸟苷,在甲基化酶作用下,第1或第2个鸟嘌呤碱基发生甲基化反应,形成帽子结构(5′-m^7GpppGp或5′-GpppmG),该结构的功能可能是在翻译过程中发挥识别作用,并能稳定mRNA,延长其半衰期。

2. 3′-端加多聚腺苷酸尾 mRNA分子3′-端的多聚腺苷酸尾(poly A tail)也是在加工过程中引入的。在细胞核内,首先由特异核酸外切酶切去3′-端多余的核苷酸,再由多聚腺苷酸聚合酶催化,以ATP为底物,进行聚合反应形成多聚腺苷酸尾。poly A长度为20~200个核苷酸,其长短与mRNA的寿命有关,随寿命延长而缩短。poly A尾与维持mRNA稳定性、保持翻译模板活性有关。

3. 剪接 hnRNA在加工为成熟mRNA的过程中,约有50%~70%的核苷酸链片段被剪切。真核细胞的基因通常是一种断裂基因,即由几个编码区被非编码区序列相间隔并连续镶嵌组成。在结构基因中,具有表达活性的编码序列称为外显子(exon);无表达活性、不能编码相应氨基酸的序列称为内含子(intron)。在转录过程中,外显子和内含子均被转录到hnRNA中。hnRNA的剪接过程是切掉内含子部分,然后将各个外显子部分再拼接起来(图11-26)。hnRNA的剪接是在细胞核中的剪接体上进行的。剪接体是由小核核蛋白(snRNP)和hnRNA组成的超大分子的复合体。剪接机制是两次转酯反应。

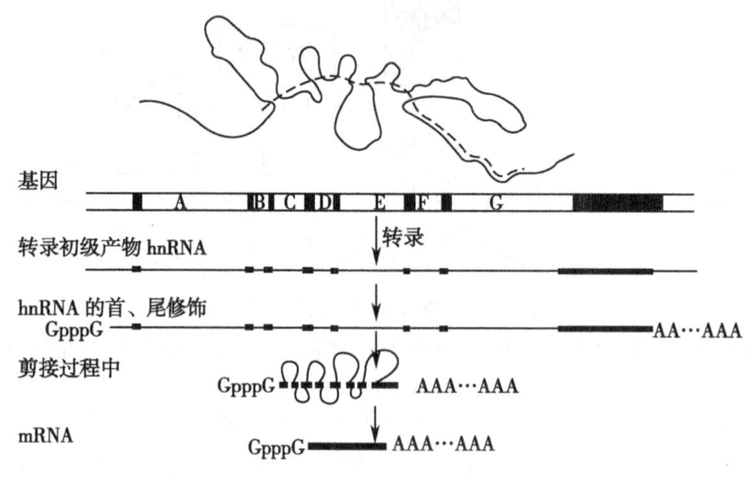

图11-26 卵清蛋白断裂基因及其hnRNA的剪接

4. RNA编辑 有些蛋白质产物的氨基酸序列并不完全与基因的编码序列相对应。研究发现,某些mRNA前体的核苷酸序列经过编辑过程发生了改变。所谓RNA编辑是指基因转录产生的mRNA分子中,由于核苷酸的缺失,插入或替换,使mRNA的序列与基因编码序列不完全对应,导致一个基因可以产生多种氨基酸序列不同、功能不同的蛋白质分子。例如,人肝细胞中载脂蛋白B_{100} mRNA的第2153位密码子(CAA)编码谷氨酰胺,但在小肠黏膜细胞中却改变为终止密码子(UAA),这是由于在胞苷脱氨酶的作用下将C改变为U的缘故,因此该基因在小肠黏膜细胞表达载脂蛋白B_{48}。

5. 选择性剪接 自一个mRNA前体中选择不同的剪接位点和拼接方式,可产生由不同外显子组合而成的mRNA剪接异构体,并翻译得到功能类似或各异的蛋白质,这种剪接方式称作选择性剪接,也叫可变性剪接。选择性剪接是真核细胞中一种重要的基因功能调控机制,也被认为是哺乳动物表型多样性的一个重要原因,可能在物种进化和分化中起到重要作用。选择性剪接在人类基因组中广泛存在,不仅调控着细胞、组织的发育和分化,还与许多人类疾病密切相关。

(二)tRNA的转录后加工

tRNA的转录后加工包括:①切除tRNA前体5′-端的前导序列;②切除反密码环部分的插入序列(相当于hnRNA的内含子)并连接余下部分;③切除3′-端的两个核苷酸,并添加-CCA-OH结构;④碱基的甲基化修饰产生甲基鸟嘌呤(mG)、甲基腺嘌呤(mA)等稀有碱基,还原反应使尿嘧啶转变成二氢尿嘧啶(DHU),

脱氨基反应使腺嘌呤转变为次黄嘌呤(I),碱基转位反应产生假尿苷(Ψ)等稀有碱基。

(三)rRNA 的转录后加工

细胞内首先生成的是 45S 大分子 rRNA 前体,然后通过核酸酶作用,断裂成为 28S、5.8S 及 18S 的 rRNA。rRNA 成熟过程中还涉及核糖 2′-OH 的甲基化修饰。rRNA 成熟后,就在核仁上装配,与核糖体蛋白质一起形成核糖体,输送到胞质。

五、RNA 复制

有些病毒进入宿主细胞后通过 RNA 复制而传代。除反转录病毒外,其他 RNA 病毒和 RNA 噬菌体在宿主细胞内是以病毒的单链 RNA 为模板合成其子代 RNA,这种 RNA 依赖的 RNA 合成称为 RNA 复制(RNA replication)。

(一)RNA 复制酶

催化 RNA 复制的酶是 RNA 复制酶(RNA replicase),也称为 RNA 依赖的 RNA 聚合酶(RNA-dependent RNA polymerase,RDRP)。RNA 复制酶的特异性非常高,它只识别自身的 RNA,而对宿主细胞及其他病毒的 RNA 均无作用。RNA 复制酶缺乏校读功能,复制时核苷酸错误掺入率高。RNA 复制的方向是 5′→3′。

1963 年,在噬菌体 Qβ 中发现了 RNA 复制酶。噬菌体 Qβ 是单链 RNA 噬菌体,宿主是大肠杆菌。噬菌体 QβRNA 复制酶由四个亚基组成:①α 亚基来自于宿主小亚基核糖体蛋白 S1;②β 亚基由病毒 RNA 编码,具有催化作用;③γ 亚基是宿主延长因子 Tu,识别 RNA 模板并选择结合底物核糖核苷三磷酸;④δ 亚基是宿主延长因子 Ts,具有稳定 α 亚基和 γ 亚基结构的作用。

(二)RNA 复制的方式

RNA 病毒侵入宿主细胞后,需借助于宿主细胞的基因表达系统,经转录和翻译产生病毒 RNA 和病毒蛋白,最终组装成子代病毒颗粒。大多数 RNA 的基因组是单链 RNA 分子(脊髓灰质炎病毒、鼻病毒、流感病毒、狂犬病病毒等),少数 RNA 病毒的基因组是双链 RNA 分子(呼肠孤病毒和疱疹性口炎病毒等)。有些病毒的 RNA 链具有 mRNA 功能,在宿主细胞内,能直接作为翻译的模板,称为正链 RNA,记做(+)链;而有些病毒的 RNA 链不能作为翻译的模板,称为负链 RNA,记做(-)链。由于 RNA 病毒的种类很多,因此它们的复制方式是多种多样的,包括:①单链正链 RNA 的复制;②单链负链 RNA 的复制;③双链 RNA 的复制。

第三节　蛋白质的生物合成

以 mRNA 为模板合成蛋白质的过程称为翻译。严格地说,翻译是以 mRNA 为模板指导多肽链的合成过程。虽然遗传信息储存在 DNA 分子中,但 DNA 并不直接指导蛋白质的合成,需靠转录生成的 mRNA 分子中的碱基序列来指导多肽链中氨基酸序列的生成,这样就将 mRNA 中的“碱基语言”转换为多肽链中的“氨基酸语言”。肽链合成后还需经过加工修饰才能生成具有生物学功能的蛋白质。此外,许多蛋白质合成后还需要定向输送到最终发挥功能的场所。

一、蛋白质生物合成体系

蛋白质生物合成的体系复杂,除氨基酸原料外,还包括蛋白质合成的模板 mRNA、运载氨基酸的工具 tRNA、多肽链的合成场所核糖体、酶及各种蛋白因子,供能物质 ATP 和 GTP 以及 K^+、Mg^{2+}等。

（一）mRNA 是蛋白质合成的模板

原核生物以操纵子(operon)为一个基本的转录单位。操纵子常由数个结构基因串联而成,转录出来的 mRNA 可编码几种功能相关的蛋白质,称为多顺反子 mRNA,转录后一般不需特别加工。而在真核生物中,每种 mRNA 只含有一种肽链的编码信息,指导一条多肽链的合成,称为单顺反子 mRNA,且转录后需要加工成熟后才能成为翻译模板。

虽然不同 mRNA 分子的大小及碱基序列不同,但都有 5′-非翻译区(5′-UTR)、开放阅读框(ORF)区和 3′-非翻译区(3′-UTR)。在 mRNA 的开放阅读框区,从 5′→3′方向计数,每 3 个相邻的核苷酸组成一个三联体密码即遗传密码(genetic codon)或称为密码子(codon),它们代表着某种氨基酸或其他信息。mRNA 中三联体遗传密码的排列顺序,决定了多肽链一级结构中氨基酸的排列顺序和基本结构。64 个遗传密码中,有 61 个分别代表 20 种不同的编码氨基酸,UAA、UAG、UGA 则代表多肽链合成的终止信号,称为终止密码子。当 AUG 位于 ORF 的第一位时,它既编码甲硫氨酸,又作为多肽链合成的起始信号,称为起始密码子(表 11-2)。

表 11-2 遗传密码表

第一核苷酸 (5′)	第二核苷酸				第三核苷酸 (3′)
	U	C	A	G	
U	UUU 苯丙氨酸	UCU 丝氨酸	UAU 酪氨酸	UGU 半胱氨酸	U
	UUC 苯丙氨酸	UCC 丝氨酸	UAC 酪氨酸	UGC 半胱氨酸	C
	UUA 亮氨酸	UCA 丝氨酸	UAA 终止密码	UGA 终止密码	A
	UUG 亮氨酸	UCG 丝氨酸	UAG 终止密码	UGG 色氨酸	C
C	CUU 亮氨酸	CCU 脯氨酸	CAU 组氨酸	CGU 精氨酸	U
	CUC 亮氨酸	CCC 脯氨酸	CAC 组氨酸	CGC 精氨酸	C
	CUA 亮氨酸	CCA 脯氨酸	CAA 谷氨酰胺	CGA 精氨酸	A
	CUG 亮氨酸	CCG 脯氨酸	CAG 谷氨酰胺	CGG 精氨酸	G
A	AUU 异亮氨酸	ACU 苏氨酸	AAU 天冬酰胺	AGU 丝氨酸	U
	AUC 异亮氨酸	ACC 苏氨酸	AAC 天冬酰胺	AGC 丝氨酸	C
	AUA 异亮氨酸	ACA 苏氨酸	AAA 赖氨酸	AGA 精氨酸	A
	AUG 甲硫氨酸	ACG 苏氨酸	AAG 赖氨酸	AGG 精氨酸	G
G	GUU 缬氨酸	GCU 丙氨酸	GAU 天冬氨酸	GGU 甘氨酸	U
	GUC 缬氨酸	GCC 丙氨酸	GAC 天冬氨酸	GGC 甘氨酸	C
	GUA 缬氨酸	GCA 丙氨酸	GAA 谷氨酸	GGA 甘氨酸	A
	GUG 缬氨酸	GCG 丙氨酸	GAG 谷氨酸	GGG 甘氨酸	G

遗传密码具有以下重要特点:

1. **方向性** 翻译时从 mRNA 的 ORF 区的 5′-端起始密码子开始,沿 5′→3′方向"阅读",直到 3′-端终止密码子为止。密码子的读取方向决定了肽链的合成方向是从 N 端向 C 端。

2. **连续性** 密码子之间没有任何特殊的符号加以间隔,翻译时从起始密码子连续"阅读"下去,直到终止密码子为止。mRNA 上碱基的缺失或插入都会造成密码子阅读框架的改变,使翻译出的氨基酸序列发生变异,产生"框移突变"。

3. **简并性** 20 种编码氨基酸中,除了色氨酸和甲硫氨酸各有一个密码子外,其余氨基酸都有两个或两个以上密码子,最多有 6 个。一种氨基酸具有 2 个或 2 个以上密码子的现象,称为遗传密码的简并性。同一氨基酸的不同密码子互称为同义密码子或简并密码子。遗传密码的简并性主要是指密码子的前两位碱基相同,而第三位碱基不同,所以密码子的专一性主要由前两位碱基决定,第三位碱基突变时,仍可能翻译出正确的氨基酸,保证所合成的多肽链的一级结构不变。遗传密码的简并性对于减少有害突变,保证遗传的稳定性具有一定的意义。

4. 摆动性 密码子与反密码子的配对有时会出现不严格遵守碱基配对原则的现象，称为遗传密码的摆动现象。该现象常见于密码子的第3位碱基与反密码子的第1位碱基不严格互补，但也能相互辨认（表11-3）。此特性使一种tRNA能识别mRNA的多个简并密码子。

表11-3 密码子与反密码子的摆动配对

tRNA反密码子的第1位碱基	I	U	G
mRNA密码子的第3位碱基	U、C、A	A、G	U、C

5. 通用性 目前这套遗传密码几乎适用于所用生物。但近些年研究表明，在动物细胞的线粒体及植物细胞的叶绿体中，遗传密码的通用性也存在某些例外，如人、牛、酵母线粒体基因组中的UGA编码色氨酸，而非终止密码子。

（二）tRNA是氨基酸的运载工具及蛋白质合成的适配器

在蛋白质合成时，分布在胞质中的氨基酸需要由tRNA搬运到核糖体才能组装成多肽链，所以tRNA起着运载氨基酸的作用。tRNA还起“适配器”的作用，即mRNA序列中遗传密码的排列顺序通过tRNA转换成多肽链中氨基酸的排列顺序。tRNA种类达数十种，一种氨基酸通常可与2~6种对应的tRNA特异性结合，与密码子的简并性相适应，但一种tRNA只能特异地转运一种特定的氨基酸。

tRNA上有两个重要的功能部位：一个是tRNA氨基酸臂的3′-CCA-OH，能与特定的氨基酸专一地结合形成氨基酰-tRNA；另一个是反密码子，能与mRNA中相应的密码子配对结合，于是tRNA所携带的氨基酸就准确地在核糖体上与mRNA上相应的密码子“对号入座”，从而使组成肽链的氨基酸按mRNA规定的顺序排列起来。

（三）核糖体是蛋白质合成的工厂

核糖体是由rRNA与多种蛋白质组成的复合体，是蛋白质生物合成的场所，在蛋白质生物合成中起到“装配机”的作用。核糖体由大小两个亚基组成，在蛋白质生物合成中具有以下功能：①小亚基有供mRNA附着的位点，当大、小亚基聚合时，两者间形成的裂隙容纳mRNA；②具有结合氨基酰-tRNA和肽酰-tRNA的部位，即氨基酰位（aminoacyl site，A位）和肽酰位（peptidyl site，P位）；③具有转肽酶活性，催化肽键形成；④原核生物核糖体大亚基上还有排除卸载tRNA的排除位（exit site，E位），真核核糖体没有E位；⑤核糖体还具有结合起始因子、延长因子及终止因子等蛋白质因子的结合位点（图11-27）。

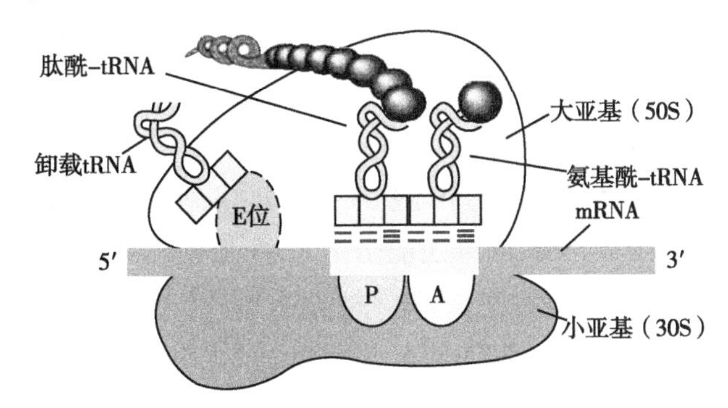

图11-27 原核生物核糖体在蛋白质合成中的功能位点

（四）参与蛋白质合成的酶类和蛋白因子

1. 氨基酰-tRNA合成酶 又称氨基酸活化酶，其功能是催化氨基酸的羧基以酯键结合在tRNA的3′-端腺嘌呤核苷酸（A）戊糖的3′-OH上。

$$\text{氨基酸+ATP-E} \xrightarrow[Mg^{2+}]{\nearrow PPi} \text{氨基酰-AMP-E} \xrightarrow[Mg^{2+}]{tRNA \curvearrowright AMP+E} \text{氨基酰-tRNA}$$

氨基酸活化后才能参与肽链合成,活化的部位是羧基。胞质中至少有20种以上的氨基酰-tRNA合成酶,它们对底物氨基酸和tRNA具有高度特异性,即每种氨基酰-tRNA合成酶只催化一种特定的氨基酸与相应的tRNA结合。此外,氨基酰-tRNA合成酶还具有校读功能。原核生物肽链合成的起始tRNA(tRNAi,i表示起始)所携带的甲硫氨酸需要甲酰化,形成甲酰甲硫氨酰-tRNA,表示为"fMet-$tRNA_i^{fMet}$"(f表示甲酰基);真核生物中tRNAi所携带的甲硫氨酸不需甲酰化,表示"Met-$tRNA_i^{Met}$"。因此,原核生物肽链合成的第1个氨基酸是甲酰甲硫氨酸,真核生物是甲硫氨酸。

2. 转肽酶 又称肽酰转移酶,其作用是催化核糖体P位的肽酰基转移到核糖体A位的氨基酰-tRNA的氨基上形成肽键。原核生物转肽酶是核糖体大亚基23S rRNA,真核生物是核糖体大亚基28S rRNA。

3. 转位酶 转位酶催化核糖体沿mRNA的5′-端向3′-端移位,每次移动1个密码子的距离。原核生物起转位酶作用的是延长因子G,真核生物是延长因子2。

4. 蛋白质因子 蛋白质合成过程中需多种蛋白质因子参加。

(1)起始因子:起始因子(initiation factor IF;真核细胞为eIF)是与多肽链合成起始有关的一类蛋白质因子。原核生物中有3种起始因子,分别称为IF-1,IF-2,IF-3。真核生物中有10种。起始因子的作用主要是促进核糖体小亚基、起始tRNA与模板mRNA结合及大、小亚基的分离。

(2)延长因子:延长因子(elongation factor,EF)是参与多肽链延长的一类蛋白质因子,其主要作用是促使氨基酰-tRNA进入核糖体的"A位",并促进转位过程。原核生物中有3种延长因子(EF-Tu、EF-Ts、EF-G),真核生物有2种(EF-1、EF-2)。

(3)释放因子:释放因子(releasing factor,RF;真核细胞写为eRF)是与多肽链的合成终止有关的一类蛋白质因子。它们能识别mRNA上的终止密码子,并诱导转肽酶转变为酯酶的活性,使肽链从核糖体上释放。原核生物中有RF-1,RF-2和RF-3三种释放因子,真核生物只有一种。

二、蛋白质的生物合成过程

原核生物和真核生物的肽链合成过程基本相似,可分为起始(initiation)、延长(elongation)、终止(termination)三个阶段。

(一)原核生物的肽链合成过程

1. 肽链合成的起始 肽链合成的起始阶段是指起始氨基酰-tRNA和模板mRNA分别与核糖体大小亚基结合组装形成翻译起始复合物的过程,这一过程还需要Mg^{2+}、3种IF、ATP和GTP的参与。肽链合成的起始过程分4步进行:

(1)核糖体大、小亚基分离:肽链的合成过程是在一个核糖体上连续进行的,上一轮合成的终止就是下一轮合成的起始。这时核糖体的大、小亚基须先分开,以便使mRNA和起始氨基酰-tRNA结合在小亚基上。IF-3促进大、小亚基分离,同时还能防止大、小亚基重新聚合;IF-1促进IF-3和小亚基的结合。

(2)mRNA与小亚基结合:原核生物mRNA的5′-端起始密码子的上游约8~13个核苷酸部位有一段富含嘌呤碱基(如-AGGAGG-)的特殊保守序列,称为SD序列(Shine-Dalgarno sequence),此序列可被核糖体小亚基16S rRNA 3′-端的富含嘧啶碱基的短序列(如-UCCUCC-)辨认并配对结合(图11-28)。紧接SD序列后的一段核苷酸序列可被核糖体小亚基蛋白rpS-1识别与结合。

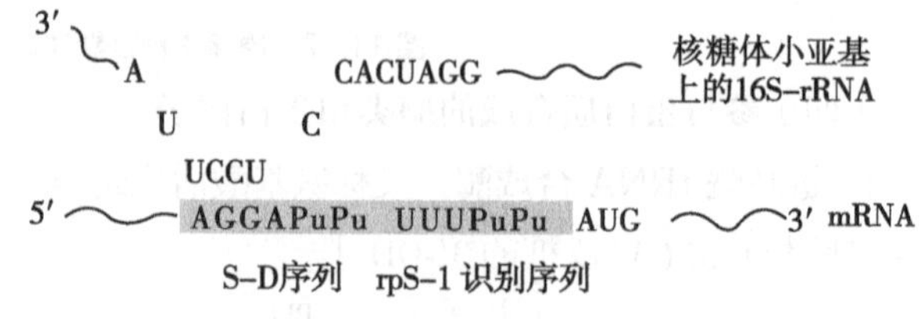

图11-28 原核生物mRNA与核糖体小亚基的结合

(3)起始 fMet-$tRNA_i^{fMet}$ 与 mRNA 的结合：fMet-$tRNA_i^{fMet}$ 与结合 GTP 的 IF-2 形成复合体后与核糖体小亚基结合，促使 fMet-$tRNA_i^{fMet}$ 定位于 mRNA 序列上的起始密码子 AUG，保证了 mRNA 准确就位。而起始时 A 位被 IF-1 占据，不与任何氨基酰-tRNA 结合。

(4)核糖体大亚基的结合：fMet-$tRNA_i^{fMet}$、小亚基和 mRNA 复合体形成后，IF-3 从小亚基上脱落下来，同时 GTP 水解释能使 IF-1 和 IF-2 释放，大亚基结合到小亚基上，形成由完整核糖体、mRNA、fMet-$tRNA_i^{fMet}$ 组成的 70S 翻译起始复合物。此时，P 位被结合起始密码子 AUG 的 fMet-$tRNA_i^{fMet}$ 占据，而 A 位空缺，对应 mRNA 上 AUG 后的下一组三联体密码，准备相应氨基酰-tRNA 的进入。

2. 肽链合成的延长 肽链合成的延长阶段是指在翻译起始复合物的基础上，各种氨基酰-tRNA 按照 mRNA 上密码子的顺序在核糖体上一一对号入座，由氨基酰-tRNA 携带到核糖体上的氨基酸依次以肽键相连接，直到新生肽链达到应有的长度为止。这一阶段是在核糖体上连续循环进行的，故又称为核糖体循环。每个循环又可分为 3 步，即进位(registration)、成肽(peptide bond formation)和转位(translocation)。每次循环使新生肽链延长一个氨基酸。延长过程需要延长因子参与。

(1)进位：又称注册，是指一个氨基酰-tRNA 按照 mRNA 模板的指令进入并结合到核糖体 A 位的过程。进位需要延长因子 EF-T、GTP 和 Mg^{2+} 的参与。EF-T 是由 Tu 和 Ts 组成的二聚体，Tu 结合 GTP 后与 Ts 分离。氨基酰-tRNA 进位前须先与 Tu-GTP 结合形成氨基酰-tRNA-Tu-GTP 活性复合物而进入 A 位。Tu 有 GTP 酶活性，水解 GTP 释能来驱动 Tu 释放，重新形成 Tu-Ts 二聚体，并继续催化下一个氨基酰-tRNA 进位(图 11-29)。

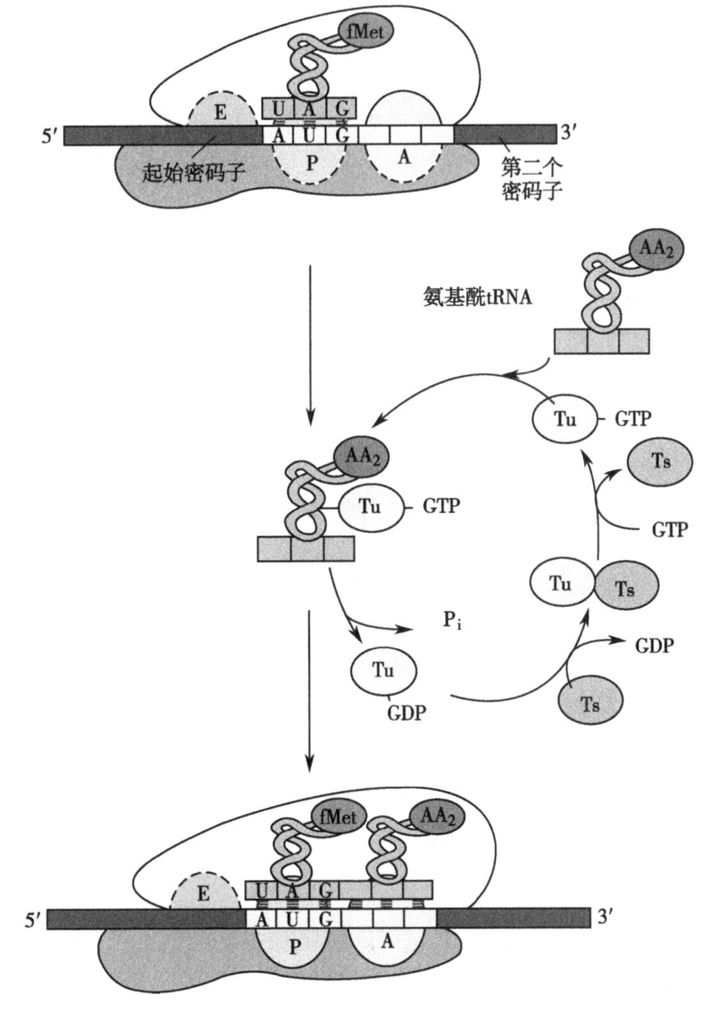

图 11-29 肽链合成的进位和延长因子 EF-T 的再循环

(2)成肽：在转肽酶(又称肽酰转移酶)的催化下，P 位上肽酰基-tRNA 所携带的肽酰基(第 1 次成肽反应时 P 位被甲酰甲硫氨酰-tRNA 占据)转移到 A 位上的氨基酰-tRNA 所携带的氨基酸的氨基上形成肽键，使新生肽链延长一个氨基酸单位(图 11-30)。该步反应需 Mg^{2+} 及 K^{+} 的存在。

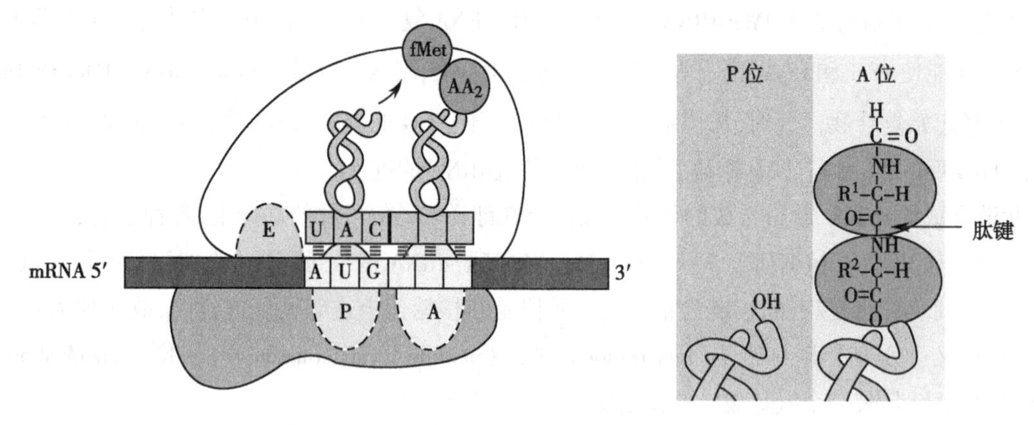

图 11-30　肽键的生成

(3)转位：又称移位，是在转位酶的催化下，核糖体沿 mRNA 向 3′-端移动一个密码子的距离。此时，原位于 P 位上的密码子离开了 P 位，原位于 A 位上的密码子连同结合于其上的肽酰基-tRNA 一起进入 P 位，而与之相邻的下一个密码子进入 A 位，为另一个能与之对号入座的氨基酰-tRNA 的进位准备了条件。转位消耗的能量由 GTP 供给，并需要 Mg^{2+} 的参与。当下一个氨基酰-tRNA 进入 A 位注册时，位于 E 位上的空载 tRNA 脱落排出(图 11-31)。原核生物由延长因子 G 催化核糖体转位，真核生物由延长因子 2 催化。

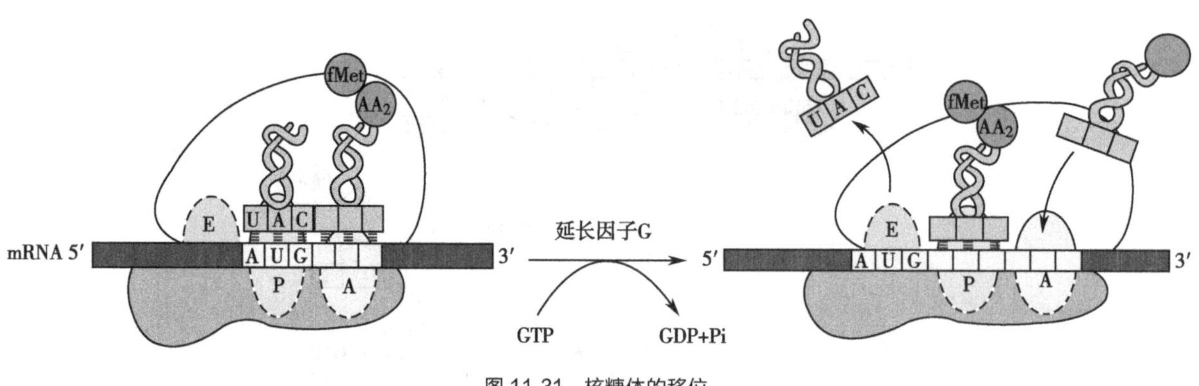

图 11-31　核糖体的移位

新生肽链上每增加一个氨基酸单位都需要经过上述三步反应。由上述反应可见，核糖体沿 mRNA 链从 5′→3′方向滑动，连续进行进位、成肽、转位的循环过程，每次循环向肽链 C 端添加一个氨基酸，使相应肽链的合成从 N 端向 C 端延伸，直到终止密码子出现在核糖体的 A 位为止。此过程需 2 种 EF 参与并消耗 2 分子 GTP。

3. 肽链合成的终止　当肽链合成至 A 位上出现终止信号(UAA、UAG、UGA)时，氨基酰-tRNA 无法识别，而只有释放因子(RF)能辨认终止密码，进入 A 位。RF-1 能辨认与结合终止密码子 UAA 和 UAG，RF-2 能辨认与结合终止密码子 UAA 和 UGA，RF-1 或 RF-2 都具有激活转肽酶的酯酶活性而水解酯键的作用。RF-3 能促进 RF-1 或 RF-2 进入 A 位，并具有 GTP 酶活性，通过水解 GTP 释能帮助肽链的释放。

RF 的结合可诱导转肽酶转变为酯酶，使 P 位上的肽链被水解释放下来，并促使 mRNA、卸载的 tRNA 及 RF 释放出来，最终核糖体也在起始因子 IF-1、IF-3 的作用下解离成大、小亚基(图 11-32)。解离后的大、小亚基又可重新聚合形成起始复合物，开始另一条肽链的合成。

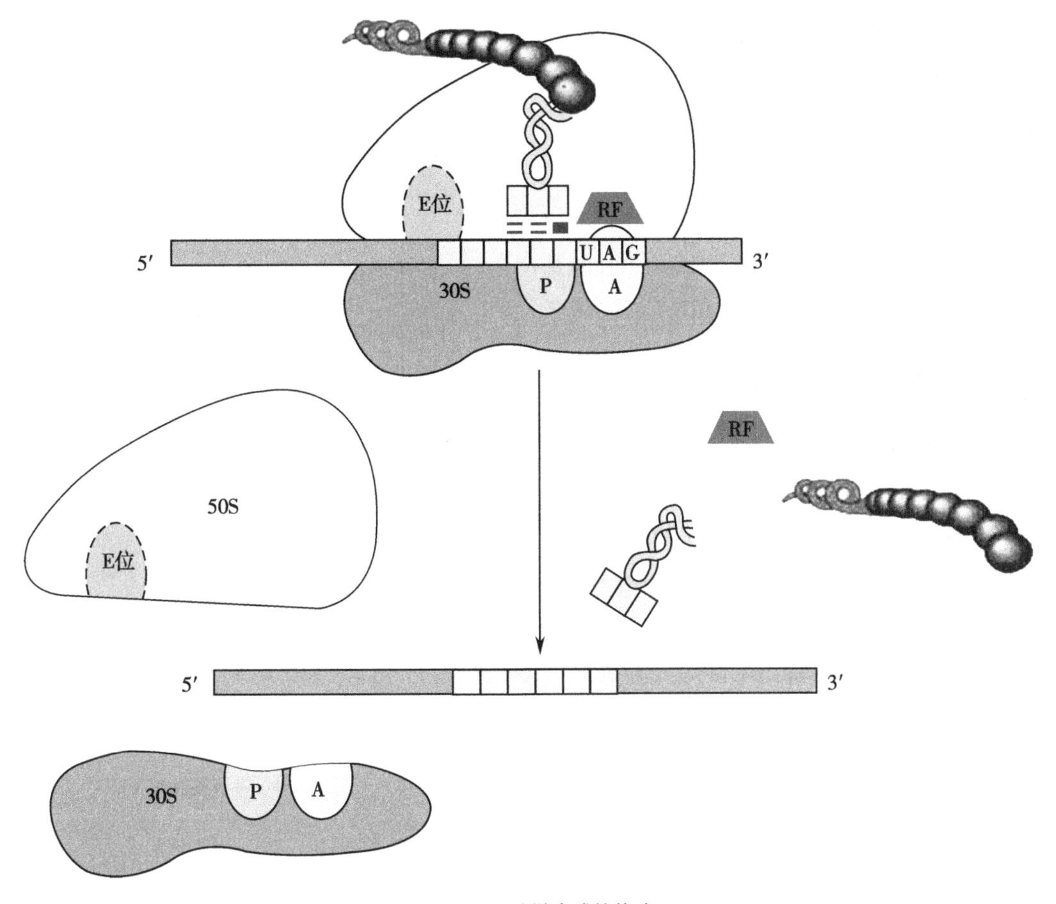

图 11-32 肽链合成的终止

（二）真核生物的蛋白质合成过程

真核生物的蛋白质合成过程与原核生物基本相似，只是反应更复杂，涉及的蛋白质因子更多。

1. 肽链合成的起始 真核生物肽链合成的起始有多种起始因子参与。

（1）核糖体大、小亚基分离：起始因子 eIF-2B、eIF-3 与核糖体小亚基结合，在 eIF-6 参与下，促进核糖体 60S 大亚基和 40S 小亚基解聚。

（2）Met-tRNA$_i^{Met}$与小亚基结合：Met-tRNA$_i^{Met}$-eIF-2-GTP 复合物结合在小亚基的 P 位。

（3）mRNA 与小亚基定位结合：真核生物 mRNA 不含 SD 序列。eIF-4F 复合物（包含 eIF-4E、eIF-4G、eIF-4A）通过其 eIF-4E 与 mRNA 的 5′帽子结构结合，polyA 结合蛋白与 mRNA 的 3′-端 poly 尾结合，再通过 eIF-4G 和 eIF-3 与小亚基结合。eIF-4A 具有 RNA 解螺旋酶活性，通过消耗 ATP 使 mRNA 引导区二级结构解链。小亚基沿着 mRNA，从 5′→3′方向进行扫描，直至 Met-tRNA$_i^{Met}$的反密码子与起始密码子 AUG 配对结合，完成 mRNA 与小亚基的定位结合（图 11-33）。

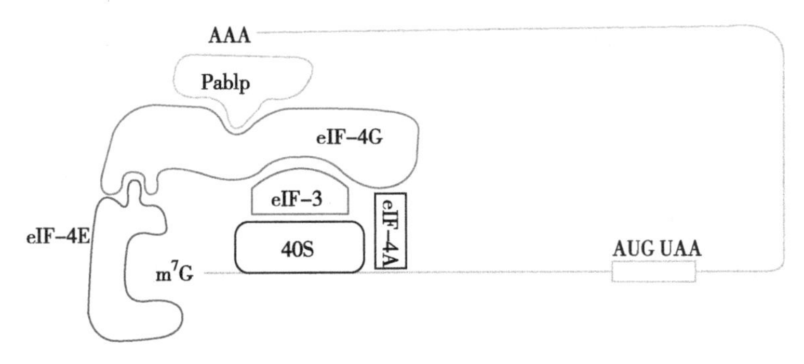

图 11-33 真核生物 mRNA 与小亚基的结合

(4)核糖体大亚基结合:在 eIF-5 的作用下,已经结合 mRNA 和 Met-$tRNA_i^{Met}$的小亚基迅速与大亚基结合,同时各种 eIF 从核糖体上脱落,形成 80S 起始复合物。

2. 肽链的延长 真核生物肽链合成的延长阶段与原核生物相似,只是反应体系和延长因子不同,而且由于真核细胞核糖体没有 E 位,卸载的 tRNA 直接从 P 位脱落。

3. 肽链合成的终止 真核生物只有一种 eRF,完成原核生物 3 种 RF 的功能。

实际上蛋白质合成时,无论是原核生物还是真核生物,在一条 mRNA 链上常常附着 10~100 个核糖体,呈串珠状排列。每个核糖体之间相隔约 80 个核苷酸,这些核糖体在一条 mRNA 上同时进行翻译,可以大大加快蛋白质合成的速率,使 mRNA 得到充分利用。多个核糖体在一条 mRNA 上同时进行翻译合成相同肽链的过程称为多聚核糖体循环(图11-34)。

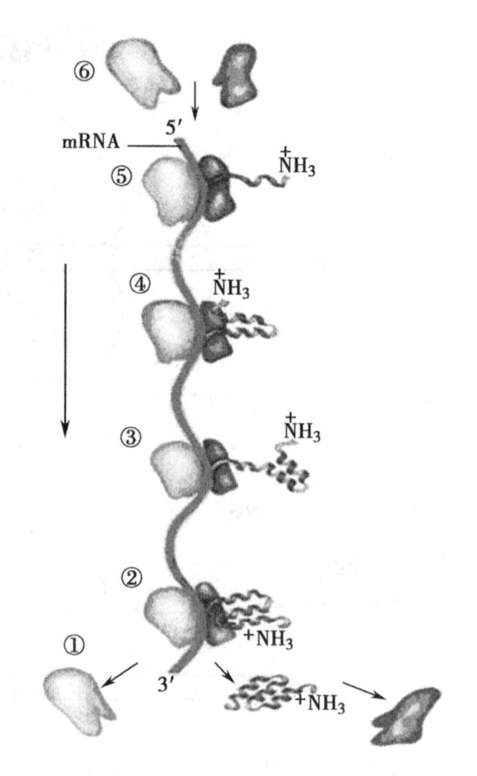

图 11-34 多聚核糖体循环

理论与实践

抗生素与蛋白质生物合成

抗生素是由微生物产生,具有杀灭细菌或抑制细菌生长繁殖作用的药物。许多抗生素都是以直接抑制细菌细胞内蛋白质合成来发挥作用的。它们可作用于蛋白质合成的各个环节。①链霉素、卡那霉素、新霉素等:属于氨基糖苷类抗生素,它们主要通过与核糖体小亚基结合改变其构象,进而使得肽链延伸阶段中氨基酰 tRNA 与 mRNA 发生错配,从而使得细菌蛋白质失活。②四环素和红霉素:二者均为应用广泛的广谱抗生素。四环素主要作用于原核生物的小亚基,抑制翻译起始复合物的形成及氨基酰-tRNA 进入核糖体的 A 位,从而阻滞肽链的延伸。红霉素属于大环内酯类抗生素,它主要通过与原核生物核糖体大亚基结合,阻止蛋白质生物合成,抑制细菌生长。③氯霉素:属于酰胺醇类抗菌药物,这类药物能与原核生物核糖体大亚基结合,一方面阻碍氨基酰 tRNA 进入 A 位,另一方面抑制转肽酶活性,使肽链延伸受到影响,进而使菌体蛋白质不能合成,因此具有较强的抑菌作用。

三、蛋白质合成后的加工修饰与靶向转运

(一)蛋白质合成后的加工修饰

新生多肽链不具备蛋白质的生物学活性,必须经过复杂的加工和修饰才能成为具有天然构象的功能蛋白质,这一过程称为翻译后加工。

1. 一级结构的加工修饰 包括肽链的水解剪裁、氨基酸残基的共价修饰等。

(1)N 端甲酰甲硫氨酸或甲硫氨酸的切除:绝大多数肽链的第 1 个氨基酸由脱甲酰基酶或氨基肽酶催化水解去除。

(2)蛋白质前体中部分肽段的水解切除:一些多肽链合成后,在特异蛋白水解酶的作用下,去除某些肽

段或氨基酸残基，生成有活性的多肽。例如，由256个氨基酸残基构成的鸦片促黑皮质素原（POMC）经水解可产生多种小分子活性肽（图11-35）。

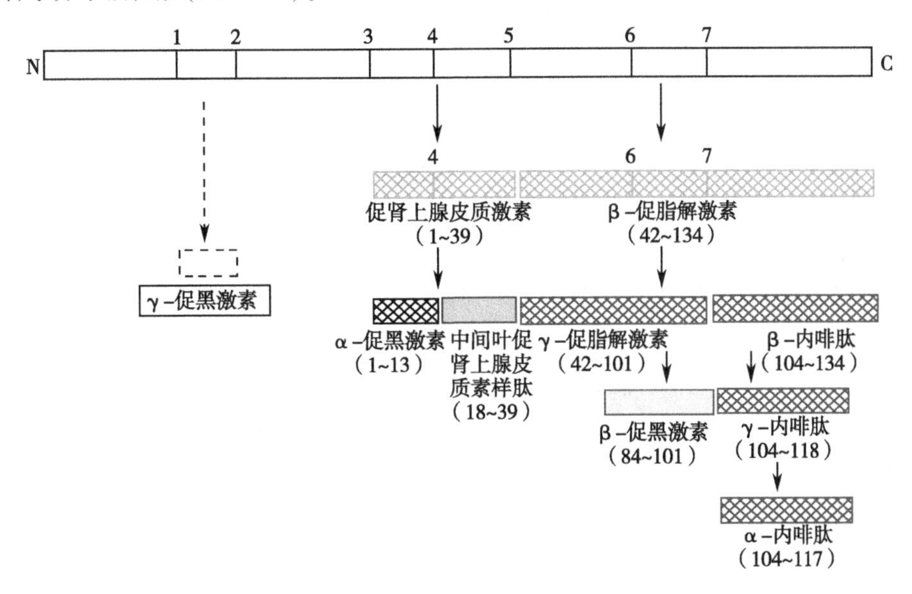

图11-35 鸦片促黑皮质素原（POMC）的水解加工

（3）氨基酸残基的化学修饰：如胶原蛋白前体中的赖氨酸、脯氨酸残基的羟基化；丝氨酸、苏氨酸或酪氨酸残基的磷酸化；组氨酸残基的甲基化等。

（4）亲脂性修饰：某些蛋白质在翻译后需要在肽链的特定位点共价连接一个或多个疏水性的脂链，以增强它们与膜系统的结合能力，或增进蛋白质之间的相互作用。

2. 空间结构的修饰 新生肽链需要经过折叠形成特定的空间结构才具有生物学活性。

（1）多肽链的折叠：新生肽链的折叠需在折叠酶（包括蛋白质二硫键异构酶和肽-脯氨酸顺反异构酶）和分子伴侣的参与下才能完成。

（2）二硫键的形成：在空间位置相近的两个半胱氨酸残基之间形成二硫键，对维持蛋白质的空间结构起重要作用。如胰岛素由A、B两条肽链组成，两链之间就是靠二硫键联系在一起。蛋白质二硫键异构酶催化二硫键形成，且具有分子伴侣活性。

（3）亚基的聚合：具有两个或两个以上亚基的蛋白质，如血红蛋白，在各条肽链合成后，还需通过非共价键将亚基聚合成多聚体，形成蛋白质的四级结构。

（4）辅基的连接：各种结合蛋白质如脂蛋白、糖蛋白、色蛋白及各种带辅基的酶，合成后还需进一步与辅基连接，才能成为具有功能活性的天然蛋白质。

（二）蛋白质的靶向转运

蛋白质在核糖体上合成后，必须被分选出来，并定向地输送到其发挥功能的部位。蛋白质合成后的去向有：①保留在细胞质；②进入细胞器；③分泌到细胞外。靶向转运的蛋白质在其一级结构上存在分选信号，主要是N末端的特异序列，可引导蛋白质转运到靶部位，这类序列称为信号序列。靶向不同的蛋白质各有特异的信号序列或成分，如保留在细胞质的蛋白质通常缺乏特殊信号序列，分泌型蛋白质有N端信号肽（signal peptide），定位在细胞核内蛋白质有核定位序列（表11-4）。

分泌型蛋白质的靶向输送过程为：核糖体上合成的肽链先由信号肽引导进入内质网腔并被折叠成具有一定功能构象的蛋白质，然后在高尔基复合体中被包装进分泌小泡，移行至细胞膜，再被分泌到细胞外。信号肽是未成熟蛋白质中的一段可被细胞转运系统识别、并将后续肽链引向膜性结构的特征性氨基酸序列。

表 11-4 靶向输送蛋白质的信号序列或成分

靶向输送蛋白	信号序列或成分
分泌型蛋白	N 端信号肽
内质网腔蛋白	N 端信号肽
线粒体蛋白	N 端信号序列
核蛋白	核定位序列（-Pro-Pro-Lys-Lys-Lys-Arg-Lys-Val-）
过氧化物酶体	C 端-Ser-Lys-Leu-
溶酶体蛋白	Man-6-P

分泌型蛋白质进入内质网腔需要多种蛋白成分的协同作用：①当肽链合成至大约 70 个氨基酸残基时（信号肽已产生），细胞质中的信号肽识别颗粒（SRP）与信号肽、GTP 及核糖体结合，形成 SRP-肽链-核糖体复合物，使肽链合成暂时停止；②SRP 引导此复合体移向内质网膜，SRP 与内质网膜上的 SRP 受体结合，核糖体大亚基与内质网膜上的核糖体受体结合，SRP 具有 GTP 活性，通过水解 GTP 而脱离复合体，肽链合成又开始进行；③后续正在合成的肽链在信号肽的引导下，通过肽转位复合物进入内质网腔，信号肽被位于内质网腔面的信号肽酶切除并被蛋白酶降解，分子伴侣（热休克蛋白 70）促进蛋白质折叠成熟（图 11-36）。

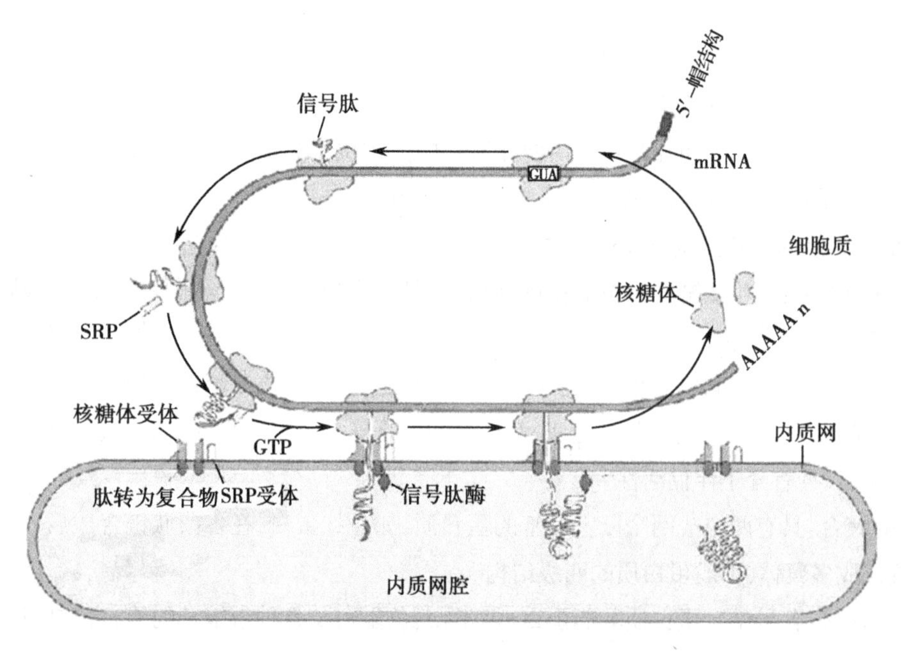

图 11-36 信号肽引导分泌型蛋白质进入内质网

第四节 基因表达调控

基因表达调控是生物体通过特定蛋白质与 DNA 的相互作用来控制基因是否表达或表达多少的过程。基因表达调控的目的是使生物体满足自身发育的需求和适应环境的变化。基因表达调控是一个十分复杂和精细的过程，可发生在遗传信息传递的各个环节，包括基因组水平、转录水平（包括转录及转录后）和翻译水平（包括翻译及翻译后），但转录水平的调控，特别是转录起始的调控是最重要的调控点。

一、基因表达的基本特性

（一）基因表达的时空特异性

基因表达在不同生物中虽然各不相同，但都表现出严格的规律性，即时间和空间特异性。

1. 时间特异性 特定生物在不同时期或不同发育阶段，相应的基因严格地按一定的时间顺序开启或关闭，这就是基因表达的时间特异性。对于多细胞生物而言，这种时间特异性与分化、发育阶段相一致，又称阶段特异性。例如，甲胎蛋白（AFP）在胎儿期肝细胞中活跃表达，妊娠6个月胎儿血中AFP可达500μg/L。出生后1个月，AFP开始下降，18个月降至健康成人水平（<10μg/L）。

2. 空间特异性 在个体生长发育全过程中，某种基因产物在个体中按不同组织器官空间顺序出现，这就是基因表达的空间特异性。基因表达伴随时间或阶段顺序所表现出的这种空间分布的差异，实际上是由细胞在器官的分布决定的，因此基因表达的空间特异性又称细胞特异性或组织特异性。

（二）基因表达的方式

根据不同基因对内、外环境信号刺激的反应性不同，将基因表达的方式分为组成性表达、诱导和阻遏表达、协调表达。

1. 组成性表达 某些基因在几乎所有的细胞中都以适当恒定的速率持续表达，这些基因产物对生命全过程都是必不可少的。这样的基因通常称为管家基因（housekeeping gene）。管家基因的表达较少受环境因素的影响，一般只受启动子与RNA聚合酶相互作用的影响。这类基因的表达称为组成性表达或基本表达。

2. 诱导和阻遏表达 与管家基因不同，另有一些基因的表达极易受环境变化的影响。在特定环境信号刺激下，使某些基因的表达增强，称为诱导表达。这样的基因称为可诱导基因。如DNA损伤时：UvrA、UvrB、UvrC、recA、recB、recC等表达增强。在特定环境信号刺激下，使某些基因的表达减弱，称为阻遏表达。这样的基因称为可阻遏基因。例如，色氨酸存在时，大肠杆菌中与色氨酸合成有关的酶的基因表达被阻遏。

3. 协调表达 生物体内，在一定机制控制下，功能相关的一组基因必须协调一致，共同表达，才能确保代谢途径有条不紊地进行。这种调节称为协调调节（coordinate regulation）。基因的协调表达贯穿于多细胞生物生长发育的全过程。如原核生物操纵子、调节子的表达均属于协调表达。

二、原核生物基因表达的调控

（一）原核生物基因表达调控的特点

1. σ因子决定RNA聚合酶对基因识别的特异性 原核生物只有一种RNA聚合酶，但有多种σ因子，不同σ因子识别不同基因的启动子，激活不同的基因转录。例如，大肠杆菌的σ^{70}可识别大多数基因的启动子，σ^{54}识别与氮代谢相关基因的启动子，σ^{32}识别热休克蛋白基因的启动子，σ^{28}识别与细胞移动和化学趋化相关基因的启动子。

2. 操纵子模型的普遍性 操纵子（operon）是原核生物基因转录的基本单位，通常由2个或2个以上的结构基因、操纵序列和启动序列，以及其他调节序列构成。例如，乳糖操纵子、色氨酸操纵子等。

3. 负性调节占主导 当阻遏蛋白与操纵子的操纵序列结合或解离时，就会发生特异基因的阻遏与去阻遏。这种阻遏机制在原核生物具有普遍性。

（二）原核生物基因转录起始的调控

下面以大肠杆菌乳糖操纵子（lac operon）为例来阐述原核生物基因转录起始的调控机制。

1. 乳糖操纵子的结构 大肠杆菌乳糖操纵子含有 *lacZ*、*lacY* 和 *lacA* 三个结构基因，分别编码β-半乳糖苷酶（催化乳糖分解成葡萄糖和半乳糖）、通透酶（催化乳糖进入细胞）和乙酰基转移酶（催化半乳糖生成乙酰半乳糖），此外还含有 1 个操纵序列（O）、1 个启动子（P）、1 个分解代谢物基因激活蛋白结合位点（CAP）和 1 个调节基因（I）。I 基因编码一种阻遏蛋白与 O 序列结合，使乳糖操纵子处于关闭状态。

2. 乳糖操纵子的调节机制 主要包括阻遏蛋白的负性调节、CAP 的正性调节和两者间的协调调节。

（1）阻遏蛋白的负性调节：在葡萄糖存在而乳糖不存在时，*lac* 操纵子处于阻遏状态。此时，I 基因表达的阻遏蛋白，以四聚体形式与 O 序列结合，阻碍 RNA 聚合酶与启动子结合或阻碍已经结合在启动子上的 RNA 聚合酶向下游移动，故转录不能启动。但阻遏蛋白的这种阻遏作用并非绝对，偶有阻遏蛋白与 O 序列解聚（发生概率是每个细胞周期 1～2 次），因此每个细胞中会有极少量的β-半乳糖苷酶、通透酶和乙酰基转移酶，称为本底水平的组成性表达。当乳糖成为主要的碳源时，*lac* 操纵子即可被诱导开放，但真正的诱导剂并非乳糖本身。乳糖经通透酶催化转入细胞，再经β-半乳糖苷酶催化转变为别乳糖。别乳糖作为真正的诱导剂，与阻遏蛋白结合，使阻遏蛋白的构象发生变化，导致阻遏蛋白与 O 序列解离，转录启动，使β-半乳糖苷酶分子增加千倍。别乳糖的类似物异丙基硫代半乳糖苷（IPTG）是一种作用极强的诱导剂，在实验室中被广泛采用。

（2）CAP 的正性调节：*lac* 操纵子的启动子是弱启动子，RNA 聚合酶与之结合的能力很弱，只有 CAP-cAMP 复合物与启动子上游的 CAP 结合位点结合后，促进 RNA 聚合酶与启动子结合，才能有效转录。CAP 是同二聚体，它须与 cAMP 结合后，才能与 CAP 结合位点结合。cAMP 的浓度受葡萄糖代谢的影响，葡萄糖代谢产物能抑制腺苷酸环化酶和激活磷酸二酯酶活性。当有葡萄糖存在时，cAMP 浓度降低，CAP 与 cAMP 结合受阻，因此 *lac* 操纵子表达下降。当葡萄糖缺乏时，cAMP 浓度增高，CAP-cAMP 复合物形成并与 CAP 结合位点结合，使转录效率增加约 50 倍。

（3）阻遏蛋白与 CAP 的协调调节：上述两种机制通过存在的碳源性质和水平协调调节 *lac* 操纵子的表达。葡萄糖和乳糖都存在时，一方面阻遏蛋白与 O 序列结合而阻碍转录；另一方面，虽然存在诱导作用，但由于葡萄糖代谢可降低 cAMP 的浓度，减少 CAP-cAMP 复合物的形成，不足以激活 RNA 聚合酶，从而不能有效启动 *lac* 操纵子的转录，因此细菌优先选择利用葡萄糖供能。当葡萄糖完全被消耗而仅有乳糖时，一方面由于别乳糖的诱导使阻遏蛋白与 O 序列解离；另一方面，cAMP 浓度增高，增加 CAP-cAMP 复合物的形成，激活转录，因此细菌得以利用乳糖作为能源（图 11-37）。

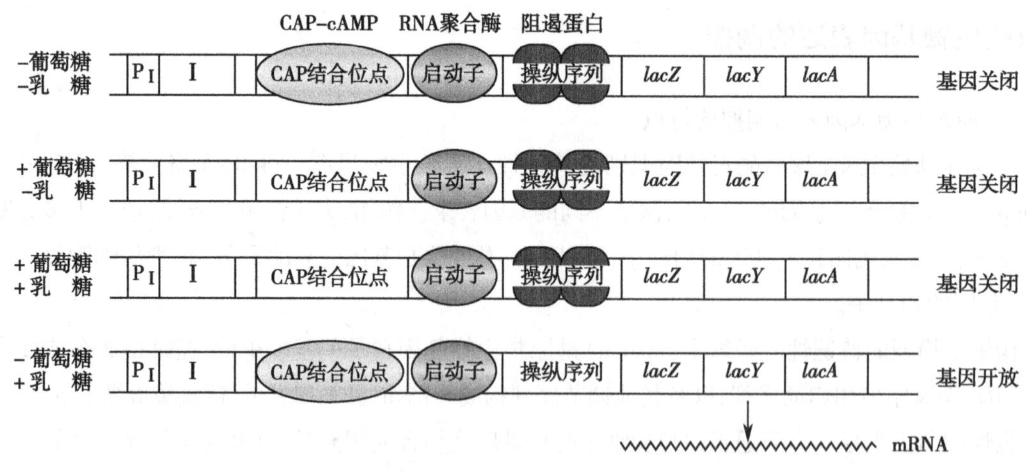

图 11-37　阻遏蛋白与 CAP 对 *lac* 操纵子的协调调节

三、真核生物基因表达的调控

（一）真核生物基因组的结构特点

与原核生物基因组相比，真核生物细胞基因组有如下特点：

1. **基因组庞大、结构复杂** 人类基因组有 3×10^9bp，而大肠杆菌基因组只有 4.6×10^6bp。

2. **非编码序列多于编码序列** 人类基因组中编码序列占基因组 DNA 的 3%左右，非编码序列占 95%以上。原核基因组编码区占基因组的 99.7%。

3. **大量的重复序列** 真核生物基因组的重复序列可高达 50%。这些重复序列的功能主要与基因组的稳定性、组织形式及基因的表达调控有关。

4. **单顺反子 mRNA** 真核生物的基因转录产物是单顺反子 mRNA，而原核生物的基因转录产物是多顺反子 mRNA。

5. **基因编码序列的不连续性** 真核生物的结构基因由若干个编码区（外显子）和非编码区（内含子）互相间隔，称为断裂基因。原核生物编码基因是连续的。

（二）真核生物基因表达调控特点

1. **RNA 聚合酶** 真核生物 RNA 聚合酶有三种，分别负责三种 RNA 转录。TATA 盒结合蛋白（TBP）为三种 RNA 聚合酶所共用。

2. **活化基因区染色质结构发生变化** ①活化基因区对 DNase Ⅰ超敏感；②染色质重塑，即核小体结构发生变化；③活化基因区 DNA 呈现低甲基化状态。

3. **正性调节占主导** 正性调节可提高蛋白质与 DNA 相互作用的有效性。

4. **转录与翻译分隔** 真核生物的转录与翻译在不同的亚细胞结构中进行，具有多种原核生物所没有的调控机制。

5. **转录后加工修饰** 鉴于真核生物基因结构特点，转录后加工修饰等过程比原核复杂。

（三）真核生物基因的转录激活

与原核生物基因一样，真核生物基因的转录起始也是基因表达调控的关键环节。基因转录激活需要顺式作用元件与转录因子的相互作用。

1. 顺式作用元件 可影响自身基因转录活性的特异 DNA 序列称为顺式作用元件。按功能特性可将真核基因顺式作用元件分为启动子、增强子及沉默子等。顺式作用元件可位于基因两侧或内部，是转录调节蛋白的结合位点。

（1）启动子：真核基因启动子是 RNA 聚合酶结合位点周围的一组转录控制组件，每一组件含 7～20bp 的 DNA 序列。启动子包括至少一个转录起始点以及一个以上的功能组件。在这些功能组件中最具典型意义的就是 TATA 盒，通常位于转录起始点上游-25～-30bp，控制转录起始的准确性及频率。除 TATA 盒外，GC 盒（GGGCGG）和 CAAT 盒（GCCAAT）在很多基因中也较常见，它们通常位于转录起点上游-75～-110bp 区域。

（2）增强子：是指远离转录起点（1～30kb），决定基因的时空特异性表达，增强启动子转录活性的 DNA 序列。其发挥作用的方式通常与方向、距离无关。增强子也是由若干功能组件组成，有些功能组件既可在增强子、也可在启动子中出现。这些功能组件是特异转录因子结合 DNA 的核心序列。从功能上讲，没有增强子存在，启动子通常不能表现活性；没有启动子时，增强子也无法发挥作用。

（3）沉默子：是指与特异调节蛋白结合时，阻遏基因转录的 DNA 序列，属于负性调节元件。

2. **转录因子** 又称转录调节蛋白或转录调节因子，是一类具有特殊结构、能与顺式作用元件结合、行使调控基因表达功能的蛋白质分子。根据作用方式，可将转录因子（TF）分为顺式作用蛋白和反式作用因子两大类。一个基因表达的蛋白质辨认并结合自身基因的顺式作用元件,从而调节自身基因表达活性的转录因子称为顺式作用蛋白。一个基因表达的蛋白质能直接或间接辨认并结合其他基因的顺式作用元件,从而调节该非己基因表达活性的转录因子称为反式作用因子。大多数的转录因子是反式作用因子。

转录因子分为基本转录因子和特异转录因子。基本转录因子为 RNA 聚合酶结合启动子所必需,如 RNA-polⅡ所需的基本转录因子有 TFⅡA、B、D、E、F 和 H。特异转录因子又分为转录激活因子(如增强子结合蛋白)和转录抑制因子(如沉默子结合蛋白)。

转录因子在结构上通常包含 DNA 结合域和转录激活域。此外,许多转录因子还包含介导蛋白质与蛋白质相互作用的结构域,常见的是二聚化结构域。DNA 结合域通常由 60~100 个氨基酸残基组成,有多种模体形式。常见的模体形式有锌指结构、碱性亮氨酸拉链结构、螺旋-环-螺旋结构、螺旋-回折-螺旋结构等(图 11-38)。转录激活域一般由 30~100 个氨基酸组成,转录激活域的形式有带负电荷的 α-螺旋结构域;富含谷氨酰胺的结构域;富含脯氨酸的结构域;不规则的双性 α-螺旋和酸性氨基酸结构域。

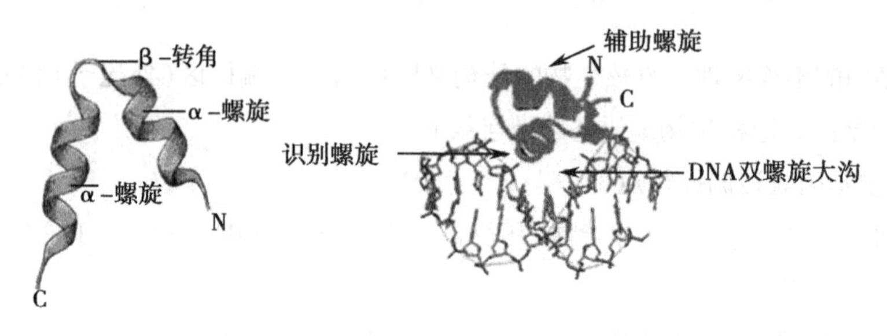

图 11-38 螺旋-回折-螺旋(HTH)结构域及其与 DNA 的相互作用

(郑 纺)

学习小结

DNA 复制是以亲代 DNA 为模板合成子代 DNA 的过程。DNA 复制体系包括 DNA 模板、底物、RNA 引物、多种酶和蛋白质因子等物质，通过复制将亲代 DNA 的遗传信息准确传递给子代 DNA。对已发生的 DNA 缺陷进行修复称为 DNA 修复，修复方式有光修复、切除修复、重组修复和 SOS 修复等多种。某些 RNA 病毒以 RNA 为模板合成 DNA，此过程称为反转录。反转录过程需要反转录酶。

转录是指以 DNA 为模板合成的 RNA 的过程。RNA 的合成体系包括 DNA 模板、底物、RNA 聚合酶和蛋白质因子等。真核生物转录生成的 RNA 需要经过加工修饰才具有生物学功能。常见的加工方式包括链的剪切、拼接、末端添加核苷酸、碱基修饰等。

翻译是指以 mRNA 上的遗传密码作为蛋白质合成的模板，指导生成多肽链中氨基酸序列的过程。密码子具有简并性、连续性、摆动性、通用性和方向性的特点。tRNA 在蛋白质合成中具有运载氨基酸和作为蛋白质合成适配器的作用。核糖体是蛋白质合成的场所。新合成的肽链需要经过多种形式的加工和修饰才能具有生物学活性。

基因表达是指转录和翻译两个过程。基因表达是受调控的，这种调控发生在基因组水平、转录水平和翻译水平等多个环节，其中转录水平调控，特别是对转录起始的调控最为关键。原核生物的乳糖操纵子模型能说明基因表达调控的基本方式。真核生物的调控依靠顺式作用元件和反式作用因子来调控，前者如启动子、增强子、沉默子，后者包括一些转录结合蛋白类。

复习参考题

1. 简述复制与转录的异同点。
2. 遗传密码子的特点是什么？
3. 试述乳糖操纵子工作原理。
4. 简述基因突变类型及 DNA 损伤修复方式。
5. 真核生物基因组的结构特点。

第十二章 基因工程与分子生物学常用技术

12

学习目标

掌握	基因工程、基因克隆、载体、限制酶、核酸分子杂交、基因芯片、PCR、基因敲除、基因诊断和基因治疗的概念。
熟悉	基因工程的重要工具酶；基因工程的基本步骤；核酸分子杂交的类型；RT-PCR 和实时荧光定量 PCR 的原理。
了解	DNA 序列分析的方法与原理；基因诊断的方法与原理；基因治疗的策略与方法；基因敲除的基本过程。

第一节 基因工程

基因工程是20世纪70年代初发展起来的一门分子生物学技术,它的重要特点是在分子水平上对基因进行操作。1973年Stanley N. Cohen等将几种不同的外源DNA插入质粒pSC101的DNA中,并将它们引入*E. Coli*中,成功进行了基因工程史上首个基因克隆实验,由此建立了基因克隆的基本模式,也由此开创了基因工程研究。

一、基因工程相关概念

基因工程(genetic engineering)是指将目的基因与载体分子在体外进行拼接重组,然后将此重组DNA导入受体细胞内,使之扩增和(或)表达的过程。如果仅以获得重组DNA分子的大量拷贝为目的,这是狭义的基因工程。广义的基因工程还涉及工程菌或细胞的大规模培养以及表达产物蛋白质的分离纯化等过程。基因工程操作中的基本技术是DNA重组技术。

克隆(clone)是指通过无性繁殖过程所产生的与亲代完全相同的子代群体。获取这类相同的子代群体的过程称为克隆化(cloning)。基因克隆(gene cloning)又称DNA克隆(DNA cloning),是指将重组DNA分子导入合适的受体细胞内,使其在细胞中扩增,以获取此重组DNA分子的大量拷贝的过程。由于这是在分子水平上进行的DNA操作,因此基因克隆又称为分子克隆(molecular cloning)。

二、基因工程中常用的工具酶和载体

(一)工具酶

在基因工程操作中,常用于切割、合成、连接和修饰DNA或RNA的一类酶称为工具酶。常用的工具酶主要有:Ⅱ型限制性内切核酸酶、DNA聚合酶、DNA连接酶、反转录酶、核酸酶S1等,在重组DNA各个环节中发挥重要作用。

1. 限制性内切核酸酶(restriction endonuclease) 简称限制酶,是一类能够识别双链DNA分子内部的特异序列,并在识别位点或其周围进行切割作用的核酸水解酶。限制酶是从细菌中发现的,多达1800余种。

限制酶的命名由其来源的属、种名而定,取属名的第一个字母(大写)与种名的头两个字母(小写)组成的三个斜体字母作略语表示;如有株名,再加上一个斜体字母;如同一菌株中发现有几种限制酶,则根据发现的先后用大写的罗马数字表示。例如,从流感嗜血杆菌d株(*Haemophilus influenzae* d)中先后分离到的3种限制酶分别命名为*Hind* Ⅰ、*Hind* Ⅱ和*Hind*Ⅲ。

根据限制酶的结构、辅因子的需求与作用方式,将限制酶分为三种类型。Ⅱ型限制酶能在识别序列内特定位点切割双链DNA并产生特定的DNA片段,是基因工程中常用的限制酶。

Ⅱ型限制酶的识别序列长度一般为4~8bp,其中以识别6bp序列的限制酶最为多见。这些识别序列的特点是具有回文结构。所谓回文结构(palindrome structure)是指双链DNA分子上按对称轴排列的反向互补序列,即每条链均以5′→3′或均以3′→5′方向阅读时,两条链的碱基序列一致(表12-1)。限制酶切割DNA后,在断端的5′-端带有磷酸基,3′-端带有羟基。有两种类型的切口末端:黏性末端(包括5′-黏性末端和3′-黏性末端)和平末端,前者又称为突出末端,后者又称为钝末端(表12-1)。

表 12-1 某些Ⅱ型限制酶的识别序列、切割位点及切口类型

限制酶	识别序列及切割位点	切口类型
Alu Ⅰ	5'-AG↓CT-3' 3'-TC↑GA-5'	平末端
Sma Ⅰ	5'-CCC↓GGG-3' 3'-GGG↑CCC-5'	平末端
Bam HⅠ	5'-G↓GATCC-3' 3'-CCTAG↑G-5'	5'-黏性末端
Pst Ⅰ	5'-CTGCA↓G-3' 3'-G↑ACGTC-5'	3'-黏性末端

Ⅱ型限制酶主要应用于以下方面：①改造和构建载体；②基因定位和基因分离；③DNA 重组；④限制性片段长度多态性分析（RFLP）；⑤基因组物理图谱的建立；⑥DNA 序列分析。

2. 其他常用的工具酶 基因工程中除使用Ⅱ型限制酶外，还常用到其他工具酶（表 12-2）。

表 12-2 基因工程中常用的其他工具酶

工具酶	用途
DNA 聚合酶Ⅰ	合成 cDNA 的第二条链；切口平移法合成与标记 DNA 探针 DNA 分子的 3'-突出末端标记
Klenow 片段	合成 cDNA 的第二条链；双链 DNA 的 3'-端标记；DNA 序列测定
耐热 *Taq* DNA 聚合酶	聚合酶链反应（PCR）；DNA 序列测定
反转录酶	合成 cDNA
末端转移酶	DNA 重组；DNA 片段 3'-端标记
DNA 连接酶	目的基因和载体的连接
核酸酶 S1	去除双链 DNA 的黏性末端以产生平末端

（二）载体

载体（vector）是指能携带外源 DNA 分子进入受体细胞进行扩增和表达的运载工具。常用的载体有经过改造的细菌质粒载体、噬菌体载体、黏粒载体、病毒载体和人工染色体载体。

理想的载体应具备以下几个条件：①能够稳定自主复制，并具有较高的拷贝数；②具有遗传筛选标记（如抗生素的抗性基因、*Lac* Z 基因的 α-片段等），以便于重组体的筛选；③具有多克隆位点（multiple cloning sites，MCS），即载体上有多种限制酶的单一识别位点，这样便于外源基因的插入；④分子量小，一般应<10kb，而允许插入外源基因的容量较大；⑤具有较高的遗传稳定性。

载体按其用途不同可分为克隆载体和表达载体两类。

1. 克隆载体 能将 DNA 片段在受体细胞中复制扩增并产生足够数量的基因的载体称为克隆载体（cloning vector）。克隆载体按来源可分为质粒载体、噬菌体载体、黏粒载体和病毒载体等。

（1）质粒载体：质粒（plasmid）是一类存在于细菌细胞中，独立于宿主染色体外，能进行自主复制的双链环状的 DNA 分子。常用的质粒载体有 pBR322、pUC 系列载体等。

pBR322 质粒载体它含有四环素抗性基因（*Tet* ^{r}）和氨苄青霉素抗性基因（*Amp* ^{r}）。*Tet* ^{r}内有 *Bam*HⅠ和 *Sal* Ⅰ酶的单一切点，*Amp* ^{r}内有 *Pst* Ⅰ酶切位点，在这些切点中插入外源基因，可使相对应抗性基因插入失活，便于筛选阳性克隆（图 12-1）。

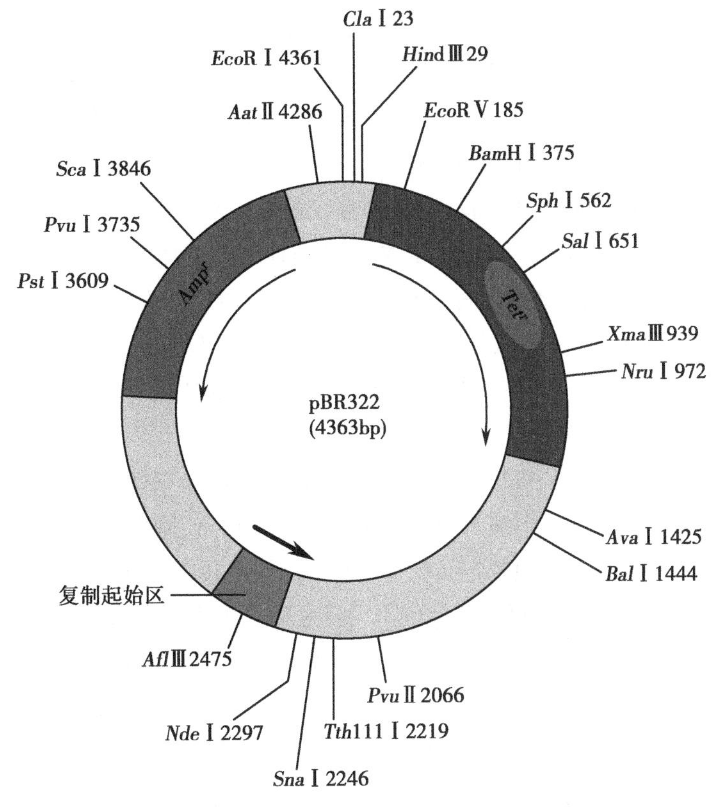

图 12-1　pBR322 质粒载体结构图

pUC 系列质粒载体上有氨苄青霉素抗性基因和 *Lac* Z 基因的 α-片段，此片段编码 β-半乳糖苷酶 N 端的 146 氨基端残基(图 12-2)。α-片段能与宿主细胞(*lac* Z 基因缺陷型 *E. coli*)所编码的 β-半乳糖苷酶羧基端片段(ω-片段)互补，表达完整的 β-半乳糖苷酶，才能分解 5-溴 4-氯 3-吲哚 β-*D*-半乳糖苷(X-Gel)，产生蓝色菌落。*Lac* Z 基因的 α-片段内有多克隆位点，插入外源基因后不能合成完整的 β-半乳糖苷酶来分解 X-Gel，产生白色菌落(阳性克隆)。

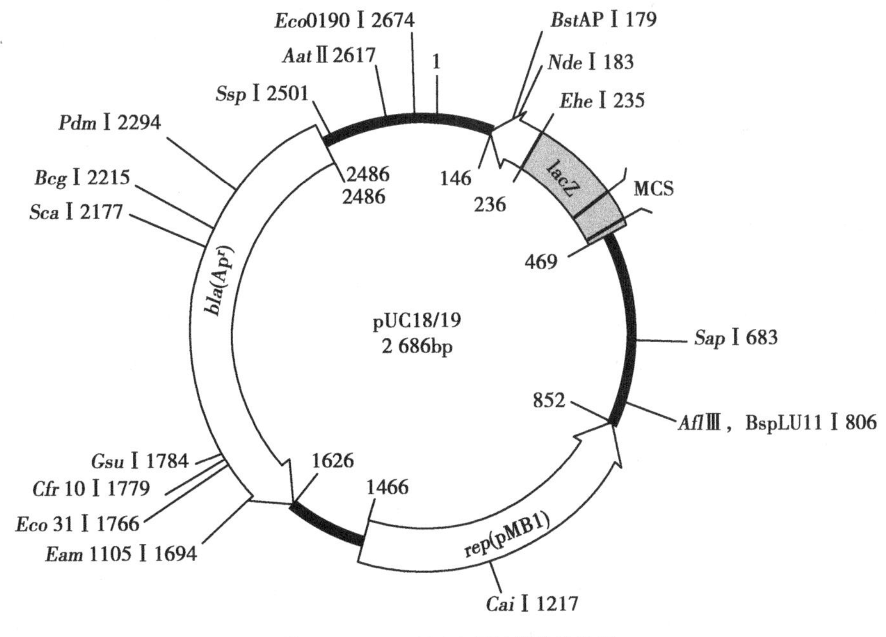

图 12-2　pUC18/19 质粒载体结构图

(2)噬菌体载体：噬菌体(phage)是感染细菌的病毒。用作克隆载体的噬菌体有 λ 噬菌体和 M13 噬菌体。野生型λ噬菌体为双链线性DNA分子,基因组全长48kb,其两端带有12个碱基的互补单链黏性末端(cos位点)。λ噬菌体载体最大可插入22kb的外源DNA。

M13噬菌体是单链环状DNA分子,基因组全长6.4kb,M13噬菌体在菌体内复制时首先形成双链DNA,即复制型(replication form,RF)M13噬菌体,此时它相当于质粒,可用作基因克隆载体。当复制型M13噬菌体在细菌内达到100~200个拷贝后,DNA的合成就变得不对称,M13噬菌体就只合成单链DNA,经包装成噬菌体颗粒而分泌至细胞外。此时单链M13噬菌体作为载体插入外源DNA时,用于外源DNA的序列分析、体外定点突变和核酸分子杂交等。M13噬菌体载体可插入的外源基因一般小于1kb。

(3)黏粒载体:是由λDNA的cos位点与质粒重新构建而成的双链环状DNA载体。质粒提供复制起始点,酶切位点,抗生素抗性基因;而cos区提供黏粒重组外源DNA大片段后的包装基础。黏粒载体能插入的外源基因可达40~50kb,是构建基因组文库的有效载体。

(4)病毒载体:由于病毒能够感染真核细胞并在其中复制,所以病毒载体在真核生物基因工程中非常重要。目前常用的病毒载体有猿猴空泡病毒40(SV40)、反转录病毒、昆虫杆状病毒、腺病毒(AD)和腺相关病毒(AAV)等。病毒载体构建时一般都把质粒复制起始点放置其中,使载体及其携带的外源DNA片段能方便地在细菌中繁殖和克隆,然后再转入真核细胞。经过质粒化改建后的病毒载体通常由病毒启动子、包装元件、遗传标记和质粒复制起始点四部分组成。病毒载体多用于基因治疗。

(5)酵母人工染色体载体:酵母人工染色体(yeast artificial chromosome,YAC)载体是第一个成功构建的人工染色体载体,用于在酵母细胞中克隆大片段外源DNA。YAC载体由酵母染色体、酵母2μm DNA质粒的复制起始序列等元件衍生而成,调控元件主要包括:①着丝粒;②端粒;③复制起始点和限制性酶切位点;④YAC载体的两臂均带有选择标记;⑤原核序列及调控元件,包括*E. coli* DNA复制起始点、Amp^r基因等。YAC是目前能容纳最大量外源DNA片段的载体,可插入100~2000kb外源DNA片段,是人类基因组计划中绘制物理图谱所采用的主要载体。

2. 表达载体 是用来在受体细胞中表达(转录和翻译)外源基因的载体。这类载体除了具有克隆载体所具备的特性外,还带有转录和翻译所必需的DNA序列。表达载体分为原核表达载体和真核表达载体。

(1)原核表达载体含有:①适宜的选择标记;②具有强启动子;③含有适当的翻译调控序列;④设计合理的多接头位点。原核表达载体只能表达克隆的真核cDNA,不宜表达真核基因组DNA。

(2)真核表达载体含有:①*E. coli* DNA的复制起点;②质粒的抗生素抗性基因;③真核的药物抗性基因;④真核表达元件(启动子、增强子、克隆位点、poly(A)加尾信号)。真核表达体系既可以表达克隆的cDNA,也可以表达真核基因组DNA。

三、基因工程操作的基本过程

基因工程的操作过程概括起来包括:①目的基因的获取;②载体的选择与制备;③重组DNA分子的构建;④重组DNA分子导入受体细胞;⑤DNA重组体的筛选与鉴定;⑥如果是表达载体,还需对目的基因的表达进行鉴定(图12-3)。

(一)目的基因的获取

目前获取目的基因的途径或方法主要有以下几种。

1. 从基因文库中筛选 首先利用基因工程的方法构建成基因组文库或cDNA文库。基因组文库(genome library)是指含有某种生物体全部基因片段的重组克隆群体。cDNA文库(cDNA library)是指含有某种生物体全部cDNA的重组克隆群体。基因组文库克隆群体中插入片段的总和可代表该生物全部基因组序列,cDNA文库克隆群体中插入片段的总和即可代表某种生物在一定条件下表达的全部mRNA。利用适当的筛选方法如特异性探针杂交筛选法、PCR方法等,从上述文库中可筛选出含有目的基因的克隆,再进

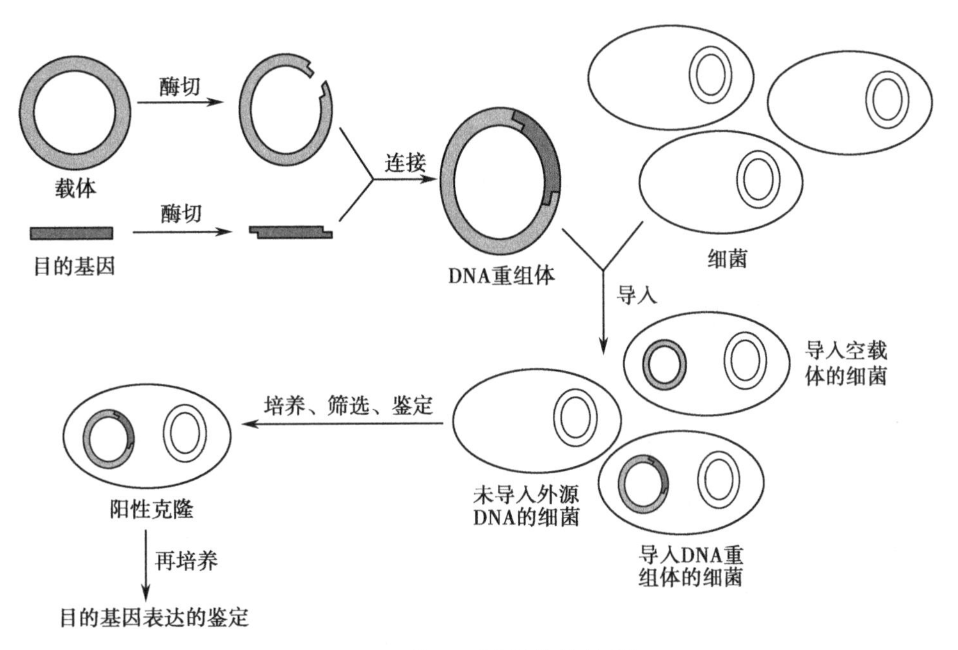

图 12-3 基因工程操作的基本过程

行扩增、分离、回收，最后获取目的基因。

2. **聚合酶链反应法** 以 DNA 为模板，利用耐热的 DNA 聚合酶合成目的基因。若需获得 cDNA 作为目的基因，可采用反转录-聚合酶链反应（RT-PCR）方法获取。

3. **人工合成法** 如果已知某个基因的核苷酸序列或依据某简单多肽的氨基酸序列推导出相应的核苷酸序列，就可以用 DNA 合成仪人工合成。

4. **直接从基因组 DNA 中分离** 采用限制酶将染色体 DNA 切割成许多小片段，通过琼脂糖凝胶电泳等方法即可分离鉴定和回收目的基因片段。

（二）载体的选择与制备

载体的选择主要是依据目的基因片段的大小、目的基因和载体的限制酶切割位点以及受体细胞的特性。当然也可以根据实验者的克隆要求，制备特殊的载体。目前，已有众多商品化的载体产品，基本上能够满足各种需求。

（三）目的基因与载体的连接

在 DNA 连接酶的催化作用下，将目的基因与载体 DNA 分子连接成一个重组 DNA 分子。目的基因与载体的连接方式主要有黏端连接法、平端连接法、人工接头法和同聚尾连接法、定向连接法、T-A 克隆连接法等。

（四）重组 DNA 分子导入受体细胞

体外构建的重组 DNA 分子需要导入合适的受体细胞才能进行复制、扩增和表达。这种含有重组 DNA 分子的受体细胞称为转化子。通常将重组 DNA 分子导入原核细胞的过程称转化（transformation），将重组 DNA 分子导入真核细胞的过程则称转染（transfection）。细胞（细菌）只有处于某一状态时才能接受外源 DNA，这一状态称为感受态（competence）。重组 DNA 分子导入受体细胞的方法有：电穿孔法、磷酸钙共沉淀法、脂质体法、DEAE（二乙氨乙基）-葡聚糖介导转染法和显微注射法等。

（五）重组 DNA 分子的筛选与鉴定

将重组体导入受体菌（细胞），并经初步扩增后，应从大量转化菌落或噬菌斑中选择和鉴定出含有目的基因的菌株（细胞），这一过程就称为筛选（screening）。一般根据载体的遗传表型特征进行筛选，抗药性标志筛选、双抗生素对照筛选和蓝白斑筛选等是常用的重组体筛选方法。筛选出的阳性克隆还需要进行目的基因的鉴定。常用的鉴定方法包括限制性酶切产物和 PCR 产物的琼脂糖凝胶电泳、核酸分子杂交、DNA

序列分析,其中 DNA 序列分析是鉴定重组 DNA 分子中是否有目的基因的金标准。

（六）目的基因的表达鉴定

目的基因导入受体细胞后,是否可以稳定维持和表达其遗传特性,只有通过检测与鉴定才能知道。鉴定外源基因的表达的方法有很多种,如 Northern 印迹杂交、RT-PCR 以及实时荧光定量 PCR、SDS-PAGE、Western 印迹等分析方法。

四、基因工程与医学的关系

基因工程的诞生和发展使得人们改造和创造物种成为可能,这不仅为生命科学的研究提供了新的技术手段,而且也为医学的理论研究、药物研发开辟了广阔的前景。基因工程在医学方面最突出的贡献是生产有重要价值的多肽、蛋白质产品,这些产品主要包括基因工程药物、疫苗(病毒疫苗、细菌疫苗、寄生虫疫苗和肿瘤疫苗)及抗体等(表 12-3)。第一个基因工程药物是 1982 年投入市场的人胰岛素。在我国第一个进入市场的基因工程药物是重组人干扰素。目前,基因工程药物与疫苗的研制主要是针对一些严重威胁人类健康的重大疾病,如肿瘤、艾滋病、糖尿病、心脑血管疾病、呼吸系统疾病及遗传病等。此外,基因工程还能提供多种发现和认识疾病的新途径、建立新的基因诊断和基因治疗方法以及发展新的法医学鉴定方法等。

表 12-3 部分基因工程医药产品

产品名称	功能	产品名称	功能
胰岛素	治疗糖尿病	干细胞生长因子（SCF）	扩增骨髓干细胞
干扰素	抗病毒感染及某些肿瘤	促红细胞生成素（EPO）	刺激红细胞生成
组织纤溶蛋白激活物	治疗急性心肌梗死	水蛭素	防治静脉血栓
乙肝疫苗	预防乙型肝炎	超氧化物歧化酶（SOD）	抗氧化损伤
白细胞介素 2（IL-2）	肿瘤免疫治疗	抗 CD3 抗体	器官移植
白细胞介素 4（IL-4）	肿瘤免疫治疗、免疫缺陷治疗	抗内毒素抗体	治疗内毒素血症

理论与实践

转基因动物

转基因动物是指利用基因工程和胚胎工程技术,将特定的外源基因导入动物受精卵,使之稳定整合于动物的染色体基因组并能遗传给后代的一类动物。也可以将外源基因导入精子或卵细胞,再让导入外源基因的精子或卵细胞受精,培育转基因动物。

自 1982 年美国科学家 Palmiter 等将大鼠生长激素基因导入小鼠受精卵中获得转基因“超级鼠”以来,转基因动物已经成为当今生命科学中发展最快,最热门的领域之一。1985 年美国和德国科学家通过导入人的生长激素基因培育出转基因兔和转基因猪。我国科学家成功培育出转基因鱼、转基因猪和转基因羊。转基因动物可作为生物反应器生产人的多种活性肽和生长因子,如成功在转基因动物的乳腺组织中表达了人的组织纤溶酶原激活物(tPA)(抗血栓药)和人的抗胰蛋白酶(治疗肺气肿药)。因此,从转基因动物的乳汁中提取人类基因的产物,就像工厂一样可以源源不断地提供人类需要的产品。此外,利用转基因动物来建立重大疾病的模型,用于探索这些疾病的发病机制和治疗方法。

第二节　分子生物学常用技术原理及应用

分子生物学常用的技术包括:印迹技术、核酸分子杂交技术、聚合酶链反应技术、DNA 测序技术、基因敲除技术等。

一、印迹技术

印迹技术是指将凝胶上的核酸片段或蛋白质分子转移到一种固定基质上的过程。根据所要检测样品种类的不同,可将印迹分为:Southern 印迹、Northern 印迹和 Western 印迹三种类型。

(一) Southern 印迹

Southern 印迹(Southern blotting)即 DNA 印迹,是一种将琼脂糖凝胶电泳分离后的 DNA 片段转移到硝酸纤维素(nitrocellulose,NC)膜上,再进行杂交以检测目标 DNA 的方法。此方法是 1975 年由英国爱丁堡大学的 Edwin Southern 博士建立。曾采用吸墨汁纸虹吸的方法将琼脂糖凝胶上的 DNA 条带转移到 NC 膜上(图 12-4A),现多采用电转移的方法(图 12-4B)。

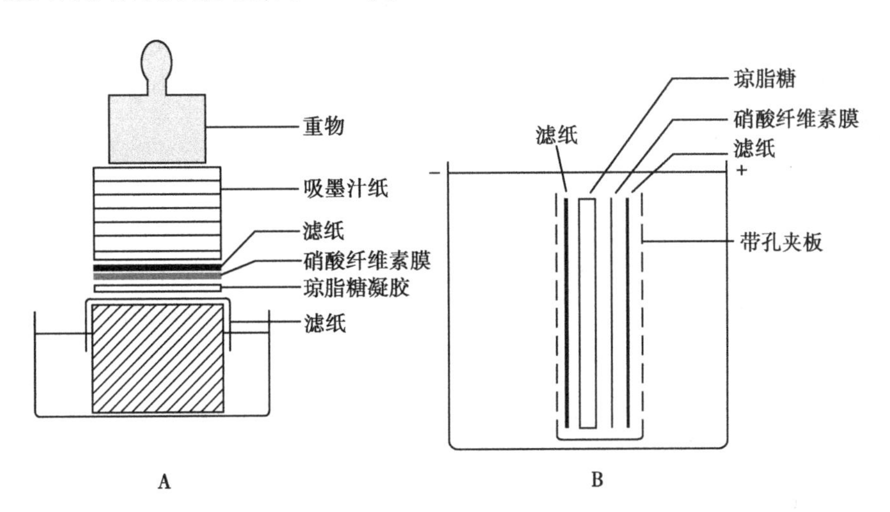

图 12-4　Southern 印迹示意图

A. 吸墨汁纸虹吸法;B. 电转移法

(二) Northern 印迹

Northern 印迹(Northern blotting)即 RNA 印迹,是一种将琼脂糖凝胶电泳分离的 RNA 转移到 NC 膜上,再进行杂交以检测目的 RNA 的方法。该方法是 1977 年由美国斯坦福大学的 James Alwine 和 George Stark 等建立。由于 RNA 印迹正好与 DNA 印迹相对应,因此称为 Northern 印迹。

(三) Western 印迹

Western 印迹(Western blotting)即蛋白质印迹,又叫免疫印迹(immunoblotting),是将蛋白质经聚丙烯酰胺凝胶电泳分离后转移到 NC 膜上,通过抗原抗体反应对目的蛋白进行定性定量分析的方法。1979 年,George Stark 发展起来蛋白质印迹技术,1981 年这一技术被正式命名为 Western 印迹。蛋白质印迹技术虽不是 DNA 技术,但在技术上相关联并被广泛应用,故也在此一并提及。

二、核酸分子杂交技术

核酸分子杂交的基本原理是利用核酸变性与复性的性质，使不同来源的具有一定同源性的核酸单链在一定条件下按照碱基互补配对原则形成异质双链的过程。从本质上看，核酸分子杂交可有DNA与DNA杂交（Southern印迹杂交）、DNA与RNA杂交（Northern印迹杂交），以及RNA与RNA杂交。

（一）核酸探针

核酸探针（probe）是序列已知的带有标记的能与样品中待检测核酸发生特异性互补结合的一段核苷酸序列。根据核酸探针的来源和性质可将其分为以下几种：基因组DNA探针、cDNA探针、RNA探针和寡核苷酸探针。并非任意一段核苷酸片段均可作为探针，理想的探针应具有高度特异性、易于标记和检测、灵敏度高、稳定且制备方便等特点。

（二）核酸探针的标记物及标记方法

为了便于杂交结果的检测，必须对核酸探针进行标记。探针标记物可分为放射性标记物和非放射性标记物两大类。放射性核素标记物的灵敏度和特异性极高，但存在半衰期短和污染环境等不足。这类标记物中最常用的是^{32}P。非放射性标记物稳定、安全、经济，但灵敏度相对较低。这类标记物包括光敏生物素、地高辛、分子信标等。有多种方法可对核酸探针进行标记，如切口平移法、随机引物法、末端标记法、Klenow片段快速标记法、PCR方法等。其中PCR方法标记探针时，如果反应中加入生物素标记的dUTP（Bio-11- dUTP）或地高辛标记的dUTP（Dig-11-dUTP），则可得到非放射性标记物标记的探针。

（三）核酸分子杂交类型

核酸分子杂交按其反应介质的不同可分为固相杂交和液相杂交两大类。

1. 液相杂交 将变性后的待测核酸单链和核酸探针同时放入杂交液中进行杂交。反应结束后，用羟磷灰石法或酶解法将未被杂交的单链核酸（包括未被杂交的探针）和杂交双链分开，再对杂交结果进行检测。

2. 固相杂交 是预先将待测的核酸分子固定在固相支持物上，然后与杂交液中的核酸探针进行杂交反应，洗去支持物上未参加反应的游离核酸探针，再检测杂交信号，分析杂交结果。由于固相杂交后未杂交的游离探针容易通过漂洗除去，膜上的杂交分子方便检测，还能避免靶DNA的自我复性，所以固相杂交发展迅速、应用广泛。常用的固相杂交类型有Southern印迹杂交、Northern印迹杂交、菌落杂交、斑点杂交、狭缝杂交、原位杂交（包括荧光原位杂交、菌落原位杂交）等。可根据检测目的不同，选择适用的杂交方法（表12-4）。虽然这些方法各具特点，但操作流程基本一致，可概括为：待测核酸和探针的制备→待测核酸单链固定于固相载体上→预杂交和杂交→漂洗除去未杂交的探针→检测杂交信号→分析杂交结果。

表12-4 常用的固相核酸分子杂交类型与用途

杂交类型	用途
Southern印迹杂交	基因组中某一基因的定性及定量分析；DNA重组体的酶切图谱分析；建立基因组DNA物理图谱；检测基因突变；分析DNA多态性；诊断单基因遗传病
Northern印迹杂交	定量分析某一组织细胞中特定mRNA的表达水平
原位杂交	染色体上基因的精确定位；鉴定阳性重组克隆菌
斑点或狭缝杂交	特定基因的定性分析

3. 基因芯片 最初称为DNA微阵列（DNA microarray），包括DNA芯片和cDNA芯片。基因芯片（gene chip）本质上属于反向杂交技术，它是以斑点杂交为基础建立的高通量检测基因表达的一种方法，它是采用光导原位合成或微量点样等微加工技术将大量已知序列的寡核苷酸或cDNA探针有序地固定于固相支持物（如玻片、硅片、聚丙烯酰胺膜、尼龙膜等）表面作为探针，然后与标记的待测核酸分子进行杂交，通过对

杂交信号的检测分析，获得待测核酸的各种序列及表达信息。基因芯片技术主要包括4个步骤：芯片的设计与制备、样品制备、杂交反应、信号检测与结果分析（图12-5）。

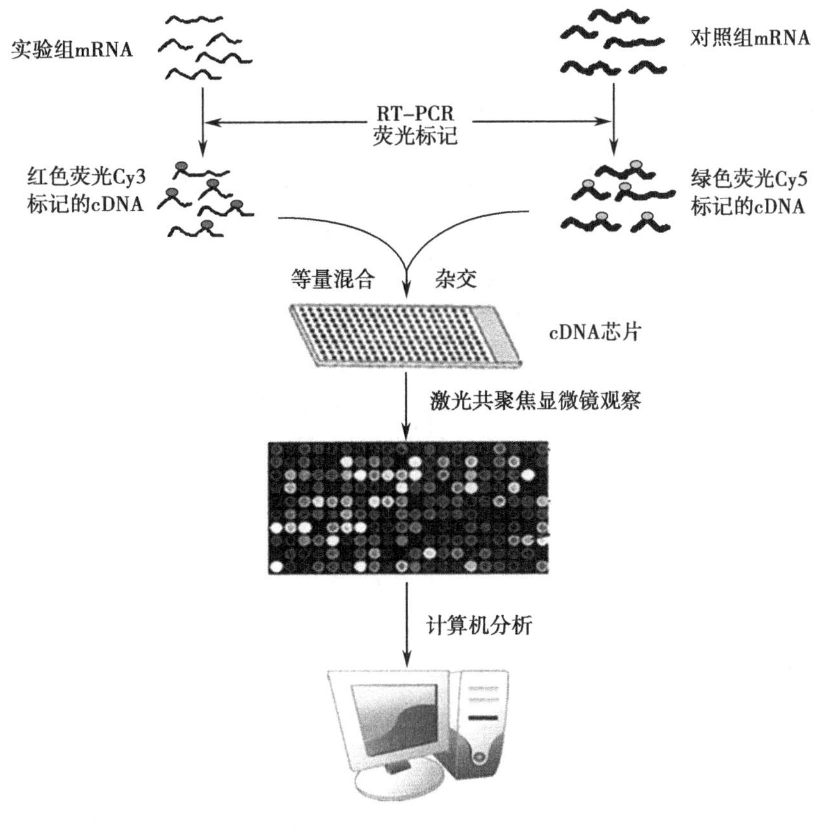

图12-5 cDNA芯片操作流程

基因芯片的特点是高通量、大规模、高度平行性、快速高效、高灵敏度和高度自动化。基因芯片在生物医学领域有着广泛的应用，不仅可以进行基因表达谱分析、基因组比较研究及发现新基因，还可用于DNA序列分析、基因诊断等。

（四）核酸分子杂交在医学方面的应用

核酸分子杂交是一种灵敏度高、特异性强的分子生物学技术，在医学方面可用于：①病原微生物的检测；②基因诊断；③疾病发病机制的研究等。

三、聚合酶链反应技术

聚合酶链反应（polymerase chain reaction，PCR）是一种在体外由引物介导的DNA聚合酶催化的DNA合成过程，也叫体外基因扩增技术。PCR具有特异性强、灵敏度高、操作简单、自动化程度高、对待检样品质量要求低等特点，能够在数小时内将微量的目的DNA片段扩增至数十万乃至百万倍。PCR已成为分子生物学实验的最重要的常规技术之一。

（一）PCR反应体系

PCR的反应过程类似体内的DNA复制过程，但其反应体系的构成却要简单许多。PCR反应体系需要模板DNA、DNA引物、四种脱氧核糖核苷酸、耐热的DNA聚合酶、Tris-HCl缓冲液（pH 8.4）、Mg^{2+}等。

最初进行PCR反应时使用的是DNA聚合酶Ⅰ的Klenow片段。由于此酶不耐热，在DNA高温变性过程中易失活，需要不断加入新酶。不仅操作麻烦，而且成本很高，难于推广。后来人们发现了耐热的*Taq* DNA聚合酶，PCR技术才得到广泛应用。

（二）PCR 的工作原理

PCR 技术实质上是模拟体内 DNA 复制过程，每一次复制都需经历 3 个步骤：变性、退火及延伸（图 12-6）。①变性是使双链模板 DNA 解链为单链，通常采用 95℃ 热变性；②退火是使特异的引物与单链 DNA 模板的互补区结合，退火温度一般为 55℃；③延伸是耐热的 DNA 聚合酶催化 dNTP 聚合到引物的 3′-OH 端，合成新链，延伸温度 72℃。经过 25~30 个循环后，目的 DNA 分子数可达约 10^7。

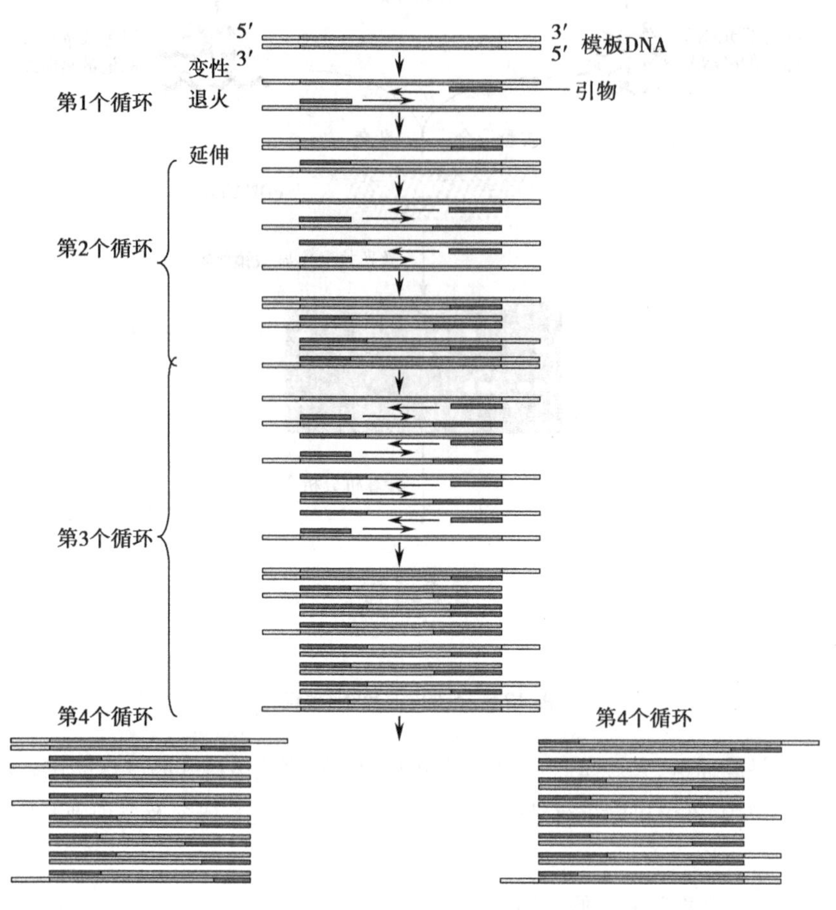

图 12-6 PCR 工作原理示意图

（三）PCR 衍生技术

自从 PCR 发明以来，发展极为迅速，出现了众多 PCR 衍生技术，如 RT-PCR、巢式 PCR、多重 PCR、反向 PCR、原位 PCR 和实时荧光定量 PCR 等。这些 PCR 衍生技术的出现，大大拓展了 PCR 的应用范围。而 20 世纪末期发展起来的实时荧光定量 PCR 更是使 PCR 技术实现了从定性分析到定量分析的飞跃。

1. RT-PCR RT-PCR 是反转录过程和 PCR 相结合的一项技术，即以 mRNA 为模板在反转录酶的催化下生成 cDNA，再以 cDNA 为模板进行 PCR 扩增。RT-PCR 技术灵敏而且用途广泛，可用于检测细胞组织中基因表达水平、细胞中 RNA 病毒的含量和直接克隆特定基因的 cDNA 序列等。特别是通过 RT-PCR 可将低丰度的 mRNA 大量扩增，便于检测及对其功能研究。

2. 实时荧光定量 PCR 实时荧光定量 PCR（real-time fluorescence quantitative PCR）是在 PCR 反应体系中引入荧光化学物质，每经过一个 PCR 循环就会产生一个荧光信号，信号强度随 PCR 产物的累积而变化，利用荧光信号的累积实时监测整个 PCR 过程。实时荧光定量 PCR 是目前最灵敏的 DNA 定量技术，可用于起始模板的定量、基因型分析、病原体监测、基因表达差异等多个方面。

（四）PCR 技术在医学方面的应用

PCR 技术，尤其是实时荧光定量 PCR 技术，可以对 DNA、RNA 样品进行定性和定量分析，目前已经被广泛应用于基础医学研究、临床诊断、疾病研究及药物研发等领域。其中最主要的应用集中在以下几个方面：①病原微生物的定性和定量检测，用于感染性疾病的诊断；②基因突变分析，用于遗传病的检测；③特定基因在不同组织细胞或不同时期基因表达差异分析；④比较不同处理（如药物处理、物理处理、化学处理等）的样本之间特定基因的表达差异。

四、DNA 测序技术

DNA 测序技术是指用人工的方法测定并分析 DNA 的碱基组成及排列顺序。DNA 序列分析是研究基因结构、功能及其关系的前提。DNA 测序有两种方法：双脱氧合成末端终止法和化学修饰法。

（一）双脱氧合成末端终止法

双脱氧合成末端终止法是 1977 年由英国生物化学家 Frederick Sanger 发明，因此也称 Sanger 法，是目前应用最多的一种 DNA 测序方法。其基本原理是在反应体系中加入 2′，3′-双脱氧核苷三磷酸（ddNTP），在新链延伸过程中，一旦 ddNTP 随机掺入到新链上，由于 ddNTP 的 3′位脱氧而使下一位核苷酸不能被聚合，导致新链的合成终止在特定的核苷酸处。

Sanger 法测序时，设立 4 个反应管：A、C、T、G。4 个反应管中均加入单链 DNA 模板、DNA 引物、Klenow 片段、4 种 dNTP（其中一种是 α-^{32}P-dNTP，现在多采用 α-^{35}S-dNTP）、一种相应的 ddNTP（如 A 管加入 ddATP、T 管加入 ddTTP、G 管加入 ddGTP、C 管加入 ddCTP）。反应结束后，4 个反应管中会产生在序列长度上只差 1 个碱基的 DNA 片段群体，然后通过高分辨率的变性聚丙烯酰胺凝胶（测序胶）电泳分离和放射性自显影，即可从下向上读取新合成链 5′→3′的碱基序列，在根据碱基的互补关系，即可得出待测 DNA 单链的碱基序列（图 12-7）。

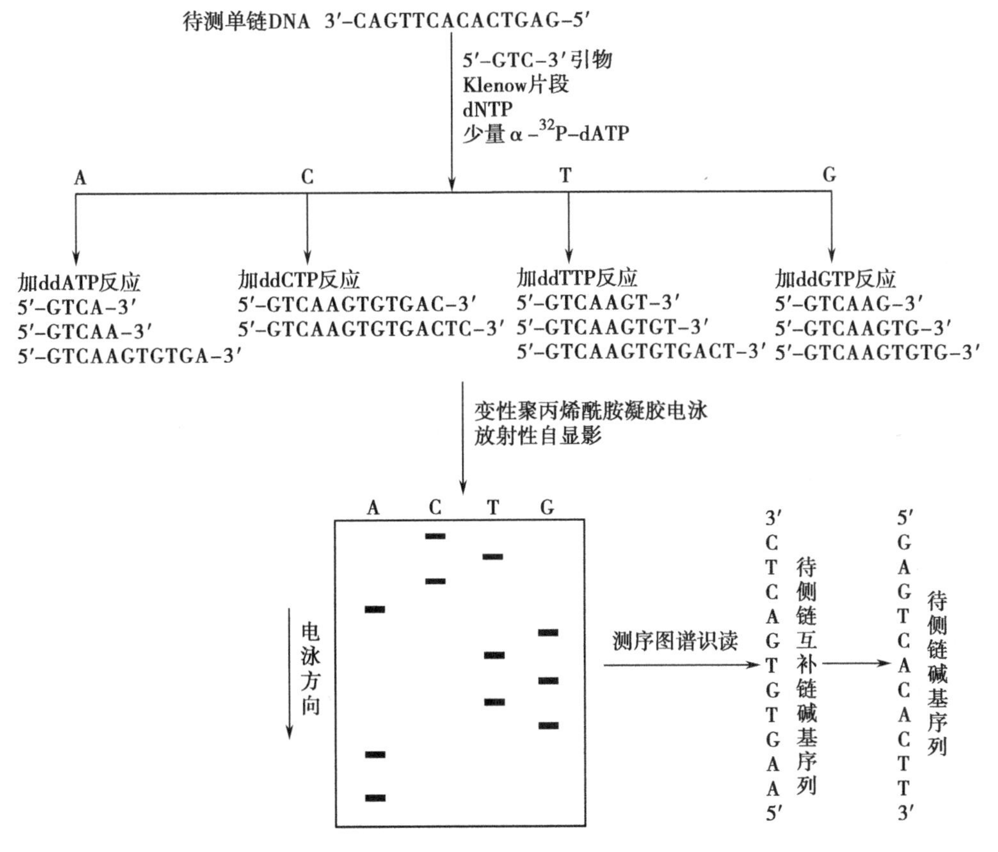

图 12-7　双脱氧合成末端终止法测序原理

（二）化学修饰法

化学修饰法又称 Maxam-Gilbert 法，是 1977 年由美国科学家 Allan Maxam 和 Walter Gilbert 发明。该法的原理是：①用碱性磷酸酶去除待测序 DNA 链 5′端的磷酸基；②用 T_4 多核苷酸激酶催化 γ-^{32}P-ATP 的放射性磷酸基转移到 DNA 链的 5′-端；③设立 A+G、G、C+T 和 C 四种化学反应，分别加入专一的化学试剂随机修饰和切除特定的碱基，同时此处的 3′，5′-磷酸二酯键断裂，产生长短不一的只差一个碱基的 DNA 片段；④测序胶电泳和放射性自显影；⑤测序图谱识读。

双脱氧合成末端终止法和化学修饰法测序属于第一代测序技术。随着功能基因组时代的到来，传统的测序方法已经不能满足大规模基因组测序的需求，因此产生了第二代测序技术，即高通量测序或称深度测序技术。近年来又出现了以单分子测序为特点的第三代测序技术。

相关链接

基因敲除技术

基因敲除（gene knockout），又称基因剔除，主要是应用 DNA 同源重组的原理，用设计的同源片段替代靶基因片段，使细胞特定的基因失活或缺失的技术。是 20 世纪 80 年代后期发展起来的一种新型分子生物学技术。

基因敲出的基本步骤：①构建基因敲除载体（即重组载体）；②获得胚胎干细胞；③将重组载体导入胚胎干细胞中进行同源重组；④筛选出发生同源重组的胚胎干细胞；⑤将同源重组的胚胎干细胞注入小鼠的胚泡，再将这样的胚泡植入假孕小鼠的子宫里，得到嵌合体小鼠（被敲除一个等位基因的小鼠），并进行表型研究；⑥获得纯合体小鼠（两个等位基因均被敲除的小鼠）。

建立基因敲除的动物模型可用于：①研究基因的功能，特别是胚胎发育时期的重要基因；②研究遗传疾病发生的分子机制；③研究基因改变与肿瘤发生及治疗的关系；④构建高效的动物反应器用于药物生产。

五、基因诊断与基因治疗

随着人们对疾病分子机制越来越多的了解，发现许多疾病的发生均与基因的变异、表达异常或外源基因的入侵密切相关。感染性疾病是由于外源基因的入侵，如各种病原体（病毒、细菌或寄生虫等）感染人体后，其特异的基因进入人体并在体内复制和表达引起的。单基因遗传病和多基因疾病（如肿瘤、心脑血管疾病、代谢病、神经系统疾病、自身免疫性疾病等）是由于先天遗传和后天内、外环境因素的影响，使内源基因结构突变和表达异常所致。因此，人们对疾病的诊断和治疗也就从传统的诊治深入到基因水平的诊治，即基因诊断和基因治疗。

（一）基因诊断

1. 基因诊断的概念和特点 基因诊断（gene diagnosis）是指利用现代分子生物学技术从 DNA/RNA 的水平进行检测，分析体内致病基因的存在、变异和表达等状态，从而对疾病做出诊断的过程。

基因诊断是以基因为探查对象，具有早期、快速、特异性强、灵敏度高、针对性强等特点。基因诊断的基本流程可概述为：取样→提取核酸（DNA 或 RNA）→采用适宜的技术和方法→结果检测→结果分析。基因诊断项目一般包括基因序列分析、基因突变检测、基因剂量和拷贝数测定、基因表达产物分析、外源基因检测等。

2. 基因诊断的技术和方法 主要包括 PCR 及其衍生技术、核酸分子杂交技术、DNA 测序技术、基因芯片技术、替代扩增技术（如 TAS、NASBA、TMA）、连接酶链式反应（LCR）、杂交捕获系统、bDNA 技术等，以及上述两种或几种技术的联合(表 12-5)。

表 12-5　基因诊断常用的技术方法及其主要的检测目标

技术方法	主要检测目标
斑点印迹杂交	检测基因缺失或拷贝数的改变
等位基因特异性寡核苷酸探针杂交	检测点突变
荧光原位杂交	基因相关疾病的分型
反向斑点杂交	检测病原体检测、基因突变、基因分型以及遗传多态性
基因芯片	基因表达、突变体、基因多态性
单链构象多态性分析	检测点突变、微小的缺失突变
异源双链分析	检测基因突变
限制性内切核酸酶酶谱分析	检测基因突变
限制性片段长度多态性分析	检测基因连锁
PCR 及其衍生技术	检测病原体、基因突变、基因表达、组织器官配型
DNA 测序技术	基因突变
连接酶链式反应	点突变
替代扩增技术	检测病原体
杂交捕获系统	检测病原体
bDNA 技术	检测病原体、基因表达

3. 基因诊断的应用　基因诊断可应用于感染性疾病、遗传病、肿瘤性疾病、寄生虫病等的诊断。除在疾病的早期诊断、鉴别诊断及分期分型中都发挥重要作用外,基因诊断在确定个体某种疾病的易感基因、组织器官配型、人类辅助生殖基因检测和法医学等方面也有重要作用。

(二)基因治疗

1. 基因治疗的概念　基因治疗(gene therapy)是通过一定方式将正常基因或有治疗作用的基因导入患者靶细胞内,用以矫正或置换致病基因,或用以抑制或补偿缺陷基因的功能,从而达到治疗疾病的目的。目前基因治疗已从单基因遗传病扩展到恶性肿瘤、心血管疾病、艾滋病、传染性疾病、神经系统疾病等的治疗。

2. 基因治疗的策略与方法　基因治疗的策略包括直接策略和间接策略。

(1)直接策略与方法:针对致病基因入手,有两种方式可采用:①采用基因定点同源重组技术,用正常基因对基因组中的异常基因在原位进行置换或矫正,以达到治疗目的;②直接将正常基因重组体导入合适的受体细胞内后培养增殖,再回输给患者,这是目前基因治疗的主要方式。

直接策略的方法有:①基因矫正:将致病基因的异常碱基进行纠正,而正常部分予以保留;②基因置换:导入正常的基因,通过体内基因同源重组原位替换病变细胞内的致病基因;③基因增补:将正常基因导入病变细胞或其他细胞,不去除异常基因,而是通过正常基因的非定点整合,使其表达产物补偿缺陷基因的功能,目前常采用此方法;④基因失活:又称基因干预,是采用特定的技术或方法来特异地封闭或抑制致病基因的表达或过度表达,以达到治疗疾病的目的,如导入反义核酸、核酶、肽核酸和 siRNA 等,抑制 mRNA 的翻译或使 mRNA 降解,达到使致病基因失活的目的。

(2)间接策略与方法:不直接从致病基因入手,而是把能增强治疗效果的基因(如化疗保护性基因、免疫治疗基因、自杀基因等)导入细胞,从而达到治疗疾病目的。间接策略的方法有:①化疗保护性基因疗法:向细胞导入编码抗细胞毒物蛋白基因,提高机体对化疗药物耐受力,以加大化疗药物的剂量;②免疫基因疗法:通过导入免疫治疗基因,恢复和提高机体免疫功能,增强机体抗肿瘤的能力;③自杀基因疗法:向肿瘤细胞中导入某种基因,其表达产物为一种酶,它可将无细胞毒或者低毒的药物前体转化为细胞毒性产物,从而导致携带该基因的受体肿瘤细胞被杀死。

问题与思考

基因治疗是 一种新的治疗手段。自从 1990 年美国 NIH 的 William F. Anderson 等人对腺苷脱氨酶(ADA)缺乏症的 4 岁女孩成功进行了基因治疗以来,世界各国都掀起了基因治疗研究的热潮,临床试验取得了很大的进步,有许多基因治疗方案处于Ⅰ或Ⅱ期临床实验阶段,少数处于Ⅲ期临床实验阶段。2003 年我国重组腺病毒-p53 抗癌注射液作为世界上第一个基因治疗产品正式上市。然而在基因治疗进展的过程中也出现了曲折,如 1999 年美国 18 岁的杰西·吉尔辛格在宾夕法尼亚大学接受基因治疗 4 天后死亡,2002 年法国一名 3 岁男孩接受了基因治疗时患上了某种类似白血病的癌症。

思考:

1. 从以上的阐述中,你如何看待基因治疗的前景?
2. 你认为基因治疗目前存在的主要问题是什么?
3. 从哪些方面考量入手可以进行解决?

(田余祥)

学习小结

基因工程是指将目的基因和载体连接成DNA重组体，再将DNA重组体导入受体细胞内，使之扩增和（或）表达的过程。基因克隆是DNA重组体在细胞中扩增，以获得此重组DNA分子的大量拷贝的过程。

基因工程常用的工具酶有：限制性内切核酸酶、DNA聚合酶、DNA连接酶等。常用的载体有质粒载体，噬菌体载体，黏粒载体、病毒载体等。基因工程的基本步骤包括：①目的基因的获取；②载体的选择与制备；③重组DNA分子的构建；④重组DNA分子导入受体细胞；⑤DNA重组体的筛选与鉴定；⑥如果是表达载体，还需对目的基因的表达进行鉴定。

印迹技术是指将凝胶上的核酸片段或蛋白质分子转移到一种固定基质上的过程。核酸分子杂交是使不同来源的核酸单链形成异质双链的过程。核酸探针是被标记的序列已知的一段核苷酸序列。探针标记物有放射性和非放射性标记物。有多种方法可对核酸探针进行标记。常用的是固相杂交。基因芯片本质上属于反向杂交技术。

PCR是一种体外基因扩增技术。PCR每次复制都需经历3个步骤：变性、退火及延伸。PCR及其衍生PCR是分子生物学实验的最重要的常规技术之一。

DNA测序技术是指用人工的方法测定并分析DNA的碱基组成及排列顺序。DNA测序技术有两种方法：双脱氧合成末端终止法和化学修饰法。

基因诊断是指利用现代分子生物学技术从DNA/RNA的水平进行检测，分析体内致病基因的存在、变异和表达等状态，从而对疾病做出诊断的过程。基因诊断可应用于感染性疾病、遗传病、肿瘤性疾病、寄生虫病等的诊断。基因治疗是通过一定方式将正常基因或有治疗作用的基因导入患者靶细胞内，用以矫正或置换致病基因，或用以抑制或补偿缺陷基因的功能，从而达到治疗疾病的目的。基因治疗有直接和间接的策略与方法。

复习参考题

1. 简述基因工程的基本步骤及其应用。
2. 简述PCR的原理及其应用。
3. 简述核酸分子杂交的基本过程及其应用。
4. 常用的基因诊断技术有哪些？
5. 简述基因治疗的策略与方法。

第十三章 细胞信号转导

13

学习目标

掌握	细胞信号转导、信号分子、受体的概念，常见的第二信使。
熟悉	配体与受体作用的特点、G 蛋白结构与功能、主要的信号转导途径。
了解	信号转导异常与疾病。

高等生物所处的环境无时无刻不在变化,机体功能上的协调统一要求有一个完善的细胞间相互识别、相互反应和相互作用的机制,这一机制可以称作细胞通讯。细胞通讯分为直接通讯和间接通讯。直接通讯是相邻细胞通过它们的连接小体或细胞膜表面分子的直接接触进行的一种通讯方式。间接通讯是细胞通过其细胞膜上或细胞内的受体感受细胞外信号分子的刺激,并经细胞内复杂的信号转导系统传递信息,引起细胞应答,调节细胞的生理生化过程的一种通讯方式,也即细胞的信号转导(cellular signal transduction)。

第一节　细胞外的信号分子

由特定细胞产生的调节靶细胞生命活动的化学物质统称为信号分子(signaling molecule),又称信息分子(messenger molecule)。

一、细胞外信号分子的分类

根据细胞外信号分子(也称为配体或第一信使)化学本质的不同可分为:①激素(肽类激素和类固醇激素),如胰岛素、降钙素、绒毛膜促性腺激素、催产素、醛固酮、糖皮质激素、性激素等;②肽类因子(生长因子和细胞因子),如表皮生长因子(EGF)、血小板衍生的生长因子(PDGF)、成纤维细胞生长因子(FGF)、转化生长因子(TGF)、淋巴因子、白介素(IL)、肿瘤坏死因子(TNF)、干扰素(IFN)等;③氨基酸及其衍生物,如甘氨酸、谷氨酸、5-羟色胺、γ-氨基丁酸等;④脂酸衍生物,如前列腺素;⑤内源性气体信号,如NO、CO、H_2S;⑥光、气味分子。

根据分泌方式的不同可分为:①内分泌激素(如甲状腺激素、糖皮质激素等);②神经递质(如乙酰胆碱、γ-氨基丁酸、甘氨酸、5-羟色胺等);③局部化学介质(如生长因子、前列腺素);④内源性气体信号分子(如NO、CO、H_2S)。

二、细胞外信号分子的作用方式

根据细胞外信号分子分泌方式和至靶细胞距离的远近,其作用方式可分为内分泌、旁分泌、自分泌和突触分泌(图13-1)。

各种激素是由特殊分化的内分泌细胞合成和分泌,并经血液运输到相应的靶细胞,发挥特异调节作用。这种远距离的作用方式称为内分泌方式。某些细胞分泌具有局部作用的化学介质,主要是生长因子、细胞因子和前列腺素等,它们可直接扩散到周围靶细胞并发挥作用,这种调节方式称为旁分泌方式。有些类型的细胞分泌的信号分子作用于自身细胞,如肿瘤细胞合成分泌的生长因子等,可刺激自身细胞持续增殖,这种作用方式称为自分泌方式。突触前膜释放的神经递质经突触间隙作用于突触后膜上的受体,引起短暂生物效应,作用距离最小,称为突触分泌方式。

三、细胞外信号分子的作用特点

1. 信号分子通过受体发挥作用　细胞接受外部信号时通过其特异受体将信号传入细胞内而对靶细胞起作用。

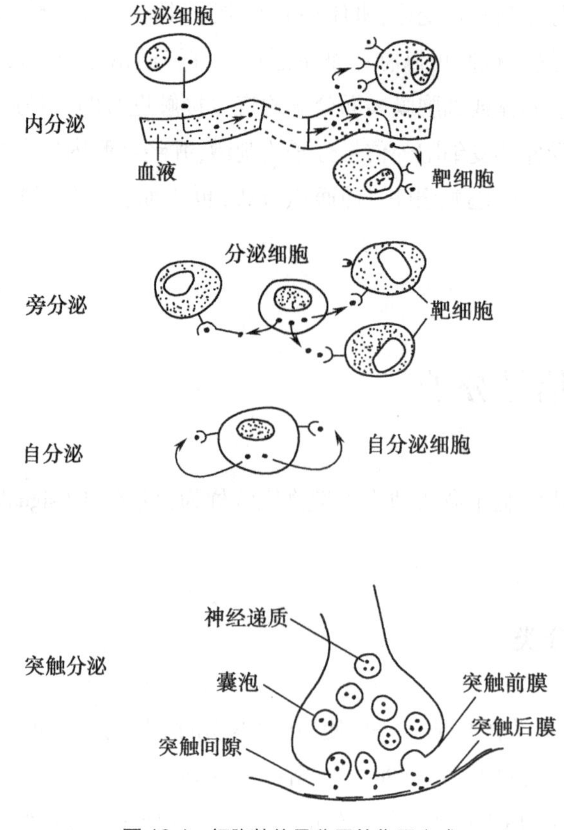

图 13-1 细胞外信号分子的作用方式

2. **信号分子作用的复杂性** 同一信号分子作用于不同受体，其诱导的效应不同，如乙酰胆碱作用于烟碱型受体(N 受体)可引起运动终板电位，导致骨骼肌兴奋；乙酰胆碱作用于毒蕈碱型受体(M 受体)，产生副交感神经兴奋效应，如支气管和胃肠道平滑肌收缩，消化腺分泌增加，瞳孔缩小等。不同的信号分子可作用于相同的受体，而诱导产生相似的效应，如表皮生长因子(EGF)和转化生长因子 α(TGFα)都作用于 EGF 受体，刺激表皮发育。

3. **信号分子作用的时效性** 信号分子作用时间短暂，不同分子作用时间长短不一，从几秒、几分、几小时，甚或几天。体内神经递质介导的反应最快，多数激素协调细胞代谢时反应也比较快，而在机体发育过程中，影响细胞、器官分化和发育的一些分泌性化学信号，常常效应时间持久。当完成一次信号应答后，信号分子会通过修饰、水解或结合等方式失去活性而被及时消除，以保证信息传递的时效性和完整性。

4. **信号分子作用的网络性** 信号分子在体内的作用都具有网络调节特点，其特点体现在：一种信号分子的作用始终会受到其他信号分子的影响，或抑制，或促进；发出信号的细胞随时又受到其他细胞信号的调节。网络调节使得机体内的细胞因子或激素的作用都具有一定程度的代偿性，单一缺陷不会导致对机体的严重损伤。

第二节 受体

受体(receptor)是存在于细胞膜(即质膜)上或细胞内能够特异识别并结合信号分子，并将这一结合信号向细胞内传递的蛋白质或糖脂。绝大多数受体是糖蛋白，个别是脂蛋白(如阿片受体)或糖脂(如霍乱毒素的受体为神经节苷脂 GM1)。根据受体的细胞定位，可将受体分为细胞膜受体和细胞内受体，后者还可进一步分为细胞质或细胞核受体。

一、受体的种类、结构与功能

（一）细胞膜受体

位于细胞膜上的受体多为内在的糖蛋白，按照他们的结构和作用方式不同，又分为 G 蛋白偶联受体、酶性受体、酶偶联受体和离子通道型受体。

1. G 蛋白偶联受体 这类受体是由一条肽链构成的跨膜糖蛋白。G 蛋白偶联受体的 N 末端位于细胞膜外侧，C 末端位于细胞膜内侧。该受体有 7 个跨膜的 α-螺旋区段，在胞外侧和胞质侧形成了几个环状结构，分别负责与配体结合和与 G 蛋白相互作用传递信号（图 13-2）。人类基因组编码大约 350 种 G 蛋白偶联受体，如肾上腺素能受体、胰高血糖素受体、生长抑素受体、甲状旁腺素受体、抗血管紧张素Ⅱ受体、毒蕈碱型（M 型）乙酰胆碱受体，以及与视觉、嗅觉、味觉等有关的受体。

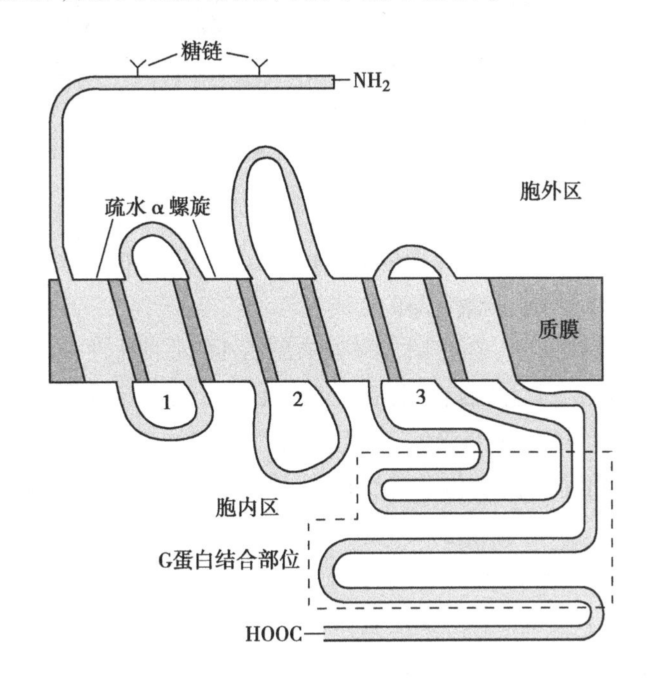

图 13-2　G 蛋白偶联受体结构示意图

2. 酶性受体 这类受体自身具有酶活性，又称为催化性受体。它们与配体结合后，受体的酶活性被激活，可使受体自身或其底物蛋白磷酸化。该类受体多为细胞膜糖蛋白，含有一个跨膜的 α-螺旋区段，胞外侧和胞质侧各有球状极性域，分别为催化域和配体结合域。这类受体包括：

（1）蛋白酪氨酸激酶（PTK）型受体：这类受体是单跨膜的 α-螺旋受体，它们与细胞的分裂、增殖及癌变有关，如 EGF 受体、FGF 受体、PDGF 受体、胰岛素样生长因子-1（IGF-1）受体等（图 13-3）。

（2）鸟苷酸环化酶（GC）型受体：此种受体分为膜结合型和胞溶型。膜结合型的 GC 型受体是同源的三聚体或四聚体，每个单体都包括 N 末端的胞外配体结合域、跨膜区、胞质侧的蛋白激酶样结构域和 C 末端的 GC 催化结构域。例如，心房利钠肽（又称心钠素）受体、脑利钠肽（又称脑钠素）受体、鸟苷蛋白受体等属于这一类型。胞溶型的 GC 型受体是由 α（α1/α2）和 β（β1/β2）亚基组成的异源二聚体，每个单体具有一个 GC 催化结构域和血红素结合结构域。胞溶型 GC 型受体的配体有一氧化氮（NO）和一氧化碳（CO）。NO 通过与血红素的相互作用激活 GC。

（3）丝氨酸/苏氨酸蛋白激酶型受体：该类受体的 N 端为胞外配体结合域，中部是跨膜区，胞质部分有 Ser/Thr 蛋白激酶活性区。转化生长因子 β（TGFβ）受体家族属于该类受体。哺乳动物已鉴定的 TGF-β 受

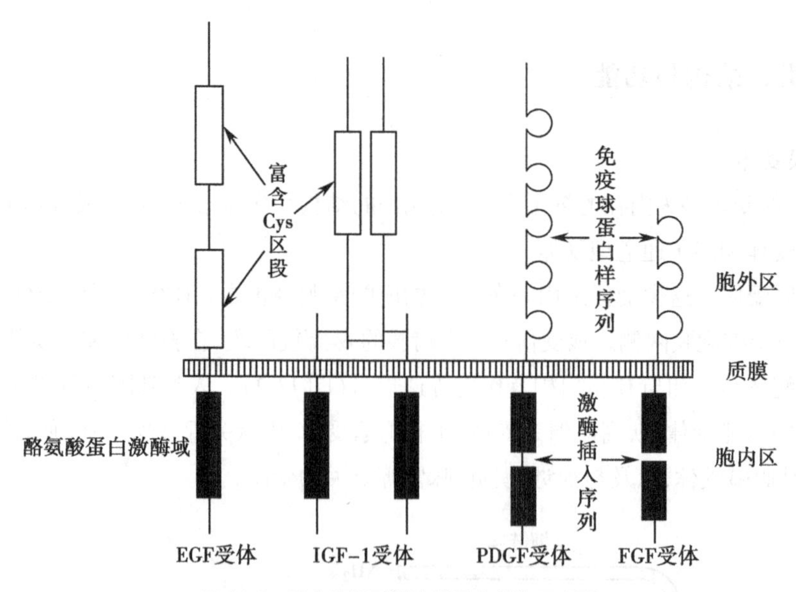

图 13-3　蛋白酪氨酸激酶型受体结构示意图

EGF：表皮生长因子；IGF-1：胰岛素样生长因子；PDGF：血小板衍生生长因子；FGF：成纤维细胞生长因子

体有 3 种，即 TGFβ 受体Ⅰ、Ⅱ和Ⅲ。在信号转导中起主要作用的是 TGFβ 受体Ⅰ和Ⅱ，它们形成异二聚体起作用。活化素、抑制素、骨形态发生蛋白等均是 TGFβ 家族成员。TGFβ 受体参与调节细胞增殖、分化、迁移和凋亡，以及刺激细胞外基质合成、刺激骨骼的形成等。

3. **酶偶联受体**　这类受体是单跨膜的但本身不具有酶活性的非催化性受体。这类受体需要偶联其他酶类（如胞溶型蛋白酪氨酸激酶）才能发挥作用，故称酶偶联受体。许多细胞因子受体属于此类，如白介素（IL-2～IL-7）受体、促红细胞生成素（EPO）受体、干扰素受体等。这类受体与配体结合后，受体构象改变并激活下游偶联的胞溶型蛋白酪氨酸激酶，传递调节信号，参与基因表达调控，调节靶细胞的增殖、分化、免疫反应及内环境稳定等。

4. **离子通道型受体**　此类受体属于配体门控离子通道，是由均一或非均一的亚基构成的寡聚体围成的环形跨膜通道，故又称为环状受体。神经递质受体大多属于此类，主要在神经冲动的快速传递中起作用。例如，烟碱型（N 型）乙酰胆碱受体是跨膜阳离子通道（$Na^+/K^+/Ca^{2+}$ 通道），是由 $\alpha_2\beta\gamma\delta$ 四种亚基组成的五聚体，亚基的跨膜区组成环状的亲水性离子通道。当乙酰胆碱与受体结合后，受体构象改变，引起通道短暂活化开放，使细胞膜局部去极化引起神经冲动。随着乙酰胆碱与受体脱离，受体随即恢复静息状态（图 13-4）。另外，兴奋性氨基酸受体是跨膜阳离子通道，如谷氨酸受体亚型 *N*-甲基-*D*-天冬氨酸受体被激活后，主要对 Ca^{2+} 有通透性，而 γ-氨基丁酸受体、甘氨酸受体则是跨膜的阴离子通道（Cl^- 通道）。

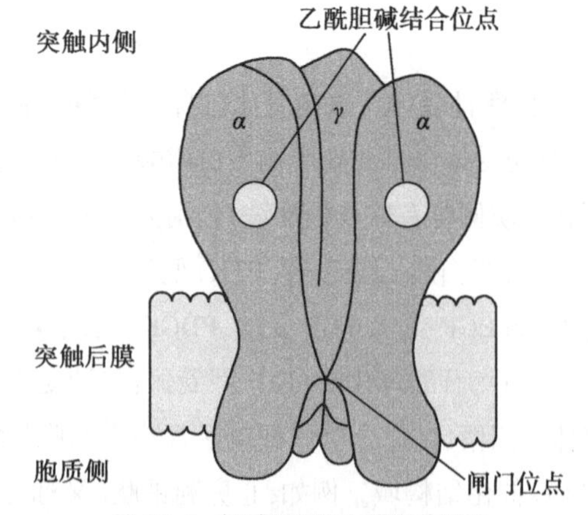

图 13-4　烟碱型乙酰胆碱受体结构

（二）细胞内受体

细胞内受体包括类固醇激素（如性激素、孕激素、糖皮质激素、盐皮质激素等）受体、甲状腺激素受体、1,25-$(OH)_2$ 维生素 D_3 受体、维 A 酸受体等。细胞内受体是激素依赖性的转录因子，激素-受体复合物可与激素应答元件结合，调节相应靶基因转录。

细胞内受体都是单链蛋白质，长度不一，但都有相似的几个结构区：①N 端转录激活域；②DNA 结合域；③铰链区；④配体结合域；⑤C 末端为 F 区（图 13-5）。

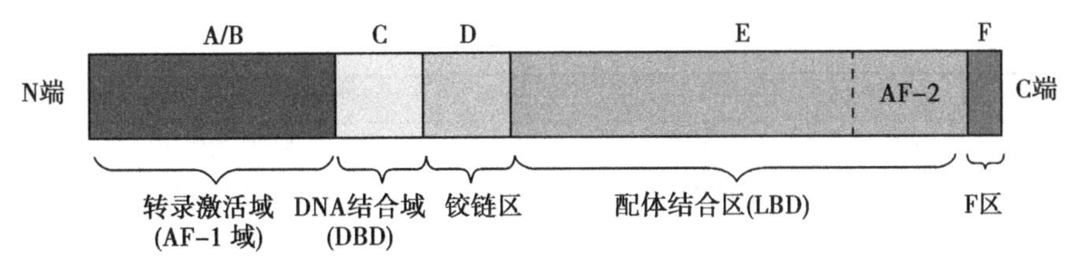

图 13-5 糖皮质激素受体结构示意图

二、受体与配体的作用特点

受体有两个方面的作用：一是受体与配体相互识别并特异结合；二是受体将配体的信号转换为细胞内分子可识别的信号，并传递给其他分子引起细胞应答。受体与配体的结合有以下特点：

1. **高度专一性** 受体与特定的配体结合，具有严格的选择性。这种特异性结合是由受体和配体的空间构象决定的。

2. **高度亲和力** 体内信息分子的浓度一般都≤10^{-8}mmol/L，但却具有极强的生物效应，这足以说明受体与配体之间的亲和力极高。

3. **可逆性** 受体与信号分子间以非共价键可逆结合。当生物效应发生后，二者即解离，受体可恢复到原来的状态，而信号分子则失活或被降解。

4. **可饱和性** 细胞受体的数目有限，当配体浓度达到一定值后，细胞的受体全部被配体结合，配体数目继续增加，不再表现出生物效应的增强。

5. **可调节性** 受体的数目、活性以及受体与配体的亲和力是可调节的。某种因素可使靶细胞受体数目增加或对配体的亲和力增高，称为受体上调，反之称为受体下调。

6. **特定的作用模式** 受体的分布和数量均具有组织和细胞特异性，并呈现特定的作用模式，受体与配体结合后可引起某种特定的效应。

第三节 细胞内的信号转导分子

细胞外的信号分子与其细胞膜上的受体特异结合后，受体将此信号进行转换并向细胞内传递，再通过细胞内的信号转导分子进行传递，最终使细胞产生相应的生物效应。细胞内参与信号转导的物质包括第二信使、某些蛋白质和某些酶类，它们统称为信号转导分子（signal transducer）。

一、第二信使

肽类激素和肽类因子等信号分子（第一信使）不能透过细胞膜进入细胞内，需经细胞膜受体介导，刺激细胞产生在细胞内传递信号的小分子物质，这些小分子物质统称为第二信使（second messenger）。常见的第二信使包括：环腺苷酸（cAMP）、环鸟苷酸（cGMP）、肌醇-1，4，5-三磷酸（IP_3）、磷脂酰肌醇-3，4，5-三磷酸（PIP_3）、甘油二酯（DAG）、Ca^{2+}等（表 13-1）。

第二信使的作用特点：①通过改变酶或离子通道的活性来发挥作用；②第二信使能在细胞内扩散，改变其细胞内分布状态；③第二信使的浓度受调节；④第二信使作用后被迅速水解以终止信号过程。

表 13-1　细胞内重要的第二信使

第二信使	生成方式	作用
cAMP	腺苷酸环化酶催化 ATP 产生	激活蛋白激酶 A（PKA）
cGMP	鸟苷酸环化酶催化 GTP 产生	激活蛋白激酶 G（PKG）
Ca^{2+}	内质网、肌浆网、细胞膜钙通道开放	激活钙调蛋白、蛋白激酶
IP_3	PLCβ 分解磷脂酰肌醇-4，5-二磷酸（PIP_2）	活化内质网、肌浆网的钙通道
DAG	PLCβ 分解 PIP_2	激活蛋白激酶 C（PKC）
PIP_3	PIP_2 磷酸化	激活蛋白激酶 B（PKB）
神经酰胺	PLC 分解鞘磷脂	激活蛋白激酶

相关链接

第三种气体信号分子——H_2S

硫化氢(H_2S)是继 NO 和 CO 之后发现的第三种气体信号分子。在哺乳动物细胞质中，以 *L*-半胱氨酸为底物，在胱硫醚-β-合酶(CBS)和胱硫醚-γ-裂解酶(CSE)的催化下产生 H_2S。在线粒体内，以 β-巯基丙酮酸为底物，在巯基丙酮酸转硫酶的催化下产生 H_2S。CBS 主要分布于中枢神经系统，CSE 主要分布于外周器官如心血管系统。脑内内源性 H_2S 的浓度可达 50～160μmol/L。因此内源性 H_2S 被认为是一种神经调节因子，参与学习和记忆的调节，发挥类似神经递质的中枢调节作用。生理浓度的 H_2S 可直接或与 NO 协同舒张血管、降低血压，对心脏具有负性肌力作用。H_2S 主要通过开放 ATP 敏感钾通道(K_{ATP} 通道)发挥其心血管效应和免疫调节及代谢调节等作用。

二、参与信号转导的蛋白质

参与细胞内信号转导的蛋白质有：G 蛋白、小 G 蛋白、衔接蛋白等。

（一）G 蛋白和小 G 蛋白

1. G 蛋白　鸟苷酸结合蛋白的简称，广泛存在于真核细胞中，是一类重要的信号转导蛋白。G 蛋白通过其脂酰基锚定于细胞膜的胞质侧，并与 G 蛋白偶联受体结合介导信号转导。G 蛋白是由 α、β 和 γ 亚基构成的异源三聚体，α 亚基有保守的 GDP/GTP 结合位点和内在的 GTP 酶活性，以及与受体结合及效应物结合部位。β 和 γ 亚基为紧密结合的二聚体，可作为同一功能单位参与信号传导。G 蛋白的 α 亚基与 GDP 结合时为非活化状态，与 GTP 结合时为活性状态，此两种状态可相互转变（图 13-6）。Gα-GTP 和 βγ 各自调节下游效应器分子的活性。

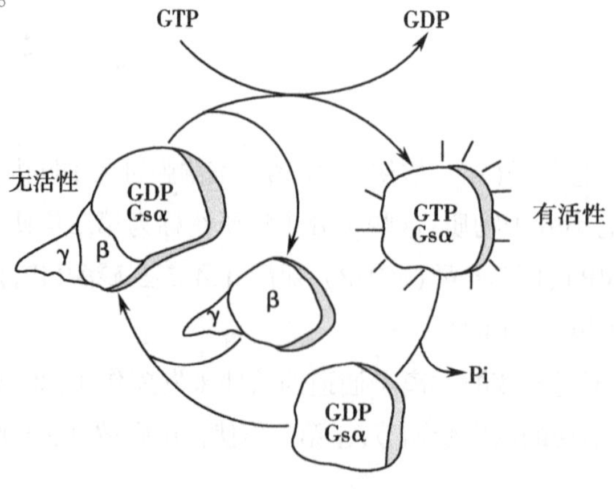

图 13-6　G 蛋白循环

人类基因组编码约200种G蛋白。目前已鉴定的有20多种,构成G蛋白家族(表13-2)。目前已知哺乳类有20多种不同的α亚基,至少5种不同的β亚基和12种不同的γ亚基。G蛋白通过偶联多种信号受体,联系不同的下游效应分子,诱导多种细胞生物效应。不同的胞外信号分子与其受体结合后通过相应的G蛋白传递信息。

表13-2 G蛋白的类型及其功能

G蛋白类型	亚基	偶联受体	功能
Gs	α_s	胰高血糖素受体、β-肾上腺素能受体	激活腺苷酸环化酶、激活心肌Ca^{2+}、Cl^-、Na^+通道
Golf	α_{olf}	嗅觉受体	激活腺苷酸环化酶
Gi	α_i-1、2、3	乙酰胆碱受体、α_2-肾上腺素能受体	抑制腺苷酸环化酶、激活Na^+通道
		M2-胆碱能受体	抑制Ca^{2+}通道
Go	α_o	阿片肽受体、内啡肽受体	激活Na^+通道
	βγ		激活K^+通道、抑制Ca^{2+}通道
	α_o和βγ		激活PLCβ
Gt	α_t	光受体(视紫红质)	激活cGMP磷酸二酯酶
Gq	α_q	M1胆碱能受体、α_1-肾上腺素能受体	激活PLCβ
G_{11}	α_{11}	α_1-肾上腺素能受体	激活PLCβ
$G_{12/13}$	$\alpha_{12/13}$		激活Rho

2. **小G蛋白** 又称小GTP酶,属于Ras超家族。小G蛋白是含一条肽链的蛋白质(相对分子质量为20 000~30 000),具有结合GDP/GTP的能力和内在的GTP酶活性。小G蛋白的结构与功能类似于G蛋白的α亚基,与GTP结合时有活性,而与GDP结合时失去活性。第一个发现的小G蛋白是Ras蛋白。小G蛋白约有50多种,包括Ras、Rho、Arf、Rab、Ran几个亚家族。小G蛋白也是重要的一类信号转导蛋白,它们多为细胞癌基因的表达产物,广泛参与细胞生长、分化、增殖等相关的多种信号转导过程。

(二)衔接蛋白

衔接蛋白是指含有2个或数个蛋白质相互作用的结构域,连接上、下游信号分子,募集和组织信号转导复合物的一类蛋白质。例如,衔接蛋白Grb2含有1个SH2和2个SH3结构域。Grb2通过SH2和SH3结构域链接上游、下游分子。某些大的衔接蛋白可称为支架蛋白,可同时结合同一信号通路中多个信号转导分子。例如,支架蛋白胰岛素受体底物-1有多个组件结构域或磷酸化Tyr位点,以停泊、定位结合其他信号蛋白,可将信号途径的连续组分装配成复合体,有利于特异信号的转导。衔接蛋白分子中与信号转导密切相关的结构域主要有SH2、SH3、PH和PTB结构域等。SH2识别结合磷酸化的酪氨酸残基位点,SH3识别结合富含脯氨酸的肽段,PH是信号转导过程中的蛋白质与蛋白质、蛋白质与脂类相互作用的重要结构基础,PTB以依赖酪氨酸磷酸化方式与NPQY模体结合。

三、参与信号转导的酶类

细胞内参与信号转导的酶有两类:一是催化第二信使生成和水解的酶,二是蛋白激酶和蛋白磷酸酶。

腺苷酸环化酶(AC)催化ATP生成cAMP,鸟苷酸环化酶(GC)催化GTP生成cGMP。cAMP特异的和cGMP特异的磷酸二酯酶分别催化cAMP和cGMP水解产生5′-AMP和5′-GMP。磷脂酰肌醇特异的磷脂酶Cβ(PI-PLCβ)催化细胞膜上的磷脂酰肌醇-4,5-二磷酸(PIP_2)水解生成IP_3和DAG。

蛋白激酶和蛋白磷酸酶分别催化靶蛋白或靶酶的磷酸化与去磷酸化,从而开放或关闭信号转导途径。例如,丝氨酸/苏氨酸蛋白激酶类包括蛋白激酶A、蛋白激酶B、蛋白激酶C、蛋白激酶G、丝裂原活化蛋白激酶等;蛋白酪氨酸激酶类包括受体型和非受体型蛋白酪氨酸激酶。

很多信号途径涉及某些激酶类相互偶联,有的酶既是上游信号酶的底物,又可作用于下游信号转导分子。因此,信号转导酶能够通过连续的酶促反应传递信号,形成逐级磷酸化的信号转导酶级联系统,显著放大细胞外的调节信号。

第四节 信号转导途径

细胞内存在着多种信号转导途径,不同受体介导的细胞信号转导途径间又有着交叉调控点,从而形成十分复杂的交互对话的网络系统。细胞信号转导的基本路线可以概括为:细胞外信号→受体→细胞内信息级联放大→生物效应。

一、膜受体介导的信号转导途径

(一)cAMP-蛋白激酶 A 信号途径

此信号途径以靶细胞内 cAMP 浓度改变和激活蛋白激酶 A(PKA)为主要特征。胰高血糖素、肾上腺素等激素和多巴胺等神经递质通过激活 G 蛋白,并以 cAMP 为第二信使转导信号,此途径还涉及嗅觉、味觉等信号的转导。下面以胰高血糖素为例来说明 cAMP-蛋白激酶 A 信号转导途径。

胰高血糖素与靶细胞膜上的特异性 G 蛋白偶联型受体结合后,形成激素-受体复合物而激活受体。活化的受体激活 Gs 蛋白。Gsα-GTP 能激活腺苷酸环化酶(AC)。活化的 AC 催化 ATP 生成第二信使 cAMP,使细胞内 cAMP 浓度增高。cAMP 与蛋白激酶 A(PKA)的调节亚基结合,使 PKA 激活。活化的 PKA 再使磷酸化酶 b 激酶和糖原合酶磷酸化。活化的磷酸化酶 b 激酶又使糖原磷酸化酶磷酸化,最终使血糖浓度升高(图 13-7)。

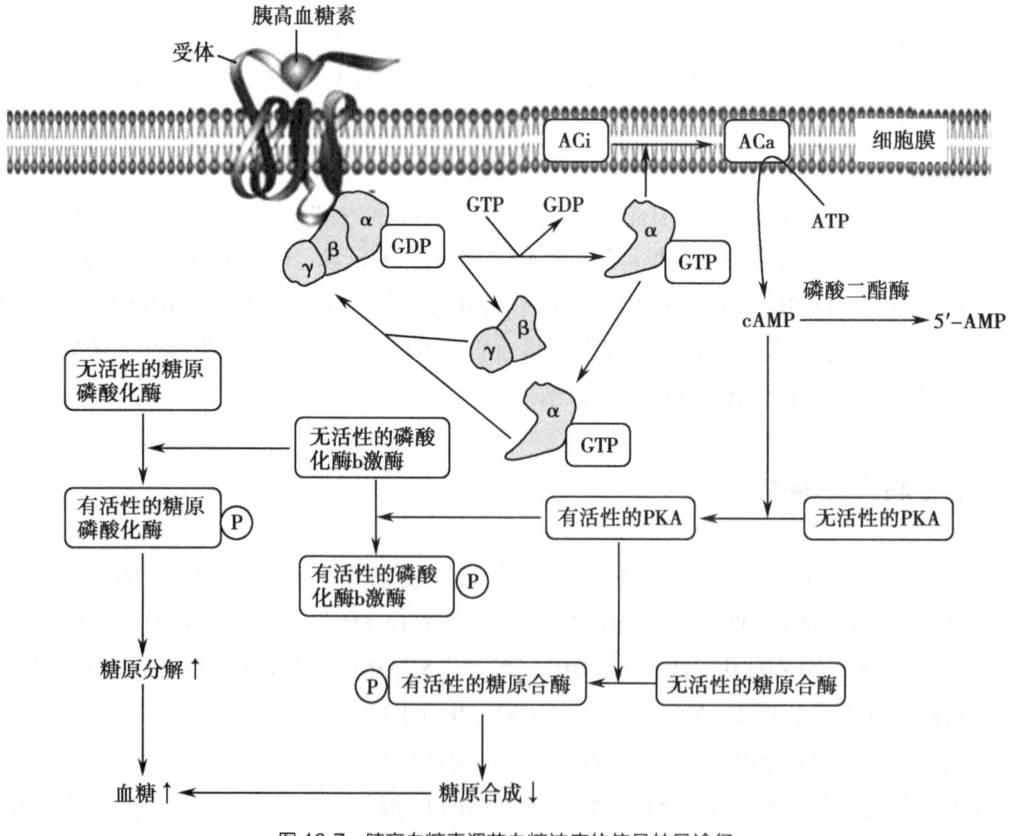

图 13-7 胰高血糖素调节血糖浓度的信号转导途径

（二）cGMP-蛋白激酶G信号途径

该信号途径以调节靶细胞内cGMP的浓度和激活蛋白激酶G(PKG)为特征。例如,当信号分子心钠素与靶细胞膜上的受体特异结合后,经G蛋白介导,激活鸟苷酸环化酶(GC);活化的GC催化GTP生成第二信使cGMP,进一步激活PKG;活化的PKG催化靶蛋白磷酸化,产生利钠、利尿、舒张血管、血压下降的效应。NO作用于胞溶性GC,再经信号转导,松弛血管平滑肌,扩张血管、调节冠脉血流量、促进和维持心肌的收缩功能(图13-8)。另一类血管内皮舒张因子CO也主要是通过激活可溶性鸟苷酸环化酶,升高cGMP水平来介导舒张血管的效应。

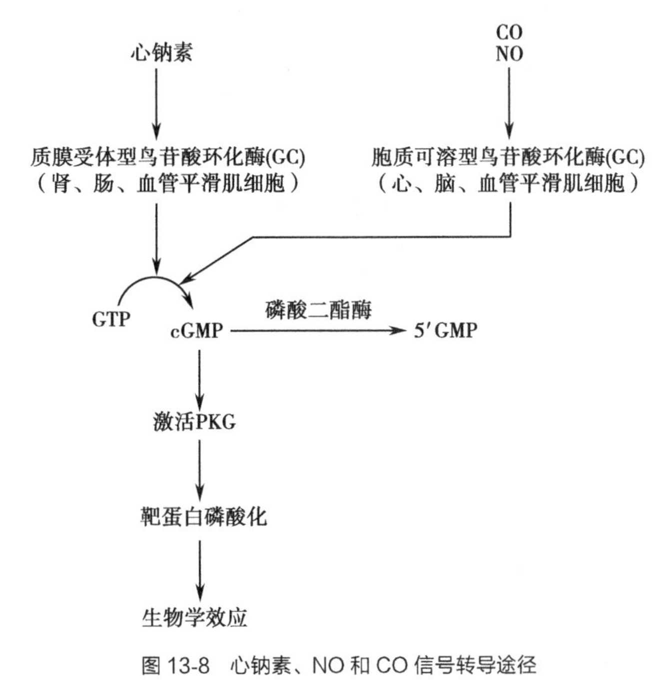

图13-8　心钠素、NO和CO信号转导途径

理论与实践

硝酸甘油治疗心绞痛的药理机制

众所周知,硝酸甘油是治疗心绞痛的药物,那么硝酸甘油发挥其药理作用的机制如何?经过科学家的研究发现,硝酸甘油本身并无药理活性,但它在体内可释放出作为信号分子的NO。NO通过激活胞溶型GC,提高血管平滑肌细胞cGMP水平,通过cGMP-蛋白激酶G信号传导途径,导致肌球蛋白轻链去磷酸化,促进平滑肌松弛,血管扩张,增加冠脉血流量,缓解心绞痛。

美国科学家Robert F. Furchgott、Louis J. Ignarro和FeridMurad因发现NO作为信号分子在循环系统的作用,获得1998年诺贝尔生理学/医学奖。

（三）Ca^{2+}-依赖性蛋白激酶信号途径

Ca^{2+}作为胞内第二信使,参与肌肉收缩、运动、分泌等生命活动过程。该信号途径以细胞内Ca^{2+}浓度变化为共同特征。内质网、肌浆网、线粒体是胞内的钙储库。某些因素导致胞质Ca^{2+}浓度升高时,可引起某些酶活性和蛋白质功能的变化,从而调节多种生理活动。此途径分为两个独立而又协调的信号转导通路。

1. **Ca^{2+}-磷脂依赖性蛋白激酶C途径**　促甲状腺素释放激素、去甲肾上腺素、抗利尿激素、组胺、5-羟色胺和血管紧张素Ⅱ等与靶细胞膜上特异受体结合后,激活磷脂酶C型G蛋白(Gq),通过活化PI-PLCβ,催化质膜上的PIP_2水解生成IP_3和DAG。IP_3与内质网或肌浆网上的IP_3受体(Ca^{2+}通道)结合,促使钙储库的Ca^{2+}通道开放,向胞质中释放Ca^{2+},使胞质中Ca^{2+}浓度增高。Ca^{2+}和仍留在质膜上DAG及质膜上的磷脂酰丝氨酸(PS)共同作用激活蛋白激酶C(PKC),通过PKC对靶蛋白的磷酸化反应,可调节膜离子转运功能、机体代谢、基因表达、细胞分化和增殖等一系列生理生化反应(图 13-9)。

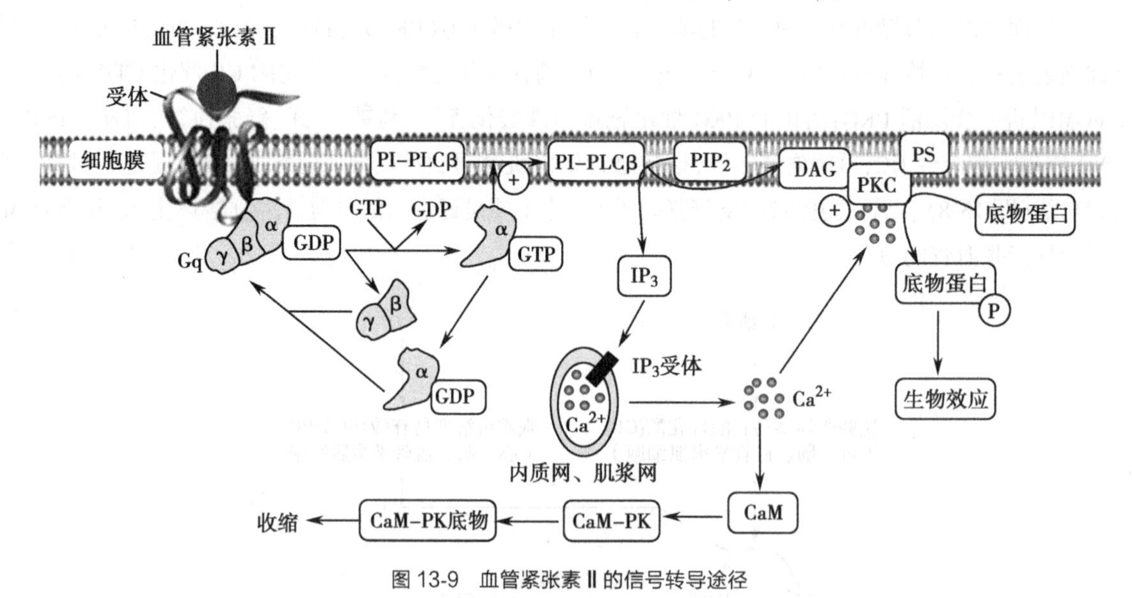

图 13-9 血管紧张素Ⅱ的信号转导途径

2. Ca^{2+}-钙调蛋白依赖性蛋白激酶途径　钙调蛋白(CaM)是一单链蛋白质,含有 4 个 Ca^{2+}结合位点。当胞质内 Ca^{2+}浓度升高到 10^{-6}mol/L 时,CaM 即与 Ca^{2+}迅速结合成 Ca^{2+}-CaM 复合物。CaM 的靶蛋白有磷蛋白磷酸化酶、钙转移酶、细胞骨架相关蛋白等。另外,该复合物可活化依赖 Ca^{2+}-CaM 的蛋白激酶(CaM-PK),从而使许多靶蛋白的丝氨酸/苏氨酸残基磷酸化,改变这些蛋白的活性,产生相应的生物效应(图 13-9)。CaM-PK 有多种,包括 CaM-KⅠ~Ⅴ,肌球蛋白轻链激酶等。CaM-PK 可以对其底物磷酸化,如 CaM-KⅡ可以磷酸化细胞骨架蛋白、NO 合酶、离子通道等。

(四)生长因子信号途径

生长因子是由机体不同组织细胞产生的一类多肽类物质。例如,EGF 刺激表皮细胞、上皮细胞生长;PDGF 促进间质和胶质细胞的生长;IGF-1 促进硫酸盐掺入到软骨组织。这些生长因子的受体都具有蛋白酪氨酸激酶(PTK)活性。生长因子作用于靶细胞膜上的专一性受体,通过信号转导过程调节与细胞增殖、分化等有关的基因表达,促进细胞的增殖与分化等。生长因子信号途径包括:受体型 PTK-Ras-MAKP 途径和 PI-3K-蛋白激酶 B 途径。

1. 受体型 PTK-Ras-MAKP 途径　生长因子与靶细胞膜上的受体结合后,诱导受体二聚化,激活受体的 PTK 活性,使受体胞内区几个特定 Tyr 残基发生受体自身磷酸化。胞质衔接蛋白 Grb2 通过其 SH2 结构域识别、结合受体磷酸化的 Tyr 肽段,Grb2 含有的两个 SH3 结构域与信号蛋白 SOS 的富含脯氨酸序列结合,并激活 SOS;活化的 SOS 结合小 G 蛋白 Ras,促使 Ras 蛋白释放 GDP 并结合 GTP。活化的 Ras 蛋白(Ras-GTP)可启动下游 MAPK 激酶级联反应,使多种转录因子磷酸化,后者结合相应 DNA 元件,调节靶基因表达(图 13-10)。

2. PI-3K-蛋白激酶 B 途径　磷脂酰肌醇-3-激酶(PI-3K)是含 p110 和 p85 亚基的异二聚体,其 p110 亚基是催化亚基。生长因子与受体结合后,激活的受体与 PI-3K 的 p85 亚基的 SH2 域结合而使 PI-3K 被激活,PI-3K 也可通过活化的 Ras 蛋白与其 p110 亚基的 Ras 结合域结合而直接激活 PI-3K。活化的 PI-3K 催化 PIP_2 磷酸化成 PIP_3。PIP_3 募集并活化蛋白激酶 B(PKB),活化的 PKB 催化多种靶蛋白磷酸化(如糖原合酶激酶-3、凋亡相关蛋白 BAD 等),诱导产生促进细胞生长、增殖、抑制细胞凋亡等多种生物效应。

(五)细胞因子信号途径

细胞因子是具有激素样功能的低分子量的肽类或糖蛋白,具有调节细胞生长、分化与增殖、参与细胞免疫应答和炎症反应的作用。有些细胞因子经核因子 κB 途径转导信号,而另一些细胞因子经 JAK-STAT

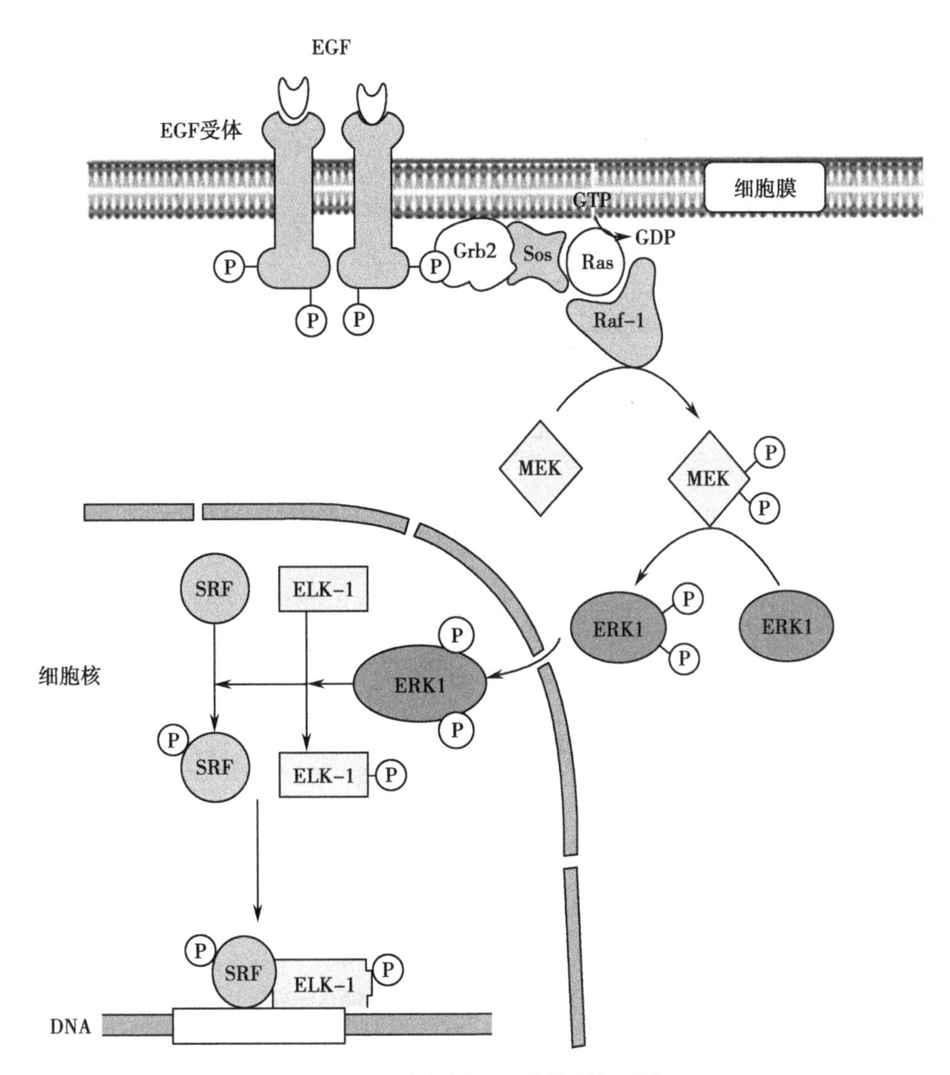

图 13-10 表皮生长因子的信号转导途径

Raf-1:属于丝裂原激活蛋白激酶激酶激酶(MAPKKK);MEK:属于丝裂原激活蛋白激酶激酶(MAPKK);ERK1:属于丝裂原激活蛋白激酶(MAPK);SRF:血清反应因子;ELK-1:Ets 样蛋白-1

途径转导信号。

1. **核因子 κB 途径** 核因子 κB(nuclear factor-κB,NF-κB)最初被发现它能与淋巴细胞中免疫球蛋白 κ 轻链的增强子 κB 序列特异性结合,因此得名。后来证明 NF-κB 是一种广泛存在于真核细胞中的转录因子,参与机体的炎症反应、免疫反应、细胞分化与凋亡,癌变等。NF-κB 属于癌蛋白 Rel 家族,哺乳动物细胞中有 5 个成员:p65(RelA)、RelB、c-Rel、p50(NFκB_1)、p52(NFκB_2),它们的 N 端都有一个 Rel 同源结构域(RHD),该结构域含 3 个功能区:DNA 结合区、二聚体形成区和核定位序列。它们形成异二聚体,以 p50/p65 异二聚体最为丰富,即通常所指的 NF-κB。

无信号刺激时,胞质中的 NF-κB 与抑制蛋白 IκB(包括 IκBα、IκBβ、IκBε,其中 IκBα 是主要调节分子)结合成无活性的复合物,掩盖了 NF-κB 的核定位序列,使其不能向核内转移。细胞接受刺激信号后,信号便通过细胞膜受体转导至细胞内,激活 IκB 激酶(IKK)(IKK 由 IKKα、IKKβ 和 IKKγ 三个亚基组成,IKKβ 的磷酸化使 IKK 活化),激活的 IKK 使 IκBα 的 Ser32 和 Ser36 磷酸化,导致 IκBα 与 NF-κB(p50/p65)分离,磷酸化的 IκBα 与泛素结合而被降解。活化的 NF-κB(p50/p65)进入胞核,识别并结合 DNA 上的 NF-κB 结合增强子元件,与其他辅激活物相互作用,激活靶基因的表达,引起各种生物效应。NF-κB 途径是肿瘤坏死因子 α(TNFα)、IL-1 等促炎因子的主要信号通路之一。

2. **JAK-STAT 途径** IFN、IL-2 和 IL-3 受体本身不具有酶的活性,转导信号时需激活与其结合的 JAK

激酶。JAK 激酶属于非受体型的酪氨酸蛋白激酶,成员有 JAK1、JAK2 和 TYK2。生长因子与受体结合导致受体二聚化,激活 JAK 激酶。JAK 激酶催化受体磷酸化及信号转导子和转录激活子(STAT)磷酸化,磷酸化的 STAT 形成二聚体转入细胞核,作为转录因子调节相关基因表达,影响靶细胞的增殖与分化(图 13-11)。

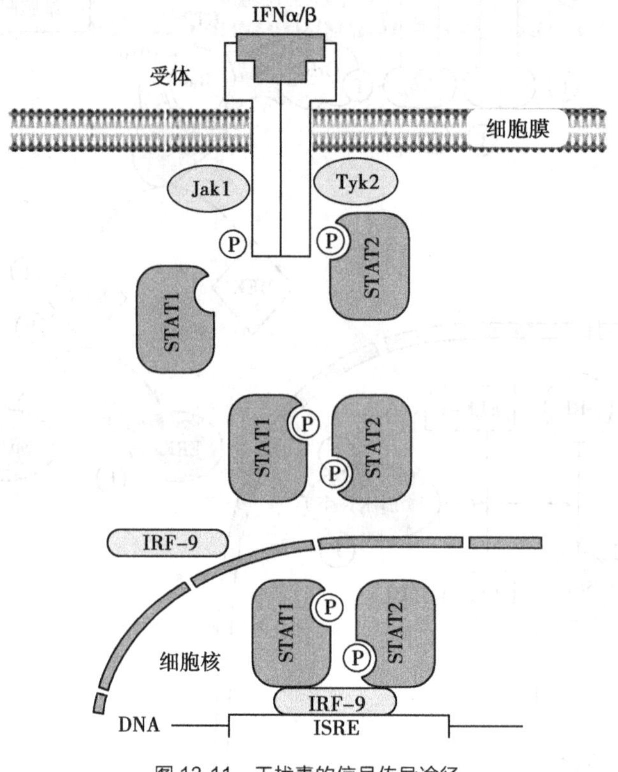

图 13-11　干扰素的信号传导途径

IRF-9:干扰素调节因子-9;ISRE:干扰素刺激反应元件

二、胞内受体介导的信号转导途径

类固醇激素受体、甲状腺素受体、维 A 酸受体、1,25-$(OH)_2$-维生素 D_3 受体等位于细胞内,它们大多为转录因子,在转录水平上调节基因表达。没有激素作用时,这些受体与热休克蛋白(HSP)结合,受体的 DNA 结合域被掩盖。当激素与受体结合后,受体的构象改变引起 HSP 脱离,受体-激素复合物转入细胞核,并与激素反应元件结合,调节基因表达(图 13-12)

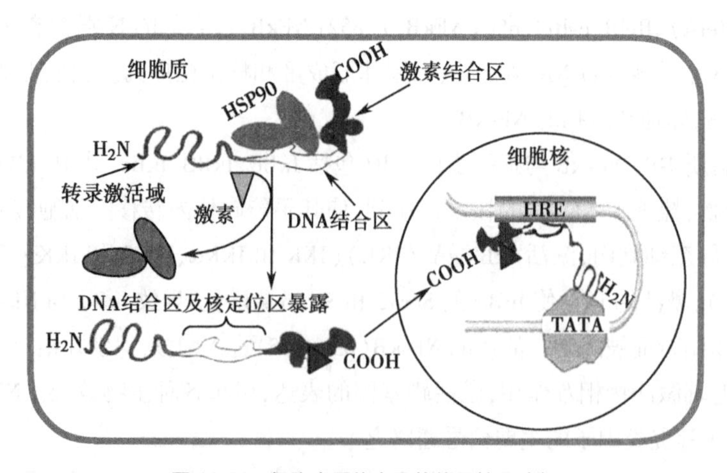

图 13-12　细胞内受体介导的信号转导途径

细胞内信号转导的各条途径不是孤立的，各个途径都有多种交叉和联系，并形成网络，这使得信号转导复杂且具有多样性。一种受体可以激活几条信号转导途径，如PDGF受体与其配体PDGF结合后，受体上的酪氨酸残基磷酸化，可被Grb2结合而激活Ras、激活PLCγ、激活PI-3K、JAK1等传递信号。也可以激活Src激酶传递信号。另一方面，一条信号途径可被多种受体传来的信号激活，如受体型PTK-Ras-MAKP途径可接受EGF受体、PDGF受体、神经生长因子（NGF）受体等信号的激活。

第五节　信号转导异常与疾病

细胞信号转导是维持细胞代谢平衡和功能发挥的基础，是机体维持稳态的根本保证。信号转导途径的任一环节发生异常，都可能会导致疾病的发生。对信号转导系统与疾病关系的研究不仅有助于阐明疾病的发生、发展机制，还能为新药设计和发展新的治疗方法提供思路和作用靶点。

一、受体异常与疾病

受体的数目、亲和力、结构与功能异常可影响胞外信号与受体结合及产生相应生物效应。由于受体异常导致的疾病被称为受体病。某些受体异常与疾病的关系见表13-3。

表13-3　某些受体的异常与疾病

缺陷的受体	疾病	主要的临床表现
1. 遗传性受体缺陷		
LDL受体	家族性高胆固醇血症	血浆LDL升高、动脉粥样硬化
ADHV2型受体缺陷	家族性肾性尿崩症	男性发病，多尿、口渴、多饮
视紫红质（光受体）	视网膜色素变性	进行性视力减退
IL-2受体（γ链）	严重联合免疫综合征	T细胞减少、反复感染
雄激素受体	雄激素抵抗综合征	不育症、睾丸女性化
雌激素受体	雌激素抵抗综合征	骨质疏松、不孕症
糖皮质激素受体	糖皮质激素抵抗综合征	多毛症、性早熟
2. 自身免疫性受体缺陷		
乙酰胆碱受体	重症肌无力	活动后肌无力
胰岛素受体	2型糖尿病	高血糖
ACTH受体	艾迪生病	色素沉着、乏力、低血压
3. 继发性受体缺陷		
胰岛素受体功能低下	单纯性肥胖症	高血糖

二、G蛋白异常与疾病

霍乱毒素是霍乱弧菌分泌的一种外毒素，它具有ADP-核糖基转移酶活性。进入肠道的霍乱弧菌依附于肠上皮细胞上繁殖和产生霍乱毒素。霍乱毒素与肠上皮细胞膜上霍乱毒素受体结合，经内吞作用进入细胞，可催化激动型G蛋白（Gs）的α亚基发生ADP-核糖基化，阻断GTP酶活性，使Gsα冻结在活性状态，使得Gs-cAMP-PKA信号转导持续进行，导致肠上皮细胞的离子通道持续开放，造成大量Cl^-、HCO_3^-、H_2O经通道分泌肠腔，发生严重腹泻。

百日咳毒素是百日咳杆菌分泌的一种外毒素，也具有ADP-核糖基转移酶活性，能催化抑制型G蛋白(Gi)的α亚基发生ADP-核糖基化，阻断Gi中βγ二聚体分离，不能抑制相应的Gsα，导致百日咳患者对组胺敏感增高及血糖降低。

G蛋白基因突变导致疾病。1989年，Patten等从一个假性甲状旁腺素低下症家系的先证者和其母亲的细胞膜分离得到了一个异常的G蛋白。该G蛋白的α亚基的编码基因(*GANS1*)的第一个外显子中的起始密码ATG突变为GTG，从而利用第60位的ATG起始翻译，导致产生N端缺失了59个氨基酸残基的α亚基。此外，G蛋白基因突变还可以导致家族性尿钙过低性高血钙症、先天性甲状旁腺素过高症、Albright遗传性骨发育不全和McCure-Albright综合征等遗传性疾病。

三、信号转导与疾病的治疗

随着对细胞信号转导机制的深入研究，不仅能使人们对一些疾病的发病机制有深入的认识，而且阻断细胞信号转导能为疾病的治疗提供靶点。例如，氨茶碱、咖啡碱等能抑制胞内cAMP-磷酸二酯酶的活性，提高cAMP含量，引起平滑肌松弛来发挥平喘作用；阿托品拮抗乙酰胆碱与受体的结合，用于解救有机磷酸酯类中毒等。研制单克隆抗体阻断信号转导治疗肿瘤，这样的单克隆抗体主要有西妥昔单抗(ImC-C225)、帕尼单抗(panitumumab)、赫塞汀(herceptin)、贝伐珠单抗(bevacizumab)等。帕尼单抗是第一个完全人源性的针对EGF受体的IgG2单克隆抗体，当帕尼单抗与EGF受体结合后，阻止了EGF/TGFα与EGF受体结合，阻断肿瘤细胞内增殖、生存的主要下游信号途径。还有一些药物也是通过阻断某些信号途径发挥治疗疾病的作用，如雷公藤甲素、紫杉醇可以抑制STAT3磷酸化，促进肝癌细胞凋亡，抑制乳癌细胞生长；抑制生长因子受体蛋白酪氨酸激酶活性的制剂有黄酮类、肉桂酰胺类、喹唑啉类、苯乙烯类等。

(田余祥)

学习小结

细胞信号转导是指细胞通过位于细胞膜或细胞内的受体感受细胞外信号分子的刺激，经过复杂的细胞内信号转导系统的信号转换过程达到调节细胞功能的一种通讯方式。细胞信号转导的基本路线可以概括为：细胞外信号→受体→细胞内信息级联放大→生物效应。由特定细胞产生的调节靶细胞生命活动的化学物质统称为信号分子。细胞外信号分子包括：①激素；②肽类因子；③氨基酸及其衍生物；④脂酸衍生物；⑤内源性气体信号；⑥光、气味分子。

受体是能够特异识别与结合信号分子，并向细胞内转导信号的蛋白质或糖脂。细胞膜受体可分为G蛋白偶联受体、酶性受体、酶偶联受体和离子通道型受体。细胞内受体主要是类固醇激素受体，它们是激素依赖性的转录因子。受体与配体的作用特点有：高度专一性、高度亲和力、可逆性、可饱和性、可调节性、特定的作用模式。

细胞内参与信号转导的物质包括第二信使、参与信号转导的蛋白质和酶类。常见的第二信使包括：cAMP、cGMP、IP_3、PIP_3、DAG、Ca^{2+}等。细胞内转导信号的蛋白质包括G蛋白、小G蛋白、衔接蛋白等。G蛋白是由α、β和γ亚基构成的异源三聚体。Gα-GDP无活性，Gα-GTP有活性。Gα有GTP酶活性。小G蛋白是含一条肽链的蛋白质，功能类似于G蛋白的Gα。细胞内参与信号转导的酶有两类：一是催化第二信使生成和水解的酶，二是蛋白激酶和蛋白磷酸酶。

cAMP-蛋白激酶A信号途径是以靶细胞内cAMP浓度改变和蛋白激酶A激活为主要特征。Ca^{2+}-依赖性蛋白激酶信号途径是以胞质中Ca^{2+}浓度变化为特征，分为Ca^{2+}-磷脂依赖性蛋白激酶C途径和Ca^{2+}-钙调蛋白依赖性蛋白激酶途径。生长因子信号途径包括受体型PTK-Ras-MAKP途径和PI-3K-蛋白激酶B途径。细胞因子信号途径包括核因子κB途径和JAK-STAT途径。膜受体途径主要是调节物质代谢，也调节基因表达。胞内受体信号途径是调节基因表达。

信号转导异常与疾病的发生密切相关，如受体异常与疾病、G蛋白结构和功能异常与疾病。因此，阻断细胞信号转导能为疾病的治疗提供靶点，研制新药。

复习参考题

1. 膜受体有哪些类型？
2. 常见的第二信使有哪些？
3. 简述受体与配体结合的特点。
4. 简述胰高血糖素调节血糖浓度的信号转导途径。
5. 硝酸甘油缓解心绞痛的药理机制。

第十四章　肝的生物化学

14

学习目标

掌握	生物转化的概念、反应类型；胆汁酸的生成原料及关键酶；胆红素的生成、转运。
熟悉	肝在物质代谢中的作用；胆汁酸的分类和生理功能；胆汁酸的肠肝循环。
了解	黄疸的分类。

肝是人体最大的实质性器官和腺体，它不仅和糖、脂类、蛋白质、维生素及激素的代谢有密切关系，而且还具有分泌胆汁、排泄和生物转化等重要功能。肝能够完成如此复杂的功能，与其组织结构及化学组成的特点有关。肝的两条入肝血管（肝动脉和门静脉），使肝细胞从肝动脉中获氧，从门静脉中获营养物质，为物质代谢创造了良好的条件。肝的两条输出道路（肝静脉与胆道系统），使代谢产物能顺利的运至其他组织或排出体外，也有利于胆汁的代谢。肝血窦中缓慢的血液，有利于物质交换。肝独特的形态结构、组成特点及丰富的血液供应，使其代谢十分活跃，肝细胞除了具有一般细胞所具有的代谢途径外，还具有一些特殊的代谢功能。

第一节　肝在物质代谢中的作用

一、肝在糖代谢中的作用

肝在糖代谢中的作用主要是通过糖原的合成与分解及糖异生作用维持血糖浓度的相对恒定，以保障全身各组织，尤其是大脑和红细胞的能量供应。

餐后血糖浓度迅速升高，肝可大量合成肝糖原而储存。在空腹时，肝糖原能迅速分解为葡萄糖以补充血糖。当机体处于饥饿状态时，血糖浓度的维持有赖于糖异生作用。当肝严重受损时，肝糖原的合成、分解及糖异生作用降低，血糖浓度难以维持正常，出现饱食后一过性高血糖，饥饿时又出现低血糖的现象。

二、肝在脂类代谢中的作用

肝在脂类的消化、吸收、分解、合成及运输等方面都起着重要作用。

肝细胞分泌的胆汁酸盐能促进脂类消化吸收，当肝胆疾患造成胆汁酸分泌减少或胆道阻塞导致胆汁排出障碍时，可引起脂类的消化吸收障碍，出现厌油腻、脂肪泻等临床症状。

肝细胞内有丰富的脂肪酸 β-氧化酶系和脂肪酸合成酶系。饥饿时脂库脂肪动员，释出的脂肪酸进入肝内，此时脂肪酸 β-氧化加强。肝细胞线粒体中有活性较强的酮体生成酶类，可将脂肪酸分解产生的乙酰 CoA 合成酮体，并通过血液运输到肝外组织进行氧化，为肝外组织提供能量。

肝是合成胆固醇的主要场所，其合成的量占全身总合成量的 80% 以上，是血浆胆固醇的主要来源。肝也是胆固醇的重要转化和排泄器官，胆固醇在肝中转变为胆汁酸盐排入胆道。此外，肝还将合成并分泌卵磷脂胆固醇脂酰转移酶（LCAT），使血浆中的游离胆固醇形成胆固醇酯。

肝是体内合成磷脂量最多、合成速度最快的场所。如果磷脂的合成发生障碍，就会影响 VLDL 的合成和分泌，导致脂肪运输障碍，脂肪在肝细胞蓄积，发生脂肪肝。

三、肝在蛋白质代谢中的作用

肝在人体蛋白质合成和分解代谢中均起重要作用。

肝除合成自身固有蛋白外，还合成除 γ-球蛋白外，几乎所有的血浆蛋白质，其中清蛋白（A）、纤维蛋白原和凝血酶原，只在肝中合成。正常人血浆中清蛋白的含量多，分子量小，是维持血浆胶体渗透压的主要因素。当机体营养不良或肝功能障碍时，血浆清蛋白含量下降，会出现水肿。在慢性肝病时（如慢性肝炎或肝硬化时），血浆清蛋白合成量下降，而 γ-球蛋白含量相对增加，使 A/G 比值变小，甚至出现倒置。此外，肝细胞还能合成凝血因子（Ⅶ、Ⅸ、Ⅹ）、凝血酶原、纤维蛋白原等，故肝受损时，可导致凝血功能障碍，出现凝血时间延长和出血倾向等。

肝细胞内含有丰富的氨基酸代谢酶类，氨基酸的转氨基作用、脱氨基、脱羧基及氨基酸的特殊代谢都能在肝中进行。当肝细胞受损时，通透性增强，血液中的某些与氨基酸代谢有关的酶（如肝细胞内活性较高的丙氨酸转氨酶）的含量会升高，它是临床诊断肝细胞受损的重要指标之一。

肝是清除血氨的主要器官，肝通过鸟氨酸循环将有毒的氨合成无毒的尿素。当肝病变时，合成尿素的能力下降，血氨浓度升高，可引起神经系统症状，这可能是肝性脑病发生的原因之一。

四、肝在维生素代谢中的作用

肝在维生素的吸收、储存、转化等方面都起重要的作用。

肝合成和分泌的胆汁酸可促进脂溶性维生素的吸收。胆道疾患时（如胆道梗阻等），胆汁酸盐进入肠道的通路受阻，会影响脂溶性维生素的吸收。

肝是维生素A、E、K和B_{12}的主要储存场所，肝中维生素A的含量占体内总量的95%。

肝还参与多种维生素的转化。肝可将胡萝卜素转化为维生素A，将维生素D_3转化为25-OH-D_3，将维生素PP转变为辅酶Ⅰ（NAD^+）和辅酶Ⅱ（$NADP^+$），将泛酸转变成辅酶A（CoA），将维生素B_1转变成焦磷酸硫胺素等。

五、肝在激素代谢中的作用

肝在激素代谢中的作用主要是参与激素的灭活和排泄。

多种激素在完成其生理功能后，主要在肝中转化、降低或失去其活性，这一过程称为激素的灭活。肝脏疾患时，这种灭活作用降低，使某些激素在体内堆积，引起物质代谢的紊乱，如雌激素、醛固酮、抗利尿激素等水平升高，可出现男性乳房女性化、蜘蛛痣、肝掌（雌激素对小血管的扩张作用）及水钠潴留等现象。

第二节　肝的生物转化作用

一、生物转化的概念

体内产生或从外界摄入的非营养物质分为内源性和外源性两类。内源性物质为体内代谢产生的各种生物活性物质（如激素、神经递质等）以及一些对机体有毒的代谢产物或中间物（如胺类、胆红素等）。外源性物质为由外界进入体内的药物、食品添加剂（如防腐剂）、环境污染物以及从肠道吸收来的腐败物质等。机体可将这些非营养物质进行化学转变，增加其极性（水溶性），使其易于随胆汁或尿排出，这一过程称为生物转化（biotransformation）。肝是进行生物转化的主要器官。皮肤、肺及肾等亦有一定的生物转化作用。

生物转化作用的生理意义在于它对体内非营养物质的改造，使其生物学活性降低或消失（灭活），或使有毒物质降低或失去其毒性，也称解毒作用。生物转化可使物质的溶解度增高，促使它们从胆汁或尿液中排出。但应该指出的是，有些物质经过生物转化其毒性反而增加或溶解性反而降低，不易排出体外，这显示了肝生物转化作用的解毒和致毒双重性的特点。

二、生物转化反应类型

肝的生物转化可分为两相反应。第一相反应包括氧化、还原和水解反应。许多物质经过第一相反应后，极性和水溶性增加，易于排出体外。但有些物质经过了第一相反应后极性和水溶性改变不大，还须与某些极性更强的物质（如葡糖醛酸、硫酸、氨基酸等）进行结合，以得到更大的溶解度才能随尿或胆汁排出体外，这些结合反应属于第二相反应。实际上，许多物质的生物转化反应非常复杂，不少物质要连续经历多种生物转化反应，而且同一类物质往往因结构上的差异而经历不同类型的转化反应，甚至一种物质有可能转化成多种不同类型的产物。

（一）第一相反应

1. 氧化反应 氧化反应是最多见的生物转化反应。

（1）加单氧酶系：存在于肝微粒体中的加单氧酶系（monooxygenase），是肝内重要的代谢药物及毒物的酶系。该酶催化氧分子中的一个氧原子加到许多脂溶性底物中生成羟化物或环氧化物，另一个氧原子则被 NADPH 还原成水，故该酶又称羟化酶或混合功能氧化酶。加单氧酶系的羟化作用不仅增加药物或毒物的水溶性，有利于排泄，而且还参与活性维生素 D_3、类固醇激素和胆汁酸盐合成过程中的羟化作用等。

$$NADPH+H^{+}+O_2+RH \xrightarrow{\text{加单氧酶}} ROH+NADP^{+}+H_2O$$

（2）单胺氧化酶系：存在于肝线粒体中的单胺氧化酶（monoamine oxidase，MAO），属于黄素酶类，可催化肠道腐败作用产生的胺类物质（如组胺、酪胺、色胺、尸胺、腐胺等）以及肾上腺能药物如 5-羟色胺、儿茶酚胺类等的氧化脱氨基作用生成相应的醛类，醛类可继续氧化成羧酸使之丧失生物活性。

$$RCH_2NH_2+O_2+H_2O \xrightarrow{\text{单胺氧化酶}} RCHO+NH_3+H_2O_2$$

问题与思考

乙醇作为饮料和调味剂广为利用。人类摄入的乙醇可被胃和小肠迅速吸收。饮入体内的乙醇约 2%从肺呼出或随尿排出，其余部分在肝进行生物转化，由醇脱氢酶和醛脱氢酶将乙醇氧化成乙酸。乙醇清除率为 100mg/（kg·h），成人每小时可清除乙醇 7g（100%乙醇 9ml）。血中乙醇浓度下降速度约为 20mg/（dl·h）。

思考： 大量饮用含乙醇高的烈性酒会引起中毒吗？中毒的机制是什么？

（3）脱氢酶：肝细胞胞质存在醇脱氢酶可催化醇类脱氢氧化成醛，醛再由线粒体或胞质醛脱氢酶催化生成相应的酸类。

$$RCH_2OH \xrightarrow[NAD^{+} \rightarrow NADH+H^{+}]{\text{醇脱氢酶}} RCHO \xrightarrow[H_2O+NAD^{+} \rightarrow NADH+H^{+}]{\text{醛脱氢酶}} RCOOH$$

2. 还原反应 主要在肝微粒体中进行，包括硝基还原酶和偶氮还原酶两类，它们由 NADH 或 NADPH 供氢，将硝基化合物和偶氮化合物还原成胺类。

硝基苯（NO_2）$\xrightarrow{\text{脱氧}}$ 亚硝基苯（NO）$\xrightarrow{\text{加氢}}$ N-羟氨基苯（NHOH）$\xrightarrow{\text{加氢}}$ 苯胺（NH_2）

偶氮苯（N＝N）$\xrightarrow{\text{加氢}}$ （NH—NH）$\xrightarrow{\text{加氢}}$ 苯胺（NH_2）

3. 水解反应 肝细胞微粒体和胞质中含有多种水解酶类，可催化脂类、酰胺类及糖苷类化合物发生水解反应，使这些物质活性丧失或减弱。但这些水解产物通常还需要进一步的反应（特别是结合反应）才排出体外。如阿司匹林(乙酰水杨酸)的生物转化过程就是先进行水解反应,然后再进行结合反应。

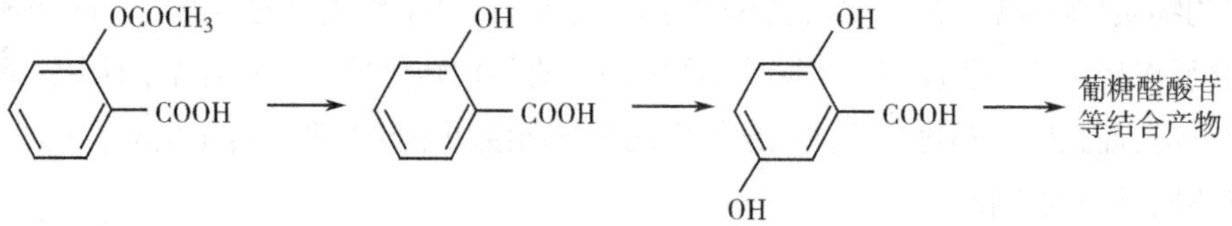

$OCOCH_3$ COOH → OH COOH → OH COOH OH → 葡糖醛酸苷等结合产物

乙酰水杨酸　　水杨酸　　羟基水杨酸

(二)第二相反应

第一相反应生成的产物可直接排出体外,或再进一步进行第二相反应生成极性更强的化合物。有些非营养物质可直接进入第二相反应。肝细胞内含有多种催化结合反应的酶类。凡含有羟基、氨基、羧基的非营养物质均可与葡糖醛酸、硫酸、谷胱甘肽、甘氨酸等发生结合反应,其中以葡糖醛酸的结合最为普遍。

1. **葡糖醛酸结合反应**　肝细胞微粒体中的葡糖醛酸转移酶,它以尿苷二磷酸葡糖醛酸(uridine diphosphate glucuronic acid,UDPGA)为供体,催化葡糖醛酸基转移到含有极性基团的化合物分子(如醇、酚、胺、羧酸类化合物等)上,形成葡糖醛酸化合物。

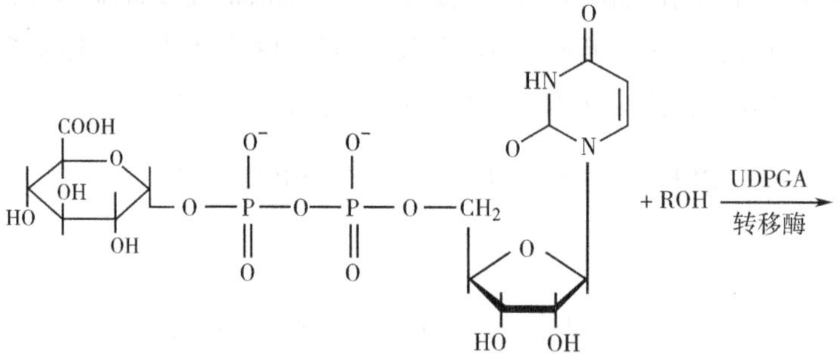

UDPGA + ROH $\xrightarrow[\text{转移酶}]{\text{UDPGA}}$ 葡糖醛酸苷 + UDP

UDPGA

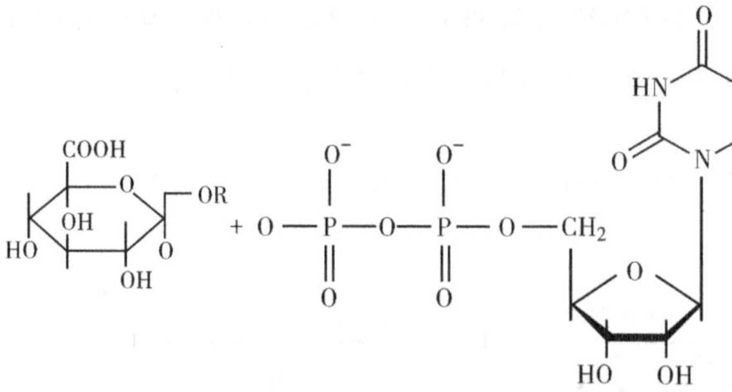

葡糖醛酸苷　　UDP

2. **硫酸结合反应**　是一种较为常见的反应,肝细胞胞质中含有硫酸转移酶,它将3′-磷酸腺苷-5′-磷酰硫酸(PAPS)中的硫酸基转移到多种醇类、酚或芳香族胺类化合物上,生成硫酸酯类化合物。如雌酮的灭活。

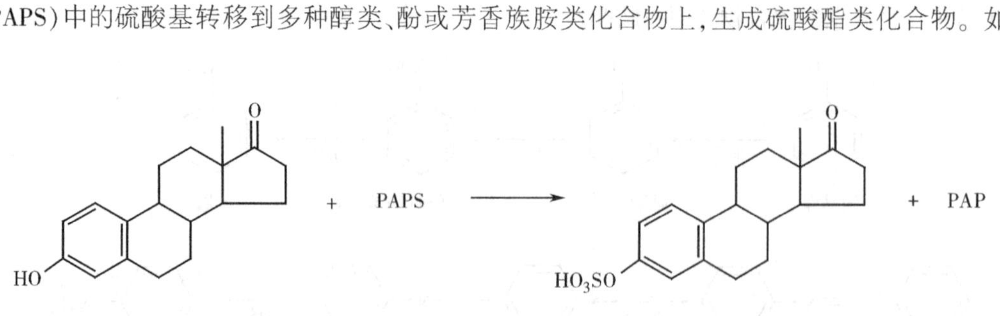

雌酮 + PAPS → 雌酮硫酸酯 + PAP

雌酮　　雌酮硫酸酯

3. **乙酰基结合反应**　肝细胞胞质中含有乙酰转移酶,可将乙酰CoA上的乙酰基转移给芳香族胺类化合物,形成乙酰基化合物。例如大部分磺胺类药物、异烟肼(抗结核药)等均可经乙酰化反应失去活性。

$H_2N-C_6H_4-SO_2NHR + CH_3CO\sim SCoA \longrightarrow CH_3CO-NH-C_6H_4-SO_2NHR + HS\sim CoA$

磺胺　乙酰辅酶A　N-乙酰磺胺　辅酶A

值得注意的是，磺胺类药物经乙酰基作用后，溶解度降低，容易从酸性尿液中析出，应加服适量的碳酸氢钠，以提高其溶解度，利于从尿中排出。

4. 谷胱甘肽结合反应　在肝细胞胞质中的谷胱甘肽 S-转移酶，可催化谷胱甘肽与环氧化合物或卤代化合物结合，生成谷胱甘肽的结合物，然后随胆汁排出。主要参与对致癌物、抗肿瘤药物、环境污染物及内源性活性物质的生物转化。

黄曲霉素B_1-8,9-环氧化物 + GSH —谷胱甘肽S-转移酶→ 谷胱甘肽结合产物

5. 甘氨酸结合反应　某些药物和毒物等的羧基与辅酶 A 结合形成酰基辅酶 A，然后再在肝细胞线粒体酰基转移酶催化下，与甘氨酸结合生成相应的结合产物。如马尿酸的生成。

$C_6H_5-CO\sim SCoA + H_2N-CH_2COOH \xrightarrow{\text{酰基转移酶}} C_6H_5-CONHCH_2COOH + CoA\cdot SH$

苯甲酰CoA　甘氨酸　马尿酸

6. 甲基结合反应　肝细胞胞质和线粒体的甲基转移酶可使某些胺类生物活性物质或药物甲基化而灭活，S-腺苷甲硫氨酸(SAM)是甲基的供体。如烟酰胺的甲基化反应。

烟酰胺 —+SAM→ N-甲基烟酰胺

三、影响生物转化的因素

肝的生物转化作用受年龄、性别、疾病、诱导物及抑制物等体内、外诸多因素的影响。

新生儿肝中生物转化酶系发育尚不完善，对药物和毒物的耐受性较弱，易发生药物及毒素中毒。老年人因脏器功能退化，生物转化能力下降，使某些药物在血中的浓度相对较高。例如肌注度冷丁后，老年人总血浆浓度比青年人高 2 倍。因此在临床用药时对新生儿及老年人的药量应加以严格控制。某些生物转化反应存在明显的性别差异，氨基比林在男性体内的半衰期为 13.4 小时，而女性则为 10.3 小时。

疾病尤其严重肝病直接影响肝生物转化酶类的合成。肝功能低下对包括药物或毒物在内的许多异源物的摄取及灭活速度降低，药物的治疗剂量与毒性剂量之间的差距减少，易造成肝损害，故对肝病患者用药应慎重。

药物或毒物本身可诱导相关酶的合成，长期服用某种药物可出现耐药性。同时服用几种药物时发生药物之间对酶的竞争性抑制作用，影响其生物转化。

第三节 胆汁与胆汁酸的代谢

胆汁(bile)是肝细胞分泌的液体,储存于胆囊,经胆总管排入十二指肠。正常人每天分泌量为300~700ml,呈金黄色,有黏性和苦味,称为肝胆汁。肝胆汁进入胆囊后,水分被吸收,同时胆囊壁又分泌出许多黏蛋白掺入胆汁,使胆汁浓缩5~10倍,变为暗褐色黏稠不透明的胆囊胆汁,其中含有胆汁酸、胆色素、胆固醇、磷脂、无机盐和蛋白质等。胆汁中胆汁酸盐与脂类消化、吸收有关,磷脂与胆汁中胆固醇的溶解状态有关,其他成分多属排泄物。体内的某些代谢产物及进入体内的药物、毒物、染料及重金属盐等都可随胆汁排出。

一、胆汁酸的种类

胆汁酸可按其结构分为两类:一类是游离胆汁酸(free bile acid),包括胆酸(cholic acid)、脱氧胆酸(deoxycholic acid)、鹅脱氧胆酸(chenodeoxycholic acid)和石胆酸(lithocholic acid);另一类是上述游离胆汁酸分别与甘氨酸或牛磺酸结合的产物,称为结合胆汁酸,主要是甘氨胆酸(glycocholic acid)、牛磺胆酸(taurocholic acid)、甘氨鹅脱氧胆酸(glycochenodeoxycholic acid)和牛磺鹅脱氧胆酸(taurochenodeoxycholic acid)。从胆汁酸的来源进行分类,也可分为两类:由肝细胞合成的胆汁酸称为初级胆汁酸(primary bile acid),包括胆酸、鹅脱氧胆酸及其与甘氨酸或牛磺酸的结合产物;初级胆汁酸在肠道细菌作用下生成的脱氧胆酸、石胆酸及其在肝中生成的结合产物称为次级胆汁酸(图14-1)。

胆汁中的胆汁酸以结合型胆汁酸为主,其中甘氨胆汁酸与牛磺胆汁酸的比例为3∶1。

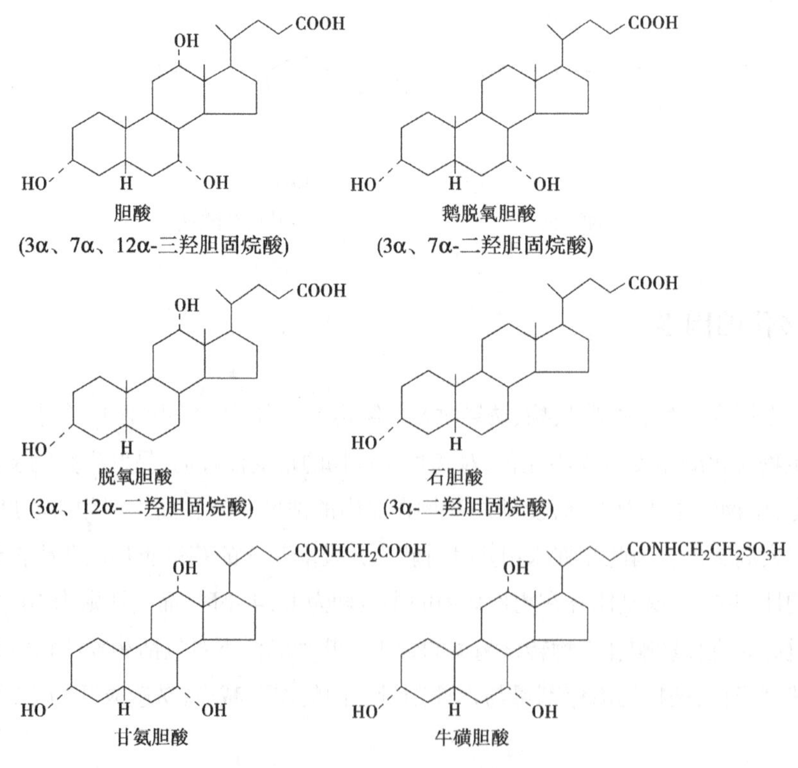

图14-1 几种胆汁酸的结构式

二、胆汁酸的代谢

（一）初级胆汁酸的生成

肝细胞以胆固醇为原料合成初级胆汁酸，这是胆固醇在体内的主要代谢去路。胆汁酸合成的反应步骤较复杂，催化反应的酶类主要分布在微粒体及胞质中。胆固醇首先在胆汁酸合成限速酶胆固醇7α-羟化酶（cholesterol 7α-hydroxylase）的作用下，生成7α-羟胆固醇，再经羟化、加氢、侧链氧化断裂和修饰等一系列酶促反应后，生成初级游离胆汁酸，然后再与甘氨酸或牛磺酸结合，生成初级结合胆汁酸。正常人每日约合成1～1.5g的胆固醇，其中约有0.4～0.6g在肝中转化成胆汁酸，约占人体每日合成胆固醇量的2/5。

（二）次级胆汁酸的生成

进入肠道的初级胆汁酸在协助脂类消化吸收后，在回肠和结肠上段受肠道细菌酶的作用，先经去结合反应，再发生7-位脱羟基反应，形成次级胆汁酸。即胆酸变为脱氧胆酸，鹅脱氧胆酸变为石胆酸。这两种游离型次级胆汁酸还可经肠道吸收入肝，并与甘氨酸或牛磺酸结合成为结合型次级胆汁酸，以胆盐的形式存在，并随胆汁经胆管排入胆囊储存。

（三）胆汁酸的肠肝循环

进入肠道中的各种胆汁酸约有95%可被肠道重吸收，其余的随粪便排出。结合型胆汁酸在回肠部位被主动重吸收，游离型胆汁酸在肠道各部被动重吸收。重吸收的胆汁酸经门静脉重新入肝，肝再将游离胆汁酸重新转变成结合胆汁酸，与重吸收及新合成的结合胆汁酸一道再随胆汁入肠，此过程称为胆汁酸的肠肝循环（enterohepatic circulation）（图14-2）。

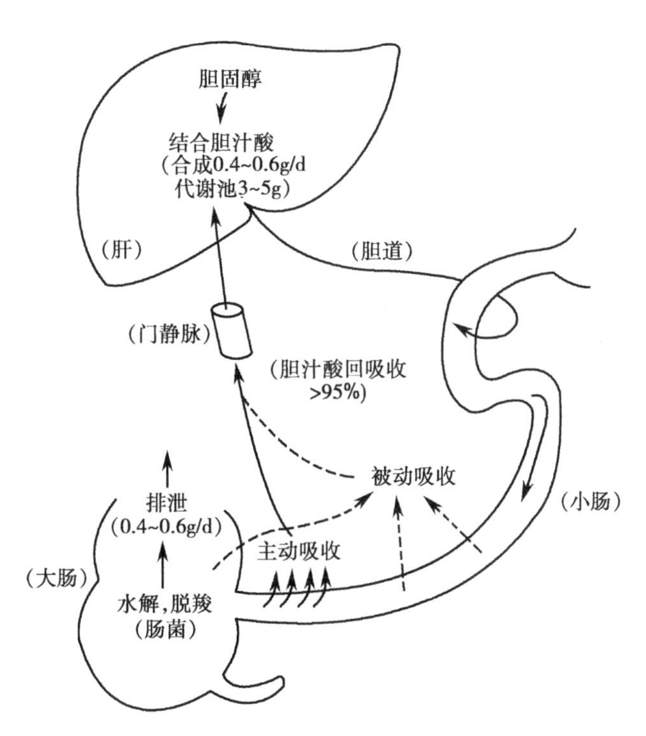

图14-2 胆汁酸的肠肝循环

三、胆汁酸的生理功能

（一）促进脂类的消化吸收

胆汁酸分子既含有亲水性的羟基、羧基，又含有疏水性的甲基、烃核，而且它们的羟基和羧基的空间配位都是α型，使胆汁酸的立体结构具有亲水和疏水两个侧面，从而能降低油/水两相间的表面张力，促进脂类形成混合微团，利于脂类的消化吸收。

（二）抑制胆汁中胆固醇的析出

由于胆固醇难溶于水，在浓缩后的胆囊胆汁中胆固醇易沉淀析出。胆汁中的胆汁酸盐和卵磷脂可使胆固醇分散形成微团，使之不易结晶沉淀。若肝合成胆汁酸能力下降、肠肝循环中肝摄取胆汁酸过少或消化道丢失胆汁酸过多，以及排入胆汁中的胆固醇过多（高胆固醇血症）等可造成胆汁中胆汁酸盐和卵磷脂与胆固醇的比例下降（小于10：1），易引起胆固醇析出沉淀，形成胆结石。

第四节　胆色素的代谢与黄疸

胆色素（bile pigment）是体内铁卟啉化合物的主要分解代谢产物，包括胆红素（bilirubin）、胆绿素（biliverdin）、胆素原（bilinogen）和胆素（bilin）等，主要随胆汁排出。胆红素是胆色素代谢的中心，是胆汁中的主要色素，呈橙黄色或金黄色。

一、胆红素的生成

体内铁卟啉化合物包括血红蛋白、肌红蛋白、过氧化物酶、过氧化氢酶和细胞色素等。正常人每天产生250~350mg的胆红素，其中80%以上来自衰老红细胞破坏释放出的血红蛋白的分解，其他来自铁卟啉酶类。肌红蛋白由于更新率低，所占比例很小。

红细胞的寿命为120天，衰老红细胞被骨髓、肝、脾等单核-吞噬细胞系统细胞破坏释放出血红蛋白。血红蛋白随后分解成珠蛋白和血红素。珠蛋白可分解为氨基酸而被机体利用。血红素则在氧分子和NADPH的参与下，由微粒体内的血红素加氧酶催化氧化，释放出CO和铁，并形成胆绿素。该反应是胆红素生成的限速步骤。胆绿素在胞质中胆绿素还原酶的催化下还原生成胆红素（图14-3）。

相关链接

血红素加氧酶

血红素加氧酶（heme oxygenase，HO）有HO-1、HO-2和HO-3三种同工酶，分别由不同基因所编码。HO-1（32kDa）主要存在于脾、肝和骨髓等组织，是迄今所知的诱导物最多的诱导酶，一氧化氮、缺氧、高氧、缺血再灌注、过氧化氢、内毒素等可诱导此酶表达；肿瘤、动脉粥样硬化、心肌缺血等疾病HO-1的表达增加，其诱导因素的多样性是对细胞一种保护机制。HO-2（36kDa）主要存在于大脑及睾丸组织，是组成型酶，不受底物的诱导，其功能多认为与CO的神经信使作用有关。HO-3（33kDa）与HO-2有90%的同源性，亦是组成型酶，其功能尚不清。HO主要通过生成CO、胆红素等产物发挥作用。CO是一种信号分子，适宜水平的胆红素是体内强有力的内源性抗氧化剂，能有效清除超氧化物和过氧化物自由基，具有抗氧化、抗脂质过氧化等作用。

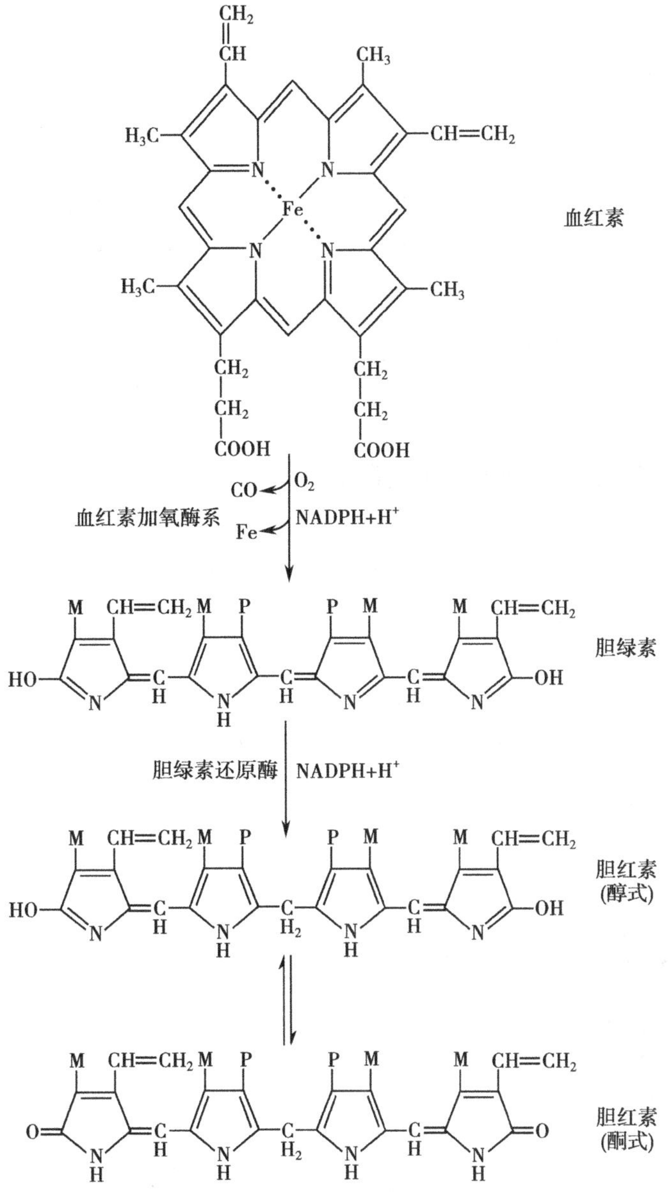

血红素

CO O_2
血红素加氧酶系
Fe $NADPH+H^+$

胆绿素

胆绿素还原酶 $NADPH+H^+$

胆红素
(醇式)

胆红素
(酮式)

图 14-3 胆红素的生成

二、胆红素在血液中的运输

胆红素在血浆主要以胆红素-清蛋白复合物形式存在和运输。这种结合起来除便于血浆以胆红素的运输外，又能限制胆红素自由通过细胞膜而造成对组织的毒性作用。血浆中这种与清蛋白结合而运输的胆红素称为游离胆红素(free bilirubin)或血胆红素(hemobilirubin)。正常人每100ml血浆清蛋白能结合20~25mg游离胆红素，而血浆胆红素的含量为3.4~17.1μmol/L(0.2~1.0mg/dl)，所以足以结合全部胆红素。当清蛋白的含量下降、结合部位被其他物质(如磺胺药物、某些食品添加剂等)占据，均可促使胆红素从血浆进入组织细胞引起中毒。

某些有机阴离子如磺胺类药物、水杨酸、脂肪酸、胆汁酸等可与胆红素竞争性地结合清蛋白，将胆红素从清蛋白复合物中置换出来，使胆红素游离。过多的游离胆红素通过血脑屏障将干扰脑组织的正常功能，引起胆红素脑病(核黄疸)，因此有黄疸倾向的病人或新生儿黄疸，应慎用上述药物。

三、胆红素在肝中的转变

血中的胆红素以胆红素-清蛋白复合物的形式运输到肝后,在被肝细胞摄取前先与清蛋白分离,然后迅速被肝细胞摄取。胆红素进入肝细胞后,与胞质中的Y蛋白和Z蛋白两种配体蛋白相结合,其中以Y蛋白为主。胆红素与Y蛋白或Z蛋白结合的复合物运到滑面内质网后,在UDP-葡糖醛酸转移酶的催化下,由UDP-葡糖醛酸(UDPGA)提供葡糖醛酸基,胆红素与葡糖醛酸结合,生成葡糖醛酸胆红素酯,即结合胆红素(conjugated bilirubin)或肝胆红素(hepatobilirubin)。部分胆红素还可与硫酸结合生成硫酸酯。结合胆红素的水溶性强,有利于从胆汁中排出。

四、胆红素在肠中的转变与胆素原的肠肝循环

在肝细胞内形成的结合胆红素随胆汁排入肠道后,在肠道细菌的作用下,先脱去葡糖醛酸,再逐步还原生成无色的胆素原,包括尿胆原(urobilinogen)和粪胆原(stercobilinogen)等。大部分胆素原在肠道下段与空气接触后,进一步氧化成黄褐色的胆素,这是粪便中的主要色素。正常人每天排出粪胆素约为40~280mg。当胆道完全梗阻时,因结合胆红素不能排入肠道形成胆素原和胆素,粪便可呈灰白色。

肠道中生成的胆素原有10%~20%可被肠黏膜细胞重吸收,经门静脉入后,其中大部分(90%)可再随胆汁排入肠道,形成胆素原的肠肝循环(bilinogen enterohepatic circulation)。小部分(10%)胆素原可进入体循环,随尿排出,称为尿胆素原(图14-4)。正常人每日从尿中排出的尿胆素原有0.5~4mg。尿胆素原、尿胆素、尿胆红素在临床上称为尿三胆,是鉴别黄疸类型的常用指标。

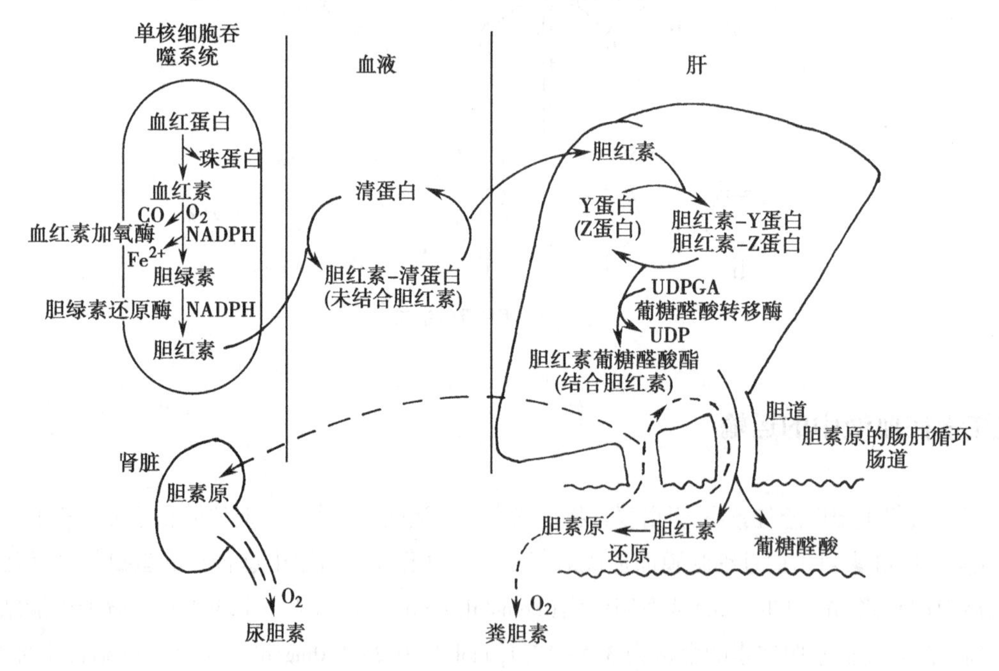

图14-4 胆红素的生成及胆素原的肠肝循环

五、血清胆红素与黄疸

正常人体中胆红素有游离胆红素和结合胆红素两种。游离胆红素未能在肝中与葡糖醛酸结合,故可称为未结合胆红素(unconjugated bilirubin),因其结构中存在有氢键,须先通过乙醇等破坏掉氢键后才能与

重氮试剂结合,故又称其为间接胆红素(indirect bilirubin)。结合胆红素由于与葡糖醛酸结合后不存在内部氢键,可直接与重氮试剂结合生成紫红色偶氮化合物,因此又称直接胆红素(direcbilirubin)。两种胆红素性质比较见表 14-1。

表 14-1 两种胆红素性质比较

	未结合胆红素	结合胆红素
常见其他名称	游离胆红素、血胆红素 间接胆红素	肝胆红素、直接胆红素
与葡糖醛酸结合	未结合	结合
与重氮试剂反应	慢、间接反应	快、直接反应
在水中的溶解度	小	大
透过细胞膜的能力及毒性	大	无
通过肾随尿排出	不能	能

正常人血清中胆红素的浓度为 3. 4~17. 1μmol/L(0. 2~1. 0mg/dl),其中 4/5 是未结合胆红素,其余是结合胆红素。未结合胆红素是有毒的脂溶性物质,易透过细胞膜进入细胞,尤其对富含脂类的神经细胞损伤更大。因此,肝对胆红素的解毒作用具有重大意义。体内胆红素生成过多或肝对胆红素的摄取、转化、排泄发生障碍时,均可引起胆红素含量增多,称为高胆红素血症。胆红素为金黄色,过量的胆红素可扩散入组织造成组织黄染,这一体征称为黄疸(jaundice)。巩膜、皮肤、黏膜等含有较多的弹性蛋白,对胆红素有较强的亲和力,易被黄染。黄疸的程度则取决于血清中胆红素的浓度,当血清胆红素浓度 17. 1~34. 2μmol/L(1~2mg/dl)时,肉眼观察不到黄疸,称为隐性黄疸。超过 2mg/dl 时,肉眼可见组织黄染,称为显性黄疸。

根据血清胆红素的来源,将黄疸分为溶血性黄疸(hemolytic jaundice)、肝细胞性黄疸(hepatocellular jaundice)和阻塞性黄疸(obstructive jaundice)三类。各种黄疸的血、尿、便临床检验特征归纳见表 14-2。

表 14-2 各种黄疸的血、尿、便改变

类型	正常	溶血性黄疸	肝细胞性黄疸	阻塞性黄疸
血清胆红素				
含量	<1mg/dl	>1mg/dl	>1mg/dl	>1mg/dl
直接胆红素	0~0. 2mg/dl	—	↑	↑↑
间接胆红素	<1mg/dl	↑↑	↑	—
尿三胆				
尿胆红素	—	—	++	++
尿胆素原	少量	↑	不一定	↓
尿胆素	少量	↑	不一定	↓
粪便颜色	黄褐色	加深	变浅或正常	变浅或陶土色

理论与实践

蓝光治疗新生儿黄疸

新生儿黄疸为新生儿最常见的疾病,又称高胆红素血症。该病主要是因为患儿的未结合胆红素升高从而导致患儿的巩膜、皮肤黏膜等出现黄染现象。胆红素能吸收光,在 450nm 蓝光的光源下,未结合胆红素氧化成为一种水溶性的光红素,能直接从胆汁或尿液排出体外,故临床上利用蓝光治疗新生儿黄疸。苯巴比妥可诱导UDP-葡糖醛酸转移酶活性，增强肝处理胆红素的能力也可用于治疗新生儿黄疸。

（刘丽红　徐跃飞）

学习小结

肝是体内物质代谢的中枢。肝通过糖原的合成和分解及糖异生作用维持血糖浓度的相对恒定。肝在脂类的消化、吸收、运输、合成及分解等代谢中具有重要的作用。肝是合成蛋白质和尿素的重要器官，也是氨基酸分解的主要场所。肝对于维生素的吸收、储存、转化及参与激素的灭活和排泄等方面都有重要作用。

生物转化是机体对内、外源性的非营养性物质通过代谢转化，提高其极性和水溶性，易于从尿或胆汁排出的过程。肝的生物转化作用分为两相反应，第一相反应包括氧化、还原和水解反应；第二相反应是结合反应，主要与葡糖醛酸、硫酸和乙酰基等结合。生物转化作用会受到年龄、性别、疾病、诱导物及抑制物等因素的影响。

胆汁酸盐是胆汁的重要成分，它能乳化脂类，从而促进脂类的消化吸收；另外它还抑制胆固醇在胆汁中析出沉淀。肝细胞以胆固醇为原料合成初级（游离）胆汁酸。7α-羟化酶是胆固醇合成的关键酶。初级胆汁酸经肠菌作用转化为次级胆汁酸。结合型胆汁酸是指游离胆汁酸与甘氨酸或牛磺酸在肝内的结合产物。肠道内的胆汁酸可被重吸收入肝，再随胆汁排入肠道，构成胆汁酸的肠肝循环。

胆色素是铁卟啉化合物在体内主要分解代谢产物，主要来自衰老的红细胞。单核吞噬系统破坏衰老红细胞释放珠蛋白和血红素。血红素在血红素加氧酶、胆绿素还原酶催化下经胆绿素生成胆红素。亲脂疏水的胆红素在血液中与清蛋白结合而运输。进入肝细胞后，转化成胆红素葡糖醛酸酯。在肠道中，胆红素在肠菌作用下被还原成胆素原，大部分随粪便排出；少量则由小肠重吸收入肝并再排入肠腔，构成胆素原的肠肝循环。有小部分重吸收的胆素原经体循环入肾随尿排出。凡使血浆胆红素浓度升高的因素均可引起黄疸，根据发病机制可将黄疸分为溶血性黄疸、肝细胞性黄疸和阻塞性黄疸，各种黄疸均有其独特的生化检查指标。

复习参考题

1. 简述肝在物质代谢中的作用。
2. 简述肝的生物转化作用、类型及生理意义。
3. 胆汁酸的肠肝循环及其生理意义。
4. 简述胆色素在体内的代谢过程。

第十五章　血液的生物化学

15

学习目标

掌握	成熟红细胞的代谢特点；血红素合成的原料、部位、限速酶。
熟悉	血浆蛋白的分类、性质及功能。
了解	血红素的合成和调节。

血液由液态的血浆(plasma)与混悬在其中的红细胞、白细胞和血小板组成。正常人体内血液总量约占体重的8%。血液凝固后析出的淡黄色透明液体为血清(serum)。血液加入适量的抗凝剂后离心,血细胞下沉,上清液即为血浆。血清与血浆的主要区别是血清无纤维蛋白原。血浆中主要成分是水、无机盐、有机小分子和蛋白质。

本章将从生物化学角度重点阐述以下两个问题:血浆蛋白质和红细胞代谢。

第一节　血浆蛋白质

一、血浆蛋白质的分类与性质

(一)血浆蛋白质的分类

人血浆内蛋白质的总浓度为70~75g/L,是血浆主要的固体成分。现已分离纯化的血浆蛋白质有200余种,其中既有单纯蛋白质,又有结合蛋白质。

通常按来源、分离方法和生理功能将血浆蛋白质进行分类。电泳(electrophoresis)和超速离心(ultra centrifuge)是分离蛋白质的常用方法。

电泳是最常用的分离蛋白质的方法。临床常采用简单快速的醋酸纤维素薄膜电泳,以pH 8.6的巴比妥溶液作电泳缓冲液,可将血清蛋白质分成五条区带:清蛋白(albumin)、α_1-球蛋白(globulin)、α_2-球蛋白、β-球蛋白和γ-球蛋白(图15-1)。如用聚丙烯酰胺凝胶电泳等可将血清蛋白质分成数十条区带。清蛋白是人体血浆中最主要的蛋白质,浓度达38~48g/L,约占血浆总蛋白的50%;球蛋白的浓度为15~30g/L,正常的清蛋白与球蛋白的比例(A/G)为1.5~2.5。

超速离心是根据蛋白质的密度将其分离,如血浆脂蛋白的分离。

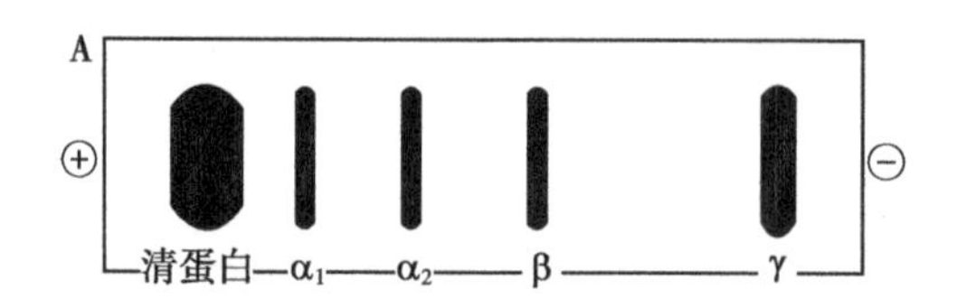

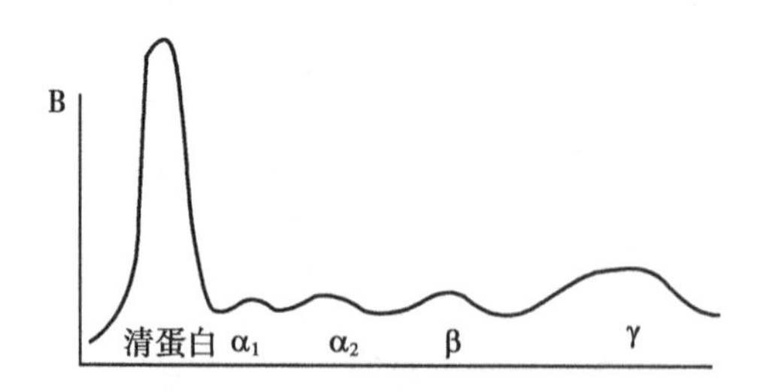

图15-1　血清蛋白的醋酸纤维素薄膜电泳图谱

A. 染色后的图谱;B. 光密度扫描后的电泳峰

血浆蛋白质种类繁多,各有其独特的功能,按其主要生理功能可将血浆蛋白分类如表15-1。

(二)血浆蛋白质的性质

血浆蛋白质的性质如下所述。

1. 大部分血浆蛋白质在肝中合成,如清蛋白、纤维蛋白原和纤维粘连蛋白等。还有少量的蛋白质是由其他组织细胞合成的,如γ-球蛋白由浆细胞合成。

表 15-1　人血浆蛋白质的分类

种类	血浆蛋白
载体蛋白	清蛋白、脂蛋白、运铁蛋白、铜蓝蛋白等
免疫防御系统蛋白	IgG、IgM、IgA、IgD、IgE 和补体 C1～9 等
凝血和纤溶蛋白	凝血因子Ⅶ、Ⅷ、凝血酶原、纤溶酶原等
酶	卵磷脂胆固醇酰基转移酶等
蛋白酶抑制剂	α_1 抗胰蛋白酶、α_2 巨球蛋白等
激素	促红细胞生成素（EPO）、胰岛素等
参与炎症应答的蛋白	C-反应蛋白、α_2 酸性糖蛋白等

2. 血浆蛋白质属分泌性蛋白，在与粗面内质网膜结合的多聚核糖体上合成，多以前体形式出现，经过高尔基体修饰、加工、释放入血浆。

3. 除清蛋白外，几乎所有的血浆蛋白均为糖蛋白，含有 N-或 O-相连的寡聚糖。寡糖链包含许多生物信息，发挥重要的作用。如红细胞的血型物质含糖达 80%～90%，ABO 系统中血型物质 A、B 均是在血型物质 O 糖链的非还原端各加上 N-乙酰氨基半乳糖（GalNAc）或半乳糖（Gal）。正是一个糖基的差别，使红细胞能识别不同的抗体。

4. 许多血浆蛋白呈现多态性。在人群中，如果某一蛋白质具有多态性说明它至少有两种表型，每一种表型的发生率不少于 1%～2%。ABO 血型是大家熟知的多态性。研究血浆蛋白的多态性对遗传学、人类学和临床医学均具有重要的意义。

5. 每种血浆蛋白均有特异的半衰期。正常成人的结合珠蛋白和清蛋白的半寿期分别为 5 天和 20 天左右。

6. 在急性炎症或某种类型组织损伤等情况下，某些血浆蛋白的水平会增高，它们被称为急性时相蛋白质。

二、血浆蛋白质的功能

血浆蛋白的种类繁多，功能各异，现将其主要功能概述如下。

1. 维持血浆胶体渗透压　虽然血浆胶体渗透压仅占血浆总渗透压的极小部分（1/230），但是它对水在血管内外的分布影响极大。正常人血浆胶体渗透压的大小，取决于血浆蛋白质的摩尔浓度，其中血浆胶体渗透压的 75%～80%是由清蛋白引起的，其次是 α_1 球蛋白提供的。由于清蛋白的分子量小（69kDa），含量多、在生理 pH 条件下电负性高，能使水分子聚集其分子表面，故清蛋白能最有效地维持胶体渗透压。当血浆清蛋白浓度过低时，血浆胶体渗透压下降，导致水分子在组织间隙潴留，出现水肿。

2. 维持血浆正常的 pH　正常血浆的 pH 为 7.40±0.05。蛋白质是两性电解质，血浆蛋白盐与相应蛋白形成缓冲对，参与维持血浆正常的 pH。

3. 运输作用　血浆蛋白质分子的表面上分布有众多的亲脂性结合位点，脂溶性物质可与其结合而被运输。血浆蛋白还能与易被细胞摄取和易随尿液排出的一些小分子物质结合，防止它们从肾丢失。此外血浆中还有皮质激素传递蛋白、运铁蛋白、铜蓝蛋白等，这些载体蛋白除结合运输血浆中某种物质外，还具有调节被运输物质代谢的作用。

4. 免疫作用　血浆中的免疫球蛋白 IgG、IgA、IgM、IgD 和 IgE，又称为抗体，免疫球蛋白可与特异性抗原结合,在体液免疫中起至关重要的作用。此外,血浆中还有一组协助抗体完成免疫功能的蛋白酶——补体。免疫球蛋白能识别、结合特异抗原,形成抗原-抗体复合物激活补体系统从而解除抗原对机体的损伤。

5. 营养作用 血浆蛋白质可被单核-吞噬细胞系统吞饮,由细胞内的酶类将其分解成氨基酸进入氨基酸代谢池,用于组织蛋白质的合成,或转变成其他含氮化合物,或分解供能。

6. 催化作用 血浆中的酶称作血清酶。根据血清酶的来源和功能,可分为以下三类:

(1)血浆功能酶:主要在血浆发挥催化功能,如凝血及纤溶系统的多种蛋白水解酶,它们都以酶原的形式存在于血浆内,在一定条件下被激活发挥作用。

(2)外分泌酶:来源于外分泌腺,仅有少量逸入血浆。当这些脏器受损时,逸入血浆酶量增加,在临床上有诊断价值。

(3)细胞酶:存在于细胞和组织内,参与物质代谢的酶类。当特定的器官有病变时,血浆内相应的酶活性增高,可用于临床酶学检验。

7. 凝血、抗凝血和纤溶作用 血浆中存在众多的凝血因子、抗溶血及纤溶物质,它们在血液中相互作用、相互制约,保持循环血流通畅。但当血管损伤、血液流出血管时,即发生血液凝固,以防止血液的大量流失。

第二节 红细胞代谢

问题与思考

从20世纪50年代起,一些运动员在荣誉和利益的双重诱惑下,在奥运会等大型国际比赛中使用兴奋剂,不仅破坏了体育竞技的公平公正原则,也对自身的健康产生了危害。促红细胞生成素(EPO)是80年代研制出来作为治疗肾病患者贫血症的用药,当初研制它的医学工作者恐怕做梦也不会想到它会被运动员服用以帮助提高运动成绩。

思考:促红细胞生成素促进运动能力的机制是什么?

一、红细胞的代谢特点

红细胞是血液中最主要的细胞。成熟红细胞除质膜和胞质外,别无其他细胞器,因此其代谢比一般细胞简单。葡萄糖是成熟红细胞的主要能量物质。

下面主要介绍成熟红细胞的代谢特点。

(一)糖代谢

血液循环中的红细胞每天从血浆摄取约30g葡萄糖,其中90%~95%经糖酵解和2,3-二磷酸甘油酸旁支路(2,3-bisphosphoglycerate shunt,2,3-BPG)进行代谢,5%~10%通过磷酸戊糖途径进行代谢。

1. 糖酵解与2,3-二磷酸甘油酸支路 糖酵解是红细胞获得能量的唯一途径。红细胞中存在催化糖酵解所有的酶和中间代谢物,糖酵解的基本反应和其他组织相同。红细胞内的糖酵解途径还存在侧支循环——2,3-二磷酸甘油酸支路(图15-2)。2,3-二磷酸甘油酸支路的分支点是1,3-二磷酸甘油酸(1,3-BPG)。正常情况下,2,3-BPG对2-磷酸甘油酸变位酶的负反馈作用大于对3-磷酸甘油酸激酶的抑制作用,所以2,3-BPG支路仅占糖酵解的15%~50%,但是由于2,3-BPG磷酸酶的活性较低,2,3-BPG的分解小于合成,造成红细胞内2,3-BPG升高。

2,3-BPG的主要功能是调节血红蛋白(Hb)的运氧功能,它是一个电负性很高的分子,可与Hb结合,结合部位在Hb分子4个亚基的对称中心孔穴内。2,3-BPG的负电基团与组成孔穴侧壁的2个β亚基的带正电基团形成离子键(图15-3),从而使血红蛋白分子的T构象更趋稳定,降低血红蛋白与O_2的亲和力。当血流经过PO_2较高的肺部时,2,3-BPG的影响不大,而当血流流过PO_2较低的组织时,红细胞中2,3-BPG的存在则显著增加O_2释放,以供组织需要。在PO_2相同条件下,随着2,3-BPG浓度增大,HbO_2释放的O_2增多。人体能通过改变红细胞内2,3-BPG的浓度来调节对组织的供氧。

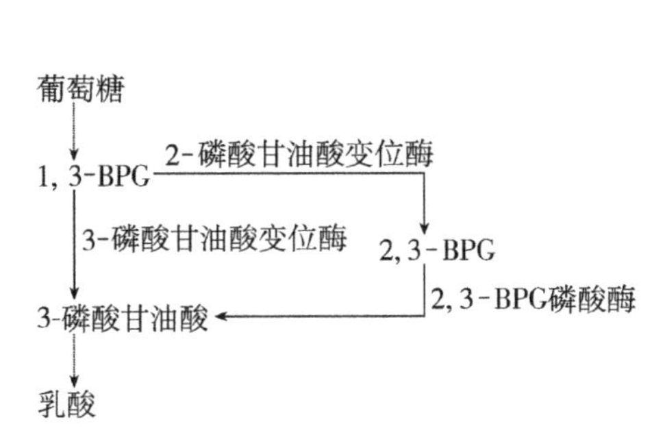

图15-2 2,3-BPG旁路

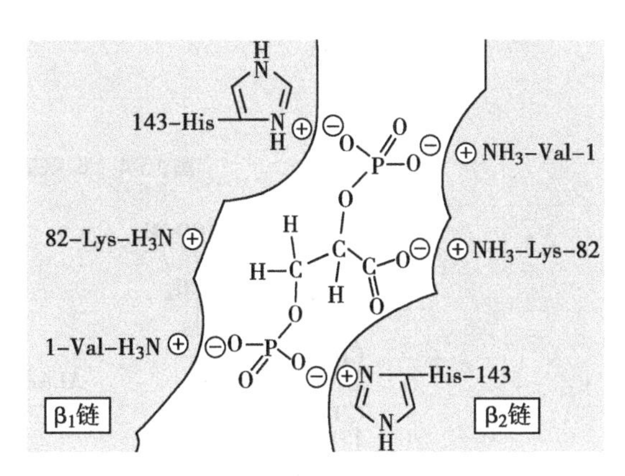

图15-3 2,3-BPG与血红蛋白的结合

2. 磷酸戊糖途径 红细胞内磷酸戊糖途径的代谢过程与其他细胞相同,主要功能是产生NADPH。NADPH能维持红细胞内还原型谷胱甘肽(GSH)的含量,保护细胞膜蛋白、血红蛋白和酶蛋白的巯基等不被氧化,从而维持红细胞的正常功能。

由于氧化作用,红细胞内经常产生少量高铁血红蛋白(MHb),MHb中的铁为三价,不能运输O_2。但红细胞内有NADH-高铁血红蛋白还原酶和NADPH-高铁血红蛋白还原酶,能催化MHb还原成Hb。另外,GSH和维生素C也能直接还原MHb。在上述还原系统的作用下,红细胞内MHb只占Hb总量的1%~2%。

(二)脂类代谢

成熟红细胞的脂类几乎都存在于细胞膜。成熟红细胞已不能从头合成脂肪酸,但红细胞可通过主动参入和被动交换不断地与血浆进行脂质交换,以更新膜脂维持其正常的脂类组成、结构和功能。

二、血红素的合成与调节

血红蛋白是红细胞中最主要的成分,由珠蛋白和血红素(heme)组成。参与血红蛋白组成的血红素主要在骨髓的幼红细胞和网织红细胞中合成。

(一)血红素合成过程

血红素合成的原料是琥珀酰CoA、甘氨酸和Fe^{2+}等。合成的起始和终末阶段在线粒体,中间过程则是在胞质中进行,整个合成过程可分为四个阶段。

1. δ-氨基γ-酮戊酸的合成 在线粒体内,琥珀酰CoA与甘氨酸脱羧生成δ-氨基-γ-酮戊酸(δ-aminolevulinic acid,ALA)(图15-4)。催化此反应的酶是δ-氨基γ-酮戊酸合酶,它是血红素合成的限速酶,其辅酶是磷酸吡哆醛,受血红素的反馈调节。

2. 胆色素原的合成 ALA从线粒体进入胞质,在ALA脱水酶催化下,2分子ALA脱水缩合生成胆色素原(图15-5)。ALA脱水酶含有巯基,铅等重金属对其有抑制作用。

3. **尿卟啉原Ⅲ与粪卟啉原Ⅲ的合成** 在胞质中，4 分子胆色素原在尿卟啉原Ⅰ同合酶(又称胆色素原脱氨酶)作用下，脱氨生成线状四吡咯。后者又在尿卟啉原Ⅲ同合酶作用下，环化生成尿卟啉原Ⅲ。尿卟啉原Ⅲ经尿卟啉原Ⅲ脱羧酶催化，其 4 个乙酸基脱羧成为甲基，而生成粪卟啉原Ⅲ。

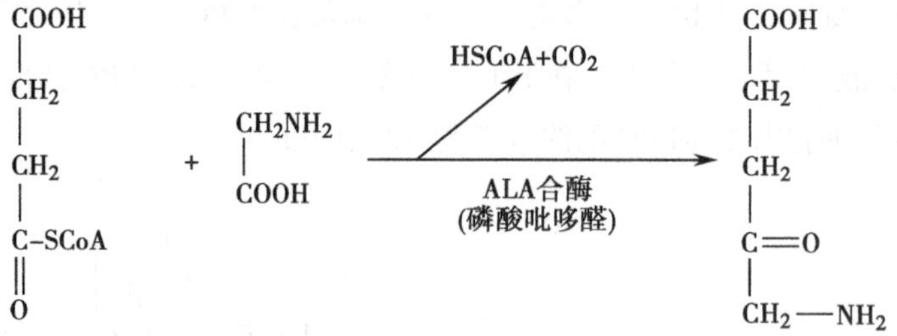

图 15-4 δ-氨基 γ-酮戊酸的合成

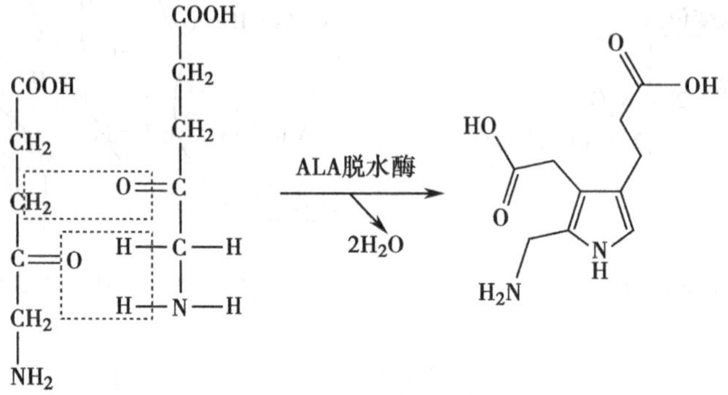

图 15-5 胆色素原的生成

4. **血红素的生成** 粪卟啉原Ⅲ由胞质进入线粒体，经粪卟啉原Ⅲ氧化脱羧酶和原卟啉原Ⅸ氧化酶作用，使其侧链氧化脱羧生成原卟啉原Ⅸ。后者在亚铁螯合酶(又称血红素合成酶)作用下与 Fe^{2+} 结合生成血红素。铅等重金属对亚铁螯合酶也有抑制作用。血红素合成的全过程总结见图 15-6。

血红素生成后从线粒体转运到胞质，在骨髓的有核红细胞及网织红细胞中，与珠蛋白结合成为血红蛋白。

(二) 血红素合成的调节

血红素的合成受多种因素的调节，其中最主要的调节步骤是 ALA 的合成。

1. **ALA 合酶** ALA 合酶是血红素合成的限速酶，受血红素的反馈抑制。正常情况下，血红素合成后迅速与珠蛋白结合成血红蛋白，对 ALA 合酶不再有反馈抑制作用，不致有过多的血红素堆积。血红素生成过多时，可自发氧化成高铁血红素，后者不仅能抑制 ALA 合酶的活性，还能阻遏 ALA 合酶的合成。由于 ALA 合酶的辅基是磷酸吡哆醛，维生素 B_6 缺乏亦可减少血红素的合成。体内某些固醇类激素如睾酮在体内的 5-β 还原物以及某些药物、致癌剂、杀虫剂等均可诱导肝 ALA 合酶的合成。

2. **ALA 脱水酶与亚铁螯合酶** 生理状态下，ALA 脱水酶的活性较 ALA 合酶强 80 倍，故血红素的反馈抑制基本上是通过 ALA 合酶而起作用的。但 ALA 脱水酶和亚铁螯合酶对重金属的抑制非常敏感，如铅中毒时，这两种酶的活性明显降低。

3. **促红细胞生成素** 促红细胞生成素(erythropoietin，EPO)主要在肾合成，缺氧及红细胞减少时即释放入血，运至骨髓，诱导 ALA 合酶的合成，进而促进血红素和血红蛋白的合成，还可促进骨髓原始红细胞的增殖和分化，加速有核红细胞的成熟。因此，EPO 是红细胞生成的主要调节剂，慢性肾炎、肾功不全患者常见的贫血与 EPO 合成降低有关。临床上也用 EPO 治疗红细胞减少症。

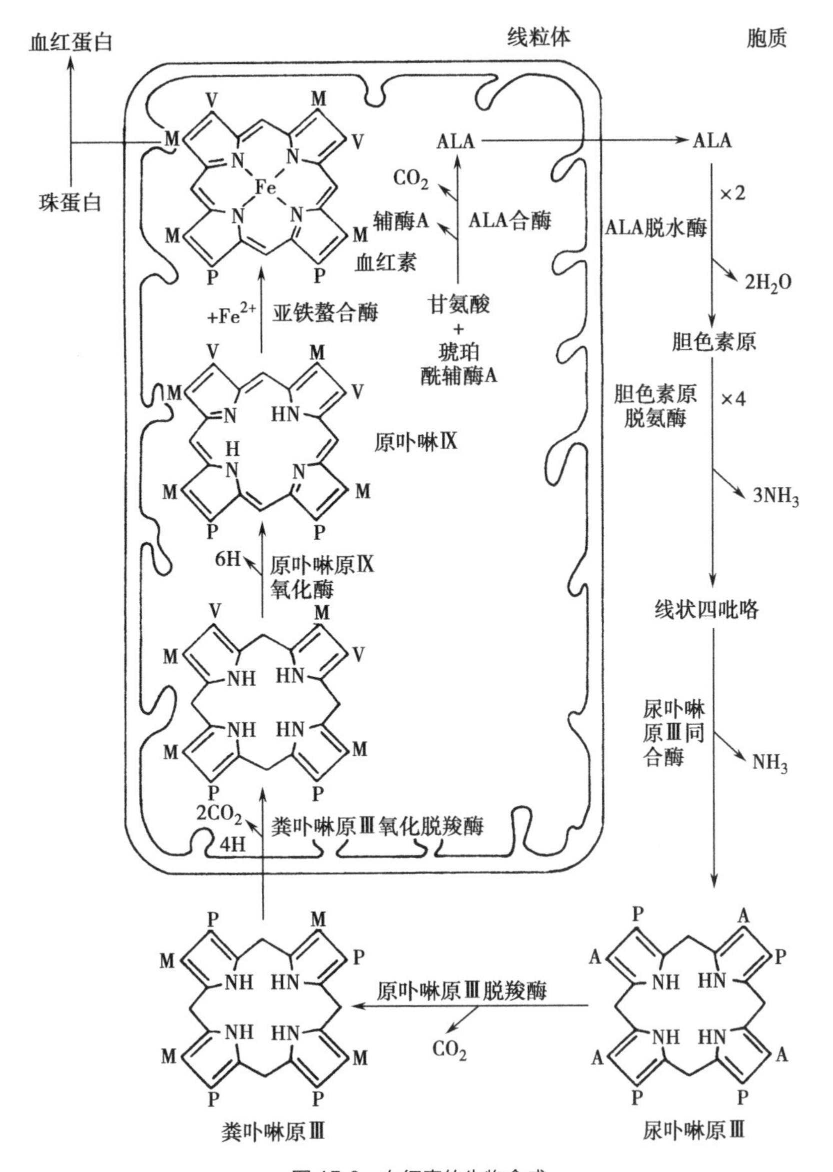

图 15-6　血红素的生物合成

A:—CH_2COOH;P:—CH_2CH_2COOH;M:—CH_3;V:—$CHCH_2$

相关链接

卟　啉　症

卟啉症是血红素合成过程中酶的缺陷而引起的卟啉或其前体在体内的蓄积，并在粪、尿中排泄增多而导致的一组疾病，也称紫质症。临床上表现为皮肤、腹部和神经三大症候群。卟啉症有先天和后天两大类。其发病机制为：先天性卟啉症是由某种血红素合成酶系的遗传性缺陷所致；后天性卟啉症主要是指铅中毒或某种药物中毒引起的铁卟啉合成障碍。

（徐跃飞）

学习小结

血液由有形的红细胞、白细胞和血小板以及无形的血浆组成。血浆的主要成分是水、无机盐、有机小分子和蛋白质等。

血浆中的蛋白质总含量为70~75g/L，多在肝内合成。其中含量最多的是清蛋白，它能结合并转运多种物质，在维持血浆胶体渗透压中发挥重要的作用。血浆中的蛋白质具有多种重要的生理功能。

成熟红细胞代谢的特点是不能合成核酸和蛋白质，也不能进行糖和脂的有氧氧化，红细胞功能的正常主要依赖糖酵解和磷酸戊糖途径。未成熟的红细胞能利用琥珀酰CoA、甘氨酸和铁离子合成血红素。ALA合酶是血红素合成的关键酶，受血红素、EPO等的调节。

复习参考题

1. 血浆蛋白根据电泳法分为哪几类?
2. 成熟红细胞代谢有何特点?
3. 简述2,3-二磷酸甘油酸支路及生理意义。
4. 简述血红素合成的原料、关键酶及调控因素。

参考文献

<<<<<< 1. 徐跃飞.生物化学［M］.第 3 版.北京：人民卫生出版社，2013.

<<<<<< 2. 查锡良，药立波.生物化学［M］.第 8 版.北京：人民卫生出版社，2013.

<<<<<< 3. 田余祥.生物化学［M］.第 3 版.北京：高等教育出版社，2016.

<<<<<< 4. 冯作化，药立波.生物化学与分子生物学［M］.第 3 版.北京：人民卫生出版社，2015.

<<<<<< 5. 田余祥.生物化学［M］.北京：科学出版社，2013.

<<<<<< 6. 黄诒森，张光毅.生物化学与分子生物学［M］.第 3 版.科学出版社,2012.

<<<<<< 7. 药立波.医学分子生物学［M］.第 3 版.北京：人民卫生出版社，2008.

<<<<<< 8. 万福生.生物化学［M］.第 2 版.北京：人民卫生出版社，2012.

<<<<<< 9. 贾弘禔,冯作化.生物化学与分子生物学［M］.第 2 版.北京：人民卫生出版社，2010.

<<<<<< 10. 马文丽.生物化学［M］.北京：科学出版社，2012.

<<<<<< 11. Berg JM,Tymoczko JL,Stryer L.Biochemistry［M］. 7th ed. New York: W. H. Freeman and Company,2010.

索　引

A

B

C

D

Z